中国科学技术大学 化学实验 系列教材

有机化学实验

第2版

查正根　郑小琦　汪志勇 等 编著

中国科学技术大学出版社

内 容 简 介

本书介绍了以绿色化学为导向的有机化学实验技术和实验内容,分为绪论、有机化学实验技术、有机化学基础性实验、有机化学综合性实验和有机化学设计性实验五篇。先介绍有机化学实验一般知识,然后讨论有机化学实验基本操作和技术,再介绍有机化合物物理性质测定及其结构鉴定、有机化合物制备,最后介绍有机化合物的定性鉴定。将所选实验分为基本操作实验、简单制备实验、连续合成实验,各列于有机化学实验技术、有机化合物制备章节中,以利于教师分阶段组织教学。其中,有机化学实验技术重在理论与实践结合,有机化学实验重在复习巩固基本操作技能,连续合成实验重在综合运用和提高技能。有机化学实验以小量合成为主,兼顾常量、半微量和微量合成实验,引入绿色合成新实验技术,体现新的教学理念,引导学生综合应用所学的知识,学以致用。

本书不仅是学生在校时必备的教科书,也是攻读更高学位和从事有关专业工作人员使用的参考书。

图书在版编目(CIP)数据

有机化学实验/查正根,郑小琦,汪志勇,等编著. —2 版. —合肥:中国科学技术大学出版社,2019.8

ISBN 978-7-312-04306-2

Ⅰ.有… Ⅱ.①查… ②郑… ③汪… Ⅲ.有机化学—化学实验—高等学校—教材 Ⅳ.O62-33

中国版本图书馆 CIP 数据核字(2019)第 017466 号

出版	中国科学技术大学出版社
	安徽省合肥市金寨路 96 号,230026
	http://press.ustc.edu.cn
	https://zgkxjsdxcbs.tmall.com
印刷	合肥市宏基印刷有限公司
发行	中国科学技术大学出版社
经销	全国新华书店
开本	787 mm×1092 mm 1/16
印张	25.5
字数	636 千
版次	2010 年 9 月第 1 版 2019 年 8 月第 2 版
印次	2019 年 8 月第 2 次印刷
定价	60.00 元

第 2 版前言

近年来,为了配合学校的学科建设规划,并紧紧围绕国家级示范中心的建设目标,开展校、省级"研究型大学有机化学创新实验探索"和"现代合成技术实验与科研训练"教研项目研究,我们加强了有机化学实验室的硬件平台建设、软件平台建设、网络平台和多媒体建设、系列课程内容构建以及自主开放实验平台建设,努力创建以绿色化学为导向的有机化学、现代合成创新实验平台,形成了硬件先进、软件优良、实验网络丰富、课程内容特色鲜明的本硕贯通、自主开放的有机化学系列课程体系和创新实验平台。实现学科交叉,培养学生创新思维和与之相应的实验技能;培养学生绿色环保意识,提高我校化学实验教学的质量和影响力。2013 年,"研究型大学有机化学系列课程绿色创新实验平台建设"项目获安徽省教学成果一等奖。2017年,"有机化学实验系列课程层次化标准化建设"和"有机化学实验信息化教学资源的构建与实践"项目获省级教学成果一等奖。

绿色化学是一门新兴的化学分支,以"原子经济性"为原则,研究如何在产生目标产物的过程中充分利用原料及能源,减少有害物质的释放。绿色化学旨在将反应的效率达到最高,损耗降到最低,对环境的伤害降到最小,从源头到最终产物的过程中减少废物的产生,降低对环境的污染或冲击等不利影响。

为此,我们以绿色化学为导向,根据本学科基础研究的前沿和热点,设置绿色、创新实验专题研究。在绿色创新实验课程体系建设中,形成了一批特色鲜明的实验项目,如水相 Barbier-Grignard 反应制备 1-苯基-3-丁烯-1-醇、水相 Heck 反应制备 3-苯基丙烯酸、水相 Suzuki-Miyaura 交叉偶联反应制备 4-苯基苯甲酸、有机小分子催化的 Aldol 缩合反应制备对-硝基苯基-4-醇-2-丁酮、噁唑环衍生物的合成、晶体工程。

在此基础上我们编写了《有机化学实验》第 2 版。本书分五篇,第一篇为绪论,介绍了有机化学实验室工作须知,新增实验用化学文献的采集方法,同时介绍了 Web of Science 和 SciFinder;第二篇为有机化学实验技术,包括第二章至第五章,第二章为有机化学实验操作技术,新增第三章为无水无氧操作技术,第四章为色谱技术,第五章为波谱技术,介绍了气相色谱、液相色谱、红外光谱、核磁共振谱和质谱,第 2 版强化了色谱、波谱,注重应用、解析,新增了液相色谱、紫外光谱和质谱;第三篇为有机化学基础性实验,选择了 32 个实验;第四篇为有机化学综合性实验,选择了 12 个实验;第五篇为有机化学设计性实验,选择了 11 个实验。实验类型从基础实验到综合实验,再到设计实验。实验技能从常量操作到微量操作;从常规操作到无水无氧操作;从单元操作到多步操作。实验内容从简单化合物制备到不对称合成、纳米金属催化,还有最新研究成果转化的实验。

附录包含有机化学实验室的常用仪器、有机实验装置、实验预习、记录、实验报告和产率计算、有机化合物定性鉴定,新增化学奥林匹克竞赛实验选篇。

第2版秉承前版教材的特色,增加大量玻璃仪器和装置的图片,可视可读性增强。

参加本书编写的教师有查正根、郑小琦、汪志勇、郑媛、兰泉、刘艳芝、刘晓虹。本书在编写过程中,参考了顾静芬、高梅芳老师编著的《有机化学实验讲义》,她们在实验验证方面做了大量的工作,在此表示衷心的感谢。由于作者水平有限,本书有疏漏和谬误之处,恳望不吝指教。

查正根　郑小琦　汪志勇

2019 年 5 月

于中国科学技术大学有机化学实验室

前　　言

　　随着教学改革的不断深入,中国科学技术大学各专业都实行本硕贯通方式,国际交流日益广泛,本书是在此背景下,根据原国家教委(现为教育部)1992年3月颁布的《高等理科院校化学专业本科有机化学实验课程教学基本要求和基本内容》的精神,以中国科学技术大学有机化学实验室多年的实验教学经验为基础,吸收国内外多种同类教材的优点编写而成的,可作为综合性大学、理科院校、师范院校化学专业本科生的教材使用。本书的主要特点如下:

　　(1) 按照循序渐进的认识规律和实用原则,先介绍有机化学实验一般知识,然后讨论有机化学实验基本操作和技术,再介绍有机化合物物理性质测定及其结构鉴定、有机化合物制备,最后介绍有机化合物的定性鉴定。将所选实验分为基本操作实验、简单制备实验、连续合成实验,各列于有机化学实验基本操作和技术、有机化合物制备章节中,以利于教师分阶段组织教学。其中有机化学实验技术重在理论与实践结合,有机化学实验重在复习巩固基本操作技能,连续合成实验重在综合运用和提高。

　　(2) 鉴于绿色化学的发展,小量化微型化学实验的明显优越性及其在近十几年间的迅速发展,本书重点介绍小量、微型有机化学实验的常用装置和操作方法。

　　(3) 除经典有机化学实验之外,本书还收入了一些新实验。这些新实验或来自其他教材,或来自科研,或是为了深化实验教学而专门组织师生研究所得,已被教学实践证明是可行的。

　　(4) 教材穿插大量的实验装置,图文并茂,易于实践。

　　(5) 实验中有大量的注释,能帮助学生更好地完成实验。

　　(6) 教材取众家之长,理实交融。

　　鉴于本校的有机化学基础实验课没有配套的教材,加之本校近年来有机化学实验教学改革不断深入,有机化学实验的内容有了很大改变(如一些新仪器的使用,以及根据新研究成果开设的实验)。另外,随着改革,每年有不少的研究生助教参与有机化学实验的教学工作。鉴于以上情况,作者根据这几年来在有机化学实验教学开设的实验内容、教学经验以及科研经历的基础上,编写了这本教材。

　　本教材参考了北京大学、清华大学、南开大学、武汉大学编写的《有机化学实验》和兰州大学、复旦大学合编的《有机化学实验》的部分内容,以及国内外其他院校的一些实验内容,参考书已列在附录中,谨此深表谢意。

　　参加本书编写的教师有查正根、郑小琦、汪志勇。本书在编写过程中,参考了教研室顾静芬、高梅芳老师编著的《有机化学实验讲义》,她们和同室的刘艳芝、刘晓虹、傅雪山、郑媛老师在实验的改革和验证方面做了大量的工作,在此表示衷心的感谢。限于编者水平,本书疏漏和谬误之处在所难免,恳望不吝指教。

查正根　郑小琦　汪志勇

2010 年 3 月

于中国科学技术大学有机化学实验室

目　　录

第一篇　绪　　论

第二篇　有机化学实验技术

第三篇　有机化学基础性实验

第四篇　有机化学综合性实验

第五篇　有机化学设计性实验

第一篇　绪　　论

第一章　有机化学实验室工作须知

第一节　有机化学实验守则

有机化学实验教学的目的是让学生掌握有机化学实验的基本技能和基础知识,验证有机化学中所学的理论,培养学生正确地选择有机化合物的合成、分离与鉴定的方法,以及分析和解决实验中所遇问题的思维和动手能力。同时它也是培养学生理论联系实际的作风,实事求是、严格认真的科学态度与良好工作习惯的一个重要环节。

实验安全是有机化学实验的基本要求。在实验前,学生必须阅读有机化学实验守则和安全知识,熟悉操作的一般知识及危险化学药品的使用与保存知识,了解一些常用仪器设备。在进行每个实验以前还必须认真预习有关实验内容,明确实验的目的和要求,了解实验的基本原理、内容和方法,写好实验预习报告,知道所用药品和试剂的毒性和其他性质,牢记操作中的注意事项,安排好当天的实验。

在实验过程中应养成细心观察和及时记录的良好习惯,凡实验所用物料的质量、体积以及观察到的现象和温度等数据,都应立即如实地填写在记录本中。记录应按顺序编号,不得撕页缺号。实验完成后,应计算产率。然后将实验记录、实验结果和贴好标签的样品瓶交给教师核查。

实验台面应该保持清洁和干燥。仪器、药品要随用随取,摆放整齐有序。使用过的仪器应及时洗净。所有废弃的固体和滤纸等应丢入废物缸内,绝不能丢入水槽或下水道内,以免堵塞。有异臭或有毒物质的操作必须在通风橱内进行。

为了保证实验的正常进行和培养良好的实验室作风,必须遵守下列实验室规则:

(1) 进入实验室前,应认真预习,对实验内容、原理、目的、意义、实验步骤、仪器装置、实验注释及安全方面的问题有比较清楚的了解,做到心中有数、思路明晰,避免照方抓药、手忙脚乱。做好实验前一切准备工作。

(2) 仪器安装要端正、平稳,符合实验要求;操作台尽量靠近排气设施,使实验中不可避免产生的废气及时排除。

（3）实验中严守规程，实验过程秩序井然。认真操作，不得擅自离开；仔细观察，如实记录；不高声喧哗，不使用手机，始终保持实验室安静。实验时做到桌面、地面、水槽、仪器干净、整洁。

（4）对于安全隐患要采取严格的防范措施，易燃易爆物品应与火源隔离。实验中严禁吸烟和吃零食。发生意外事故时，要镇静，及时采取应急措施，并立即报告指导教师。

（5）公用实验台面的药品和器械不得随意挪动、放置，以免影响别的同学取用。爱护公共设施和仪器，若有损坏，按规定予以赔偿。

（6）熟悉水、电、气和灭火器的正确使用方法、摆放位置，掌握灭火、防护和急救的相关知识。

（7）严禁将废酸、废碱、废弃物倒入水槽，有机物和无机物分别倒入指定的回收容器，积累到一定量后统一处理和回收。

（8）记录本和合成产物、贴好标签的样品瓶交给教师核查。如实填写实验报告，附上原始记录一并交由教师批阅。

（9）实验结束后，安排值日生清扫公共卫生和整理实验台面，关好水、电、煤气、门，管理人员检查后方可离开。

（10）增强环保意识，遵守环保规定，不得随意排放"三废"，实验室内保持通风良好，尽可能做到洁净、明亮、清新和舒适。师生均应培养"绿色化学"意识。

第二节　有机化学实验室的安全知识

在有机化学实验中，无论是常量实验还是微量、半微量实验都涉及一些共同需要了解和掌握的基本知识，如实验室的安全知识、事故的预防及处理、危险化学品的使用与保存、实验结果的处理等。

有机化学实验要经常使用易燃、有毒和具腐蚀性试剂，比如乙醚、乙醇、丙酮、石油醚和苯等溶剂易于燃烧；甲醇、硝基苯、有机磷（氮）化合物、有机锡化合物、氰化物等具有毒性；氢气、乙炔、金属有机试剂和干燥的苦味酸属易燃易爆气体或药品；氯磺酸、酰氯、浓酸、烧碱等具强腐蚀性。同时，有机化学实验使用的玻璃仪器易裂、易碎，容易引发割伤、起火等各种事故。还有电器设备和煤气等，如果使用不当也易引起触电或火灾。因此，进行有机化学实验时必须树立安全第一的思想，切忌麻痹大意，要充分预习，认真操作，严格遵守实验规则，加强安全观念，树立环保意识，并熟悉实验中用到的药品和仪器的性能，这样才能有效地避免事故的发生，维护人身和实验室的安全，确保顺利完成实验。

为了防止事故的发生或在事故发生后能及时处理，应了解以下安全知识，并切实遵守。

一、实验时的一般注意事项

(1) 进入实验室前,必须认真预习,理清实验思路,了解实验中使用的药品性质和有可能引起的危害及相应的注意事项。进入实验室后应仔细检查仪器是否有破损,掌握正确安装仪器的要点,并弄清水、电、气的管线开关和标记,保持清醒头脑,避免违规操作。

(2) 实验中仔细观察,认真思考,如实记录,并注意实验反应是否正常,有无碎裂或漏气的情况,及时排除各种事故隐患。

(3) 有可能发生危险的实验,应采取防护措施进行操作,如戴防护手套、眼镜、面罩等,有的实验应在通风橱内进行。

(4) 常压蒸馏、回流等反应,禁止用密闭体系操作,一定要保持与大气相通。

(5) 易燃、易挥发的溶剂不得在敞口容器中加热,应该用水(油)浴加热的不得用直接火加热。加热的玻璃仪器外壁不得含有水珠,也不能用厚壁玻璃仪器加热,以免破裂引发事故。

(6) 各种药品需要妥善保管,不得随意遗弃或散失。对于实验中的废气、废渣、废液,要按环保规定处理,不能随意排放。有机废液应集中收集处理,尽可能回收利用,树立环境保护意识和绿色化学理念。

(7) 严禁在实验室里吸烟、喝水或吃东西。

(8) 正确使用温度计、玻璃棒和玻璃管,以免玻璃管、玻璃棒折断或破裂而划伤皮肤或使水银泄漏。

(9) 熟悉消防器材的存放位置和正确使用的方法。

(10) 实验结束后,要仔细关闭好水、电、气及实验室门窗,防止其他意外事故的发生。

二、实验中事故的预防、处理和急救

1. 割伤

造成割伤情况发生的,一般有下列几种原因:

(1) 装配仪器时用力过猛或装配不当。

(2) 装配仪器用力处远离连接部位。

(3) 仪器口径不合而勉强连接。

(4) 玻璃折断面未烧圆滑,有棱角等。

为避免被玻璃割伤,要注意以下几点:

(1) 玻璃管(棒)切割后,断面应在火上烧熔以消除棱角。

(2) 注意仪器的配套。

(3) 正确使用操作仪器。

如果不慎发生割伤事故要及时处理。先将伤口处的玻璃碎片取出,若伤口不大,用蒸馏水洗净伤口,再涂上红药水,撒上止血粉用纱布包扎好。若伤口较大或割破了主血管,则应用力按住主血管,防止大出血,及时送医院治疗。

2. 着火

预防着火要注意以下几点:

（1）不能用烧杯或敞开容器盛装易燃物，加热时应根据实验要求及易燃物的特点选择热源，注意远离明火。

（2）尽量防止或减少易燃的气体外逸，倾倒时要关掉火源，并注意室内通风，及时排出室内的有机物蒸气。

（3）易燃及易挥发物，不得倒入废液缸内，量大的要专门回收处理，量少的可倒入水槽用水冲走（与水有猛烈反应者除外，金属钠残渣要用乙醇销毁）。

（4）实验室不准存放大量易燃物。

（5）防止煤气阀漏气。

实验室如果发生了着火事故，应沉着冷静并及时采取措施，控制事故的发展。首先，立即关掉附近所有火源，切断电源，移开未着火的易燃物。然后，根据易燃物的性质和火势大小设法扑灭火源。

常用的灭火剂有二氧化碳、四氯化碳和泡沫灭火剂等。干砂和石棉布也是实验室经常用的灭火材料。

二氧化碳灭火器是有机化学实验室最常用的灭火器。灭火器内贮存压缩的二氧化碳。使用时，一手提灭火器，一手握住喷二氧化碳喇叭筒的把手（不能用手直接握喇叭筒，以免冻伤），打开开关，二氧化碳即可喷出。这种灭火器灭火后的危害小，特别适用于油脂、电器及其他较贵重的仪器着火时灭火。

四氯化碳和泡沫灭火器虽然也都具有比较好的灭火性能，但由于存在一些问题，如四氯化碳在高温下能生成剧毒的光气，而且与金属钠接触会发生爆炸；泡沫灭火器喷出大量的硫酸氢钠、氢氧化铝，污染严重，给后续处理带来麻烦。因此，除不得已时最好不用这两种灭火器。

不管用哪一种灭火器，都是从火的周围开始向中心扑灭。

水在大多数场合下不能用来扑灭有机物的着火。因为一般有机物都比水轻，泼水后，火不但不熄灭，有机物反而会漂浮在水面上燃烧，火会随水流蔓延更快。

地面或桌面着火，如火势不大，可用淋湿的抹布来灭火；反应瓶内有机物着火，可用石棉板盖上瓶口，火即熄灭；身上着火时，切勿在实验室内乱跑，应就地卧倒，用石棉布等把着火部位包起来，或在地上滚动以熄灭火焰。

3．爆炸

实验时，仪器堵塞或装配不当；减压蒸馏使用不耐压的仪器；违章使用易爆物；反应过于猛烈，难以控制等情况下，都有可能引起爆炸。为了防止爆炸事故的发生，应注意以下几点：

（1）常压操作时，**切勿在封闭系统内进行加热或反应**，在反应进行时，必须经常检查仪器装置的各部分有无堵塞现象。

（2）减压蒸馏时，**不得使用机械强度不大的仪器**（如锥形瓶、平底烧瓶、薄壁试管等），必要时，要戴上防护面罩或防护眼镜。

（3）使用易燃易爆物（如氢气、乙炔和过氧化物等）或遇水易燃烧爆炸的物质（如钠、钾等）时，应特别小心，严格按操作规程操作。

（4）**反应过于猛烈时，要根据不同情况采取冷冻或控制加料速度等措施。**

（5）**必要时可设置防爆屏。**

4．中毒

化学药品大多具有不同程度的毒性，产生中毒的主要原因是皮肤或呼吸道接触有毒药品。

在实验中,为防止中毒,需切实做到以下几点:

(1)试剂不要沾在皮肤上,尤其是极毒的试剂,实验完毕后应立即洗手,称量任何试剂都应使用工具,不得用手直接拿取。

(2)使用或处理有毒或具腐蚀性物质时,应在通风橱中进行,并戴上防护用品,尽可能避免有机物蒸气扩散在实验室内。

(3)对沾染过有毒物质的仪器和用具,实验完毕应立即采取适当方法处理以破坏或消除其毒性。

一般试剂溅到手上,通常是用水和乙醇洗去。实验时若有中毒特征,应到空气新鲜的地方休息,最好平卧,出现其他较严重的症状,如长斑点、头昏、呕吐、瞳孔放大等应及时送往医院。

5. 灼伤

皮肤接触了高温(如热的物体、火焰、蒸气等)、低温(如固体二氧化碳、液体氮)或腐蚀性物质(如强酸、强碱、溴等)都会造成灼伤。因此,实验时要避免皮肤与上述能引起灼伤的物质接触。取用有腐蚀性化学试剂时,应戴上橡皮手套和防护眼镜。

实验中发生灼伤,要根据不同的灼伤情况分别采取不同的处理方法。

(1)被酸或碱灼伤时,应立即用大量清水冲洗灼伤处。酸灼伤要用1％的碳酸氢钠溶液冲洗;碱灼伤则用1％的硼酸溶液冲洗。最后再用水冲洗。严重者要消毒灼伤面,并涂上软膏,送医院就医。

(2)被溴灼伤时,应立即用2％的硫代硫酸钠溶液洗至伤处呈白色,然后再用甘油加以按摩。

(3)如被灼热的玻璃烫伤,应在患处涂以正红花油,然后擦一些烫伤软膏。

(4)除金属钠外的任何药品溅入眼内,都要立即用大量清水冲洗。冲洗后,如果眼睛未恢复正常,应马上送医院就医。

6. 实验室常用的急救药品

(1)医用酒精、红药水、止血粉、甲紫、凡士林、玉树油或鞣酸油膏、烫伤膏、硼酸溶液(1％)、碳酸氢钠溶液(1％)、硫代硫酸钠溶液(2％)等。

(2)医用镊子、剪刀、纱布、药棉、绷带等。

三、安全事项

确保熟悉下列安全设备的放置位置和使用方法:

(1)灭火器在实验室中的各个相应位置。

(2)喷淋装置,每层实验室靠近走廊中部的位置。

(3)洗眼器/喷脸器,实验台两端每个水槽中各有一个。

(4)灭火毯,放在实验室靠近走廊的两头和总电源控制板附近。

(5)电话仅在紧急情况下使用。

由化学药品或电引起的火灾,只能用二氧化碳和干粉灭火器进行灭火。水槽处的水龙头可以用来冲洗与腐蚀药品接触的皮肤。注意所在工作区域中安全设备的放置位置,并且知道(甚至预演)怎样操作,以防火灾或其他意外事故的发生。在火灾或其他意外事件发生的情况下,不要采取任何可能危害到自己或他人的冒险行动。最重要的是,尽快让助教或职员知道所发生的紧急情况。

在实验室时,必须一直戴着防护眼镜。

溶剂、化学药品及其他材料的处理:千万不要将溶剂或反应物倒入下水道,要分类收集、处理。用过的玻璃容器必须丢弃在专门设计的容器中。

第三节　实验操作的一般知识

一、玻璃仪器的洗涤和干燥

玻璃仪器上沾染的污物会干扰反应进程,影响反应速度,增加副产物的生成和分离纯化的困难,也会严重影响产品的收率和质量,情况严重时还可能遏制反应而得不到产品,所以必须洗涤除去。洗涤玻璃仪器应根据具体情况采用不同的方法,常用的方法为:

1. 刷洗

如仪器沾染不多,可用毛刷蘸取洗衣粉,加少许水刷洗,然后用自来水冲洗干净。对于非磨口的仪器,也可用去污粉代替洗衣粉。

2. 溶剂浸洗

如用洗衣粉不能洗净,或已知污染物可溶于某种有机溶剂,可选用合适的回收溶剂或低规格的溶剂如乙醇、丙酮、石油醚等,加入适量浸渍溶解,振荡洗去。如振荡不能洗去,可装上冷凝管煮沸回流使之溶解洗去;或塞上塞子经较长时间的浸泡后用毛刷刷洗。用过的溶剂需倒入回收瓶,不可随手倒入水槽或废物缸,以免酿成事故。

3. 洗液浸洗

如用有机溶剂不能洗净,可考虑用洗液浸洗。洗液的配制方法是将 5 g 重的铬酸钾配制成热的饱和水溶液,在不断搅拌下将 100 mL 低规格的浓硫酸缓缓注入其中。洗液的使用方法与有机溶剂相似,也有荡洗、浸泡和加热煮沸等方式。因洗液具有很强的氧化性和腐蚀性,在使用时需十分小心,勿使其触及皮肤、衣物。用过的洗液应倒回原来的瓶子中,以供下次洗涤使用,直至洗液的棕红色逐渐褪去、完全变为绿色时表明已经失效,需另配新的。

4. 针对性洗涤

如已知污染物为碱性,可选用不同浓度的强酸溶液洗涤;如已知污染物为酸性,可用强碱溶液荡洗或煮洗等。此外还有其他洗涤方法,如超声波振动洗涤等,但目前尚不普及。

无论用何种方法洗涤,都应注意:

(1) 仪器用过后需尽快洗净,若久置则往往凝结而难以洗涤。

(2) 污物过多时需尽量倒出后再洗。如污物已成焦油状,应先尽量倾倒,再用废纸揩除,然后洗涤。

(3) 凡可用清水和洗衣粉刷洗干净的仪器,就不要用其他洗涤方法;而凡用其他方法洗净的仪器,最后还需用清水冲洗干净。

（4）**仪器洗净的标志是器壁上能均匀形成水膜而不挂水珠。**

5. 仪器干燥

仪器洗净后往往需要干燥,因为水能干扰许多有机反应的正常进行,而有的有机反应,在有水存在的情况下根本得不到产物。干燥仪器时可根据需要干燥的仪器数量、要求干燥的程度高低及是否急用等情况采用不同的方法。

（1）晾干:实验结束后将所用仪器洗净,开口向下挂置,任其在空气中自然晾干,下次实验时可直接取用。这样晾干的仪器可满足大多数有机实验的要求。

（2）吹干:一两件亟待干燥的仪器可用电吹风吹干,如仪器壁上还有水膜,可用 1～2 mL 乙醇荡洗,再用 1～2 mL 乙醚荡洗,可更快地吹干。数件至数十件仪器可用气流烘干器吹干。

（3）烘干:较大批量的仪器可用烘箱烘干。应注意在烘干仪器时,仪器上的橡皮塞、软木塞不可放入烘箱;活塞和磨口玻璃塞需取下洗净分别放置,待烘干后再重新装配。当烘箱正在使用时,先放的玻璃仪器在上层,后放的玻璃仪器在下层,以免后放入仪器上的冷水滴到热的玻璃仪器上造成破裂。

二、塞子的选择、钻孔和装配

软木塞、橡皮塞都具有两种功能:一是将容器密封起来;二是将分散的仪器连接起来装配成具有特定功能的实验装置。而玻璃塞、塑料塞则一般只具有前一种功能。软木塞密封性较差,表面粗糙,会吸收较多的溶剂,其优点是不会被溶胀变形,在使用前需用压塞机压紧密,以防在钻孔时破裂。橡皮塞表面光滑,内部疏密均匀,密封性好,其缺点是易被有机溶剂或蒸气溶胀变形。在实验室中橡皮塞的使用远比软木塞广泛,特别是在密封程度要求高的场合下必须使用橡皮塞。玻璃塞、塑料塞应使用仪器原配的或口径编号相同的。软木塞和橡皮塞的选择原则是将塞子塞进仪器颈口时,要有 1/3～2/3 露出口外。

标准磨口玻璃仪器的普及使用为仪器的装配带来极大的方便,但仍有一些场合需要通过软木塞或橡皮塞来连接装配,这就需要在塞子上钻孔。为了使玻璃管或温度计既可顺利插入塞孔,又不至松脱漏气,则需要选择适当直径的打孔器。对于橡皮塞,应使打孔器的直径等于待插入的玻璃管或温度计的直径;对于软木塞,则应使打孔器的直径稍细于待插入的玻璃或温度计的直径。钻孔时在塞子下垫一木块,在打孔器的口上涂少许甘油或肥皂水,左手固定塞子,右手持打孔器从塞子的小端垂直均匀地旋转钻入。钻穿后将打孔器旋转拔出,用小一号的打孔器捅出所用打孔器内的塞芯。必要时可用小圆锉将钻孔修理光滑端正。

把温度计插入塞中时需在塞孔口处涂上少量甘油,左手持塞,右手握温度计,缓慢均匀地旋转插入。右手的握点应尽量靠近塞子,不可在远离塞子处强力推进,否则会折断温度计并割伤手指。如果塞孔过细而难于插入,可以将温度计缓缓旋转拔出,用小圆锉将塞孔修大一点再重新插入。如塞孔过大而松脱,应另用一个无孔塞,改用小一号的打孔器重新打孔,而不可用纸衬、蜡封等方法凑合使用。玻璃管、玻璃棒插入塞子的方法与温度计相同,且在插入之前需保证管口或棒端圆滑,在插入时不可将玻璃管（棒）的弯角处当作旋柄用力。

如需从塞子中取出玻璃管（棒）,可在玻璃管（棒）与橡皮的接合缝处滴入甘油,按照插入时的把持方法缓缓旋转退出。如已黏结,可用小起子或不锈钢铲沿破壁插入缝中轻轻松动,然后按上述方法退出。若实在退不出来,不要强求,可用刀子沿塞子的纵轴方向切开,将塞子剥下。若退下的塞子仍然完好,可洗净收存供下次使用。

三、化学试剂的取用

1. 规格

化学试剂按其纯度分成不同的规格,国内生产的试剂分为四级,见表 1.1。

表 1.1 国产试剂的规格

试剂级别	中文名称	代码及英文名称	标签颜色	主要用途
一级品	保证试剂或"优级纯"	G. R.（Guarastee Reagent）	绿	用作基准物质的分析鉴定及精密科学研究
二级品	分析试剂或"分析纯"	A. R.（Analyxical Reagent）	红	用于分析鉴定及一般科学研究
三级品	化学纯粹试剂或"化学纯"	C. P.（Chemically pure）	蓝	用于要求较低的分析实验和要求较高的合成实验
四级品	实验试剂	L. R.（Laboratory Reagent）	棕、黄或其他	用于一般性合成实验和科学研究

试剂规格越高,纯度也越高,价格就越贵。凡低规格试剂可以满足要求的,就不要用高规格试剂。在有机化学实验中大量使用的是三级品和四级品,有时还可以用工业品代替。在取用试剂时要核对标签以确认使用规格无误。标签松动、脱落的要贴好,分装试剂要随手贴上标签。

2. 固体试剂的称取

固体试剂用天平称取,常用的几类天平列于表 1.2,可根据所需称量的量及要求的准确程度选用。天平感量越小越精密,价格越高,对操作的要求也越严格。普通有机实验中应用最多的是药物天平。各种天平的使用方法不尽相同,应按照使用说明书调试和使用。

表 1.2 常用天平

种类	最大称重量(g)	感量(g)
药物天平	500	0.5
	100	0.1
托盘扭力天平	100	0.01
分析天平	200	0.0001

称取固体试剂应该注意:① 不可使天平"超载"。如果需称量的重量大于天平的最大称重量时,则应分批称取。② 不可使试剂直接接触天平的任何部位。一般固体试剂可放在表面皿或烧杯中称量;特别稳定且不吸潮的也可放在称量纸上称量;吸潮性或挥发性固体需放在干燥

的锥形瓶(或圆底瓶)中塞住瓶口称量;金属钾、金属钠应放在盛有惰性溶剂的容器中称量,最后以差减法求得净重。③ 固体药品在开瓶后可用牛角匙移取,有时也可用不锈钢刮匙挑取,任何时候都不许用手直接抓取。取用后应随手将原瓶盖好,不许将试剂瓶敞口放置。

3.液体试剂的量取

液体试剂一般用量筒或量杯量取,用量少时可用移液管量取,用量少且计量要求不严格时也可用滴管汲取。取用时要小心勿洒出,观察刻度时应使眼睛与液面的弯月面底部平齐。试剂取用后应随手将原瓶盖好。黏度较大的液体可像称取固体那样称取,以免因量器的黏附而造成过大误差。吸潮性液体要尽快量取,发烟性或可放出毒气的液体应在通风橱内量取,腐蚀性液体应戴上乳胶手套量取。挥发性液体或溶有过量气体的液体(如氨水)在取用时应先将瓶子冷却降压,然后开瓶取用。

四、加 热

在有机化学反应中对反应物加热,温度每上升 10 ℃,反应速度一般可提高一倍。在分离纯化实验中为达保温、溶解、升华、蒸馏、蒸发、浓缩等目的也要加热。实验室中的热源有酒精灯、煤气灯(本生灯)、电热套、电炉和红外光等,加热的方式根据具体情况确定。在有机化学实验室中,不提倡用明火加热。

1.直接火加热

在试管中加热少量物质可以用酒精灯或煤气灯的直接火加热,除此之外,只有在做玻璃加工时才允许用直接火加热。

2.石棉网加热

如果被加热物质沸点较高且不易燃烧,可在火焰与受热器皿之间垫一层石棉网,以扩大受热面积且使加热较为均匀。如在烧杯、锥形瓶等平底容器中加热水或水溶液,可将容器直接放在石棉网上加热;如在圆底瓶、梨形瓶等容器中加热有机物,则瓶底与石棉网之间应有 1~2 mm 的间隔。

3.水浴加热

若需要加热的温度在 80 ℃以下,可用水浴加热。水浴锅可为铜质锅和铝质锅。当加热少量低沸点液体时,也可用烧杯代替水浴锅,但烧杯下面一定要垫石棉网。将装有待加热物料的烧瓶浸于水中,使水面高于瓶内液面,瓶底也不触及锅底,然后调节火焰(或电压)将温度控制在所需的温度范围之内。专门的水浴锅的盖子由一组直径递减的同心圆环组成,可防止水的过快蒸发。若无此设备,可在水中加入少量的石蜡,石蜡受热熔融浮于水面亦可防止水的蒸发。若长时间加热,水较多蒸发使水面下降,可另烧一些同温度的水来做补充。要常擦瓶口以防止蒸气凝成的水珠流入瓶内。凡涉及金属钠、钾的反应都不宜水浴加热。

4.油浴加热

当需要加热的温度高于 80 ℃时,可采用油浴加热。油浴所能达到的温度因所用油的种类不同而不同。甘油和邻苯二甲酸二丁酯适用于加热至 160 ℃左右,过高则易分解。石蜡和液状石蜡都可加热至 220 ℃,再升温虽不分解,但易冒烟燃烧;硅油和真空泵油加热至 250 ℃仍然稳定,但价格昂贵。

　　油浴的使用方法与水浴类似,但久用会变黑,高温会冒烟,混入水珠会造成爆溅。油的膨胀系数较大,若浴锅内装得较多,受热时会溢出锅外,造成污染或引起燃烧。所以在人数众多的学生实验室中不常使用。

5. 沙浴加热

　　在铁盘内放入细沙,将被加热的烧瓶半埋入沙中即构成沙浴。沙浴可加热至 350 ℃,且不会有污染,但沙子导热慢、散热快,升温也不均匀。所以在使用沙浴时,瓶底下的沙层宜薄,以利导热,瓶四周的沙层宜厚,以利保温,桌面最好垫上石棉板,以免烤坏桌面。

6. 电热套加热

　　电热套以玻璃棉包裹电热丝盘成碗状。电热套与变压器配套使用,用来加热;简易电热套还可与此类搅拌器联用,用来加热、搅拌。电热套具有调温范围宽广、不见明火、使用安全的优点。使用时应注意变压器的输出功率不小于电热套的功率,电热套的使用温度一般不超过 400 ℃。

7. 其他加热方法

　　如果需要加热到 250 ℃以上,可考虑使用熔盐浴。如硝酸钠和硝酸钾等量混合、在 218 ℃熔融,可加热至 700 ℃;7%的硝酸钠、53%的硝酸钾和 40%的亚硝酸钠相混合,在 142 ℃熔融,可在 500 ℃以下安全使用。熔盐浴在室温下结为固体,移动和存放都很方便,但使用温度高,需十分注意防止烫伤。如果需加热的温度较低,例如在 50 ℃以下,也可用红外灯加热。如果需较长时间加热,则采用自动控温的恒温水槽较为方便。

五、低温冷却

　　当反应大量放热,需要降温来控制速度以避免事故时;当反应中间体不稳定,需在低温下反应时;当需要降低固体物质在溶剂中的溶解度以使其结晶析出时;当需要把化合物的蒸气冷凝收集时;当需要将空气中的水汽凝聚下来以免其进入油泵或反应系统时都要进行冷却。当被冷却物为气体时,可使它从穿越制冷剂的管道内部流过;当被冷却物为液体、固体或反应混合物时,可将装有该物质的瓶子浸于制冷剂中,通过管壁、瓶壁的传热作用而实现冷却,只有在特殊情况下才允许将制冷剂直接加入被冷却物中。常用制冷剂列于表 1.3。使用时可根据具体的冷却要求选用。

表 1.3　常用制冷剂

制冷剂	可达到的最低温度(℃)	制冷剂	可达到的最低温度(℃)
自来水	室温	干冰+乙醚	-77
冰+水	0~5	干冰+丙酮	-78
食盐+碎冰(1∶3)	-21	液态空气	-190~-185
六水合氯化钙+碎冰(10∶8)	-50	液氮	-195.8
干冰+乙醇	-72		

　　若需要把反应混合物冷却到 0 ℃以下时,可用食盐和碎冰的混合物,一份食盐与三份碎冰

的混合物,温度可降至 $-20\ ℃$,但在实际操作中,温度一般降至 $-5\sim -18\ ℃$,食盐投入冰内时碎冰易结块,故最好边加边搅拌。

冰与六水合氯化钙结晶($CaCl_2 \cdot 6H_2O$)的混合物,理论上可得到 $-50\ ℃$ 左右的低温。在实际操作中,10 份六水合氯化钙结晶与 $7\sim 8$ 份碎冰均匀混合,可达到 $-40\sim -20\ ℃$。

浓氨也是常用的冷却剂,温度可达 $-33\ ℃$。由于氨分子间的氢键,使氨的挥发速度不快。

将干冰(固体二氧化碳)与适当的有机溶剂混合时,可得到更低的温度,与乙醇的混合物可达到 $-72\ ℃$,与乙醚、丙酮或氯仿的混合物可达到 $-78\ ℃$。

液氮可冷至 $-188\ ℃$。

为了保持冷却剂的效力,通常把干冰或它的溶液及液氨盛放在保温瓶(也叫杜瓦瓶)或其他绝热较好的容器中,上口用铝箔覆盖,降低其挥发的速度。

应当注意,温度若低于 $-38\ ℃$ 时,则不能使用水银温度计。因为低于 $-38.87\ ℃$ 时,水银就会凝固。对于较低的温度,常常使用内装有机液体(如甲苯,可达 $-90\ ℃$,正戊烷,可达 $-130\ ℃$)的低温温度计。为了便于读数,往往向液体内加入少许颜料。但由于有机液体传热较差和黏度较大,这种温度计达到平衡的时间较长。

六、搅拌

搅拌可增大相间接触面,缩短反应时间。在边反应边加料的实验中搅拌可防止局部过浓、过热,减少副反应。所以搅拌在合成反应中有广泛的应用。

1. 手工搅拌

若反应时间不长、无毒气放出,且对搅拌速度要求不高,可在敞口容器(如烧杯)中用手工搅拌。一般情况下只可用玻璃棒而不许用温度计搅拌。但若在搅拌反应的同时还需观察温度,则可用小橡皮圈将温度计和玻璃棒套在一起搅拌。玻璃棒的下端应超出温度计的水银泡约半厘米,搅拌不宜过猛,尽量不要触及容器内壁,以免打破容器或温度计。

2. 电动搅拌

当反应需要进行较长时间,或有毒气放出,或需同时回流,或需按一定速率长时间持续滴加料液时,应采用电动搅拌。电动搅拌的装置如图 1.1 所示,由电动机、搅拌棒、搅拌头三部分组成。

电动机竖直安装在铁支架上,转速由调速器控制,轴下端有扣接搅拌棒的螺旋套头。搅拌棒由玻璃棒或不锈钢管制成,分上、下两段,中间用橡皮管连接以做缓冲。搅拌棒下端可弯制或扭制成不同的形状,也可装上不同的叶片,以适应不同的容器。

在搅拌装置安装好后,先用手指搓动搅拌棒试转,确信搅拌棒及其叶片在转动时不会触及瓶壁和温度计(如果插有温度计的话),摩擦力亦不过大,然后才可旋动调速旋钮,缓缓地由低挡向高挡旋转,直至所需转速。不可过快地一下子旋到高挡。任何时候只要听到搅拌棒擦刮、撞击瓶壁的声音,或发现有停转、疯转等异常现象,都应立即将调速旋钮旋至零,然后查找原因并做适当调整或处理,再重新试转。

图 1.1　电动搅拌装置

3. 磁力搅拌

磁力搅拌装置如图1.2所示。它是以电动机带动磁场旋转,并以磁场控制磁子旋转的。

磁子是一根包裹着玻璃或聚四氟乙烯外壳的软铁棒,外形为棒状(用于锥形瓶等平底容器)或橄榄状(用于圆底瓶或梨形瓶),直接放在瓶中。一般磁力搅拌器都兼有加热装置,可以调速调温,也可以按照设定的温度维持恒温。在物料较少、不需太高温度的情况下,磁力搅拌可代替其他方式的搅拌,且易于密封,使用方便。但若物料过于黏稠,或其中有大量较重的固体颗粒,或调速过急时,都会使磁子跳动而撞破瓶壁。如果发现磁子跳动,应立即将调速旋钮旋到零,待磁子静止后再重新缓缓开启,必要时还需改善被搅拌物料的状况,例如加适当的溶剂以改变其黏度等。

图1.2　磁力搅拌装置

第四节　实验用小型机电仪器的使用方法

一、磁力搅拌器的使用方法

1. 磁力搅拌装置图

装置图如图1.2所示。

2. 操作方法

(1) 将搅拌磁子放入反应瓶中,搭好搅拌反应装置。

(2) 插上插座,打开电源开关,红灯亮(若需感温探头才能加热的磁力搅拌器,将感温探头插入加热浴中)。

(3) 打开调速旋钮,调节到合适的转速。打开加温旋钮,调节到合适的温度。仪器进入试运行,进行加温搅拌。

(4) 用后关闭电源开关,将反应装置拆卸,并拔掉插座。

3. 注意事项

(1) 防止反应的溶液(尤其带酸或带碱)洒到磁盘表面,以免腐蚀磁盘。

(2) 用后的磁子要清洗干净,磁盘表面用干净的布擦拭清洁。

(3) 若要精确加温,需用水银温度计测温、控温。

二、旋转蒸发仪的使用方法

1. 旋转蒸发仪装置图
装置图如图 1.3 所示。

2. 操作方法
（1）用胶管与冷凝水龙头连接，用真空胶管与真空泵相连。

（2）先将水注入加热槽。最好用纯水，自来水要放置 1～2 天再用。

（3）旋转立柱连接螺钉，调整冷凝管角度，冷凝管即可在 0°～45°之间任意倾斜。

（4）接通冷凝水，接通电源 220 V/50 Hz，用手抓住转换头上连接的圆底烧瓶，打开循环水泵使之达到一定真空度后松开手。

图 1.3 旋转蒸发仪装置

（5）按压位于加热槽底部的压杆，调节圆底烧瓶的高度，左右调节弧度使之达到合适位置后，手离压杆即可达到所需高度。

（6）打开调速开关，绿灯亮，调节其左侧旁的转速旋钮，蒸发瓶开始转动。打开控温开关，绿灯亮，调节其左侧旁的控温旋钮，加热槽开始自动控温加热，仪器进入试运行。温度与真空度一到所要求的范围，即能蒸发溶剂到接收瓶。

（7）蒸发完毕，首先关闭调速开关及控温开关，按压下压杆使圆底烧瓶上升，并打开冷凝器上方的放空阀，使之与大气相通，取出圆底烧瓶，蒸发过程结束。然后关闭循环水真空泵。

3. 注意事项
（1）玻璃器件应轻拿轻放，洗净烘干。

（2）加热槽应先注水后通电，不许无水干烧。

（3）所用磨口仪器安装前需均匀涂少量真空脂。

（4）贵重溶液应先做模拟试验。确认本仪器适用后再转入正常使用。

（5）精确水温用温度计直接测量。

（6）工作结束，关闭开关，拔下电源插头。

三、循环水真空泵的使用方法

1. 循环水真空泵装置图
装置图如图 1.4 所示。

2. 操作方法
（1）在真空泵中加上干净的循环水，将真空泵抽头接上真空胶管，将安全瓶和抽滤瓶依次连接上真空胶管。

图 1.4　循环水真空泵装置

（2）插上电源,打开电源开关,关闭安全瓶上的三通活塞,真空表显示真空度上升,开始抽真空。

（3）抽真空结束,先将连接抽滤瓶的真空胶管拆开或慢慢打开缓冲瓶的两通活塞,再把电源开关关闭,最后拔下电源插座。

3. 注意事项

（1）一定要在有循环水的情况下才能打开电源开关。

（2）抽真空结束,应先将安全瓶打开,再把电源开关关闭,否则容易使循环水倒吸。

（3）长时间不用真空泵时,需将循环水放空。循环水最好经常更换。

四、烘箱

烘箱（图 1.5）用于烘干成批量的玻璃仪器和无腐蚀性且热稳定性好的药品,如变色硅胶等。一般烘箱都具有鼓风和自动控温的功能。当用于烘干玻璃仪器时,先将仪器用清水洗净沥干,开口向上放入烘箱,接通电源,将自动控温旋钮调至约 110 ℃。为了加快烘干,可启动烘箱内鼓风机。仪器烘干后可切断加热电源,使仪器在箱内鼓风下冷却至室温,以免在冷却过程中吸潮。若仪器对干燥程度要求较高,可在冷至 100 ℃左右时用干布衬手取出、置干燥器中冷却。用有机溶剂洗净的仪器不可在烘箱中烘,以免发生危险。当一批仪器快要烘干时,不要再放入湿仪器,否则会使已烘干的仪器重新吸收水汽,或在热烫的仪器上滴上冷水珠而造成仪器炸裂。

图 1.5　烘箱

第五节　实验用化学文献的采集方法

化学文献（Chemical Literature）是世界各国化学学科的科学研究和工业生产等各种实践的记录和总结,是人类科学和文明的宝贵财富,查阅化学文献是化学工作者从事科学研究的重要方面,是每个科学工作者应具备的基本功之一。进入每个课题研究之前,了解有关历史概况、国内外目前发展水平、动态,借以丰富思路,做出正确判断,少走弯路。基础有机化学实验课要求每个学生实验前,对所用试剂、溶剂、反应、产物等进行手册查阅,这会使学生对实验内容的了解始于一个较高的水平,同时也培养了学生良好的科学素养和初步学会查阅、应用文献资料的能力。国外一些科研基金会和统计局调查著名科学家对于科研工作的时间分配,结果如下:计划 8%、文献查阅 51%、实验 32%、编写报告 9%,可见文献查阅的重要性。

目前,在化学文摘社(CAS)登录的化学物质已有 1 亿种之多。为了了解某个课题的历史、现状和发展方向,做到知己知彼、提供借鉴、丰富思维、帮助判断、减少失误,就必须高度重视化学文献的查阅。世界专利文献(International Patent Classification,简称 IPC)的数量也迅速增加,根据世界专利文献分类,可分成 8 个大部,118 个大类,500 多个分类,58 000 个小组。所有其他科技文献都没有专利文献这样系统化、规范化。专利文献具有数量大、范围广、内容新、速度快、技术细节描述详尽以及能反映技术发展的全过程等特点,是科技文献的重要组成部分。根据世界知识产权组织研究分析,科研工作在拟定课题、制订规划和攻关解疑过程中,自始至终注意专利文献,经费大致可节约 60%,时间可节省 40%。

如何从现有的丰富文献中找到研究所需的信息,这是一个科学工作者面临的实际问题。文献查阅、实验设计、实验实施、结果分析、论文撰写是贯穿科研全过程的重要环节。加强素质训练,及时调整知识结构,以迎接新世纪的挑战,是当今大学生的历史使命。当前世界正进入知识经济和信息社会时代,计算机和网络技术的迅猛发展已做到"秀才不出门,全知天下事"。除了机器检索(简称机检)以外,手工检索(简称手检)仍是不可替代的重要手段,特别是在发展中国家更是如此。为此,化学专业的学生将在"化学文献检索"这门课程中学习系统查阅化学文献的方法。这里,将就手检和机检的化学文献分别做一简要介绍。要做到熟练掌握,全靠大量实践。

化学文献分为一级文献(原始文献)和二级文献(间接文献)。一级文献主要是指期刊和专利档案;二级文献包括文献杂志、综论丛刊、手册、字典、辞典和大型参考书等。

一、期刊

各国出版与化学相关的期刊数目众多,仅科学引文索引(SCI)中所收录的与化学有关的期刊就有 1 000 多种,在化学引文索引(CCI)中收录的化学领域出版物有 1 140 种,这些入选的期刊都是化学领域的核心刊物,这里仅介绍与有机化学相关的重要中外文期刊。

1.中文主要期刊

(1)《中国科学》(*Scientia Sinica*),月刊,1951 年创刊(1951～1966;1973～)。原为英文版本,自 1972 年开始分成中英文两种版本,英文版名为 *Science in China*,主要刊登我国各自然科学领域的研究成果。起初分为 A、B 两辑。B 辑包括化学、生命科学等方面的学术论文;从 1996 年起进行调整,B 辑专门报道化学方面的学术论文。

(2)《中国化学》(*Chinese Journal of Chemistry*),月刊,1950 年创刊,是自然科学综合性学术刊物,英文版本。

(3)《化学学报》(*Acta Chimica Sinica*),月刊,1933 年创刊,原名为《中国化学会会志》,主要刊登化学方面的学术论文。

(4)《高等学校化学学报》(*Chemical Journal of Chinese University*),月刊,1980 年创刊,是化学学科综合性学术刊物,主要报道我国高等学校的创造性科研成果和化学学科的最新研究成果。

(5)《有机化学》(*Organic Chemistry*),双月刊,1981 年创刊,刊载有机化学方面的重要研究成果。

（6）《大学化学》（*University Chemistry*），双月刊，1986 年创刊，中国化学会和高等学校教育研究中心合办。主要栏目有今日化学、教学研究与改革、化学实验。

2．外国主要有关刊物

（1）*Journal of the American Chemical Society*，简称 *J . Am . Chem . Soc .*（《美国化学会志》），1879 年创刊，周刊，刊载包括无机化学、有机化学、物理化学、生物化学和高分子化学等领域的研究论文和快报。

（2）*Organic Letters*，简称 *Org . Lett .*（《有机快报》），半月刊，1999 年创刊，刊载有机化学领域的研究论文和快报。美国出版。

（3）*Journal of the Organic Chemistry*，简称 *J . Org . Chem .*（《有机化学杂志》），1936 年创刊，双周刊，主要登载有机化学方面的研究论文。美国出版。

（4）*Journal of the Chemical Society*，简称 *J . Chem . Soc .*（《英国化学会志》），1849 年创刊，双周刊。1966 年以后分成 A、R、C 三部分发表。1970 年起分成 6 辑出版。

Chemical Communication：周刊，综合报道化学学科各领域的研究快报。

Perkin Transactions Ⅰ：刊载有机化学和生物化学方面的内容。

Perkin Transactions Ⅱ：刊载物理有机化学内容。

Dalton Transactions：刊载无机化学、物理化学和理论化学方面的内容。

Faraday Transactions Ⅰ：刊载物理化学方面的内容。

Faraday Transactions Ⅱ：刊载化学物理方面的内容。

（5）*Green Chemistry*，简称 *Green Chem .*，双月刊，刊载绿色化学领域的研究论文。英国出版。

（6）*Angewandte Chemie*（《德国应用化学》），1888 年创刊，1962 年起出版英文版，简称 *Angew . Chem . In1 . Ed . Eng1 .*，综合报道化学学科各领域的综述评论和研究快报。

（7）*Chemistry A European Journal*（《欧洲杂志化学》），简称 *Chem . Eur . J .*，1995 年创刊，综合报道化学方面的研究论文。德国出版。

（8）*Advanced Synthesis & Catalysis*，简称 *Adv . Synth . Catal .*，刊载有机、无机金属、应用化学研究论文。德国出版。

（9）*Tetrahedron*（《四面体杂志》），1957 年创刊，主要发表有机化学方面的研究和综述评论文章。

（10）*Tetrahedron Letters*，简称 *Tetrahedron Lett .*（《四面体快报》），主要刊载有机化学方面的初步研究工作或快报。本杂志发表速度快，以英文为主，也有德文论文或法文论文。

（11）*Organometallies*（《有机金属》），主要刊载金属有机化学方面的研究论文、快报和简报。美国出版。

（12）*Journal of Organometallic Chemistry*，简称 *J . Organomet . Chem .*（《有机金属化学杂志》），主要发表金属有机化学方面的文章。

二、常用的有机化学实验工具书和参考书简介

化学的科学研究成果和其他科学一样，通常以论文形式发表在期刊上，将分散在这些文章中的理论解释和实验数据，根据不同需要收集、分类、整理、汇编成化学工具书。其中包括手

册、辞典、大型工具书和参考书,在此将常见的与有机化学有关的重要工具书和参考书介绍如下:

(1)《英汉化学化工词汇》,科学出版社,1984 年第 3 版。本书包括化学化工专业英汉对照词汇及其有关的科技词汇约 12 万条。

(2)《化工辞典》,化学工业出版社,1979 年 12 月第 2 版。该辞典收集化学化工名词 10 500 余条,对所列出的无机和有机化合物给出了分子式、结构式、基本的物理化学性质,并着重从化工原料的角度扼要叙述其制法和用途。书前有中文笔画顺序的目录和汉语拼音检字表。

(3)《化学与物理手册》(*Handbook of Chemistry and Physics*),1913 年美国化学橡胶公司出版。本书出版后每隔一两年即增删修订出新版。前 50 版各分上、下两册,自 51 版开始合为一册。较新的版本封面上有 CRC 标记(Chemical Rubber Company)。全书内容包括六部分:

A. 数学用表:包括数学基本公式、对数表、度量衡的换算等;

B. 元素及无机化合物;

C. 有机化合物;

D. 普通化学:包括恒沸点混合物、热力学常数、缓冲溶液的 pH 等;

E. 普通物理常数;

F. 其他。

其中 C 部分篇幅最大,它首先介绍了有机化合物的 IUPAC 命名法,随后是"有机化合物物理常数"表,表中列举化合物的名称、别名、分子式、分子量、颜色晶形和折射率、密度、熔点、沸点及溶解度,较新版本中还列出比旋光度、最大紫外吸收和参考文献。化合物按英文名称字母顺序排列。表前有"符号和缩写词"表,表后附有分子式索引。各版本收集的化合物数量不等,第 70 版收集有机化合物 15 000 余种。由于不断校订,一般认为它所列物理常数反映了最新的或最准确的测定结果。

(4)《默克索引》(*The Merck Index*),该书收集了上万种化合物和药物,列出其性状、物理常数、制法、用途、毒性特征及数据,并附有参考文献。特别是制法、用途和毒性特征的介绍常比其他手册详细、具体。此外还有有机人名反应及其他杂表。卷末附有分子式索引。

(5)《拜耳斯坦有机化学大全》(*Beilstein's Handbuch der Organischen Chemie*),这是目前有机化学方面资料收集得最齐全的大型系列丛书,习惯简称为"拜尔斯坦",出版于 1883 年。

(6)《兰格化学手册》(*Longe's Handbook of Chemistry*),本书由 McGraw-Hill 图书公司出版,俗称《兰格手册》。内容分为 11 部分,其中第 7 部分为有机化学部分。收集有机化合物 6 500 余种,以表格形式列出其名称、别名、分子式、拜耳斯坦文献、式量、晶形和颜色、密度、熔点、沸点和溶解度。化合物按英文名称顺序排列。表前有"有机环系""有机基团的名称和式子""分子式索引"及"熔点"索引,以方便查阅。其第 10 部分为"物理性质"部分,对有机化学实验工作者颇有用处。

(7)有机合成方面的专业参考书

① *Organic Synthesis*,本书最初由 R. Adams 和 H. Gilman 主编,后由 A. H. Blatt 担任主编,于 1921 年出版。本书主要介绍各种有机化合物的制备方法,也介绍了一些有用的无机试剂制备方法。书中对一些特殊的仪器、装置往往同时用文字和图形来说明,所选实验步骤叙述

得非常详细,并有附注介绍作者的经验及注意点,每个实验步骤都经过其他人的核对,因此内容成熟可靠,是有机制备的良好参考书。

② *Organic Reactions*,本书主要是介绍有机化学中有理论价值和实际意义的反应。每个反应都分别由在这方面有一定经验的人来撰写。书中对有机反应的机理、应用范围、反应条件等都做了详尽的讨论,并用图、表指出在这个反应的研究工作中做过哪些工作。卷末有以前各卷的作者索引、章节及题目索引。

(8) 有机化学实验参考书参考附录。

三、化学文摘

据报道目前世界上每年发表的化学、化工文献达几十万篇,将如此大量、分散的、各种文字的文献加以收集、摘录、分类、整理,使其便于查阅,是一项十分重要的工作,化学文摘就是处理这种工作的杂志。

美国、德国、日本、俄罗斯都有文摘性刊物,其中以美国化学文摘为最重要,简单介绍如下:

美国《化学文摘》(*Chemical Abstracts*)简称为 C.A.,创刊于 1907 年。自 1962 年起每年出两卷。自 1967 年上半年即 67 卷开始,每逢单期号刊载生化类和有机化学类内容;而逢双期号刊载大分子类、应化与化工、物化与分析化学类内容。有关有机化学方面的内容几乎都在单期号内(即 1,3,5,…,25)。

美国化学文摘 C.A. 包括两部分内容:

(1) 从资料来源刊物上将一篇文章按一定格式缩减为一篇文摘,再按索引词字母顺序编排,给出该文摘所在的页码或给出它在第一卷的栏数及段落。现在发展成一篇文摘占有一条顺序编号。

(2) 索引部分,其目的是用最简便、最科学的方法既全又快地找到所需资料的摘要,若有必要再从摘要列出的来源刊物寻找原始文献。

C.A. 的优点在于从各方面编制各种索引,使读者省时、全面地找到所需要的资料。因此,掌握各种索引的检索方法是查阅 C.A. 的关键。

C.A. 在文摘的编排和索引的类别上,从创刊以来做过不少改进,为了便于查找,简介如下:

1907~1934 各卷索引中的数字代表文摘所在页数。

1935~1946 上述数字代表文摘所在栏数(每页分两栏),最后再附加一个小体数字表示文摘位于该栏内第几段(一栏分 9 段),如 9083_4 表示该文摘在这一卷的 9083 栏内第 4 段中可以找到。

1947~1967 编排同前,但将表示段数的小字体改用英文字母 a 至 i 代替。如 9083d 等。

自第 67 卷开始至今,上述数字不再代表页数或栏数,而是代表第几号文摘,即每一条文摘有一个编号,如 9083d 就代表 9083 号文摘,对号入座就可以找到,后面的字母 d 是计算机编码用的,一般查阅可以不去管它。

号码前面冠有 B、P、R 等字母,它们的含义分别是:

B 代表该条文摘介绍一本书(Book);P 代表该条文摘介绍一篇专利(Patent);R 代表该条文摘是一篇综述性文章(Review)。

由于 C. A. 索引系统编辑比较完善，每期收编的文章又很多，因此充分利用索引来查阅所需文献，比较节省时间，使用熟练以后也很方便。每期 C. A. 的后面都有主题索引（关键词索引）、作者索引和专利号索引。每卷末又专门出版包括全卷内容的各种索引。每 5 年（1956 年前每 10 年）还出版包括这 5 年（10 年）全部内容的各种索引，可以在短时间内找出 5～10 年内发表过的大部分有关文献的摘要。这种索引系统是其他文摘所没有的。

（1）主题索引（Subject Index）：在每期后面有关键词索引（Key Words Index），自 76 卷开始的年度索引和第 9 次累积索引（1972～1976）中的主题索引开始分为普通主题索引（General Subject Index）和化学物质索引（Chemical Substance Index）两部分。前者内容包括原来主题索引中属一般化学论题的部分，后者以化合物（及其衍生物）为题，主要提供有关化合物的制备、结构、性质、反应等方面的文摘号。在这种索引系统中，化学物质将给予一个特定的 CAS 号码。

（2）作者索引（Author Index）：姓在前，名在后，姓和名之间用（,）分开。欧美人平常的写法是把名字写在姓前面，中间不加（,），名字特别是第二个字，用字头（第一个字母）加（.）缩写来表示。俄文人名、日文人名和中文人名均有规定的音译法，日文人名写的是汉文，要按日文读音译成英文，中文人名要按罗马拼音（不是现在国内的汉语拼音）译成英文。

（3）分子式索引（Formula Index）：含碳的化合物首先按分子式中 C 的原子数排列，其次，按 H 原子数排列，然后才是其他元素按字母顺序排列。不含碳的化合物以及各元素一律按字母顺序排列。

（4）专利索引（Patent Index）和专利协调（Patent Concordance）：专利索引是分国别按专利号排的，前后期的专利号有很大的交叉，不能只查一年。许多国家的专利将同一个专利在几个国家中注册取得专利权，即同一专利内容往往可以在几个国家专利中查到（专利号不同）。在 58 卷以后每期和年度索引中都有"专利协调"一章，专门查这件事。我们可以利用这一点，如果某一国家的某号专利在国内没有收藏，或看不懂这种语言，可以查一查"专利协调"中相同内容的别国专利有没有，这就扩大了查阅范围，同时也可以避免重复查找内容相同的专利，因此拿到一个专利号要查阅时，最好先查一查"专利协调"。

（5）环系索引（Index of Ring System）：即杂原子次序索引。它给出各种杂环化合物在 C. A. 中所用的分子式，然后可以从分子式索引中查到，从 66 卷开始采用。

（6）索引指南（Index Guide）：自 60 卷开始每年出一次。内容包括：① 交叉索引（Cross Index），可以帮助选定主题和关键词。② 同名物。③ 各种典型的结构式。④ 词义范围注解。⑤ 商品名称检索等。此索引系统在第 8 次累积索引（1967～1971）中也已开始使用。

（7）登记号码索引（Register Number Index）：从 62 卷开始收入 C. A. 的化合物，每种化合物都给一个登记号，简称 CAS 号码，今后沿用不变。这种号码主要是计算机归档号，与化合物组成和结构等无任何联系。这种 CAS 号码出现于 77 卷以后的主题索引和分子式索引上，也出现于同时期的有机化学杂志（J. Org. Chem.）上，利用这个号码还可以互查化合物的英文名称和分子式。

（8）来源索引（Source Index）：这是以专册形式出版的索引，于 1970 年出版。列举了 C. A. 中摘引的原文出处、期刊的全名（俄、日、中文等仍为英译名）、缩写等，C. A. 目前所摘引的期刊已超过一万种。1970 年后每年出补编一册。1961 年以前附在 C. A. 内的期刊表，即来源索引的前身。

四、与化学有关的主要电子资源

Web of Science［SCIE］(https：//apps. isiknowledge. com)。

SciFinder (https：//scifinder. cas. org)。

ACS［美国化学会］(https：//pubs. acs. org.)。

Science Online (https：//www. sciencemag. org)。

Nature (https：//www. nature. com)。

John Wiley (https：//www3. interscience. wiley. com)。

Royal Society (https：//royalsociety. lib. tsinghua. edu. cn)。

CNKI 中国学术期刊网 (https：//dlib. edu. cnki. net 或 https：//dlib. cnki. net)。

维普期刊 (https：//202. 38. 93. 15)。

万方数据 (https：//202. 38. 93. 7)。

1. Web of Science (WoS)介绍

科学引文索引（SCI）是 Eugene Garfield 创制的一个引文索引系统，从 1964 年开始由科学信息研究所(ISI)（美国)正式出版。在科学工作中，引用是相似研究项目间的纽带，根据引用可以找到一致的或有联系的科学文献，如期刊论文、会议报告、摘要等。科学引文索引就建立在这些纽带关系上。将已经被引用的出版物列出来，并标出引用来源。联系所有引用论文就可以确定一篇论文在一个特定领域地影响了。用这种方法，还可以对当前的趋势、模式和新兴研究领域进行评估。现在可以通过汤森路透持有的在线研究平台 Web of Science 得到科学引文索引。

Web of Science 覆盖自然科学、社会科学、艺术和人文科学各个领域。它既可以提供文献内容，还提供查询、分析，以及管理研究信息的工具。这一多学科研究平台使用户在一个界面上可以同时查询多个数据库。从 2014 年起，Web of Science 的基本数据库被称为 Web of Science 核心合集。

Web of Science 核心合集（Web of Science Core Collection)收录了世界各国影响力最高的 12 000 种期刊，包括公开获取期刊，以及超过 150 000 个会议论文集。它由七个数据库组成：

（1) Science Citation Index Expanded 收录 8 500 种期刊，涉及 150 个学科，覆盖范围从 1900 年到现在。

（2) Social Sciences Citation Index 收录社会科学各学科超过 3 000 种期刊。覆盖范围从 1900 年到现在。

（3) Arts & Humanities Citation Index 收录艺术和人文科学领域超过 1 700 种期刊，从 1975 年到现在。

（4) Conference Proceedings Citation Index 收录 1990 年至今超过 148 000 个科学会议论文集。

（5) Index Chemicus 记录了超过 260 万种化合物。时间覆盖范围从 1993 年到现在。

（6) Current Chemical Reactionsindexes 记录了超过 100 万个反应。时间覆盖范围从

1986 年到现在。

Book Citation Index 从 2005 年起已收录编辑挑选的超过 30 000 种图书。

在 Web of Science 中选择数据库如图 1.6 至图 1.8 所示。

图 1.6 在 Web of Science 中选择数据库步骤(1)

图 1.7 在 Web of Science 中选择数据库步骤(2)

图 1.8　在 Web of Science 中选择数据库步骤(3)

2. 如何使用 SciFinder

（1）物质检索

· 登录 SciFinder。

- 如果已知 CAS 登记号,可直接用来进行检索(物质标识)(图 1.9)。

图 1.9 SciFinder 搜索窗口

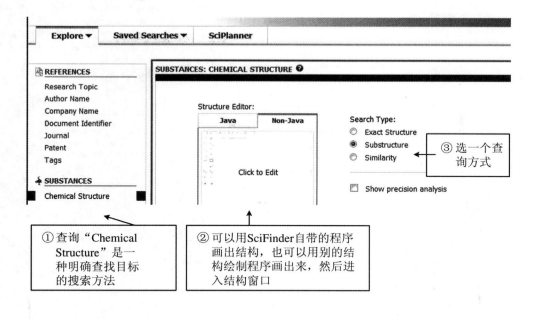

图 1.10 在 SciFinder 中按结构查询化合物

- 用大家都知道的常用(化合物)名称(如 acetic acid,cyclohexane)、为人熟知的商品名称(如 Taxol),以及常见的名称缩写(如 MTBE)进行检索,通常是最直接、有效的。但是用系统名称则不太可靠,因为 CAS 使用的化学物质指定系统名称的命名规则是自成体系的(与 IUPAC 的系统命名法不完全一样),随时间变化很大。

· 如果不知道 CAS 登记号,要用 Explore Substances 功能去查找化合物的相关记录,请从结构查询开始,如图 1.10 所示。

· 分子式检索常常给出很大数量的初步查询结果,可以用 Analyze/Refine 工具或者画出部分结构,这样可以把结果范围缩小,或者用别的办法进行检索。

如果找到了这个化合物的记录,点击 Get(all)References,然后用 Refine/Topic,输入期望查询的性质名称来缩小结果的范围,可以找到文献,其中可能有要找的这个化合物特定的性质数据。如图 1.11、图 1.12 所示。

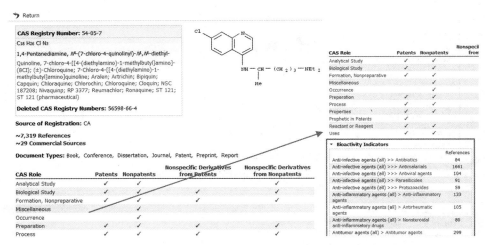

图 1.11　查到 Chloroquine 的一些特定信息

Thermal Properties	Value	Condition	Note
Boiling Point	230-235 °C	Press: 3-4 Torr	(3)CAS
Boiling Point	214-215 °C	Press: 0.2 Torr	(4)CAS
Boiling Point	212-214 °C	Press: 0.2 Torr	(5)CAS
Boiling Point	212-214 °C	Press: 0.2 Torr	(6)CAS
Boiling Point	160-170 °C	Press: 0.5 Torr	(7)CAS
Melting Point	289 °C (decomp)		(23)SRC
Melting Point	88.5-89.5 °C		(3)CAS
Melting Point	88 °C		(6)CAS
Melting Point	87-92 °C		(24)NLM
Melting Point	87 °C		(25)APC
Melting Point	86-87 °C		(7)CAS

(1) Kuroda, Yukihiro; Toxicology in Vitro 2010, V24(2), P661-668 CAPLUS
(2) El Harchi, Aziza; Journal of Molecular and Cellular Cardiology 2009, V47(5), P743-747 CAPLUS
(3) Bekhli, A. F.; Doklady Akademii Nauk SSSR 1955, V101, P679-82 CAPLUS
(4) Yoshida, Shin-ichiro; JP 179272 1949 CAPLUS
(5) Andersag, Hans; US 2233970 1941 CAPLUS
(6) Andersag, Hans; DE 683692 1939 CAPLUS
(7) Surrey, Alexander R.; Journal of the American Chemical Society 1946, V68, P113-16 CAPLUS
(8) ACD: Spectral data were obtained from Advanced Chemistry Development, Inc.
(9) Singh, S. P.; Journal of Heterocyclic Chemistry 1978, V15(1), P9-11 CAPLUS
(10) Margolis, Brandon J.; Journal of Organic Chemistry 2007, V72(6), P2232-2235 CAPLUS
(11) Stanley, F. E.; Biochemical and Biophysical Research Communications 2009, V388(1), P28-30 CAPLUS

图 1.12　Chloroquine 实验测定的数据及其文献来源

在"SciFinder"的 Registry 数据库中,实验数据大多从文献中来,实验测得的光谱取自 BioRad-Sadtler,预测的性质,例如预测出的 IR 和 NMR 是按 ACD Labs 的程序算出的,物质 Registry 记录中还有很多化合物的质谱。

查找化学物质可以用一些性质数值来进行，或者用实验测得的性质数据来优化数据查询。
（2）反应查询

在结构绘制模块中，锁定工具可以用来定位原子，或明确反应位点（断键或成键的位置），这种方法可以缩小范围，使亚结构搜索目标更明确，有助于避免错误信息或者太多的初步查询结果带来的麻烦。对诸如溶剂、反应步数、种类、年份等预先设限也是可用的。点击"Get Reactions"在 CASREACT 中即开始搜索。

如图 1.13 至图 1.15 所示。

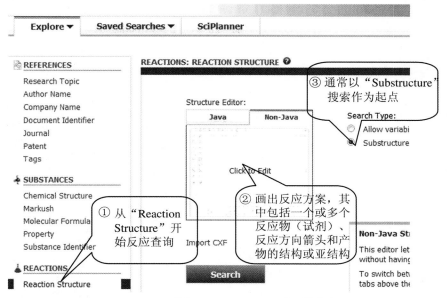

图 1.13　从"Reaction Structure"开始查询

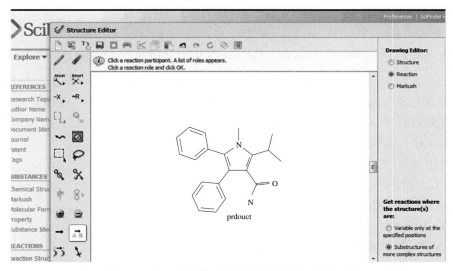

图 1.14　画一个结构式并指定它在反应中的作用

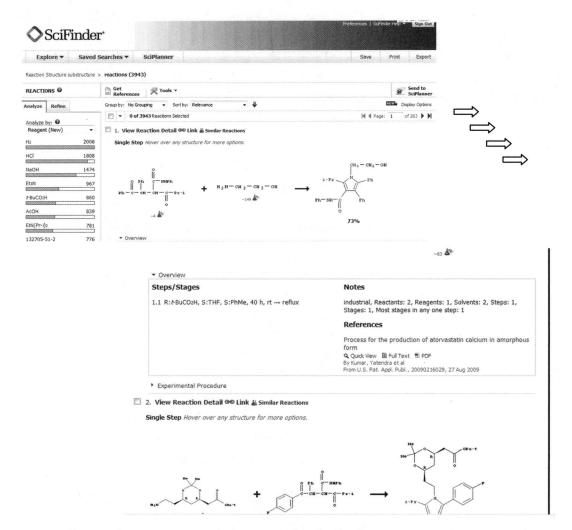

图 1.15 "Refine""Analyze" and "Sort"，从初始结果直到查出需要的反应

"SciPlanner"是一个栏目，它有一个很灵活的白板式工作区，在 SciFinder 中进行物质反应和文献查询记录得到的信息可以在这个工作区进行组织并保存下来。例如，可以复制并梳理多步反应的流程，所有的细节都建立链接，可以在这个栏目中将它们创造性地结合起来并加上相关文献。还可以制成 PDF 文件与他人共享。

查到一个物质，点击"Send to SciPlanner"。

· 进行反应检索。

· 选好反应后，点击"Send to SciPlanner"。

· 转到 SciPlanner 的内容保存在信息库中。

· 进入 SciPlanner 的工作区。如图 1.16 所示。

这个区域就是 SciPlanner 工作区，在这里可以生成一个基于文献的合成计划，如图 1.17 所示。

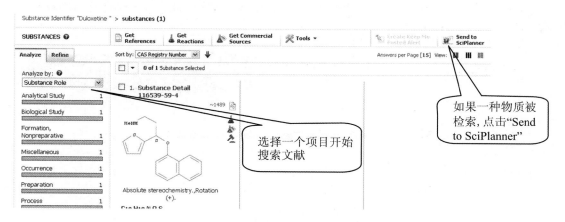

图 1.16 查询结果转到 SciPlanner

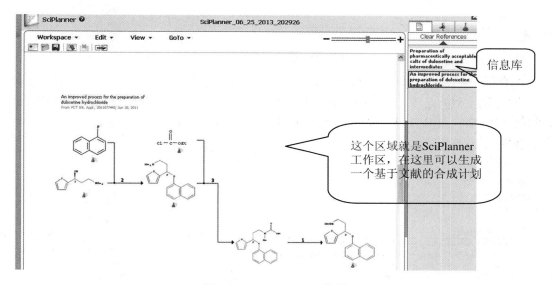

图 1.17 SciPlanner 工作区

（3）文献查询

如图 1.18 所示。

• 将表示两个不同概念的词用介词（例如"of""in""for""as""with"等）连起来,组成自然语言的短语进行查询,其中的介词只起连接作用,不会在查询中有任何含义。

• 不要输入很长很复杂的查询项:对所有数据库来说,越简单越好。尽可能让查询项简单明确,不要用三四个以上的概念来查（系统设限是 7）。

• 过于复杂的查询项常常没有结果或给出的结果非常少。如果要查找的主题本身确实复杂,开始时先搜索最重要的一个或两个概念,然后用 Analyze 或 Refine 选项来缩小范围。

• SciFinder 中,"AND"和"OR"不起作用,将它们当作普通词,但是,"NOT"有用,不想要的加一个"NOT"就能把这些概念去掉。

· 很小的查询短语变化就可能给出大不相同的查询结果,如果第一次查询结果不能令人满意,要尝试几种不同的方法。

图 1.18　选择文献查询项目

数据库中默认的文献排序是按检索数目进行的,本质上与反日期排序相同:最新文献排在最上,最早的文献在最下。可以将查询结果重新排序,按作者、按文献标题、按引用文献,或者按发表年份都行。还可以用 Refine、Analyze 和 Categorize 功能缩小范围,让结果更有针对性。如图 1.19 所示。

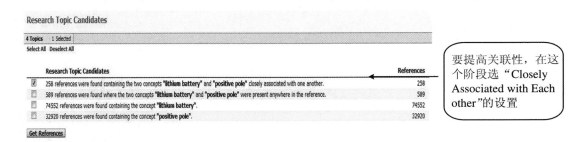

图 1.19　缩小文献范围

· 对合成、反应和化学性质有兴趣的化学家来说,SciFinder 和 Reaxys 都要查。要找出检验过的纯化合物的物理化学数据和制备、反应方法,特别是 1960 年之前有机化学文献接近全面的收录,Reaxys 是值得推荐的。

· 如果要查化学某个特定领域所有文献,用 SciFinder。论化学文献覆盖之全,化学物质、结构、性质和反应索引之广,SciFinder 数据库都占优。CAS 筛选的来源出版物也更多,每天都更新。

· 搜索和分析引用文献,就用 Web of Science。用 Web of Science(Science Citation Index)可以进行广泛的引用分析,并可计算 h 指数,SciFinder 不行。要查找 1996 年前的引

文只能用 Web of Science。如图 1.20 所示。

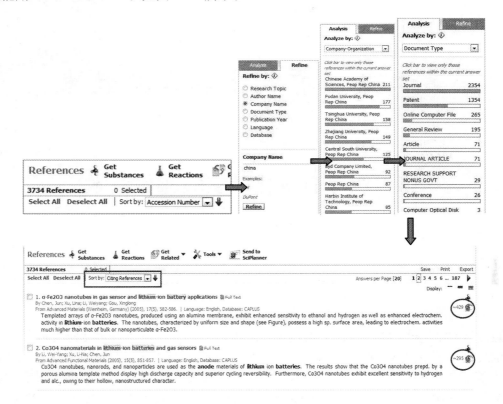

图 1.20 检索到的文献条目

第二篇　有机化学实验技术

第二章　有机化学实验操作技术

第一节　回　　流

　　将液体加热气化,同时将蒸气冷凝液化并使之流回原来的器皿中重新受热气化,这样循环往复的气化-液化过程称为回流(Reflux)。回流是有机化学实验中最基本的操作之一,大多数有机化学反应都是在回流条件下完成的。回流液本身可以是反应物,也可以是溶剂。当回流液为溶剂时,其作用在于将非均相反应变为均相反应,或为反应提供必要而恒定的温度,即回流液的沸点温度。此外,回流也应用于某些分离纯化实验中,如重结晶的溶样过程、连续萃取、分馏及某些干燥过程等。

一、基本原理

　　一般的回流装置是在圆底烧瓶上加上球形冷凝管。加热时,烧瓶中的液体受热蒸发,蒸气上升到球形冷凝管中,由于球形冷凝管的夹套中有流动的冷凝水随时冷却,并且球形内管增大了蒸气的接触面积,使得上升的蒸气容易在管壁上冷凝成液体而流回到烧瓶中形成回流。

二、回流装置

　　回流装置一般是由圆底或锥形瓶、球形冷凝管组成的。若反应要求无水条件,则需要在冷凝管上口添加干燥管;若反应过程中生成有害或刺激性的气体,可以在冷凝管上口装上气体吸收装置;有时反应中在试剂加入上有时间或有先后顺序的要求,就可以将圆底烧瓶换成三口瓶,在其中一侧的瓶口上装置滴液漏斗,在中间瓶口装上球形冷凝管组成回流装置。装置如图2.1所示。安装仪器的顺序一般是自下而上,从左到右,全套仪器装置的轴线要在同一平面内,稳妥、端正。

三、回流操作

安装步骤:先从磁力搅拌器开始,在铁架台上放好磁力搅拌器、热源(或水浴、油浴等),再根据热源的高度依次安装烧瓶、冷凝管。

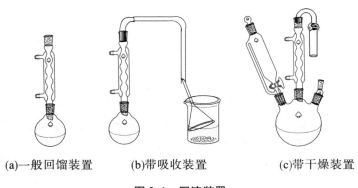

(a)一般回馏装置　　　(b)带吸收装置　　　(c)带干燥装置

图 2.1　回流装置

1．安装装置

烧瓶用烧瓶夹垂直夹好。用水浴或油浴时,瓶底应距水浴(或油浴)锅底 1~2 cm。安装冷凝管时,应先调整冷凝管夹的位置(位置在冷凝管的中部偏上一些),并与烧瓶的瓶口同轴,然后将球形冷凝管下端正对烧瓶口用冷凝管夹垂直固定于烧瓶上方,放松冷凝管夹,将冷凝管放下,使磨口连接紧密后,再将冷凝管夹旋紧,使夹子位于冷凝管中部偏上一些(即其黄金分割处)。铁夹不应夹得太紧或太松,以夹住后稍用力尚能转动为宜(完好的铁夹内通常垫以橡皮等软性物质,以免夹破仪器)。用合适的橡皮管连接冷凝管,进水口在下方,出水口在上方。最后按要求装上干燥管或气体吸收装置(注意:夹铁夹的十字头的螺口要向上)。

2．加料

加料前先将冷凝管夹松开,将冷凝管上提夹好,使烧瓶口打开。将液体试剂用量筒量取后小心加入烧瓶中,尽量不要在瓶口上粘上试剂(尤其是碱性的试剂,以免腐蚀瓶口,以致冷凝管口与烧瓶口粘上后难以打开)。加入固体试剂时,将称量纸折叠成漏斗形,小心地将试剂倒入烧瓶,尽量不要粘于瓶口,并小心放入搅拌磁子。加料完成后装回冷凝管,即可以进行加热回流。

3．加热回流

根据溶剂的沸点选择合适的加热装置,溶剂的沸点在 80 ℃ 以下时,用热水浴加热;沸点在100 ℃ 以上时,在石棉网上用简易空气浴或者用油浴加热;液体温度在 200 ℃ 以上时,用砂浴、空气浴及电热套等加热。加热之前,先由冷凝管下口缓缓通入冷水,自上口流出引至水槽中,然后就可以开始加热了。回流的速率应控制在液体蒸气浸润不超过两个球为宜。

有的反应要求在回流过程中随时搅拌。若是手动振摇,可以右手抓住夹冷凝管的十字头,让铁架台左前角抵住实验台面,使之稍倾斜后,右手小心振摇;若用油浴加热绝对禁止此种操作。若是机械搅拌或磁力搅拌,可以在加热前,将装置安好(磁力搅拌器还需在加料时,放入搅拌磁子)。

【注意事项】

（1）水从冷凝器底部进入。

（2）绝不能用一个塞子塞住冷凝器顶部——装置不能密封。

（3）绝不能在冷凝器上方安装温度计，部分出于如上同样的原因，而且还因为它不会测量任何相关物质的温度——蒸气不会达到这里。

第二节　常压蒸馏

在一个通大气的系统中对液体加热直至其沸腾，捕集并冷却热蒸气，收集冷凝蒸气的过程被称为简单蒸馏（Simple Distillation）或蒸馏。蒸馏是有机化学实验中最重要的操作之一，在实验室和工业中都有广泛的应用。它可用来：

（1）将沸点相差很大而又不形成共沸物的液体混合物分离；

（2）除掉液体中挥发性很高或很低的杂质；

（3）测定液体的沸点；

（4）通过比较液体沸点与文献值估计液体的纯度。

在有机实验室，蒸馏是一种纯化液体有机物和分离混合物的重要手段，由于在蒸馏过程中可测出液体的沸点，还可以此鉴定有机化合物的纯度。

不过，简单蒸馏在对沸点相近的化合物或共沸物进行分离时效果不佳。

一、蒸馏原理

蒸馏是一种以沸腾的液体混合物中各化学物质挥发性不同为基础进行分离的方法。液体中分子保持着运动状态，处于表面的分子会逃逸到气相，形成蒸气。气相中分子快速运动，持续地撞击器壁，这就形成了对器壁的压力。其中蒸气造成的压力就称为蒸气压。蒸气压与温度有关。当液体温度达到平衡蒸气压与总气压相等时，蒸发速度会急剧加快，在液体内部就有很多气泡生成，这就是沸腾，液体沸腾时的温度就是沸点。蒸馏基于这样的事实，即沸腾的混合物蒸气中低沸点组分比原来的多。所以，当蒸气冷却凝结后，冷凝物中含有更多挥发性大的成分，同时，剩余的液体中会含有更多挥发性小的物质。如果蒸馏的液体纯度不是很差，则大都会有一个很窄的馏出温度。

有时我们会遇到被称为共沸物的液体混合物，这样的混合物的沸腾很像纯液体。当它们到一个特定的浓度时，就会有一个恒定的沸点，蒸馏就不能用来分离了。共沸物的沸点有时高于、有时低于其组分的沸点。这些混合物与我们前面讲到的混合物是不同的。

简单蒸馏，如果液体 A 和液体 B 无限混溶，但不缔合，也不形成共沸物，则由 A 和 B 组成的二元液体体系的蒸气压行为符合拉乌尔（Raoult）定律。拉乌尔定律的表达式为

$$P_A = P_A^0 \times X_A \qquad (2.1)$$

式中，P_A 为 A 的蒸气分压，P_A^0 为当 A 独立存在时在同一温度下的蒸气压，X_A 为 A 在该体系

中所占的摩尔分数。由于该体系中只有 A、B 两个组分，所以 $X_A = 1 - X_B$，其中 X_B 为 B 在体系中的摩尔分数。显然，$X_B < 1$，$P_A < P_A^0$，即在无限混溶的二元体系中各组分的蒸气分压低于它独立存在时在同一温度下的蒸气压。同理，对于液体 B 来说，也有 $P_B = P_B^0 X_B < P_B^0$。设该二元体系的总蒸压为 P，则有 $P = P_A + P_B = P_A^0 X_A + P_B^0 X_B$。对体系加热，$P_A$ 和 P_B 都随温度升高而升高，当升至 P 与外界压强相等时，液体沸腾。

　　如果 A 的正常沸点低于 B 的正常沸点，且 A、B 在液相中占有相同的摩尔分数，即 $X_A = X_B$。由于 A 的沸点低，挥发性大，因而有较多的 A 分子脱离液相而进入气相，则在气相中 A 将占有较多的摩尔分数，即液相和气相的组成是不同的。如果将沸腾时产生的混合蒸气冷凝收集，则在收集所得的液体中 A 所占的比例必然大于它在原来的二元体系中所占的比例，或者说，低沸点组分在收集液中得到富集。这就是简单蒸馏的基本原理。对此原理的定量认识可以图 2.2 来说明。

　　图 2.2 为由苯和甲苯组成的二元体系相图，横坐标表示组成，纵坐标表示温度。图中有两条曲线，下面的实线为组成-沸点曲线，它表示混合液体的沸点随组成的变化而变化的关系。上面的虚线为蒸气的温度组成曲线，它表示蒸气的组成随温度的变化而变化的情况。这些曲线是用实验方法绘出的，即在恒压下测定不同温度时气液平衡体系中气相和液相的组成，在坐标系中描出相应的点，再用平滑的曲线将各点连接起来而得到的。

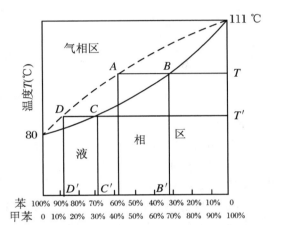

图 2.2　苯和甲苯组成二元体系相图

　　从图中可以看出：纯的苯在 80 ℃ 沸腾，在该温度下蒸气的组成是 100% 的苯；纯的甲苯在 111 ℃ 沸腾，在该温度下蒸气的组成是 100% 的甲苯；由苯和甲苯组成的混合液体，其沸点在苯和甲苯的沸点之间。假设给定的混合液体中含有 32% 的甲苯和 68% 的苯，它相当于图中的 C' 点，过 C' 点做垂线交组成-沸点曲线于 C，C 相应的温度为 T'，该混合液体即在温度 T' 时沸腾，产生温度为 TX' 的蒸气。等温线 $T'C$ 交蒸气温度-组成曲线于 D，D 所对应的组成点 D' 含有 88% 的苯和 12% 的甲苯。这说明原给定的含有 68% 的苯和 32% 的甲苯的液体混合物经蒸馏后在馏出液中含有 88% 的苯和 12% 的甲苯，即易挥发组分（苯）的含量提高了，而高沸点组分（甲苯）的含量降低了，显然易挥发组分在馏出液中得到了一定程度的富集。

　　由于易挥发组分蒸出较多，残液中就含有较多的高沸点组分，即高沸点组分在残液中富集，残液的组成点将沿横坐标向右移动，混合残液的沸点也将沿组成-沸点曲线向右上方移动。假设某一时刻残液的组成变化到含苯 32%、甲苯 68%，它相当于 B' 点，依前法可知，这时残液将在温度 T 时沸腾（$T > T'$），这时蒸出的馏出液的组成是 58% 的苯和 42% 的甲苯。

　　从以上讨论可知，二元混合液体在蒸馏过程中沸点不断升高，馏出液和残液中高沸点组分的含量都在不断增加，但馏出液中低沸点组分的含量总大于同一时刻它在残液中的含量。所以混合液体的沸程较宽。通过简单蒸馏不能将液体混合物完全分开，即不能获得纯粹的单一组分。

在实际蒸馏过程中,沸点的变化如图 2.3 所示,分三种情况:其中(a) 表示当液体为纯净的液体时,蒸馏过程中沸点维持恒定或基本恒定,沸点曲线表现为一条水平的或接近水平的直线;(b) 表示当混合物两组分沸点接近时,在蒸馏过程中沸点的变化表现为一条平滑上升的曲线,就像苯和甲苯的混合物一样,无论在什么时间更换接收瓶,都不能获得纯净的单一组分,只有在高沸点组分的含量甚少,例如在 10% 以下时,在接近低沸点组分沸点的一个很窄的温度范围内蒸馏,才能获得少量较为纯净的低沸点组分;(c) 表示当混合物两组分沸点相差很大时,蒸馏过程中有一个温度突升的阶段,在此期间更换接收容器,可以获得虽非完全但已足够满意的分离效果。

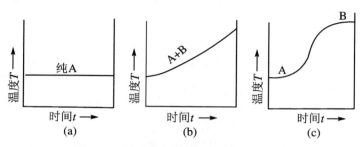

图 2.3　蒸馏过程中温度变化的三种情况

综上所述,简单蒸馏虽不能将液体混合物完全分离开来,但却可以富集低沸点组分或高沸点组分。如果对收得的馏分再进行第二次简单蒸馏,其低沸点组分必将在馏出液中进一步富集。接着再进行第三次、第四次以至多次的简单蒸馏,馏出液中的低沸点组分必将进一步富集,直至可以获得纯净的低沸点组分。

然而这种在理论上似乎可行的方法在实际上却是行不通的。仍然可以利用图 2.2 所示的苯和甲苯组成的二元体系相图来解释。假设给定的混合液体的组成点在 C' 处,即含有 68% 的苯和 32% 的甲苯,经过一次简单蒸馏,馏出液中将含有 88% 的苯和 12% 的甲苯。然而这仅仅是针对馏出的第一滴液体而言的。由于第一滴馏出液带出了比原混合物含量为高的苯,在第一滴液体蒸出之后,残液中苯的含量必会下降。由拉乌尔定律可知,残液的蒸气压中苯的蒸气分压也必然会下降,即苯在蒸气中所占的摩尔分数降低。所以第二滴馏出液中苯的含量将不再是 88%,而是低于 88%,即第二滴馏出液中低沸点组分的含量比第一滴少。同理,第三滴馏出液中低沸点组分的含量又比第二滴少。依此类推,每一滴馏出液中低沸点组分的含量都比它前面的一滴馏出液少。这样到蒸馏结束时,实际接收到的馏出液中苯的含量将不是 88%,而是远低于 88%。同样道理,当对馏出液做第二次蒸馏时,所得的馏出液中苯的含量将会比按照相图求得的含量差得更远。

如果将馏出液分段接收,例如取 1 000 mL 的苯与甲苯的混合物进行简单蒸馏并分十段接收,每接收 100 mL 更换一个接收瓶,共得十段接收液。苯的含量在第一段中最高,第二段中稍低,以后各段依次降低,第十段中最低。取含苯最丰富的第一段接收液再做第二次蒸馏,又分十段接收,每段 10 mL,其中第一段的含苯量将更丰富,再对它进行第三次蒸馏,仍分十段接收,每段 1 mL。其中第一段的含苯量又进一步提高,但仍不是纯苯。这时却只剩 1 mL 的体积,无法再做蒸馏了。如果在第一次简单蒸馏时获得 n 个馏分,在第二轮简单蒸馏中将所有

n 个馏分各自分别蒸馏并分段接收,则第二轮需进行 M 次蒸馏,同理,第三轮需进行 n^2 次蒸馏,依此进行下去,每次都将苯的含量提高一个梯度,虽然最终可以将其中的苯全部或大部蒸出,但需要蒸馏的次数将等于 $1 + n + n^2 + n^3 + \cdots$,这显然是一个无穷大的数字,在实际生产中是无论如何都办不到的。

二、蒸馏操作

图 2.4(a)是一种典型的常压简单蒸馏纯化液体的装置。瓶子可以用各种合适体积的,做小量液体(5～25 mL)蒸馏时,最好用梨形瓶。向瓶中投放液体时可以加到容积的 2/3～1/2。蒸馏头磨口上的连接管可以用来将温度计定位于温度计水银球比侧管略低。温度计的位置正确与否很重要。水银球的顶部要与侧管的下拐平行。其重要性在于我们要准确测得流入侧管蒸气的温度。冷凝管内壁必须保持低温以将流过的所有蒸气都冷凝下来,而低温要靠冷凝管外层套管中持续流动的冷水来保持。水应当从下向上流通,即将两个口中位置低的用作进水口。通水方向不正确,在冷凝管外夹层上部有气泡,冷却的效果就差。一旦这样,蒸气就会跑出冷凝管逸散到空气中。如果液体沸点可能高于 150 ℃,图中水冷却的冷凝管要用空气冷凝管代替,它的外形是有两个磨口不带夹层的管子,如图 2.4(b)所示。如果要保护馏分不与空气中的水分接触,可以在尾接管的侧管连一个松松的棉花塞住的装满无水氯化钙的干燥管。如果液体易燃,这个侧管上可以连一截橡皮管,将其通到窗外、通风橱或水槽。向蒸馏瓶倒入液体时,放入一个磁子,以后搅拌加热时,它可以使产生的气泡平稳。蒸馏瓶可以用电热套加热,不过最好是用一个与要蒸馏的液体沸点相适应的热浴加热。在沸腾之前加热速度可以很快,一旦沸腾开始就要将加热速度降下来,把热源调到收集馏分速度为 1～2 滴/s。要记住,蒸馏开始时要用相当多的时间才能让蒸气将蒸馏瓶的上段与温度计加热。蒸馏速度不能太慢,因为如果没有持续新生成的蒸气流过水银球,温度计就会马上冷下来,其读数就会变得不规则。

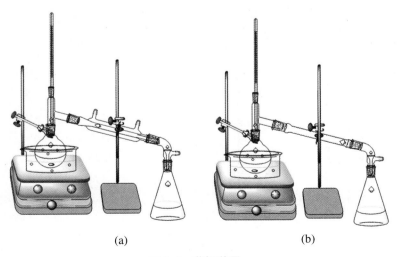

(a)　　　　　　　(b)

图 2.4　蒸馏装置

　　实验中可以看到温度开始上升得很快,到接近液体的沸点时变慢,达到沸点前的液体用一个瓶子收集起来,随后温度实际上就保持不变了。这时,将一个事先称好的干净瓶子接到装置上,收集馏分,直到蒸馏瓶中的液体剩余很少为止。每隔一段时间就要记录一次温度。

　　如果温度稳步上升,而不是保持实际不变,则很明显,简单蒸馏过程不适用于纯化这个样品,必须用某种形式的分馏才行。

第三节　减压蒸馏

　　高沸点液体蒸馏有不少问题。首先,在实验室高温很难实现并保持恒定,更重要的是,高温下一些液体会被空气中的氧气氧化。为避免高沸点液体分解,要在减压下进行蒸馏,这可以使沸点降低。这种技术被称为"减压蒸馏"。其操作与常规蒸馏相似,差别只是装置要连到油泵或水泵的真空线上。当外压降到 $0.1 \sim 30$ mmHg 时,沸点会大为降低,蒸馏就不会有分解的危险。

一、基本原理

　　当液体温度达到平衡蒸气压与外压相等时,蒸发速度会急剧加快,在液体内部就有很多气泡生成,这就是沸腾,液体沸腾时的温度就是沸点。显然,沸点与气压有关。一个很有用的规律是外压每降低到原来的 1/2 时,沸点下降 $10 \sim 15$ ℃。如果已知一种液体的正常沸点,可用图 2.5 预测其减压条件下的沸点。

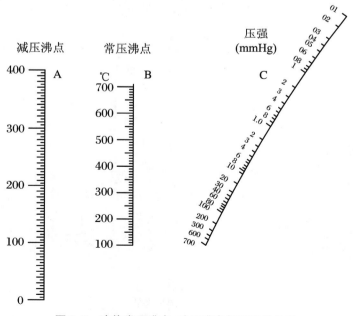

图 2.5　液体常压沸点、减压沸点与压强的关系

使用图 2.5 时,用直线将两个已知的性质连起来,读第三个即可。C 线单位是 mmHg,一个大气压等于 101.3 kPa,能使 76 cm(760 mm)的汞柱不下落。

液体沸腾的唯一条件是液体的蒸气压等于外界施加于液面的压强。外界压强越大,液体沸点越高;外界压强愈小,液体沸点愈低。如图 2.5 所示,用实验方法绘制出的液体沸点与外界压强的关系曲线清楚地表明了这一规律。事实上,在约 2 666 Pa 的压强下,大多数液体的沸点都比其正常沸点低 100～120 ℃。在 1 333～3 333 Pa 的压强时,大约压强每减小 133 Pa,液体的沸点即下降约 1 ℃,可惜这种关系并不呈严格的线性关系。根据经验公式可以计算出某液体在给定压强下的沸点近似值。较为方便的办法是用一把直尺从图 2.5 中得到沸点的近似值。在常压沸点、减压沸点和压强这三个数据中只要知道了两个,即可使直尺的边缘经过代表这两个数据的点,那么直尺的边缘也必然经过代表第三个数据的点。图中仍然沿用了人们已习惯使用的旧的压强单位 mmHg,在使用水银压力计测定压强时,这种旧单位还有许多方便之处,必要时也可折算成最新国际法定单位 Pa(1 mmHg = 133.322 Pa)。例如文献报道某一化合物在 0.3 mmHg(40 Pa)下的沸点为 100 ℃,而所用油泵只能抽到 1 mmHg,那么该化合物在此压强下的沸点是多少呢? 我们先使直尺的边缘经过图 2.5 中 A 线上代表 100 ℃的点和 C 线上代表 0.3 mmHg 的点,直尺边缘与 B 线的交点约为 310 ℃。然后移动直尺使其边缘经过 B 线的 310 ℃点和 C 线的 1 mmHg 点,则 CB 延长线与 A 线的交点约为 125 ℃,此即表明该化合物在 1 mmHg(133.322 Pa)的压强下将在约 125 ℃沸腾。

在真空条件下,二组分或多组分液体体系的总蒸气压($P_总$)仍然等于各组分蒸气分压之和,当 $P_总$ 等于系统压强时液体沸腾。沸点高低因系统内部压强的不同而不同,但总会低于其常压沸点。

为使体系的蒸气压等于外界压强以蒸出液体,可采取的办法有三种,即:

(1) 对液体加热提高其蒸气压,使与外界压强相等,此即简单蒸馏。

(2) 降低外界施加于液面上的压强使与液体的蒸气压相等。这种方法极少有人采用,因为室温下大多数液体蒸气压很低,为达到这样低的系统压强需要使用精密贵重的仪器和繁琐的工作,在低压下蒸气的冷凝和收集也很困难。

(3) 降低外界压强(力),同时也对液体加热,这就是减压蒸馏(Distillation under Diminished Pressure),也称真空蒸馏(Vacuum Distillation)。

事实上绝对的真空是不可能得到的,通常把任何压强低于常压的气态空间都称作真空,这其实只是相对真空而已。若从某一系统中抽出一些气体并把系统密闭起来,系统内部的压强就低于大气压,因而也就成了"真空系统"。不同的真空系统,其内部压强各不相同,通常以系统内剩余气体的压强来比较各个真空系统的"真空程度",称作"真空度"。真空度越高,系统内剩余气体的压强就越小。为了应用方便,又将真空划分为粗真空、中度真空和高真空三个等级,为获得或测定不同等级的真空,所使用的仪器也各不相同。

粗真空指真空度为 101 325～1 333 Pa 的真空,通常用水泵取得。水泵的效能与其结构及水温、水压有关,良好的水泵在冬季可抽得 1 330 Pa 的真空,而在夏季只能抽得约 4 000 Pa 的真空度。

中度真空指 1 333～0.13 Pa 的真空。普通油泵可达到 130～13 Pa 的真空度,高效油泵可达到约 0.13 Pa 的真空度。

高真空指 $0.13 \sim 1.3 \times 10^{-6}$ Pa 的真空。实验室中是用扩散泵来实现高真空的,其工作原理是借一种液体的蒸发和冷凝,使空气附着在凝缩的液滴表面上而被抽走,而油泵则作为扩散泵的前级泵与之联用。

压强低于 1.3×10^{-6} Pa 的更高度真空极难获得,因为在此情况下空气分子透过容器器壁而进入真空系统的量已不容忽视。在实验室中经常使用的是粗真空和中度真空。

高真空可用专门的真空仪表来测量,粗真空和中度真空则用普通的水银压力计或麦氏真空规来测量。水银压力计都是从装在玻璃管中的汞柱的高度来读数的,因而对压强的测量只能读准到 1 mL 汞柱的压强(133.322 Pa)。

二、实验装置系统

图 2.6 是一套真空(减压)蒸馏装置。A 是配有 Claisen 蒸馏头的圆底烧瓶,瓶中放入搅拌磁子 C。冷凝管带一个二(三)叉尾接管 B,它常被称为"pig",接口通过一个适用的保护装置和真空计连到水泵或油泵上。三叉尾接管可以在不破坏真空和不中断蒸馏进程的情形下收集三个不同组分。烧瓶加热可以用空气浴、水浴或油浴(视具体情况决定),水浴或油浴(其中应该也放一只温度计)时,烧瓶的球形区至少 2/3 要浸入液浴。

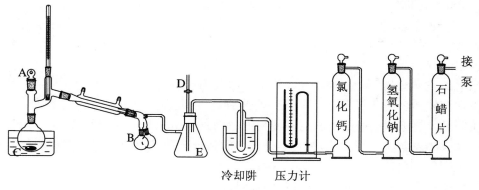

冷却阱　　压力计

图 2.6　减压蒸馏装置

蒸馏(水泵减压)开始前,将液体倒入烧瓶,达到约 1/2,将装置按图 2.6 完全连接好,冷凝管开始通水。

打开磁力搅拌器搅拌,然后开启水泵,将安全瓶 E 两通管活塞旋紧,水泵达到其最高效力,然后调节活塞,调节真空度,真空度达到要求后就可以开始加热。用水浴或油浴时,浴温要比实际压力下液体的沸点高 20~25 ℃。如果用空气浴,温度要缓缓提升,直到有液体开始馏出,加热要保持在一定的强度,使液体馏出的速度为 1~2 滴/s(蒸馏高沸点液体时,最好把蒸馏头出液口前的颈部包裹起来)。蒸馏进行中要时时记录温度计和真空计读数。如果开始的馏分在比预期值低的温度沸腾,加热要持续下去,直到温度计给出的温度接近合理值,然后旋转"pig",把另一个干净的烧瓶置于出液口。为蒸出最后那些液体,浴温不得不升到相当高的温度,而在蒸馏全过程中纯化合物的沸点上升不会超过 1~2 ℃。

蒸馏结束时要把热浴移开,将活塞 D 打开,逐步解除真空。如果蒸馏时压力不是正好与文献中沸点相应的压力值一样,可以大致根据水泵的工作压力估计其值,在 10～25 mmHg 时,压力相差 1 mmHg 则沸点相差 1℃。

水泵可以用来实现减压,它给出的最低压力是水在特定温度下的蒸气压。冬天水温在 6～8℃时,水的蒸气压是 7～8 mmHg,而夏天水温达到 22℃时,相应的蒸气压是 20 mmHg。所以好的水泵给出的"真空"正常情况下是 7～20 mmHg,具体值与自来水温度有关。如果需要更低压力,就要用油泵。

水泵常常不能满足要求,特别是夏天,它们不时出现波动,需要低压时不能用。电机驱动的油泵在实验室得到广泛的应用。这些泵可以抽到 0.1 mmHg,不过大部分情况下 5～10 mmHg 的真空度就能令人满意了。

与常压蒸馏不同,减压蒸馏瓶又称克氏蒸馏瓶,在磨口仪器中用克氏蒸馏头配圆底烧瓶代替。其目的是避免减压蒸馏时瓶内液体由于沸腾而冲入冷凝管中。瓶的一颈中插入温度计,另一颈中插入恒压滴液漏斗或空心塞。调节安全瓶上两通管,使有极少量的空气进入体系,控制真空度,磁子搅拌产生液体沸腾的气化中心,使蒸馏平稳进行。接收器可用蒸馏瓶(圆底或抽滤瓶充任),切不可用平底烧瓶或锥形瓶(壁薄不耐压)。蒸馏时若要收集不同的馏分而又不中断蒸馏,则可用两尾或多尾接液管,就可使不同的馏分进入指定的接收器中。

根据蒸出液体的沸点不同,选用合适的热浴和冷凝管,如果蒸馏的液体量不多而且沸点甚高,或是低熔点的固体,也可不用冷凝管,而将克氏瓶的支管通过接液管直接插入接受瓶的球形部分中。蒸馏沸点较高的物质时,最好用石棉绳或石棉布包裹蒸馏瓶的两颈,以减少散热。控制热浴的温度,使它比液体的沸点高 20～30℃。

用磁力搅拌代替毛细管。减压蒸馏装置中的毛细管有两个作用:一是连续地向被蒸馏液体中导入空气,提供气化中心,保障平稳蒸馏,防止暴沸;二是若被蒸馏液体易于氧化,可经毛细管导入惰性气体,防止氧化。若不用毛细管,而将减压蒸馏装置安装在磁力搅拌器上,在蒸馏瓶中放入搅拌磁子,用油浴或电热套加热,在磁子搅拌下减压蒸馏,则可满足大多数实验的要求,但却不能提供惰性气体保护。

为保护油泵,使其中的油不被污染,蒸馏装置和泵之间要安装一些吸收装置,它们可以防止蒸馏瓶中的蒸气进入油泵。吸收装置可以用一个装满片状 NaOH 的瓶子和一根粗的空管组成,粗管浸在杜瓦瓶中的干冰/丙酮(或干冰/乙醇或液氮)混合物内(注意:如果用液氮,冷却阱千万不要通空气,因为氧气会冷凝下来,与冷却阱中的有机物接触爆炸!)。三通活塞可以把空气放进装置,而防止腐蚀性的蒸气进入油泵。也要防止低沸点溶剂污染泵油:通常最好用水泵减压,温热容器把这些溶剂除掉,接入油泵前烧瓶要冷却。

第四节 水蒸气蒸馏

水蒸气蒸馏(Steam Distillation)是一种分离和纯化有机化合物的方法。假如有机物有足够的蒸气压(100℃下至少达到 5～10 mmHg),而且这种物质完全不溶于水或在水中溶解很少,就可以将水蒸气通入这种物质和水的混合物,使之挥发,它将与蒸气一同馏出,由于它与水不混溶,所以可以容易地分离出来。

　　互不相溶液体混合物会在比相应纯组分沸点低的温度下沸腾。水蒸气蒸馏的优点是可以在低于 100 ℃的温度下蒸馏目标物质。因而,当把那些不稳定或高沸点的物质从混合物中分离出来时可以避免分解。水蒸气蒸馏广泛地用于从天然原料中分离液体和固体物质。它还在下列情况下发挥重要作用:

　　(1) 很多反应中生成非挥发性焦油状副产物,从中分离目标化合物;

　　(2) 从含无机盐的有机物和水的混合物中分离目标化合物;

　　(3) 别的分离方法难以进行时;

　　(4) 从较难随水汽挥发的化合物中分离较易随水汽挥发的化合物(如从对硝基苯酚中分离邻硝基苯酚),以及将可随水汽挥发的副产物或原料从目标化合物中分离出。

一、基本原理

　　水蒸气蒸馏用于完全不互溶或溶解程度很低的液体。下面的讨论中我们假设这些液体完全不混溶。这些完全不互溶液体的饱和蒸气服从道尔顿分压定律:两种或两种以上相互间不发生化学反应的气体或蒸气在一定温度下混合后给出的气压值与其单独存在时的气压值之和相等。它可用下式表示:

$$P = P_1 + P_2 + \cdots + P_n \tag{2.2}$$

式中,P 代表总压,P_1、P_2 等代表各组分的分压。

　　如果是蒸馏两种互不溶解的液体,各自蒸气压之和达到大气压的温度就是沸点,这个温度比两种液体中挥发性较高成分的沸点要低。因为水是一种成分,所以在常压下进行的水蒸气蒸馏可以低于 100 ℃的温度实现更高沸点物质的分离。

　　在完全不相溶的两种液体 A 和 B 所组成的混合液体体系中,两种分子都可以逸出液面进入气相,其蒸气压行为符合道尔顿分压定律。该定律的表达式为

$$P_{总} = P_A + P_B \tag{2.3}$$

式中,$P_{总}$、P_A 和 P_B 分别代表总蒸气压、A 的蒸气分压和 B 的蒸气分压,即体系的总蒸气压等于各组分蒸气分压之和。若在同一温度下 A 独立存在时的蒸气压为 P_A^0,B 独立存在时的蒸气压为 P_B^0,则 $P_A = P_A^0$,$P_B = P_B^0$。也就是说,在互不相溶的二组分液体体系中,各组分的蒸气分压等于在同一温度下该组分独立存在时的蒸气压。于是可以将道尔顿分压定律的表达式改写为:

$$P_{总} = P_A^0 + P_B^0 \tag{2.4}$$

　　随着温度的升高,P_A^0 及 P_B^0 都会升高,$P_{总}$ 则会更快地升高。当 $P_{总}$ 升至等于外界压强(通常为 101.325 kPa)时,液体沸腾。这时 P_A^0 和 P_B^0 都还低于外界压强,所以沸腾时的温度既低于 A 的正常沸点,也低于 B 的正常沸点。

　　设 A 为沸点较高的有机液体,B 为水。混合物液体温度升至 $P_{总} = 101.3$ kPa(即一个大气压)时,液体沸腾,此时的温度不但低于 A 的正常沸点,也低于水的正常沸点(100 ℃),这样就可以把沸点较高的 A 在低于 100 ℃的温度下与水一起蒸馏出来。用水蒸气充当这种不混溶相之一所进行的蒸馏操作叫作水蒸气蒸馏。

　　由气态方程可知 $PV = nRT$,其中 n 为气态物质的摩尔数,它等于气态物质的质量 W 除

以该物质的分子量 M，即 $n = \dfrac{W}{M}$，代入气态方程并整理可得 $PVM = WRT$。在水蒸气蒸馏过程中，有机物 A 的蒸气和水蒸气具有相同的温度（混合体系的沸腾温度），并占有相同的体积 V（皆为水蒸气蒸馏装置的内部空间），所以

$$P_A V M_A = W_A R T \tag{2.5}$$

$$P_水 V M_水 = W_水 R T \tag{2.6}$$

两式相除得 $P_水 M_水 / P_A M_A = W_水 / W_A$，即 $W_水 = P_水 M_水 W_A / P_A M_A$，由此式可以计算出需要多少水才可将一定量的有机物质蒸馏出来。

【例】 某混合物中含有溴苯 10 g，对其进行水蒸气蒸馏时发现出料温度为 95.5 ℃，试计算至少需要多少水才能将溴苯完全蒸出。

解：查表可知 95.5 ℃时，水的蒸气压 $P_水 = 86\,126$（Pa），故溴苯的蒸气压 $P_A = 101\,325 - 86\,126 = 15\,199$（Pa）。代入前面的公式，

$$W_水 = P_水 M_水 W_A / P_A M_A = 86\,126 \times 18 \times 10 / 15\,199 \times 157.02 = 6.5 (g)$$

由以上计算可知，在理论上只需 6.5 g 水即可将 10 g 溴苯完全蒸出。当然在实际上需要的水总多于理论值，这主要是因为在实际操作中是将水蒸气通入有机物中，水蒸气在尚未来得及与有机蒸气充分平衡的情况下即被蒸出。

以上所讨论的是当有机化合物 A 为液体时的情况。如果 A 为固体，只要它不溶于水且在 100 ℃左右可与水长期共存而不发生化学变化，则同样可进行水蒸气蒸馏，计算方法亦相同。

二、水蒸气蒸馏装置

两种简单的水蒸气蒸馏装置如图 2.7(a)、(b)所示。图 2.7(a)中，A 瓶用作水蒸气发生器，长玻璃管 B 伸入水面之下用作安全管。水蒸气从 A 生成后经过弯管通入圆底三颈瓶 C。水蒸气蒸馏瓶 C 可以倾斜一个角度，以防止 C 中的溶液溅到出口连接处，并被气流吹入冷凝管。弯头 F 将蒸馏瓶与一根直形冷凝管连接起来，馏分将收集在 G 瓶中。C 瓶可以用电热套加热。用一个 T 型管 D 作为捕水装置，水蒸气中的液体水可以很容易地去掉。时不时地打开螺旋夹可将累积的水放入水槽。同时也可采用图 2.7(b)所示的水蒸气蒸馏装置。

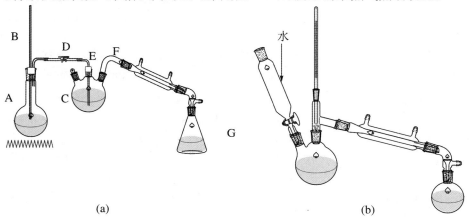

(a)　　　　　　　　　　　　　　　　(b)

图 2.7　水蒸气蒸馏装置

三、水蒸气蒸馏操作

进行水蒸气蒸馏时,将溶液(或液体混合物或固体与少量水的混合物)放进 C 瓶,把装置全安装好。水蒸气通入 C 瓶,用电热套对它进行加热以使水不会累积过快,而又能保证蒸气在冷凝管中完全冷凝下来。蒸气要持续地通到馏分中不再有明显的不溶于水的物质。如果这种物质在冷凝管中结晶并引起堵塞,冷凝管中的冷凝水可以先放掉,等几分钟,直到固体物质熔化,并被蒸气流带进接收瓶,然后再小心地重新通冷凝水。停止水蒸气蒸馏时,连接水蒸气发生瓶与蒸馏瓶之间的橡胶管应先断开,并将蒸馏瓶先移开,这样可防止 C 瓶中的液体倒吸进 A 瓶,然后将电热套关掉。

第五节　简单分馏

混合物可以分解为很多部分或组分。例如分离化合物就可以根据它们的沸点,将它们加热到一定温度,一些组分就会蒸发。很多情况下,混合物中各组分的沸点十分接近,所以必须用分馏柱,在其中不断重复蒸发-冷凝的循环,才能将各组分很好地分开。分馏其实是一种特殊的蒸馏。现在已经有精密分馏仪器可以把沸点只差几摄氏度的组分成功分离。当然需要仔细操作,而且要知道选择影响分馏柱效率的参数。

一、基本原理

混合物沸腾时,蒸气上升到分馏柱。蒸气在柱子中的玻璃平台(这些平台称为塔板)上会凝结,流回到下方的液体,形成回流馏分。柱子的下部被加热。将柱子外部包裹毛线、铝箔纸可以绝热(用真空夹层效果更好),分馏过程的热效率和时间利用率都可以改善。最热的塔板在底部,最冷的在顶上。稳态条件下,蒸气和液体在每一塔板上达到平衡。只有挥发性最高的蒸气可以保持在气态升到柱顶。接着,柱顶的蒸气进入冷凝管,冷却至液化。增加更多的塔板可以分得更纯。

实验室中用的分馏柱是一件玻璃仪器,用来分离挥发性相近的液体化合物组成的可汽化混合物。最常用的是 Vigreux 柱或填充着玻璃珠或金属件如 Raschig 环的直玻璃柱。分馏柱可以使混合蒸气冷却、凝结和再次汽化,因而有助于混合物分离。经过一次凝结一次汽化的循环,蒸气中一个特定的成分就富集一次。表面积越大,循环次数越多,对分离越有利。这就是Vigreux 分馏柱或填充分馏柱的原理。

简单蒸馏虽不能将液体混合物完全分离开来,但却可以富集低沸点组分或高沸点组分。如果对收得的馏分再进行第二次简单蒸馏,其低沸点组分必将在馏出液中进一步富集。接着再进行第三次、第四次以至多次的简单蒸馏,馏出液中的低沸点组分必将进一步富集,直至可以获得纯净的低沸点组分。

　　然而这种在理论上似乎可行的方法在实际上却是行不通的。仍然可以利用图 2.2 所示的苯和甲苯组成的二元体系相图来解释。假设给定的混合液体的组成点在 C' 处，即含有 68% 的苯和 32% 的甲苯，经过一次简单蒸馏，馏出液中将含有 88% 的苯和 12% 的甲苯。然而这仅仅是针对馏出的第一滴液体而言的。由于第一滴馏出液带出了比原混合物含量更高的苯，在第一滴液体蒸出之后，残液中苯的含量必会下降。由拉乌尔定律可知，残液的蒸气压中苯的蒸气分压也必然会下降，即苯在蒸气中所占的摩尔分数降低。所以第二滴馏出液中苯的含量将不再是 88%，而是低于 88%，即第二滴馏出液中低沸点组分的含量比第一滴少。同理，第三滴馏出液中低沸点组分的含量又比第二滴少。依此类推，每一滴馏出液中低沸点组分的含量都比它前面的一滴馏出液少。这样到蒸馏结束时，实际接收到的馏出液中苯的含量将不是 88%，而是远低于 88%。同样的道理，当对馏出液做第二次蒸馏时，所得的馏出液中苯的含量将会比按照相图求得的含量差得更远。

　　如果将馏出液分段接收，例如取 1 000 mL 苯与甲苯的混合物进行简单蒸馏并分十段接收，每接收 100 mL 更换一个接收瓶，共得十段接收液。苯的含量在第一段中最高，第二段中稍低，以后各段依次降低，第十段中最低。取含苯最丰富的第一段接收液再做第二次蒸馏，又分十段接收，每段 10 mL，其中第一段的含苯量将更丰富，再对它进行第三次蒸馏，仍分十段接收，每段 1 mL。其中第一段的含苯量又进一步提高，但仍不是纯苯。这时却只剩 1 mL 的体积，无法再做蒸馏了。如果在第一次简单蒸馏时获得 n 个馏分，在第二轮简单蒸馏中将所有 n 个馏分各自分别蒸馏并分段接收，则第二轮需进行 M 次蒸馏，同理，第三轮需进行 n^2 次蒸馏，依此进行下去，每次都将苯的含量提高一个梯度，虽然最终可以将其中的苯全部或大部分蒸出，但需要蒸馏的次数将等于 $1 + n + n^2 + n^3 + \cdots$，这显然是一个无穷大的数字，在实际生产中是无论如何都办不到的。

　　由以上分析可知，对于沸点相近的互溶体系，有限次数的简单蒸馏不能获得满意的分离效果，或因得量甚微步骤冗长而无实用价值，而无限次的蒸馏在实践中又不可能做到，在这种情况下就只好用分馏（Fractional Distillation）来进行分离了。分馏与简单蒸馏的根本区别在于混合蒸气在其升腾的途中是否受阻。在简单蒸馏中，由混合液体蒸发出来的蒸气仅仅经历很短的途程，即毫无阻碍地进入冷凝管；而在分馏中，上升的混合蒸气须经过分馏柱后才被冷凝收集。分馏柱是一支具有特定内部结构或在其内部装有某种填料的竖直安装的圆柱。当混合蒸气经过分馏柱时会多次受到固体（柱的内部结构或填料）和液体（向下滴落的液滴以及填料表面的液膜）的阻挡。每受到阻挡时即发生局部的液化。由于高沸点液体的蒸气较易于液化，所以在局部液化而形成的液滴中就含有较多的高沸点组分，而未能液化下来，继续保持上升的蒸气中则含有相对丰富的低沸点组分。这些蒸气在上升途中又会遇到从上面滴下的液滴、并把部分热量传给液滴，自身又经历一次局部液化。同时，接受了部分热量的液滴则会发生局部气化，形成的蒸气中低沸点组分的含量又比未气化的那一部分液滴中高。这样，在整个分馏过程中，上升的蒸气不断地与下降的液滴发生局部的热量传递和物质交换，每一次交换，都使蒸气中的低沸点组分得到进一步的富集。当它升至柱顶侧的出料支管口时，已经经历了很多次的气化-液化-气化的过程，即相当于经历了许多次的简单蒸馏，从而获得了较好的分离效果。在同一过程中，下降的液滴也在经历着能量交换和物质交换，只是每次交换都使其中的高沸点组分得到富集。最后，这些液滴陆续落回到柱底的蒸馏瓶中，并再度被蒸发出来，蒸发器中的高沸点组分就越来越浓。

　　分馏的必要条件是柱内气相和液相要充分接触，以利于物质的交换和能量的传送，因此分馏柱的高度、直径、内部结构、填料的性质和形状以及分馏柱的操作条件都会影响柱的分馏效果。分馏柱的操作条件及衡量柱效的主要因素有：

　　（1）理论塔板数（Number of Theoretical Plats）　这是衡量分馏效果的主要指标，分馏柱的理论塔板数越多，分离效果越好。所谓一个理论塔板数，简单地说，就是相当于一次简单蒸馏的分离效果。如果一个分馏柱的分馏能力为 10 个理论塔板数，那么通过这个分馏柱分馏一次所取得的结果，就相当于通过 10 次简单蒸馏的结果。实验室用的分馏柱的理论塔板数一般在 2～100 的范围内。

　　对于两组分 A 和 B 的混合物，可以根据下面的经验公式粗略地计算分馏时所需的理论塔板数：

$$N = \frac{T_B + T_A}{3(T_B - T_A)} \tag{2.7}$$

式中，N 为理论塔板数，T_A、T_B 分别为低沸点组分 A 及高沸点组分 B 的沸点（绝对温度）。由于这是在全问流情况下做出的，而实际上分馏是在部分回流下操作的，所以所选用的分馏柱的理论塔板数要大于计算的理论塔板数。根据经验，一般理论塔板数与实际塔板数之比为 0.5～0.7，即 $\eta = \dfrac{N_{理}}{N_{实}} 0.5～0.7$，$\eta$ 称塔板效率。

　　（2）理论板层高度（Height Equivalent to a Theoretical Plate，HETP）　它表示一个理论塔板在分馏柱中的有效高度。

$$\text{HETP} = \frac{分馏柱的有效高度}{全回流的理论塔板数} \tag{2.8}$$

　　HETP 的数值越小，说明分馏柱的分离效率越高。例如两个分馏柱的分离能力都是 20 个理论塔板数，第一个高 60 cm，第二个高 20 cm，依上式算得的 HETP 分别为 3 cm 和 1 cm，则表明第二个分馏柱具有较高的分离效率。

　　（3）回流比（Reflux Ratio）　在分馏中，并不是让升至柱顶的蒸气全部冷凝流出，因为过多地取走富含低沸点组分的蒸气，必然会减少柱内下滴的液体的量，从而破坏了柱内的气液平衡，这时将会有更多的高沸点组分进入柱身，在较高的温度下建立新的平衡，从而降低了柱的分离效率。为了维持柱内的平衡，通常是将升入柱顶的蒸气冷凝后使其一部分流出接收而使其余部分流回柱内。在单位时间内，流回柱内的液量与馏出液量之比称为回流比。在柱内蒸气量一定的条件下，回流比越大，分馏效率越高，但所得到的馏出液越少，完成分馏所消耗的能量就越多。因此，选定适当的回流比是很重要的，通常选用的回流比为理论塔板 $\dfrac{1}{10}$～$\dfrac{1}{5}$。

　　（4）蒸发速率（Through Put）　单位时间内到达分馏柱顶的液量叫作蒸发速率，通常以 mL/min 表示。

　　（5）压力降差（Pressure Drop）　分馏柱两端的蒸气压强之差称压力降差。它表示柱的阻力大小。它与柱的大小、填料及蒸发速率有关。压力降差越小越好。

　　（6）滞留液（Hold Up）　滞留液也称操作含量，是指分馏时停留在柱内的液体的量。滞留液的量越小越好，一般不超过任一被分离组分体积的 10%。

（7）液泛（Flooding）　当蒸发速度增大至某一程度时，上升的蒸气将回流的液体向上顶起的现象称为液泛。液泛破坏了气液平衡，使分馏效率大大降低。

以上这些因素是密切联系、互相制约的。因此，提高分馏效率就要综合考虑上述诸因素，合理选择条件。如果某些条件（如柱的尺寸和填料的种类）已经给定而无法选择，则最重要的是防止液泛、选定合适而稳定的回流比和蒸发速率。因为只有稳定这些条件，才可使柱内形成稳定的温度梯度、浓度梯度和压力梯度，即在理想状况下柱底温度接近于高沸点组分的沸点，高沸点组分在气雾中占绝对优势，同时混合气雾的压强亦较大；自柱底至柱顶温度、压强和高沸点组分的比例都逐步减小，而低沸点组分在气雾中所占比例逐步增大；在柱顶部低沸点组分占绝对优势，高沸点组分趋近于零，温度接近低沸点组分的沸点，压强降至最低。任何有碍于形成稳定梯度的因素或操作条件都是不利的。

二、简单分馏装置

仪器：热源（一种热浴）、蒸馏瓶（代表性的是圆底烧瓶）、接收瓶、分馏柱（Vigreux柱）、蒸馏头、温度计及其套管、冷凝管、真空尾接管、沸石。

三、分馏操作

图 2.8 中是用 Vigreux 柱进行简单分馏的装置，这种柱子分馏效率中等，可能是用得最广的一种。这种柱子是一根带有很多锯齿状刺的玻璃管，这些锯齿以 45°交替向下安置，以便使液体从管壁到柱中心重新分布。要分馏的混合物放进一个体积适中的瓶子（应当是容积的 1/3～1/2）里，加一个磁子，侧管接一个通水的冷凝管。馏分收集在小烧瓶或锥形瓶中。温度计水银球应该正好低于侧臂水平面。某个组分沸点超过 100 ℃时必须把柱子包裹起来。瓶子用空气浴、油浴或加热套加热。开始加热时不能过快，因为柱子温度在升高，而过多的凝结液会造成柱子堵塞。一旦有馏分开始出来，就要调节加热速度，使液体馏过的速度在每 2～3 s 一滴。这些条件下可以实现很高效率的分馏。低沸点成分过去以后，馏出液体会暂停。缓缓提高加热速度，当第二个成分开始馏出，会看到沸点突然上升，当然，这是假设分馏体系能使混合物的组分很清晰地分段。值得强调的事实是分馏操作要慢，过快的操作通常不能节省时间，因为可能要再做一次分馏才行。

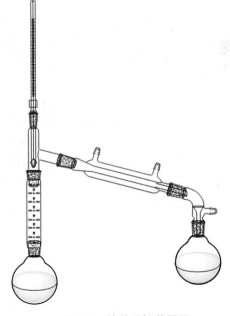

图 2.8　简单分馏装置图

第六节　重结晶及滤纸的折叠方法

从有机反应中分离出的固体有机化合物往往是不纯的,其中常夹杂一些反应副产物、未作用的原料及催化剂等杂质。重结晶是提纯固体有机化合物的常用方法。它是根据被提纯的化合物不同温度下在溶剂中的溶解度不同,以及该化合物及其所含的杂质在同一溶剂中溶解度的不同而达到分离的目的的。

一、重结晶的基本原理

固体有机物在溶剂中的溶解度与温度有密切关系。一般是温度升高,溶解度增大。若把固体溶解在热的溶剂中达到饱和,冷却时即由于溶解度降低,溶液变成过饱和而析出结晶。利用溶剂对被提纯物质及杂质的溶解度不同,可以使被提纯物质从过饱和溶液中析出。而让杂质全部或大部分仍留在溶液中(若在溶剂中溶解度极小,则配成饱和溶液后被过滤除去),从而达到提纯目的。

(一)溶液中术语

通常把能够溶解其他物质的化合物称为溶剂(solvent),被溶解的物质称为溶质(solute)。如果把物质 A 加到物质 B 中去,A 为固体或气体,B 为液体,则 A 在 B 中或多或少会有所溶解而形成溶液(solution)。这时 A 被称为溶质,B 被称为溶剂。如果 A、B 皆为液体,则以量少者为溶质,量多者为溶剂;如 A、B 的量相差不大,则实验者可根据自己考察的角度任意指定何为溶质,何为溶剂。

在一定温度下向一定量的溶剂中加入溶质,随着溶质的不断溶解,溶液的浓度不断增大。当溶解的溶质达到一定数量时,继续加入溶质就不能再溶解,这种现象称为饱和。处于饱和状态的溶液称为饱和溶液(saturated solution)。用 100 g 溶剂制成的饱和溶液中所含的溶质的质量(克)叫作该溶质在该溶剂中的溶解度(solubility)。或者说,溶解度是 100 g 溶剂中所能溶解溶质的最大量(以克为单位)。溶解度的大小主要由溶质、溶剂的自身性质和温度所决定,气体的溶解度还和外界压强相关。此外,如果有共存杂质的话,杂质也会不同程度地影响溶解度。

(二)固体的溶解和结晶

绝大多数固体物质的溶解度都随温度的升高而增大。在较低温度下达到饱和的溶液升高温度时就不再饱和,需再加入一定量的溶质才能达到新的饱和。反之,在较高温度下达到饱和的溶液,当降低温度时,溶质会部分析出。如果析出时的温度高于溶质的熔点,则析出油状物。这些油状物在进一步降低温度时会固化而形成无定形固体,且往往包夹着较多的溶剂和杂质。如果析出时的温度低于溶质的熔点,则会直接析出固体。析出固体有两种形式:若固体析出较慢,首先析出的数目较少的固体微粒形成"晶种"。它们在过饱和溶液中有选择地吸收合适的分子或离子并将其排列在晶格的适当位置,从而使自己一层层地"长大",最后得到的晶体具有较大的粒度和较高的纯度。这样的过程称为结晶(crystallization)。如果固体析出甚快,在很短时间内形成数目巨大的固体微粒,这些微粒来不及选择分子和定位排列,也长不大,这样的过程称为沉淀(precipitation)。沉淀出来的固体物质纯度较低,且由于粒度小,总表面积大,吸附的溶剂较多。而溶剂中又往往溶解有其他杂质,当溶剂挥发后,其中的杂质也就留在沉淀里面。

显然,溶质以油状或以沉淀状析出都将是不纯的,只有以结晶形式析出才较纯净。

(三) 含杂质固体的溶解和结晶

固体样品中所含杂质可能为固体,也可能为树脂状物。将这样的样品溶于合适的热溶剂内,制成饱和的热溶液。溶剂的用量以恰能完全溶解其中的纯样品为限,这时杂质可能全溶而饱和,可能全溶而不饱和,也可能不全溶。将该溶液趁热过滤,则其中的纯样品及溶解了的那一部分杂质会进入滤液,而未溶解的那一部分杂质(如果有的话)将留在滤纸上。将所得到的热滤液缓缓冷至室温,在此过程中样品将不断地析出来,而杂质则从其达到饱和的时候起开始析出,直到室温为止。如果温度已冷到室温,而杂质仍未饱和,则不会析出。将已冷至室温的滤液过滤,可收集到精制的固体样品。而杂质则无论是在趁热过滤时留在滤纸上的或是冷至室温时仍留在母液中的都不会混入精制的样品中去,只有在冷却过程中析出的(如果有的话)才会混入精制品中去。

假设一固体样品 10 g,内含被提纯物 A 9.5 g 及杂质 B 0.5 g,已知 A 在室温下在选定的溶剂中的溶解度为 $S_A = 0.5\ g/100\ mL$,而在接近沸腾的溶剂中的溶解度为 $S_B = 95\ g/100\ mL$。在溶解—结晶过程中可能会遇到以下几种情况:

(1) 若杂质 B 在室温下的溶解度大于 A($S_B > S_A$),例如为 1.5 g/100 mL。用 100 mL 沸腾的溶剂即可将全部 10 g 样品溶解,冷至室温后,有 0.5 g A 仍留在母液中,其余 9 g A 将成为晶体析出。滤出晶体并干燥后,A 的回收率为 $\dfrac{9}{9.5} = 94.7\%$。而 B 则全部留在母液中,所以得到的 A 的纯度为 100%。

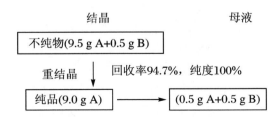

(2) 若 B 在室温下的溶解度小于 A($S_B < S_A$),例如为 0.25 g/100 mL,同样用 100 mL 热溶剂溶解,冷至室温后也会有 9 g A 析出,A 的回收率仍为 94.7%,但 B 却不能全部留在母液中,而是只有 0.25 g 留在母液中,其余 0.25 g B 也将成为晶体与 A 一同析出,所以得到的 A 的纯度为 $\dfrac{9}{9 + 0.25} = 97.3\%$,即比原来的纯度提高了,但却并非纯品。为了得到 A 的纯品,就

需将 B 全部留在母液中,则需使用 200 mL 溶剂。这时,将有 1 g A 会留在母液中,只能得到 A 8.5 g、回收率为 89.5%,显然不如(1)的情况理想。

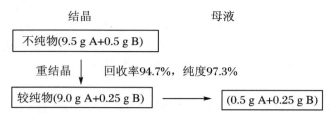

（3）若 B 在室温下的溶解度仍与 A 相同（$S_B = S_A$）,都是 0.5 g/100 mL,则也只需 100 mL 溶剂,其结果 A 的回收率与纯度皆与(1)相同。

（4）若 B 在室温下的溶解度仍与 A 相同,都是 0.5 g/100 mL,但所提供的样品中 B 的含量很高,例如 A 为 8 g,B 为 2 g,则为了将 2 g B 全部留在母液中,就需使用 400 mL 溶剂,最后的结果是 A 也将有 2 g 留在母液中,只能得到 6 g 纯 A,回收率仅为 75%。如果样品中 A、B 含量各一半,则得不到纯 A。

由以上计算不难看出:① 溶剂的溶解性能是十分关键的,对杂质溶解度大而对被提纯物在高温下溶解度大、在低温下溶解度小的溶剂是比较理想的。② 在杂质含量很小的情况下,无论被提纯物与杂质谁的溶解度大,都可以得到较好的结果;反之,若杂质含量过大,要么得不到纯品,要么因损失过大而得不偿失。

若固体中所含杂质为树脂状,在趁热过滤时会堵塞滤纸孔,增加过滤的困难,滤下的也会干扰晶体的生长。所以必须在热滤之前加入适当的吸附剂将其吸附除去。

（四）溶剂的选择

在重结晶时,选择理想的溶剂是一个关键,理想的溶剂应具备下列条件:

（1）不与被提纯物质发生化学反应。

（2）在较高温度时能溶解多量的被提纯物质,而在室温或更低温度时,只能溶解很少量的该种物质。

（3）对杂质溶解度很大,使杂质留在母液中,不随晶体一同析出;或对杂质溶解度极小,难溶于热溶剂中,使杂质在热过滤时除去。

（4）溶剂沸点不宜太高,容易挥发,易与晶体分离。

（5）结晶的回收率高,能形成较好的晶体。

（6）价廉易得,无毒或毒性很小,便于操作。

在几种溶剂同样都适宜时,还应根据溶剂毒性大小、操作的安全、回收的难易程度等来选择。但在实际工作中,完全符合这些条件的溶剂是很不容易选到的,只要其中的主要条件符合要求也就可以了。如果被提纯固体是已知化合物,往往已经指定或可从相关文献中查找到可能适宜的溶剂。如果被提纯固体是未知化合物,则可根据"相似相溶"的经验规律推导出可能适宜的溶剂。但无论是从文献中查找到的或推导出来的结果都只能作为选择溶剂的参考,溶剂的最后选择只能靠实验方法来确定。表 2.1 列出了一些常用的溶剂,可供选择时参考。

表 2.1　常用重结晶溶剂

溶剂	沸点(℃)	熔点(℃)	相对密度	水中溶解度(g/100 g)	易燃性
水	100	0	1.0		0
甲醇	64.96	−98	0.79	∞	+
95%乙醇	78.1	<0	0.804	∞	+ +
冰醋酸	117.9	16.7	1.06	∞	+
丙酮	56.2	−95	0.79	∞	+ + +
乙醚	34.51	−116	0.71	6.0	+ + + +
石油醚	60～90	<0	0.64	−	+ + + +
乙酸乙酯	77.06	−84	0.90	0.08	+ +
甲苯	111	−95	0.87	0.05	+ + + +
氯仿	61.7	−64	1.49	0.82	0
乙腈	81.6		0.78		

若经反复试验,实在选不出一种合适的单一溶剂,可考虑使用混合溶剂。混合溶剂通常由两种互溶的溶剂组成,其中一种对被提纯物溶解度很大,称为良溶剂;而另一种对被提纯物溶解度不大或几乎不溶,称为不良溶剂。使用时可以将良溶剂与不良溶剂按一定比例混配后像单一溶剂那样使用,也可以随机试溶。常用的混合溶剂列于表 2.2。单一溶剂使用后较易回收,所以只要单一溶剂可以满足基本要求就不要考虑使用混合溶剂。

表 2.2　常用混合溶剂

乙醇-水	甲醇-水	醋酸-水	丙酮-水
乙醚-乙醇	丙酮-乙醇	氯仿-乙醇	石油醚-乙醇
石油醚-苯	石油醚-丙酮	石油醚-乙醚	

（五）结晶溶剂选择的一般原则及判定结晶纯度的方法

结晶溶剂选择的一般原则:对欲分离的成分热时溶解度大,冷时溶解度小;对杂质冷热都不溶或冷热都易溶。沸点要适当,不宜过高或过低,如乙醚就不宜用。或者利用物质与杂质在不同的溶剂中的溶解度差异选择溶剂。

判定结晶纯度的方法:理化性质均一;固体化合物熔距≤2 ℃;TLC 或 PC 展开呈单一斑点;HPLC 或 GC 分析呈单峰。

二、重结晶的一般过程

（1）将不纯的固体有机物在溶剂的沸点或接近于沸点的温度下溶解在溶剂中,制成饱和的浓溶液,若固体有机物的熔点较溶剂沸点低,则应制成在熔点温度以下的饱和溶液。

（2）若溶液含有有色杂质，可加适量活性炭煮沸脱色。

（3）过滤此热溶液以除去其中不溶性杂质及活性炭。

（4）将滤液冷却，使结晶从饱和溶液中析出，而可溶性杂质仍留在母液中。

（5）抽气过滤，从母液中将结晶分离，洗涤结晶以除去吸附的母液，所得的结晶经干燥后测定熔点。如发现其纯度不符合要求时，可重复上述操作，直至熔点不再改变。

在几种溶剂同样适合时，应根据结晶的回收率、操作的难易、溶剂的毒性、易燃性和价格等来选择。当不能选择到一种合适的溶剂时，常可使用混合溶剂进行重结晶。

三、实验操作

（一）溶剂的选择

在重结晶时需要知道哪一种溶剂最适合被提纯物质在该溶剂中溶解，可以通过查阅手册或实验来决定采用什么溶剂。

实验的方法 在实践中，如果没有可用信息数据，必须根据实验来选择一种溶剂结晶。取约 0.1 g 的粉状物质放在一个小试管（75 mm×11 mm 或 110 mm×12 mm）中，在一定时间内边振摇试管边滴加溶剂。滴加约 1 mL 的溶剂，混合加热至沸腾。如果溶剂是易燃的，要采取适当的预防措施。如果样品易溶在 1 mL 冷溶剂或温热的溶剂中，该溶剂是不适合的。如果所有的固体不溶解，需补加更多的溶剂至 0.5 mL，每次补加溶剂后，再次加热至沸腾。如果 3 mL 溶剂被加，加热后，固体仍不溶解，在该溶剂中该物质是被视为难溶的，应该寻求另一种溶剂。在热的溶剂中，如果化合物溶解或几乎完全溶解，冷却试管，以确定是否发生结晶。如果不能迅速地结晶，这可能是由于缺乏合适的晶核生长。可用玻璃棒摩擦溶液液面下的试管壁，玻璃管内壁细微的刮痕可作为优良的晶体生长的晶核。在一冰盐混合物冷却，若结晶仍不能析出，则此溶剂不适用。如果结晶能正常析出，要注意析出的量，在几个溶剂用同法比较后，可以选用结晶收率最好的溶剂来进行重新结晶。

混合溶剂 当一种物质在一些溶剂中的溶解度太大，而在另一些溶剂中的溶解度又太小，不能选择到一种合适的溶剂时，常可使用混合溶剂而得到满意的结果。混合溶剂，就是把对某一物质溶解度很大和溶解度很小的而又能互溶的两种溶剂混合起来。

混合溶剂重结晶 先将待纯化物质在接近良溶剂的沸点时，溶解于良溶剂（所谓良溶剂即在此溶剂中很易溶解的溶剂：第一种溶剂）中，若有不溶物，趁热过滤去；若有色，则用适量活性炭煮沸脱色后趁热滤去。在此热溶液中小心加入热的不良溶剂（即在此溶剂中不易溶解的溶剂：第二种溶剂），直到所出现的浑浊不再消失为止，再加入少量良溶剂或稍热使其刚好透明。然后将混合物冷却到室温，使结晶从溶液中析出。有时也可将两种溶剂先行混合，如乙醇和水，其操作和使用单一溶剂时相同。

（二）溶解

当溶剂或混合溶剂、溶质和溶剂的适合比例选择后，将待结晶物质置于圆底烧瓶中，加入较需要量（手册查得的溶解度或试验方法得到的）稍少的适宜溶剂，在圆底烧瓶上加上冷凝管，在水浴或空气浴上加热到微沸，并保持一段时间，使之溶解（装置见图2.9）。若未完全溶解，可再逐渐添加溶剂，每次加入后均需再加热使溶液沸腾，直至物质完全溶解（注意判断是否有不溶性杂质存在，以免误加过多的溶剂）。溶剂应尽可能地避免过量，但由于在热过滤时溶剂容易挥发而减少，因此权衡溶剂的用量，一般可比需要量多加20%左右的溶剂。（添加溶剂时，注意避免着火）。

图2.9　热滤装置

（三）脱色

有机反应的粗产品可能含有有色杂质。在结晶时，这些杂质可溶解，有颜色的杂质溶解在沸腾的溶剂中，重晶体时部分吸附在晶体上。由于存在树脂状物质或细小不溶性杂质悬浮物，有时溶液稍微混浊，不能通过简单的过滤除去。加入少量的活性炭，加热溶液5～10 min。然后通过热过滤方法来除去有色杂质。活性炭吸附有色杂质和黑色细小树脂状物质，滤液无色，放置析出纯的晶体。脱色最容易发生在水溶液中，在几乎大多数有机溶剂的过程中是有效的，但在烃类溶剂中不是有效的。必须指出的是，活性炭在沸腾的溶剂中并不总是最有效的除去颜色的方法；如果是这样，通过加少量的活性炭，将冷溶液（最好是在有机的溶剂如乙醇中）通过颈部塞有棉花的漏斗，这实际上就是一种色谱程序。

过量的脱色剂必须避免，因为它也可能吸附一些纯化合物。加入的量将取决于杂质量；大部分情况下按粗产品重量的1%～2%就会达到令人满意的效果。如果这个数量是不够的，再一次加入1%～2%的新鲜活性炭。有时，活性炭会通过滤纸，加一个过滤助滤器（过滤器—纸浆或硅藻土），将会得到清澈的滤液。值得注意的是，活性炭不应添加到过热的溶液中，这样可能导致泡沫过多沸腾溢出。

（四）热过滤

溶液脱色后，即可进行趁热过滤，热过滤的装置如图2.10所示。过滤易燃溶剂的溶液时，必须熄灭附近的火源。为了过滤得快，可选用一短颈的三角玻璃漏斗，这样可避免晶体在颈部析出时造成堵塞。在过滤前，要将漏斗、折叠滤纸以及收集滤液的锥形瓶放在烘箱中预热。待过滤时，再将烘热的仪器取出迅速装配好，折叠滤纸向外突出的棱边，应紧贴于漏斗壁上。在过滤前，先用少量热的溶剂湿润，以免干滤纸吸收溶液中的溶剂，使结晶析出而堵塞滤纸孔。过滤时，漏斗上应盖上表面皿（凹面向下），减少溶剂的挥发。盛滤液的容器一般用锥形瓶（锥形瓶在热水浴中保温或加热），只有水溶液才收集在烧杯中。

—表面皿
—滤纸和短颈漏斗
—热滤漏斗
—普通锥形瓶

图2.10　热滤装置

过滤时若保温得好,一般只有很少的结晶在滤纸上析出(如果此结晶在热溶剂中溶解度很大,则可用少量热溶剂洗下,否则还是弃之为好,以免得不偿失)。若结晶较多,用刮刀刮回到原来的瓶中,再加适量的溶剂溶解并过滤。滤毕后,用洁净的塞子塞住盛溶液的锥形瓶,放置冷却。如果溶液稍冷却就析出结晶及过滤的溶液较多,最好用热水漏斗。

　　滤纸折叠的方法:将选定的圆滤纸按图2.11先一折为二,再沿2,4折成四分之一。然后将1,2的边沿折至4,2;2,3的边沿折至2,4,分别在2,5和2,6处产生新的折纹,见图2.11(a)。继续将1,2折向2,6,2,3折向2,5,分别得到2,7和2,8的折纹,见图2.11(b)。同样以2,3对2,6,1,2对2,5分别折出2,9和2,10的折纹,见图2.11(c)。最后在8个等分的每一个小格中间以相反方向(图2.11(d))折成16等分。结果得到折扇一样的排列。再在1,2和2,3处各向内折一小折面,展开后即为折叠滤纸或称扇形滤纸,见图2.11(e)。在折纹集中的圆心处,折时切勿重压,否则滤纸的中央在过滤时容易破裂。在使用前,应将折好的滤纸翻转并整理好后放入漏斗中,这样可避免被手指弄脏的一面接触滤过的滤液。

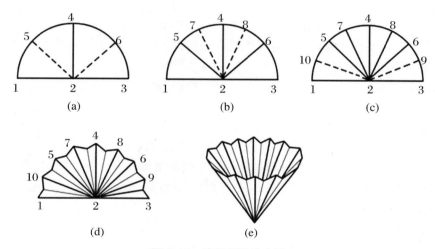

图2.11　滤纸折叠的方法

(五)结 晶

　　将盛滤液的带塞子的锥形瓶,在室温或保温下静置,使之缓缓冷却(若在滤液中已有结晶析出,可加热使之溶解)。这样得到的结晶往往比较纯净、均匀且有较大的晶体。若要快速得到晶体,可以将滤液在冷水浴(或冰水浴)中搅动,但得到的晶体较小。小晶体包含杂质较少,因其表面积较大,吸附其表面的杂质较多。

　　有时由于滤液中有焦油状物质或胶状物存在,使结晶不易析出,或有时因形成过饱和溶液也不析出结晶,在此情况下,可用玻璃棒摩擦器壁以形成粗糙面,使溶质分子呈定向排列而形成结晶,此过程较在平滑面上迅速和容易;或者投入晶种(同一物质的晶体,若无此物质的晶体,可用玻璃棒蘸一些溶液稍干后即会析出晶体),供给定型晶核,使晶体迅速形成。

　　有时被纯化的物质呈油状析出,油状物质长时间静置或足够冷却后虽也可以固化,但这样的固体往往含有较多杂质(杂质在油状物中的溶解度常较在溶剂中的溶解度大;其次,析出的固体中还会包含一部分母液），纯度不高，用溶剂大量稀释，虽可防止油状生成，但将使产物大量损失。这时可将析出油状物的溶液加热重新溶解，然后慢慢冷却，一旦油状物析出便剧烈搅拌混合物，使油状物在均匀分散的状况下固化，这样包含的母液就大大减少了。但最好还是重新选择溶剂，使之能得到有晶形的产物。

（六）抽气过滤

析出的晶体可以用布氏漏斗进行抽气过滤，将结晶从母液中分离出来。过滤装置如图2.12（a）所示。抽滤瓶的侧管用较耐压的橡皮管和水泵相连（最好在其中间接一安全瓶，再和水泵相连，以免操作不慎，使泵中的水倒流）。布氏漏斗中铺的圆形滤纸要剪得比漏斗内径略小，使之紧贴于漏斗的底壁。在抽滤前先用少量溶剂把滤纸湿润，然后打开水泵将滤纸吸紧，防止固体在抽滤时自滤纸边缘吸入瓶中。用玻璃棒将液体和结晶分批倒入漏斗中，并用少量滤液洗出黏附于容器壁上的晶体。布氏漏斗中晶体要用少量同一溶剂进行洗涤，以除去存在于晶体表面的母液。用量尽量要少以减少损失。洗涤时先打开安全瓶上的活塞停止抽气，在晶体上加少量溶剂，用玻璃棒小心搅动，使所有的晶体浸润。静置一会儿，待晶体均匀地被浸润后再进行抽气，一般洗涤 1～2 次即可。为使溶剂和结晶更好地分开，最好在进行抽气的同时用洁净的玻璃塞在结晶表面用力挤压。抽滤结束前先将抽滤瓶与水泵间连接的胶管拆开，或将安全瓶上的活塞打开接通大气（以免水泵中的水倒流入吸滤瓶中），再关闭水泵。

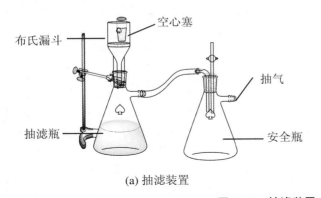

（a）抽滤装置　　　　　　　　　　（b）霍氏抽滤装置

图 2.12　抽滤装置

如重结晶溶剂的沸点较高，在用原溶剂至少洗涤一次后，可用低沸点的溶剂洗涤，使最后的结晶产物易于干燥（要注意此溶剂必须是能和第一种溶剂互溶而对晶体是不溶或微溶的）。

过滤少量晶体时，可用霍氏漏斗，如图2.12（b）所示装置。

抽滤所得的母液，如还有用处，可移置于其他容器中。较大量的有机溶剂，一般应用蒸馏法回收。如母液中溶解的物质还能利用，可将母液适当浓缩。回收得到一部分纯度较低的晶体，可进一步提纯。

（七）结晶的干燥

抽滤和洗涤后的结晶，表面上还吸附有少量溶剂，尚需用适当的方法进行干燥。常用的方法有几种：空气晾干、烘干、用滤纸吸干。干燥后的产物可以测定熔点来检验其纯度。

空气晾干：把抽干的固体物质转移到表面皿上铺成薄而均匀的一层，用一张滤纸覆盖避免灰尘玷污，然后在室温下放置几天干燥。

烘干：一些对热稳定的化合物，可以在低于该化合物熔点或接近溶剂沸点的温度下进行干燥。可用红外灯、烘箱、蒸气浴等方式进行干燥。但必须注意，因溶剂的存在，结晶可能在较其熔点低很多的温度下就开始熔融了，因此必须注意控制温度并经常翻动晶体。

用滤纸吸干：有时吸附溶剂的晶体在过滤时很难抽干，这时将晶体放在几层滤纸上，上面再用滤纸挤压吸出溶剂，但易在晶体上玷上滤纸纤维。

第七节　升　　华

升华(sublimation)是指固态物质不经过液态直接转变为气态，或气态物质不经过液态直接转变为固态的物态变化过程。严格地讲，升华是指固态物质在其蒸气压强等于外界压强的条件下不经液态直接转变为气态或气态物质在其蒸气压强与外界压强相等的条件下不经液态而直接转变为固态的物态转变过程。当外界压强为 101 325 Pa 时称为常压升华，低于该数值时称为减压升华或真空升华。升华是纯化固态物质的方法之一。但由于升华要求被提纯物在其熔点温度下具有较高的蒸气压，故仅适用于一部分固体物质，而不是纯化固体物质的通用方法。

一、基本原理

升华是指物质自固态不经过液态直接转变成蒸气的现象。在有机化学实验操作中，不管物质蒸气不经过液态而直接气化，还是由液态蒸发而产生的，只要是物质从蒸气不经过液态而直接转变成固态的过程也都称之为升华。一般来说，对称性较高的固态物质，具有较高的熔点，且在熔点温度以下具有较高的蒸气压，易于用升华来提纯。

一个物质的正常熔点是固、液两相在大气压下平衡时的温度。而固、液、气三相在大气压下平衡的温度——三相点的温度和正常的熔点差别很小。在三相点以下，物质只有固、气两相。若降低温度，蒸气就不经过液态而直接变成固态；若升高温度，固态也不经过液态而直接变成蒸气。因此一般的升华操作皆应在三相点温度以下进行。若某物质在三相点温度以下的蒸气压很高，因而气化速率很大，就可以容易地从固态直接变为蒸气，且此物质蒸气压随温度降低而下降非常显著，稍降低温度即能由蒸气直接转变成固态，则此物质可容易地在常压下用升华方法来提纯。

（一）晶体的蒸气压、三相点和熔点

常温下结晶态固体中的质点(分子或原子)仅在晶格点阵中振动，但在晶面处动能很大的质点会脱离晶格的束缚逸散到周围空间中去。在真空密闭系统中，这些逸散出来的质点只能在有限的空间中游移而形成蒸气，由于互相碰撞，有的质点会被重新撞回固体晶格中去。达到平衡时,单位时间内逸出晶格的质点数等于重新回到晶格中的质点数,固体周围的蒸气浓度不再增加,这时蒸气的压强称为该种固体的饱和蒸气压,简称该固体的蒸气压。当固体种类一定时,其蒸气压仅与温度相关,而与固体的绝对量无关。

对固体加热,温度升高,固体的蒸气压随之升高。如果以温度为横坐标,以压强为纵坐标作图,可得到该物质的相图(图2.13)。相图由固气平衡曲线 ST、固液平衡曲线 TV 和气液平衡曲线 TL 组成。虚线 CD 是压强力一个标准大气压的等压线。按照严格的定义,化合物的熔点是在一个大气压下固液平衡时的温度,图中的 M 点压强为一个大气压,且处于固液平衡曲线 TV 上,因而 M 所对应的温度点 N 即为该晶体的熔点。同样,化合物的沸点是在一个大气压下气液平衡时的温度,B 点在 CD 线上,且在气液平衡曲线 TL 上,所以 B 点所对应的温度点 Q

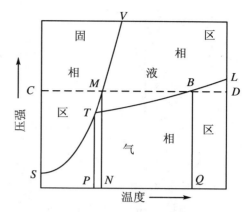

图 2.13 物质三相平衡曲线图

即为该物质的沸点。三条平衡曲线交汇于 T 点,T 被称为三相点(triple point)。三相点的主要特征为:

(1)三相点处气、液、固三相平衡共存;

(2)三相点是液体存在的最低温度点和最低压强点;

(3)大多数晶体化合物三相点处的蒸气压低于大气压,少数例外;

(4)晶体化合物的三相点温度低于其熔点温度,但相差甚微,一般只低几十分之一度。

(二)固体升华的条件

如果晶体化合物的三相点处蒸气压高于标准大气压,其相图如图2.14所示。当被加热升温时,其蒸气压沿 ST 曲线上升。当升至与一个大气压的等压线 CD 相交的 A 点时,温度反低于三相点温度 P,体系中尚无液体出现,但蒸气压已与外界压强相等,固体即不经液体而直接转变为气体。这种在一个大气压下固体不经过液体而直接转变为气体的现象叫作升华(sublimation)。显然,三相点的蒸气压高于大气压的物质是很容易在常压下升华的。

如果固体在三相点处的蒸气压低于标准大气压,其相图如图2.15所示。当受热升温时,蒸气压仍会沿 ST 曲线上升。当升至三相点 T 时开始有液体出现,但此时的蒸气压仍低于大气压(图中 T 处于一个大气压等压线 CD 的下方),因而不能升华。若继续升温,将不再是固气平衡,而是气液平衡,液体蒸气压将沿 TL 曲线平缓上升,当升至与 CD 线相交的 B 点时,对应的温度点 H 已是该物质的沸点了。所以这样的物质是不能常压升华的,但是如果将晶体置于密闭体系中并抽气以降低晶体周围的压强,使之低于晶体的蒸气压,例如降至等压线 C'D' 于三相点以下,晶体的蒸气压即等于周围环境的压强,这时没有液体出现,只有固气平衡,晶体即不经液体而直接转变为气体,此即减压升华。

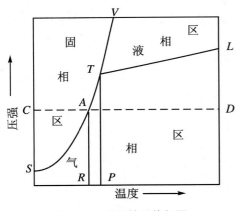

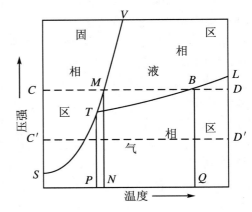

图 2.14　升华的固体相图　　　　　　　　　图 2.15　不能常压升华的固体相图

还有一些晶体,由于在三相点处蒸气压太低,即使减压也不能升华。

由以上讨论可知,一种晶体是否可以常压升华或减压升华,可以从它在三相点处的蒸气压高低来判断,但化合物的三相点是很难测准的。由于三相点与熔点仅相差几十分之一摄氏度,而化合物的熔点很容易从手册中查到,所以人们往往根据其熔点时的蒸气压高低来粗略地判断其可否升华。表 2.3 列出了若干种代表性化合物以供参考。

表 2.3　固体在熔点时的蒸气压

晶体物质	熔点(℃)	熔点时的蒸气压(Pa)	升华情况
二氧化碳	−57	516 756(5.1 大气压[*])	易于常压升华
全氟环己烷	59	126 656	易于减压升华
六氯乙烷	186	103 991	易于减压升华
樟　脑	179	49 329	易于减压升华
碘	114	11 999	易于减压升华
萘	80.22	933	可以减压升华
苯甲酸	122	800	可以减压升华
对硝基苯甲醛	106	1.2	不能升华

[*] 1 大气压 = 101.325 kPa。

需要说明的是,像碘、萘这样的晶体物质在室温下也会慢慢地散发出蒸气,其蒸气在遇到冷的表面时会在上面重新结成固体,这种现象严格说来仅仅是固体的蒸发而不是升华,因为这时它的蒸气压并不等于外界压强。刚洗过的衣服挂在低于 0 ℃ 的空气中,虽然很快就冻硬了,但仍会慢慢变干,这也是由于冰的蒸发而不是升华造成的。

二、升华装置

简单的常压、减压升华装置如图 2.16 所示。常压升华装置主要由蒸发皿、刺有小孔的滤纸、玻璃漏斗等组成。减压升华装置由吸滤管、冷凝指、水泵组成。

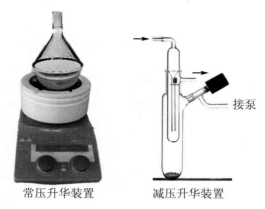

常压升华装置　　　　　　减压升华装置

接泵

图 2.16　升华装置

三、升华操作

1. 常压升华

在蒸发皿中放置粗产物,上面覆盖一张刺有许多小孔的滤纸(最好在蒸发皿的边缘上先放置大小合适的用石棉纸做成的窄圈,用以支持此滤纸)。然后将大小合适的玻璃漏斗倒盖在上面。漏斗的颈部塞有玻璃毛或脱脂棉花团,以减少蒸气逃逸。渐渐加热蒸发皿(最好能用空气浴、砂浴或其他热浴),小心调节热源,控制浴温低于被升华物质的熔点,使其慢慢升华。蒸气通过滤纸小孔上升,冷却后凝结在滤纸上或漏斗壁上。必要时外壁可用湿布冷却。

2. 减压升华

将固体物质放在吸滤管中,然后将装有冷凝脂的橡皮塞紧密塞住管口,利用水泵减压,接通冷凝水流,将吸滤管浸在水浴或油浴中加热,使之升华。

第八节　萃　　取

使溶质从一种溶剂中转移到与原溶剂不相混溶的另一种溶剂中,或使固体混合物中的某种或某几种成分转移到溶剂中去的过程称为萃取(extraction),也称作提取。萃取是有机化学实验中富集或纯化有机物的重要方法之一。以从固体或液体混合物中获得某种物质为目的的萃取常称为"抽提",而以除去物质中的少量杂质为目的的萃取常称为"洗涤"。被萃取的物质可以是固体、液体或气体。依据被提取对象的状态不同而有液-液萃取和固-液萃取之分,依据萃取所采用的方法的不同而有分次萃取和连续萃取之分。

一、基本原理

萃取是利用物质在两种不互溶(或微溶)溶剂中溶解度或分配比的不同来达到分离、提取或纯化目的的一种操作。

将含有机化合物的水溶液用有机溶剂萃取时,有机化合物就在两液相间进行分配。在一定温度下,此有机化合物在有机相中和在水相中的浓度之比为一常数,此即所谓分配定律。

假如一物质在两液相 A 和 B 中的浓度分别为 C_A 和 C_B,则在一定温度条件下,$C_A/C_B = K$,K 是一常数,称为分配系数,它可以近似地看作为此物质在两溶剂中溶解度之比。

假设在 V mL 的水中溶解 W_0 g 的有机物,每次用 S mL 与水不互溶的有机溶剂(有机物在此溶剂中一般比在水中的溶解度大)重复萃取:

第一次萃取:

设 V = 被萃取溶液的体积(mL),近似看作与 A 的体积相等(因溶质量不多,可忽略);

W_0 = 被萃取溶液中溶质的总含量(g);

S = 萃取时所用溶剂 B 的体积(mL);

W_1 = 第一次萃取后溶质在溶剂 A 中的剩余量(g);

W_2 = 第二次萃取后溶质在溶剂 A 中的剩余量(g);

W_n = 经过 n 次萃取后溶质在溶剂 A 中的剩余量(g);

故 $W_0 - W_1$ = 第一次萃取后溶质在溶剂 B 中的含量(g);

故 $W_1 - W_2$ = 第二次萃取后溶质在溶剂 B 中的含量(g);

则

$$\frac{W_1/V}{(W_0 - W_1)/S} = K \quad 或 \quad W_1 = \frac{KV}{KV + S}W_0 \tag{2.9}$$

同理

$$\frac{W_2/V}{(W_1 - W_2)/S} = K \quad 或 \quad W_2 = W_1\frac{KV}{KV + S} = W_0\left(\frac{KV}{KV + S}\right)^2 \tag{2.10}$$

经过几次萃取后的剩余量 W_n 应为

$$W_n = W_0\left(\frac{KV}{KV + S}\right)^n$$

当用一定量的溶剂萃取时,总是希望在水中的剩余量越少越好。因为上式中 $\frac{KV}{KV + S}$ 恒小于 1,所以 n 越大,W_n 就越小,也就是说把溶剂分成几份做多次萃取,比用全部量的溶剂做一次萃取要好。但必须注意,上面的式子只适用于几乎和水不互溶的溶剂。

另外一类萃取原理是利用萃取剂能与被萃取物质起化学反应。这种萃取通常用于从化合物中移去少量杂质或分离混合物。常用的这类萃取剂如 5%氢氧化钠水溶液,5%或 10%的碳酸钠、碳酸氢钠水溶液、稀盐酸、稀硫酸及浓硫酸等。碱性的萃取剂可以从有机相中移出有机酸,或从溶于有机溶剂的有机化合物中除去酸性杂质(使酸性杂质形成钠盐溶于水中);稀盐酸及稀硫酸可从混合物中萃取出有机碱性物质或用于除去碱性杂质;浓硫酸可应用于从饱和烃中除去不饱和烃,从卤代烷中除去醇及醚等。

（一）分配和分配系数

设溶剂 A 和溶剂 B 互不相溶，而溶质 M 既可溶于 A，也可溶于 B，在 A 和 B 中的溶解度分别为 S_A 和 S_B。如果先将 M 溶于 A 中（不管是否达到饱和），然后加入 B 中，则 A 中的 M 将部分地转移到 B 中去，当达到平衡时，M 在 A 中的浓度为 C_A，在 B 中的浓度为 C_B。只要温度不变，C_A 和 C_B 的值都不因时间的推移而改变，因而 C_A 与 C_B 的比值为一固定不变的值 K。K 被称为 M 在 A 和 B 中的分配系数（distribution coefficient）。即

$$K = \frac{C_A}{C_B} \tag{2.11}$$

继续向体系中加入溶质 M，则 C_A 和 C_B 都会增大，但其比值基本不变。当加至 M 在 A 和 B 中都已达到饱和时，$C_A = S_A$，$C_B = S_B$，则有

$$K = \frac{C_A}{C_B} = \frac{S_A}{S_B}$$

大量实验表明，在不同浓度下，特别是在低浓度下，C_A 与 C_B 的比值并不完全等于其溶解度的比值，但偏差甚小。因此，上式仅是近似的。在实际工作中，C_A 和 C_B 具有随机性，既不可能也无必要每次都做准确测定，而 S_A 和 S_B 的值却可以很方便地从手册中查得，所以这个近似的式子在实际工作中应用广泛，被称为分配定律的表达式。

（二）液-液萃取及其计算

在上面的讨论中，溶质从一种溶剂中转移到另一种溶剂中，这个过程称为液-液萃取（extraction）。从理论上讲，有限次的液-液萃取不可能把溶剂 A 中的溶质全部转移到溶剂 B 中去。而在实际工作中也只需要将绝大部分溶质转移到萃取溶剂中去就可以了。经萃取后仍留在原溶液中的溶质量可通过下面的推导求出：

设 V_A 为原溶液的体积（mL），V_B 为萃取溶剂的体积（mL），W_0 为萃取前的溶质总量（g），$W_1, W_2, \cdots, W_n$ 分别为经过 1 次、2 次、$\cdots$、n 次萃取后原溶液中剩余的溶质量，则

$$\frac{C_A}{C_B} = \frac{W_1 / V_A}{(W_0 - W_1) / V_B} = K$$

即

$$W_1 = W_0 \left(\frac{KV_A}{KV_A + V_B} \right) \tag{2.12}$$

同理

$$W_2 = W_1 \left(\frac{KV_A}{KV_A + V_B} \right) = W_0 \left(\frac{KV_A}{KV_A + V_B} \right)^2, \quad W_n = W_0 \left(\frac{KV_A}{KV_A + V_B} \right)^n \tag{2.13}$$

例如，在 15 ℃ 时，正丁酸在水和苯中的分配系数 $K = 1/3$，如果每次用 100 mL 苯来萃取 100 mL 含 4 g 正丁酸的水溶液，根据以上公式可知：经过 1 次、2 次、3 次、4 次、5 次萃取后，水溶液中剩余的正丁酸的量分别为

$$W_1 = 4 \times \left(\frac{\frac{1}{3} \times 100}{\frac{1}{3} \times 100 + 100} \right) = 4 \times \frac{1}{4} = 1.0 (\text{g})$$

$$W_2 = 4 \times (1/4)^2 = 0.250(\text{g}), \quad W_3 = 4 \times (1/4)^3 = 0.062\,5(\text{g})$$

$$W_4 = 4 \times (1/4)^4 = 0.016(\text{g}), \quad W_5 = 4 \times (1/4)^5 = 0.004(\text{g})$$

如果将 100 mL 苯分成 3 等份，每次用 l 份萃取上述正丁酸的水溶液，萃取 3 次以后水溶液中剩余正丁酸的量为

$$W_3 = 4 \times \left[\frac{\dfrac{1}{3} \times 100}{\dfrac{1}{3} \times 100 + \dfrac{100}{3}} \right]^3 = 4 \times \left(\frac{1}{2} \right)^3 = 0.5(\text{g})$$

计算结果表明：

（1）萃取次数取决于分配系数，一般情况下萃取 3～5 次就够了。如果再增加萃取的次数，被萃取物的量增加不多，而溶剂的量则增加较多，回收溶剂既费能源，又费时间，往往得不偿失。

（2）萃取效果的好坏与萃取方法关系很大。用同样体积的溶剂，分做多次萃取要比用全部溶剂萃取一次的效果好。但是当溶剂的总量保持不变时，萃取次数 M 增加，每次所用溶剂的体积 V_B 必然要减小。每次所用溶剂酌量减少，不仅操作增加了麻烦，浪费时间，而且被萃取物的量增加很小，同样也是得不偿失的。

理想的萃取溶剂应该具备以下条件：① 不与原溶剂混溶，也不形成乳浊液；② 不与溶质或原溶剂发生化学反应；③ 对溶质有尽可能大的溶解度；④ 沸点较低，易于回收；⑤ 不易燃，无腐蚀，无毒或毒性甚低；⑥ 价廉易得。

在实际工作中能完全满足这些条件的溶剂几乎是不存在的，故只能择优选用。乙醚是最常用的溶剂，可满足大多数条件下的萃取，但却易燃，久置会形成爆炸性的过氧化物，吸入过多蒸气也有害健康。二氯甲烷与醚类似，不易燃，其缺点是较易与水形成乳浊液。苯已被证明具有致癌危险，除非采取了有效的预防措施，否则最好不用。戊烷、己烷毒性较低，但易燃，较昂贵，故常用较便宜的石油醚代替。此外，乙酸乙酯、二氯乙烷、环己烷等也是常用的萃取溶剂，各有优缺点。

如果溶质在原溶剂中溶解度大而在萃取溶剂中溶解度小，则有限次的萃取难以得到满意的效果，这时可采用适当的装置，使萃取溶剂在使用后迅速蒸发再生，循环使用，称为连续萃取。

二、萃取装置

液-液萃取、固-液萃取装置以及液-液连续萃取装置如图 2.17。液-液萃取由分液漏斗、接收瓶等组成。固-液萃取由烧瓶、索氏（脂肪）提取器、冷凝管等组成。连续液-液萃取由烧瓶、液-液连续萃取器、冷凝管等组成。

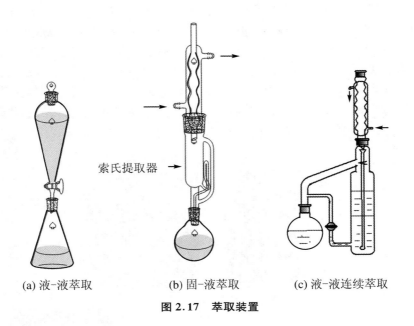

(a) 液-液萃取　　　　　(b) 固-液萃取　　　　　(c) 液-液连续萃取

图 2.17　萃取装置

索氏提取器 →

三、萃取操作

(一) 液-液(分次)萃取

1. 准备

在实验中使用频率最高的是水溶液中物质的萃取。应选择容积比液体体积大一倍以上的分液漏斗。先将支管活塞擦干,在离支管活塞孔稍远处薄薄地涂一层润滑脂如凡士林(注意切勿将活塞孔玷污,以免污染萃取液),塞好后再把活塞旋转几圈,使凡士林分布均匀,看上去透明即可。使用之前在漏斗中放入水振摇,检查支管活塞与顶塞是否渗漏,确认不漏水方可使用。

2. 加液

将漏斗固定在铁架上的铁圈中,关好活塞,将要萃取的水溶液和萃取剂(萃取剂一般为溶液体积的 1/3)依次自上口倒入漏斗中(图 2.18(a)),塞紧顶塞(注意顶塞不能涂润滑脂)。

3. 振摇与放气

取下分液漏斗,用右手手掌顶住漏斗顶塞,左手握住漏斗支管活塞处,大拇指压紧支管活塞,使漏斗的上口向下倾斜,下部支管口指向斜上方无人处,左手仍握在活塞支管处,用拇指和食指旋开活塞,释放出漏斗内的蒸气或产生的气体,使内外压力平衡,此操作也称"放气"(图 2.18(c)),再把分液漏斗放平并前后振荡(图 2.18(b))。开始振荡要慢,振荡几次后,再次放气。

4. 静置与分液

如此重复至放气时只有很小压力后,再剧烈振荡 2~3 min,然后再将漏斗放回铁圈中静置(图 2.18(d))。待两层液体完全分开后,打开顶塞,再将活塞缓缓旋开,下层液体自支管活塞放出至接收瓶。若萃取剂的比重小于被萃取液的比重,下层液体尽可能放干净,有时两相间可能出现一些絮状物,也应同时放去;然后将上层液体从分液漏斗的上口倒入锥形瓶中(图 2.18(e)),切不可从下口活塞放出,以免被残留的下层液体污染。再将下层液体倒回分液漏斗中,用新的萃取剂萃取,重复上述操作,萃取次数一般为 3~5 次。若萃取剂的比重大于被萃取液的比重,下层液体从支管活塞放入接收瓶中,但不要将两相间可能出现的一些絮状物放出;再从漏斗上口加入新萃取剂,重复上述操作。

(a) 加液　　　　　　　　(b) 放平振摇

(c) 放气　　　　　　(d) 静置　　　　　　(e) 分液

图 2.18　分液漏斗的使用

　　在萃取操作中,有时会遇到水层与有机层难分层的现象(特别是当被萃取液呈碱性时,常常出现乳化现象,难分层)。此时,应认真分析原因,采取相应的措施:

　　(1) 若萃取剂与水层的比重较接近时,可能发生难分层的现象。在这种情况下,只要加入一些溶于水的无机盐,增大水层的密度,即可迅速分层。此外,用无机盐(通常用氯化钠)使水溶液饱和后,能显著降低有机物在水中的溶解度,明显提高萃取效果。这就是所谓的"盐析作用"。

　　(2) 如萃取剂与水部分互溶而产生乳化,只要静置时间较长一些就可以分层。

　　(3) 若被萃取液中存在少量轻质固体,在萃取时常聚集在两相交界面处使分层不明显时,只要将混合物过滤一下,就能解决问题。

　　(4) 若因被萃取液呈碱性而产生乳化,加入少量稀硫酸,并轻轻振摇常能使乳浊液分层。

　　(5) 若被萃取液中含有表面活性剂而造成乳化时,只要条件允许,即可用改变溶液 pH 的方法来使之分层。

　　此外,还可根据不同情况,采用加入醇类化合物改变其表面张力、加热破坏乳化等方法处理。

　　萃取剂的选择要根据被萃取物质在此溶剂中的溶解度而定,同时要易于和溶质分离。所以最好用低沸点的溶剂。一般水溶性较小的物质可用石油醚萃取;水溶性较大的可用苯或乙醚;水溶性极大的用乙酸乙酯等。第一次萃取时,使用溶剂的量,经常需要比以后几次多一些,这主要是为了弥补由于它稍溶于水而引起的损失。

（二）液-液连续萃取

　　当有机化合物在原溶剂中比在萃取剂中溶解度更大时,就必须使用大量萃取剂并多次萃取。然而,处理大量溶剂既费时又费事,也不经济,而使用较少溶剂分多次萃取也相当麻烦。因此必须采用连续萃取的方法,使较少的溶剂一边萃取一边蒸发再生并重复循环得以使用。在进行液-液连续萃取时,需根据萃取剂与被萃取液的密度大小选用不同的萃取器。连续萃取分为两种情况:一种是从较重的溶液中用较轻的溶剂进行萃取(如用乙醚萃取水溶液);另外一种是从较轻的溶液中用较重的溶剂进行萃取。

　　第一种从较重的溶液中用较轻的溶剂进行萃取时,先将支管上的活塞关闭。将待萃取的溶液倒入连续萃取器中,装上冷凝管并接通冷凝水,在烧瓶中加入萃取剂,并用热浴加热。当萃取溶剂受热蒸发,蒸气经连续萃取器导气支管进入冷凝管,溶剂蒸气由于在冷凝水的冷却下,在冷凝管中凝结成液体,经连续萃取器中的接触底部的长导液管进入待萃取的溶液中进行萃取。由于萃取溶剂较轻,经过萃取后的溶剂会回到待萃取的溶液的上面,等到上面的溶剂超过导气支管口,萃取溶剂又回到烧瓶中,再参与萃取,如此便进行了连续萃取。而萃取后溶有提纯物的溶剂富集到烧瓶中,然后用其他方法将萃取到的物质从溶液中分离出来。

　　第二种是自较轻的溶液中用较重溶剂进行萃取,需将可拆卸导液管去掉,并将支管上的活塞打开。将待萃取的溶液倒入连续萃取器中,装上冷凝管并接通冷凝水,在烧瓶中加入萃取剂,并用热浴加热。当萃取溶剂受热蒸发,蒸气经连续萃取器导气支管进入冷凝管,在冷凝管中凝结成液体滴入待萃取的溶液中进行萃取。由于萃取溶剂较重,经过萃取后的溶剂会沉于底部,当连续萃取器的液体高度超过支管中的液面高度时,由于虹吸作用,萃取溶剂又会回到烧瓶中,再参与萃取,如此便进行了连续萃取。而萃取后的溶有提纯物的溶剂富集到烧瓶中,然后用其他方法将萃取到的物质从溶液中分离出来。

（三）固-液（分次）萃取

　　用溶剂一次次地将固体物质中的某个或某几个成分萃取出来,可直接将固体物质加于溶剂中浸泡一段时间,然后滤出固体,再用新鲜溶剂浸泡,如此重复操作直到基本萃取完全后合并所得溶液,蒸馏回收溶剂,再用其他方法分离纯化。这种方法的萃取阶段与民间"泡药酒"的方法相似。由于需用溶剂量大,费时长,萃取效率不高,故实验室中较少使用。热溶剂分次萃取效率较高,可采用回流装置,将被萃取固体放在圆底烧瓶中,加入萃取剂,加热回流一段时间,用倾泻法或过滤法分出溶液,再加入新鲜溶剂进行下一次萃取。

（四）固-液连续萃取

　　固体物质的萃取,通常是用长期浸出法或采用索氏提取器(脂肪提取器)萃取。前者是靠溶剂长期的浸润溶解而将固体物质中所需物质提取出来的。这种方法虽不需要任何特殊器皿,但效率不高,而且溶剂的需要量较大。脂肪提取器利用溶剂回流及虹吸原理,使固体物质连续不断地为纯的溶剂所萃取,因而效率较高。

萃取前应先将固体物质研细,以增加溶剂浸润的面积,然后将固体物质放在滤纸套内,置于提取器中。提取器的下端和盛有溶剂的烧瓶连接,上端接冷凝管。当溶剂沸腾时,蒸气通过玻璃导气管上升,被冷凝管冷凝成液体,滴入提取器中,当溶剂液面超过虹吸管的最高处时,即虹吸流回烧瓶,因而萃取出溶于溶剂的部分物质。这样利用溶剂回流和虹吸作用,使固体的可溶物质富集到烧瓶中。然后用其他方法将萃取到的物质从溶液中分离出来。

(五)热萃取

热萃取是一种保温的固-液萃取。有些被萃取的物质在萃取剂中的溶解度随温度变化的幅度很大,即在室温下溶解度很小,而在接近溶剂沸点时溶解度很大,因而提高萃取剂的温度会显著提高萃取效率。热萃取是在热萃取器中进行的,其结构类似于索氏提取器,只是带有保温夹套。被萃取固体装在内管中,萃取剂在圆底烧瓶中受热气化并沿夹套上升,对内管加热,冷凝下来的液体滴入内管,在较高温度下对固体进行连续萃取。当内管中的液面升高超过虹吸管顶端时即从虹吸管流回圆底烧瓶中。

(六)化学萃取

化学萃取利用萃取剂与被萃取物发生化学反应而达到分离的目的。化学萃取常用的溶剂为 5%～10%的氢氧化钠、碳酸钠、碳酸氢钠水溶液或稀盐酸、稀硫酸及浓硫酸等。碱性萃取剂可以从有机相中移出有机酸,或从有机化合物中除去酸性杂质(使酸性杂质形成钠盐而溶于水中)。稀盐酸及稀硫酸可以从混合物中萃取出有机碱或除去碱性杂质。浓硫酸可以从饱和烃中除去不饱和烃或从卤代烷中除去醇、醚等杂质。化学萃取的操作方法与液-液分次萃取相同。

第九节　干燥和干燥剂的使用

干燥(drying)是有机化学实验室中最常用、最重要的操作之一,其目的在于除去化合物中存在的少量水分或其他溶剂。液体中的水分会与液体形成共沸物,在蒸馏时就有过多的"前馏分",造成物料的严重损失,液体有机物在蒸馏前通常要先行干燥以除去水分,这样可以使液体沸点以前的馏分(前馏分)大大减少,也可以破坏某些液体有机物与水生成的共沸混合物;固体中的水分会造成熔点降低,而得不到正确的测定结果,固体有机化合物在进行定性、定量之前以及固体有机物在测定熔点前,都必须使它完全干燥。很多有机化学反应需要在"绝对"无水条件下进行,不但所用的原料及溶剂要干燥,而且还要防止空气中的潮气侵入反应容器。试剂中的水分会严重干扰反应,如在制备格氏试剂或酰氯的反应中若不能保证反应体系的充分干燥就得不到预期产物;而反应产物如不能充分干燥,则在分析测试中就得不到正确的结果,甚至可能得出完全错误的结论。因此在有机化学实验中,试剂和产品的干燥具有十分重要的意义。

　　干燥的方法因被干燥物料的物理性质、化学性质及要求干燥的程度不同而不同,如果处置不当就不能得到预期的效果。实验室中干燥液体有机化合物的方法可分为物理法和化学法两类。

　　物理法有吸附、分馏、利用共沸蒸馏等将水分带走,还常用离子交换树脂和分子筛等来进行脱水干燥。

　　化学法是以干燥剂来进行去水,其去水作用又可分为两类:

　　(1) 能与水可逆地结合生成水合物,如氯化钙、硫酸镁等;

　　(2) 与水发生不可逆的化学反应而生成一个新的化合物,如金属钠、五氧化二磷。

一、结 晶 水 与 干 燥

　　许多无机盐类化合物都可以吸收环境中的水或水汽,形成带有结晶水的化合物(简称水合物),一种无机盐分子能够与多少个水分子结合成水合物,这些水合物的稳定性如何,主要由其所在环境中的蒸气压、温度及无机盐自身的组成结构等因素决定。

(一)$CuSO_4$结晶水与干燥

　　当无机盐的种类一定、温度一定时,结晶水的数目主要由环境中的蒸气压强所决定。例如在 25 ℃ 的恒温下,硫酸铜在蒸气压强低于 107 Pa 的环境下不会形成水合物。当环境中的蒸气压强达到 107 Pa 时,开始形成一水合物,无水硫酸铜晶体与其一水合物的晶体共存。如果水的蒸气压略高于 107 Pa,只要有足够的时间,所有的无水硫酸铜晶体都将转变成它的一水合物;反之,若低于 107 Pa,则所有的一水合物都会失去其结晶水。显然化合物中的结晶水是与环境中的水汽处于动态平衡之中的。

　　加大水的蒸气压强,当达到 747 Pa 时,开始形成带三个结晶水的水合物,这时硫酸铜的一水合物与三水合物平衡共存。继续增大水的蒸气压强,一水合物将不再存在。当增大到 1 040 Pa时开始出现五水合物,此时为五水合物与三水合物共存。当水的蒸气压强高于 1 040 Pa 时,体系中只有五水合物一种晶体存在。这种关系如表 2.4 所示。

表 2.4　温度及体系中水的蒸气压强对 $CuSO_4$ 结晶水数目的影响

硫酸铜的存在状态	25 ℃环境中水的蒸气压强(Pa)	50 ℃环境中水的蒸气压强(Pa)
$CuSO_4$(无水)	$P<107$	$P<600$
$CuSO_4 + CuSO_4 \cdot H_2O$	$P=107$	$P=600$
$CuSO_4 \cdot H_2O$	$107<P<747$	$600<P<4\ 120$
$CuSO_4 \cdot H_2O + CuSO_4 \cdot 3H_2O$	$P=747$	$P=4\ 120$
$CuSO_4 \cdot 3H_2O$	$747<P<1\ 040$	$4\ 120<P<6\ 053$
$CuSO_4 \cdot 3H_2O + CuSO_4 \cdot 5H_2O$	$P=1\ 040$	$P=6\ 053$
$CuSO_4 \cdot 5H_2O$	$P>1\ 040$	$P>6\ 053$

当温度升高时,水分子的动能增加,结晶水冲破晶格束缚的倾向增大,回到晶格中去的倾向减小,所以硫酸铜的结晶水数目就会减少。为了保持一定数目的结晶水,要求体系中水的蒸气压强更高一些。由表 2.4 可以看出,为了保持硫酸铜以一水合物的状态存在,在 25 ℃ 下只需要 107～747 Pa 的蒸气压,而在 50 ℃ 时则需要 600～4 120 Pa 的蒸气压。反过来,如果想以生成结晶水的方法"吸收"掉体系中的水分,从而达到除水的目的,则温度越低越好。因为生成相同数目的结晶水,在较低温度下可使体系内的蒸气压强更低一些,即体系内残余的游离态水分子更少一些。

为什么硫酸铜可以生成一个、三个、五个结晶水的水合物,而不能形成两个或四个结晶水的水合物呢? 一般认为在硫酸铜的结晶水中,有一个水分子是通过氢键与硫酸根离子相结合的,称为"阴离子结晶水",结构为

$$\left[\begin{array}{c} O \quad\quad O\cdots H \\ \diagdown S \diagup \\ \diagup \quad \diagdown \\ O \quad\quad O\cdots H \end{array} \quad O \right]^{2-}$$

而其余结晶水则是与铜阳离子配位结合的。所以 $CuSO_4 \cdot 5H_2O$ 也可以写成

$$[Cu(H_2O)_4][SO_4(H_2O)]$$

这个"阴离子结晶水"以两个氢键与硫酸根相连,结合力较强,较易形成而较难失去。Cu^{2+} 的常见配位数是 2 和 4,当配位数为 4 时为平面正方形结构,不稳定,所以 $[Cu(H_2O)_4]^{2+}$ 易失去两个配位的水分子而形成稳定性稍强的 $[Cu(H_2O)_2]^{2+}$。这样从水合物的整体上看,也就是五水合物易于失去两分子结晶水而成为较稳定的三水合物;但三水合物还是远不如一水合物稳定,在空气中将水合硫酸铜加热至 100 ℃,则只有一水合物可仍然存在。如果环境中水的蒸气压太低或温度太高,则一水合物也会失去其结晶水。

以上对于硫酸铜结晶水情况的分析在可以形成结晶水的无机盐类化合物中具有普遍性。总结起来就是:

(1) 结晶水的生成是可逆的;

(2) 一种无机盐所生成的水合物中最多可以有多少结晶水取决于它自身的组成和结构;

(3) 多水合物中各个(或各组)结晶水的稳定性是不相同的;

(4) 体系中水的蒸气压高,将生成结晶水较多的水合物,反之,则生成结晶水较少的水合物;

(5) 当环境中水的蒸气压一定时,温度低有利于结晶水的生成,温度高则有利于结晶水的失去。

（二）$MgSO_4$ 结晶水与干燥

若在装有压力计的真空容器中,放置一定量的无水硫酸镁,保持室温 25 ℃,缓缓加入水分,结果得到不同的蒸气压力。这些结果可以用蒸气压组成图(图 2.19)来表示。A 点为起始状态,当加入水后,蒸气压力沿 AB 直线上升至 B 点。此时开始有硫酸镁一水合物($MgSO_4 \cdot H_2O$)生成。在此体系中如再加入水,压力沿 BC 可保持不变。一直到无水硫酸镁全部转变为硫酸镁一水合物为止。这种转变在 C 点开始形成硫酸镁的二水合物($MgSO_4 \cdot 2H_2O$),此时存在着两种固相($MgSO4 \cdot H_2O$ 和 $MgSO_4 \cdot 2H_2O$)间的平衡,压力保持恒定,直至硫酸镁的一

水合物全部转变为二水合物（E 点）为止，依此类推，压力上升至 F，开始形成四水合物（$MgSO_4 \cdot 4H_2O$），最后至 M 点全部形成了七水合物（$MgSO_4 \cdot 7H_2O$），如果七水合物在恒温（25 ℃）以下抽真空渐渐移去水分，也可获得相同的曲线。这些结果可用下面的平衡式来表示：

$$MgSO_4 \cdot 2H_2O \rightleftharpoons MgSO_4 \cdot H_2O \qquad 0.13\ kPa$$
$$MgSO_4 \cdot H_2O + H_2O \rightleftharpoons MgSO_4 \cdot 2H_2O \qquad 0.27\ kPa$$
$$MgSO_4 \cdot H_2O + 2H_2O \rightleftharpoons MgSO_4 \cdot 4H_2O \qquad 0.67\ kPa$$
$$MgSO_4 \cdot 4H_2O + H_2O \rightleftharpoons MgSO_4 \cdot 5H_2O \qquad 1.2\ kPa$$
$$MgSO_4 \cdot 5H_2O + H_2O \rightleftharpoons MgSO_4 \cdot 6H_2O \qquad 1.33\ kPa$$
$$MgSO_4 \cdot 6H_2O + H_2O \rightleftharpoons MgSO_4 \cdot 7H_2O \qquad 1.5\ kPa$$

由上式可知，所谓 0.13 kPa 的压力是指在 25 ℃时硫酸镁一水合物和无水硫酸镁存在平衡时的压力，它与两者的相对量没有关系，当温度在 50 ℃时，上述体系的平衡蒸气压力就要上升。

从上面所述可以看出应用这类干燥剂的一些特点。例如用无水硫酸镁来干燥含水的有机液体时，无论加入多少量的无水硫酸镁，在 25 ℃时所能达到最低的蒸气压力为 0.13 kPa，也就是说全部除去水分是不可能的，如加入的量过多，将会使有机液体的吸附损失增多，如加入的量不足，不能达到一水合物，则其蒸气压力就要比 0.13 kPa 高，这说明了在萃取时一定要将水层尽可能分离除净，在蒸馏时会有沸点前的馏分。通常这类干燥剂成为水合物需要一定的平衡时间，这就是液体有机物进行干燥时为什么要放置较久的

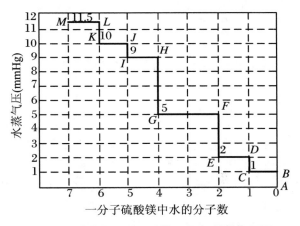

图 2.19　含有不同结晶水的 $MgSO_4$ 的蒸气压图

原因。干燥剂吸收水分是可逆的，温度升高时蒸气压也升高。因此为了缩短生成水合物的平衡时间，干燥时常在水浴上加热，然后再在尽量低的温度放置，以提高干燥效果。这就是液体有机物在进行蒸馏以前，必须将这类干燥剂滤去的原因。

（三）吸水容量和干燥效能

在有机化学实验中常用生成结晶水的方法除去有机液体中所含的少量水分，以达到干燥液体的目的，这时所用的无机盐被称为干燥剂。各种干燥剂都有其特征性的吸水容量和干燥效能。

吸水容量是每克干燥剂所能吸收水的最多克数。例如无水氯化钙最多可生成含六个结晶水的水合物，其吸水容量为 0.97 g，即每克无水氯化钙最多可吸收 0.97 g 的水。无水碳酸钾最多可生成二水合物，其吸水容量为 0.26 g，即每克无水氯化钙所能吸收的水需要 3.73 g 无水碳酸钾来吸收。

　　同种无机盐形成结晶水的数目不同,达到平衡时液体的干燥程度也不同,而含有相同数目结晶水的不同干燥剂对液体的干燥程度也不同。这种差异常用吸水后结晶水的蒸气压来表示。蒸气压越低,表明液体中残留的水越少,干燥程度越高。达到平衡时液体被干燥的程度称为所用干燥剂的干燥效能。但即使干燥效能最高的无机盐也不能完全除去有机液体中的水分,因为它们即使生成含结晶水最少的水合物也仍然会有一定的蒸气压与之维持平衡,即不能达到液体的绝对干燥。事实上在大多数情况下也不需要使液体绝对干燥。少数对干燥程度要求特别高的场合下,可以用其他的干燥方法。

　　使用无机盐类干燥剂时,如果欲使液体达到较高的干燥程度,可以适当多加干燥剂,使形成含结晶水较少的水合物,或选用干燥效能较高的干燥剂。但干燥效能较高的干燥剂可能吸水容量较小,所以如果液体中含水较多,可先选用吸水容量较大的干燥剂做初步干燥后,再用干燥效能较高的干燥剂做进一步的干燥;或者先加入一部分干燥剂,使形成多结晶水的水合物,吸收掉大部分水分后,滤出干燥剂,向滤液中加入新的干燥剂,再生成的水合物中含结晶水较少,因而干燥程度就得到了提高。如果干燥剂种类选择不当或用量不足,则达不到预期的干燥程度,如果用量过多,则被干燥剂吸附而造成的损失也会太多。影响干燥程度的因素又太多,很难准确计算出确切的用量,所以在实际操作中大多是根据经验和观察确定用量的。

二、液体有机化合物的干燥

(一)液体有机化合物的物理干燥法

　　(1) 分馏法:可溶于水但不形成共沸物的有机液体可用分馏法干燥。

　　(2) 共沸蒸(分)馏法:许多有机液体可与水形成二元最低共沸物,可用共沸蒸馏法除去其中的水分。当共沸物的沸点与其有机组分的沸点相差不大时,可采用分馏法除去含水的共沸物,以获得干燥的有机液体。但若液体的含水量大于共沸物中的含水量,则直接的蒸(分)馏只能得到共沸物而不能得到干燥的有机液体。在这种情况下常需加入另一种液体来改变共沸物的组成,以使水较多较快地蒸出,而被干燥液体尽可能少地被蒸出。例如工业上制备无水乙醇时,是在95%乙醇中加入适量苯做共沸蒸馏。首先蒸出的是沸点为64.85 ℃的三元共沸物,含苯、水、乙醇的比例为74∶7.5∶18.5。在水完全蒸出后,接着蒸出的是沸点为68.25 ℃的二元共沸物,其中苯与乙醇之比为67.6∶32.4。当苯也被蒸完后,温度上升到78.85 ℃,蒸出的是无水乙醇。

　　(3) 用分子筛干燥:分子筛是一类人工制作的多孔固体。因取材及处理方法不同而有若干类别和型号,应用最广的是沸石分子筛。它是一种铝硅酸盐的结晶,由其自身的结构,形成大量与外界相通的均一的微孔。化合物的分子若小于其孔径,则进入这些孔道;若大于其孔径则只能留在外面,从而起到对不同种分子进行"筛分"的作用。选用合适型号的分子筛,直接浸入待干燥液体中密封放置一段时间后过滤,即可有选择地除去有机液体中的少量水分或其他溶剂。分子筛干燥的作用原理是物理吸附,其主要优点是选择性高,干燥效果好,可在pH 5～12的介质中使用。表2.5列出了几种最常用的分子筛供选用时参考。分子筛在使用后需用水蒸气或惰性气体将其中的有机分子代换出来,然后在550 ℃下活化2小时,待冷却至约

200 ℃时取出,放进干燥器中备用。若被干燥液体中含水较多,则宜用其他方法先做初步干燥后再用分子筛干燥。

表 2.5　几种常用分子筛的吸附作用

类型	孔径($\mathring{A}$)	可以吸附的分子	不可吸附的分子
3A	3.2～3.3	N_2、O_2、H_2、H_2O	C_2H_2、C_2H_4、CO_2、NH_3 及更大分子
4A	4.2～4.7	C_2H_2、CH_3OH、C_2H_5OH、CH_3CN、CH_3NH_2、CH_3Cl、CH_3Br、CO_2、CO、He、Ne、CS_2、Ar、Kr、Xe、NH_3、CH_4、C_2H_6 及可被 3A 分子筛吸附的化合物	
5A	4.9～5.5	C_2H_6、C_3～C_{14} 正烷烃、CH_3F、C_2H_5Cl、C_2H_5Br、CH_2Cl_2、CH_3Cl、$(CH_3)_2NH_2$,以及可被 3A、4A 分子筛吸附的物质	$(n-C_4H_9)_2NH_2$ 及更大的分子

(二)液体有机化合物的化学干燥法

化学干燥法是将适当的干燥剂直接加入到待干燥的液体中去,将容器密封,使其与液体中的水分发生作用而达到干燥的目的。依其作用原理的不同可将干燥剂分成两大类:一类是可形成结晶水的无机盐类,如无水氯化钙、无水硫酸镁、无水碳酸钠等;另一类是可与水发生化学反应的物质,如金属钠、五氧化二磷、氧化钙等。第一类作用是可逆的,升温即放出结晶水,故在蒸馏前需将干燥剂滤除,后一类作用是不可逆的,在蒸馏时可不必滤除。对于一次具体的干燥过程来说,需要考虑的因素有干燥剂的种类、用量、干燥的温度和时间以及干燥效果等,这些因素是相互联系、相互制约的,因此需要综合考虑。

1.干燥剂的选择

(1)干燥剂的种类选择:液体有机化合物的干燥,通常是用干燥剂直接与其接触,因而所用干燥剂不能溶解于被干燥液体,不能与被干燥液体发生化学反应,也不能催化被干燥液体发生自身反应。如碱性干燥剂不能用以干燥酸性液体;酸性干燥剂不可用来干燥碱性液体;强碱性干燥剂不可以干燥醛、酮、酯、酰胺类物质,以免催化这些物质的缩合或水解;氯化钙不宜用于干燥醇类、胺类,以免与之形成配合物等。表 2.6 列出了干燥各类有机物所适用的干燥剂。

表 2.6　各类有机物常用的干燥剂

化合物类型	干燥剂
烃	$CaCl_2$、Na、P_2O_5
卤代烃	$CaCl_2$、$MgSO_4$、Na_2SO_4、P_2O_5
醇	K_2CO_3、$MgSO_4$、CaO、Na_2SO_4
醚	$CaCl_2$、Na、P_2O_5

续表

化合物类型	干燥剂
醛	$MgSO_4$、Na_2SO_4
酮	K_2CO_3、$CaCl_2$、$MgSO_4$、Na_2SO_4
酸、酚	$MgSO_4$、Na_2SO_4
酯	$MgSO_4$、Na_2SO_4、K_2CO_3
胺	KOH、$NaOH$、K_2CO_3、CaO
硝基化合物	$CaCl_2$、$MgSO_4$、Na_2SO_4

(2) 干燥剂的吸水容量和干燥效能:在使用干燥剂时,还要考虑干燥剂的吸水容量和干燥效能。吸水容量是指单位重量干燥剂所吸收的水量;干燥效能是指达到平衡时液体干燥的程度。对于形成水合物的无机盐干燥剂,常用吸水后结晶水的蒸气压来表示。例如硫酸钠的吸水量较大,但干燥效能弱;而氯化钙的吸水量较小,但干燥效能强。所以在干燥含水量较多而又不易干燥的(含有亲水性基团)化合物时,常先用吸水量较大的干燥剂,除去大部分水分,然后再用干燥性能强的干燥剂干燥。通常第二类干燥剂的干燥效能较第一类为高,但吸水量较小,所以都是用第一类干燥剂干燥后再用第二类干燥剂除去残留的微量水分,而且只是在需要彻底干燥的情况下才使用第二类干燥剂。常用的干燥剂以及性能如表2.7所示。

无机盐类干燥剂不可能完全除去有机液体中的水。因所用干燥剂的种类及用量不同,所能达到的干燥程度亦不同。应根据需要干燥的程度来选择。至于与水发生不可逆化学反应的干燥剂,其干燥是较为彻底的,但使用金属钠干燥醇类时却不能除尽其中的水分,因为生成的氢氧化钠与醇钠之间存在着可逆反应:

$$C_2H_5ONa + H_2O \Longrightarrow NaOH + C_2H_5OH$$

因此必须加入邻苯二甲酸乙酯或琥珀酸乙酯使平衡向右移动。

表 2.7 常用干燥剂的性能与应用

干燥剂	吸水作用	吸水容量	干燥效能	干燥速度	应用范围
氯化钙	形成 $CaCl_2 \cdot nH_2O$ $n=1,2,4,6$	0.97 g 按 $CaCl_2 \cdot 6H_2O$ 计	中等	较快,但吸水后表面为薄层液体所盖,故放置时间要长些为宜	能与醇、酚、胺、酰胺及某些醛、酮形成络合物,因而不能用来干燥这些化合物。工业品中可能含氢氧化钙和碱或氧化钙,故不能用来干燥酸类
硫酸镁	形成 $MgSO_4 \cdot nH_2O$ $n=1,2,4,5,6,7$	1.05 g 按 $MgSO_4 \cdot 7H_2O$ 计	较弱	较快	中性,应用范围广,可代替 $CaCl_2$,并可用以干燥酯、醛、酮、腈、酰胺等不能用 $CaCl_2$ 干燥的化合物

干燥剂	吸水作用	吸水容量	干燥效能	干燥速度	应用范围
硫酸钙	$2CaSO_4 \cdot H_2O$	0.06 g	强	快	中性,常与硫酸镁(钠)配合,做最后干燥之用
硫酸钠	$Na_2SO_4 \cdot 10H_2O$	1.25 g	弱	缓慢	中性,一般用于有机液体的初步干燥
氢氧化钾(钠)	溶于水	–	中等	快	强碱性,用于干燥胺、杂环等碱性化合物,不能用于干燥醇、酯、醛、酮、酸、酚等
碳酸钾	$K_2CO_3 \cdot 1/2H_2O$	0.2 g	较弱	慢	弱碱性,用于干燥醇、酮、酯、胺及杂环等碱性化合物,不适于酸、酚及其他酸性化合物
金属钠	$Na + H_2O = NaOH + 1/2H_2$	–	强	快	限于干燥醚、烃类中痕量水分。用时切成小块或压成钠丝
氧化钙	$CaO + H_2O = Ca(OH)_2$	–	强	较快	适于干燥低级醇类
五氧化二磷	$P_2O_5 + 3H_2O = 2H_3PO_4$	–	强	快,但吸水后表面为黏浆液覆盖,操作不便	适于干燥醚、烃、卤代烃、腈等中的痕量水分。不适用于醇、酸、胺、酮等

2. 实验室中常用的干燥剂及其特性

（1）无水氯化钙（$CaCl_2$）：无定形颗粒状（或块状）,价格便宜,吸水能力强,干燥速度较快。吸水后形成含不同结晶水的水合物 $CaCl_2 \cdot nH_2O(n = 1, 2, 4, 6)$。最终吸水产物为 $CaCl_2 \cdot 6H_2O$（30 ℃ 以下）,是实验室中常用的干燥剂之一。但是氯化钙能水解成 $Ca(OH)_2$ 或 $Ca(OH)Cl$,因此不宜作为酸性物质或酸类的干燥剂。同时氯化钙易与醇类、胺类及某些醛酮形成分子配合物,如与乙醇生成 $CaCl_2 \cdot 4C_2H_5OH$,与甲胺生成 $CaCl_2 \cdot 2CH_3NH_2$,与丙酮生成 $CaCl_2 \cdot 2(CH_3)_2CO$ 等,因此不能作为上述各类有机物的干燥剂。

（2）无水硫酸钠（Na_2SO_4）：白色粉末状,吸水后形成带 10 个结晶水的硫酸钠（$Na_2SO_4 \cdot 10H_2O$）。因其吸水量大,且为中性盐,对酸性或碱性有机物都可适用,价格便宜,因此应用范围较广。但它与水作用较慢,干燥程度不高。当有机物中夹杂有大量水分时,常先用它来做初步干燥,除去大量水分,然后再用干燥效率高的干燥剂干燥。使用前最好先放在蒸发皿中小心烘炒,除去水分,然后再用。

(3) 无水硫酸镁($MgSO_4$):白色粉末状,吸水能力强,吸水后形成带不同结晶水的硫酸镁 $MgSO_4 \cdot nH_2O$($n=1,2,4,5,6,7$)。最终吸水产物为 $MgSO_4 \cdot 7H_2O$(48 ℃以下)。由于其吸水较快,且为中性化合物,对各种有机物均不起化学反应,故为常用干燥剂。特别是那些不能用无水氯化钙干燥的有机物常用它来干燥。

(4) 无水硫酸钙($CaSO_4$):白色粉末,吸水量小,吸水后形成 $2CaSO_4 \cdot H_2O$(100 ℃以下)。虽然硫酸钙为中性盐,不与有机化合物起反应,但因其吸水量小,没有前述几种干燥剂应用广泛。由于硫酸钙吸水速度快,而且形成的结晶水合物在 100 ℃以下较稳定,所以凡沸点在 100 ℃以下的液体有机物,经无水硫酸钙干燥后,不必过滤就可以直接蒸馏。如甲醇、乙醇、乙醚、丙酮、乙醛、苯等,用无水硫酸钙脱水处理效果良好。

(5) 无水碳酸钾(K_2CO_3):白色粉末,是一种碱性干燥剂。其吸水能力中等,能形成带两个结晶水的碳酸钾($K_2CO_3 \cdot 2H_2O$),但是与水作用较慢。适用于干燥醇、酯等中性有机物以及一般的碱性有机物,如胺、生物碱等。但不能作为酸类、酚类或其他酸性物质的干燥剂。

(6) 固体氢氧化钠(NaOH)和氢氧化钾(KOH):白色颗粒状,是强碱性化合物。只适用于干燥碱性有机物如胺类等。因其碱性强,对某些有机物起催化反应,而且易潮解,故应用范围受到限制。不能用于干燥酸类、酚类、酯、酰胺类以及某些醛酮。

(7) 五氧化二磷(P_2O_5):是所有干燥剂中干燥效力最强的干燥剂。与水的作用过程是:

$$P_2O_5 \xrightarrow{H_2O} 2HPO_3 \xrightarrow{H_2O} 2H_3PO_4$$

P_2O_5 与水作用非常快,但吸水后表面呈黏浆状,操作不便,且价格较贵。一般先用其他干燥剂如无水硫酸镁或无水硫酸钠除去大部分水,残留的微量水分再用 P_2O_5 干燥。它可用于干燥烷烃、卤代烷、卤代芳烃、醚等,但不能用于干燥醇类、酮类、有机酸和有机碱。

(8) 金属钠(Na):常常用作醚类、苯等惰性溶剂的最后干燥。一般先用无水氯化钙或无水硫酸镁干燥除去溶剂中较多量的水分,剩下的微量水分可用金属钠丝或钠块除去。但金属钠不适用于能与碱起反应的或易被还原的有机物的干燥。如不能用于干燥醇(无水甲醇、无水乙醇等除外)、酸、酯、有机卤代物、酮、醛及某些胺。

(9) 氧化钙(CaO):是碱性干燥剂。与水作用后生成不溶性的 $Ca(OH)_2$,对热稳定,故在蒸馏前不必滤除。氧化钙价格便宜,来源方便,实验室常用它来处理 95% 的乙醇,以制备 99% 的乙醇。但不能用于干燥酸性物质或酯类。

3. 干燥剂的用量

(1) 被干燥液体的含水量。液体的含水量包括两部分:一是液体中溶解的水,可以根据水在该液体中的溶解度进行计算;表 2.8 列出了水在一些常用溶剂中的溶解度。对于表中未列出的有机溶剂,可从其他文献中去查找,也可根据其分子结构估计。二是在萃取分离等操作过程中带进的水分,无法计算,只能根据分离时的具体情况进行推估。例如在分离过程中若油层与水层界面清楚,各层都清晰透明,分离操作适当,则带进的水就较少;若分离时乳化现象严重,油层与水层界面模糊,分得的有机液体浑浊,甚至带有水包油或油包水的珠滴,则会夹带有大量水分。

表 2.8　水在有机溶剂中的溶解度

溶剂(solvent)	温度(℃)(temp)	含水量(%)(water capacity)
环己烷(cyclohexane)	19	0.01
二硫化碳(carbon bisulfide)	25	0.014
二甲苯(xylene)	25	0.038
甲苯(toluene)	20	0.045
苯(benzene)	20	0.050
氯仿(trichlormethane)	22	0.065
乙醚(diethyl ether)	20	0.19
乙酸乙酯(ethyl acetate)	20	2.98
正丁醇(normal butyl alcohol)	20	20.07

(2) 干燥剂的吸水容量及需要干燥的程度:吸水容量指每克干燥剂能够吸收水的最大量。通过化学反应除水的干燥剂其吸水容量可由反应方程式计算出来。无机盐类干燥剂的吸水容量可按其最高水合物的化学式计算。用液体的含水量除以干燥剂的吸水容量可得干燥剂的最低需用量,而实际干燥过程中所用干燥剂的量往往是其最低需用量的数倍,以使其形成结晶水数目较少的水合物,从而提高其干燥程度。当然,干燥剂也不是用得越多越好,因为过多的干燥剂会吸附较多的被干燥液体,造成不必要的损失。

一般对于含亲水性基团的(如醇、醚、胺等)化合物,所用的干燥剂量要多些。由于干燥剂也能吸附一部分液体,所以干燥剂的用量应控制得严格。必要时,宁可先加入一些干燥剂干燥,过滤后再用干燥效能较强的干燥剂。一般干燥剂的用量为每 10 mL 液体需 0.5~1 g,但由于液体中的水分含量不等,干燥剂的质量、颗粒大小和干燥时的温度等不同以及干燥剂也可能吸附一些副产物(如氯化钙吸收醇)等诸多原因,因此很难规定具体的数量,上述数据仅供参考。在实际操作中,干燥一定时间后,观察块状干燥剂的形态,若它的大部分棱角还清楚可辨,这表明干燥剂的量已足够了。若是像无水硫酸镁等粉末状干燥剂,则可在摇动后,有部分粉末状悬浮在液体中,即可认为加量已足够了。

4. 温度、时间及干燥剂的粒度对干燥效果的影响

无机盐类干燥剂生成水合物的反应是可逆的,在不同的温度下有不同的平衡。在较低温度下水合物较稳定,在较高温度下则会有较多的结晶水释放出来。所以在较低温度下干燥较为有利。干燥所需的时间因干燥剂的种类不同而不同,通常需两个小时,以利干燥剂充分与水作用,最少也需半小时。若干燥剂颗粒小,与水接触面大,所需时间就短些,但小颗粒干燥剂总表面积大,会吸附过多被干燥液体而造成损失;大颗粒干燥剂总表面积小,吸附被干燥液体少,但吸水速度慢。所以太大的颗粒宜做适当破碎,但又不宜破得太碎。

（三）干燥操作

在干燥前应将被干燥液体中的水分尽可能分离干净。宁可损失一些有机物，不应有任何可见的水层。将该液体置于锥形瓶中，用骨勺取适量的干燥剂直接放入液体中，用空心塞塞紧，振摇片刻。如果发现干燥剂附着瓶壁，互相黏结，通常是表示干燥剂不够，应继续添加；如果在有机液体中存在较多的水分，这时常有可能出现少量的水层，必须将此水层分去或用吸管将水层吸去，再加入一些新的干燥剂，放置一段时间，并不时加以振摇。有时在干燥前，液体呈浑浊，经干燥后变为澄清，这并不一定说明它已不含水分，澄清与否和水在该化合物中的溶解度有关。然后将已干燥的液体通过置有折叠滤纸的漏斗直接滤入烧瓶中进行蒸馏。对于某些干燥剂，如金属钠、石灰、五氧化二磷等，由于它们和水反应后生成比较稳定的产物，有时可不必过滤而直接进行蒸馏。

此外，一些化学惰性的液体，如烷烃和醚类等，有时可用浓硫酸干燥。当用浓硫酸干燥时，硫酸吸收液体中的水而发热，所以不可将瓶口塞起来，而应将硫酸缓缓滴入液体中，同时振荡或回流，使硫酸与液体充分接触，最后用蒸馏法收集纯净的液体。

三、固体有机化合物的干燥

固体有机物在结晶（或沉淀）过程中，常含有一些水分或有机溶剂。干燥时应根据被干燥固体有机物的特性和被除溶剂的性质选择合适的干燥方式。

（一）常见的干燥方式

1. 空气中晾干
对热稳定性较差且不吸潮的固体有机物，或结晶中吸附有易燃和易挥发的溶剂如乙醚、石油醚、丙酮等时，应先放在空气中晾干（盖上滤纸以防灰尘落入）。

2. 红外线干燥
红外灯和红外干燥箱（图 2.20）常用于实验室中干燥固体物质。它们都是利用红外线穿透能力强的特点，使水分或溶剂从固体内部的各部分蒸发出来。其干燥速度较快。红外灯通常是与变压器联用的，根据被干燥固体的熔点高低来调节电压，控制加热温度，以避免因温度过高而造成固体的熔融或升华。用红外灯干燥时需注意经常翻搅固体，这样既可加速干燥，又可避免烘焦。

3. 烘箱干燥
烘箱多用于对无机固体的干燥，特别是对于干燥剂的烘焙或再生，如硅胶、氧化铝等。熔点高且不易燃的有机固体也可用烘箱干燥，但必须保证其中不含易燃溶剂，而且要严格控制温度以免造成物质分解。

4. 真空干燥箱
当被干燥的物质数量较大时，可采用真空干燥箱（图 2.21）。其优点是使样品维持在一定的温度和负压下进行干燥，干燥量大，效率较高。

图 2.20　红外干燥箱

图 2.21　真空干燥箱

5. 干燥器干燥

凡易吸潮或在高温干燥时会分解、变色的固体物质，可置于干燥器中干燥。用干燥器干燥时需使用干燥剂。干燥剂与待干燥固体同处于一个密闭的容器内但不相接触，固体中的水或溶剂分子缓缓挥发出来并被干燥剂吸收。因此对干燥剂的选择原则主要考虑其能否有效地吸收被干燥固体中的溶剂蒸气。表 2.9 列出了常用干燥剂可以吸收的溶剂，选择干燥剂时可参考。

表 2.9　干燥固体的常用干燥剂

干燥剂	可以吸收的溶剂
CaO	水、醋酸、氯化氢
$CaCl_2$、P_2O_5	水、醇
NaOH	水、酚、醇、醋酸、氯化氢
浓 H_2SO_4	水、醇、醋酸
固体石蜡	醇、醚、石油醚、苯、甲苯、氯仿、四氯化碳
硅胶	水

（二）实验室中常用的干燥器

1. 普通干燥器

普通干燥器盖与缸身之间的平面经过磨砂，在磨砂处涂以润滑脂，使之密闭。缸中有多孔瓷板，瓷板下面放置干燥剂，上面放置盛有待干燥样品的表面皿等，如图 2.22(a)所示。

2. 真空干燥器

真空干燥器的干燥效率较普通干燥器好。真空干燥器上有玻璃活塞，用以抽真空，活塞下端呈弯钩状，口向上，防止在通向大气时，因空气流入太快将固体冲散。最好用另一表面皿覆盖盛有样品的表面皿。在水泵抽气过程中，干燥器外围最好能以金属丝（或用布）围住，以保安全，如图 2.22(b)所示。

使用的干燥剂应按样品所含的溶剂来选择。例如，无氧化二磷可吸水；生石灰可吸水或酸;无水氯化钙可吸水或醇;氢氧化钠吸收水和酸;石蜡片可吸收乙醚、氯仿、四氯化碳和苯等。有时在干燥器中同时放置两种干燥剂,如在底部放浓硫酸(在 1 L 浓硫酸中溶有 18 g 硫酸钡的溶液放在干燥器底部,如已吸收了大量水分,则硫酸钡就沉淀出来,表明已不再适用于干燥而需重新更换)。另用浅的器皿盛氢氧化钠放在磁板上,这样来吸收水和酸,效率更高。

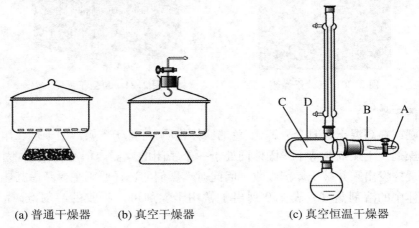

(a) 普通干燥器   (b) 真空干燥器   (c) 真空恒温干燥器

图 2.22   实验室中常用的干燥器

3. 真空恒温干燥器

真空恒温干燥器适用于少量物质(若所需干燥物质的数量较大时,可用真空恒温箱),在 B 中放置五氧化二磷。将待干燥的样品置于 C 中,烧瓶中放置有机液体,其沸点须与欲干燥温度接近,通过活塞 A 将仪器抽真空,加热回流烧瓶中的液体,利用蒸气加热外套 D,从而使样品在恒定温度下得到干燥,如图 2.22(c)所示。

四、气体的干燥

实验室中临时制备的或由储气钢瓶中导出的气体在参加反应之前往往需要干燥,进行无水反应,或蒸馏无水溶剂时,为避免空气中水汽的侵入,也需要对可能进入反应系统或蒸馏系统的空气进行干燥。气体的干燥方法有冷冻法和吸附法两种。冷冻法是使气体通过冷却阱,气体受冷时,其饱和湿度变小,其中的大部分水汽冷凝下来留在冷却阱中,从而达到干燥的目的。吸附法是使气体通过吸附剂(如变色硅胶、活性氧化铝等)或干燥剂,使其中的水汽被吸附剂吸附或与干燥剂作用而除去或基本除去而达到干燥之目的。干燥剂的选择原则与液体的干燥相似。表 2.10 列出了干燥气体常用的一些干燥剂。使用固体干燥剂或吸附剂时,所用的仪器为干燥管、干燥塔、U 形管或长而粗的玻璃管。所用干燥剂应为块状或粒状,切忌使用粉末,以免吸水后堵塞气体通路;装填应紧密而又有空隙。如果干燥要求高,可以连接两个或多个干燥装置;如果这些干燥装置中的干燥剂不同,则应使干燥效力高的靠近反应瓶一端,吸水容量大的靠近气体来路一端。气体的流速不宜过快,以便水汽被充分吸收。如果被干燥气体是由钢瓶导出的,应当在开启钢瓶并调好流速之后再接入干燥系统,以免因流速过大而发生危险。在干燥系统与反应系统之间一般应加置安全瓶,以避免倒吸。如果用浓硫酸做干燥剂,则所用仪器为洗气瓶,此时应注意将洗气瓶的进气管直通底部,不要将进气口和出气口接反了。浓硫酸的用量宜适当,太多则压力过大,气体不易通过,太少则干燥效果不好。干燥系统在使用完毕之后应立即封闭,以便下次使用。如果所用干燥剂已失效,应当更换;吸附剂如失效,应取出再生后重新装入。无水反应或蒸馏无水溶剂时避免湿气侵入的干燥装置一般为装有无水氯化钙的干燥管。

表 2.10　干燥气体时所用的干燥剂

干燥剂	可干燥的气体
石灰、碱石灰、NaOH(s)	NH_3、胺类等
无水 $CaCl_2$	H_2、HCl、CO_2、CO、SO_2、N_2、O_2、低级烷烃、醚、烯烃、卤代烷
P_2O_5	H_2、O_2、CO_2、CO、SO_2、N_2、烷烃、乙烯
浓 H_2SO_4	H_2、HCl、CO_2、CO、N_2、烷烃
$CaBr_2$、$ZnBr_2$	HBr

第三章　无水无氧操作技术

空气隔离技术是指化学实验室中用来对那些与空气组分(通常指水、氧气和二氧化碳,某些情况下也包括氮气)反应活性特别强的常用有机试剂进行操作的一套技术。这些技术的核心是用高真空和惰性气体循环(最好是氩气,不过更常见的是氮气)脱除空气。

第一节　真　空　系　统

一、真空泵

有机实验室中,对真空的需求是多层次的。目前条件好的通风橱都提供低真空,2.67~13.33 kPa(20~100 mmHg)。真空过滤(抽滤)、旋转蒸发大部分溶剂和进行一些油状物的减压蒸馏用这样的真空就够了。水泵或小的隔膜泵也可以给出这一级别的真空。

如果水泵用水保持较低温度,通常可以得到1.33~1.60 kPa(10~12 mmHg)这样的中级真空。水泵的优点是廉价易用;缺点是会发生"倒吸"。有时体系还在真空状态下,水泵停了或水压下降了就会发生倒吸。为了避免倒吸,水泵上要连接一个安全瓶,一旦发生倒吸,要立即断开系统。另外要注意水泵不能连入 Schlenk 线。

1. 无油隔膜泵

无油隔膜泵可以给出可靠的中级真空，约 1.33 kPa(10 mmHg)，见图 2.23(a)。这种泵可以用于旋转蒸发，真空蒸馏，抽滤，还可以用作 Schlenk 线的真空源。

(a) 无油隔膜泵　　　　　(b) 高真空

图 2.23　隔膜泵

2. 高真空油泵

旋片油泵可以提供低于 13.33 Pa(0.1 mmHg)的真空，在有机实验室中，这已能满足大部分高真空的需求，见图 2.23(b)。高沸点油状物的蒸馏和除去产物中残留的溶剂等都需要用到真空油泵。它们还可以充当 Schlenk 线的真空源。

冷却阱：高真空油泵要配上高效的冷却阱来防止溶剂或其他挥发性物质污染泵油，见图 2.24。冷却阱就是在泵之前连入真空线的一个冷凝器，用液氮或固态 CO_2（干冰）制冷。如果制冷剂是干冰，最好用两个（串联的）冷却阱。

图 2.24 是浸没在装制冷剂的杜瓦瓶中的冷却阱。该装置部件包括：真空线(vacuum line)，真空泵(vacuum pump)，冷却阱(cold trap)，磨口(ground glass joint allows cold trap to be opened)（冷却阱可以由此打开）液氮或冻结（固液）混合物(liquid nitrogen or freezing mixture)，杜瓦瓶(dewar flask)。

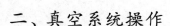

真空线　　　　　　真空泵　　　　　　磨口　　　　　　冷阱　　　　　　冷阱打开处　　　　　　液氮或冷冻混合物　　　　　　杜瓦瓶

图 2.24　冷却阱装置

二、真空系统操作

1. 操作步骤

(1) 冷却阱应当是空的，用前要检查以确认。

(2) 检查泵与冷却阱的二通或三通活塞，确认二者已连通，而泄出口二通或三通活塞应关闭。

(3) 启动泵。

(4) 慢慢地将冷却阱浸没到液氮杜瓦瓶中。

(5) 用真空规测量真空度。

(6) 如果真空度够好，小于 133.322 Pa(1 mmHg)，打开仪器与真空泵之间的开关。

(7) 再次测量真空度，确保体系无泄露。

如果源源不断的空气被抽进液氮制冷的冷却阱,氧气会在冷却阱中冷凝成液态。液氧极度危险,可与包括特富龙密封带,真空脂和有机溶剂在内的大部分有机物剧烈反应。即使不考虑这个因素,少量液氧在真空线这样很小的空间内气化也会造成压力剧增而崩碎真空线。

如果在降下液氮杜瓦瓶时发现冷却阱中有浅蓝色液体,马上更换冷却阱,尽快报告老师,做出警示,必要时要贴上标志。

像一氧化碳和乙烯这样的一些气体很容易在液氮冷却阱中冷凝下来。一旦制冷剂液面下降,或者把液氮杜瓦瓶移开,又没有采取释放压力的措施,液体就会变回气体,真空线内压骤然增高,可以将其炸碎。

2. 真空的测量

根据伯努利定律和推导出的压差方程,液体在重力场中可以用作仪器。非常简单的半满 U 形管就是一个简单的例子,一端连接待测区,另一端则连接参照区(其压力可以是大气压,或者是实际的真空)。两端液面上的压力要达到平衡(因为液体是静态的),所以 $P_a = P_r + \rho g h$。尽管任何液体都可以用,汞还是有优势的,因为它的密度高($13.534\ \text{g/cm}^3$),蒸气压低。

3. McLeod 真空规

McLeod 真空规是 H. G. McLeod 于 1874 年发明的,用来测量 $133.3 - 1.333 \times 10^{-4}\ \text{Pa}$ 的压力。要测量气体的压强,在一根管子中,用一段运动的水银将一定体积的这种气体隔离开。隔离的气体被压缩至一定量,最终压力用一个测压计测出。

市场上至少有两种 McLeod 真空规(旋转式和倾斜式)。它们都有一个等待位和一个读数(测量)位。对旋转式真空规,等待时蓄汞池在下方。刻度区有线性和非线性区,非线性区在压力低于 133.3 Pa 时精确度更高。要读出压力值,蓄汞池旋转向前,经过水平位置向上,直到封闭的毛细管中汞高度达到最低线。压力值可以从开放毛细管的汞液面读出。如果压力低于 133.3 Pa,非线性区用法如下:继续向上旋转蓄汞池,直到垂直,然后仔细调节,使开放毛细管的汞液面达到最高线,这时封闭毛细管中汞液面对应的值就是压力值。

倾斜式 McLeod 真空规可以测量 0.67 kPa 到 6.7×10^{-4} kPa 的压力。在等待位玻璃部分向右转 $90°$,这时汞充满梨形蓄汞池。读压力值时,玻璃部分向左转(到图示位置),汞进入封闭管。封闭管的汞液面就给出压力值。

对非冷凝气体,例如氧气和氮气这种方法相当准确,但是,可凝结气体,例如水蒸气,二氧化碳和泵油蒸气,在真空腔体中压力很低时是气体,在 McLeod 压力计中被压缩时却可能冷凝(成液体)。这会造成显示压力值远低于实际压力,读数出现错误。

当代的电子真空规使用较为简单,不再是易碎物,而且没有汞造成的威胁,但是它们测量的读数与待测气体的化学性质高度相关,而且校正值不稳定。另一方面,McLeod 真空规的读数是绝对值,它可以用来给其他真空计,例如电离真空计定标。

第二节　设计气体操作的设备和技术

一、气体钢瓶

很多有机反应需要用到气体,或者是作为试剂实际在反应中起作用,或者是保护反应用的惰性气体。试剂型的气体有时是原位生成的(如 B_2H_6,N_2H_2),或在另一个装置中生成(如臭氧,烯酮,重氮甲烷),不过很多气体最方便的来源是买来的钢瓶气。大多数钢瓶装有一个带开关阀和放气装置的部件。这个部件绝不能乱动。阀门是钢瓶的弱点,如果钢瓶掉落,这个部件就可能脱落或松动。气体钢瓶非常危险,特别是那些装有高毒性或易燃性物质的钢瓶,一定要把它们稳妥地固定住,防止撞倒和碰掉阀门。否则气体钢瓶不光会放出危险气体,高压气体不受控制地喷出还能把钢瓶变成可怕的"火箭"。任何高压气体(除了氧气)都有造成人窒息的危险,因为气瓶中的所有气体如果在一个封闭区域内完全释放出来,其体积将大到足以将原有空气完全置换。使用气体钢瓶时还应注意以下几点:

(1) 无论是在用的还是备用的钢瓶,一定要固定放好,每个钢瓶都要放在钢瓶架上。

(2) 如果气体钢瓶要经常移动,也要放在一个牢靠的金属架子上,或者用专用的推车来做此事。

(3) 如果没有用减压器释放气体,请务必将钢瓶阀门关上,并将减压阀尾气放掉。

(4) 有毒和有腐蚀性的气体(如 NH_3,HCl)最好找小钢瓶装,这种小瓶可以放入通风柜。

(5) 涉及有毒气体的反应要实验在通风柜中做。通风柜的气流还要不时用绵纸之类的轻的物品检测一下。

(6) 如果钢瓶空了,一定要适当地做个标记,然后退给生产厂家或供货商。实验室内不要存放空的气体钢瓶。

二、气体减压器

1. 气体减压器的结构与作用

钢瓶一般会(充气)达到 $100\sim150$ atm 的压强,它自带的开关阀不能控制压力,所以需要安装减压器(图 2.25),将高压气体的压力降到安全范围后使用。

在常规化学实验室可以见到多种气体减压器,其中最主要的是图 2.25 所示的单级(a)和二级(b)减压器。

用二级减压器的优点是钢瓶内气体接近用空时,气流压力还能保持。所以在气相色谱(GC)上用一个二级减压器比较好,而在典型的 Schlenk 线上单级减压器就足够了。

另外,常见的一种"减压器"其实是流量控制阀,它们不像真正的减压器那样能控制压力,而是只能控制流量。要想知道在选定时间间隔内流体的总量,可安装流量计,见图 2.26。流量计可以很容易地将气体从一个钢瓶中引出来。既然没有压力表,将流量阀连入真空线一定要非常小心,不能形成密闭系统。

减压器前面有两个压力表和一个螺旋手柄,还有要接在钢瓶阀上的螺帽接头。有时气体出口处还有一个针阀,如果没有配这个,需考虑增加一个。

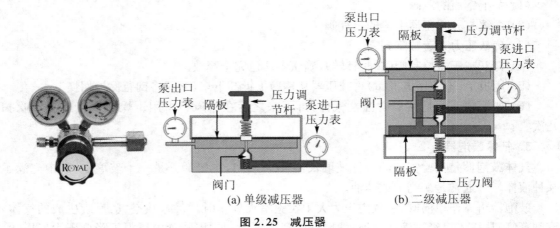

(a) 单级减压器　　　　　　　(b) 二级减压器

图 2.25　减压器

提示:

① 不要在减压器上涂润滑脂或油。这些油脂会污染反应体系,而且这些有机物质可能会与某些要引出的气体发生反应。例如,当氧气减压器被润滑油脂污染后,会很快进行氧化反应,并且起火。

② 尽量不要在螺口上缠绕特富龙密封带,因为特富龙密封带的碎片可能会被吹进减压器,造成泄漏,损坏阀门,或给出错误读数(压力表)。

③ 减压器不能通用。例如,可燃性气体,像氢气,其减压器螺纹是相反的。

2. 减压器的使用

(1) 确认钢瓶已固定好,减压器符合要求,对要用的气体可能带来的各种危险做到心中有数。

图 2.26　流量计

(2) 取下钢瓶总阀上的保护帽,检查出气口,确认洁净无水的(将保护帽放在附近)。

(3) 有些减压器(用在一些小钢瓶和某些腐蚀性气体时)需要用特富龙或铅制的垫片塞在减压器和出气口之间,检查一遍是否要用,然后再做下一步。

(4) 用手将减压器拧在钢瓶出气口上,直到拧不动为止,然后,用一个扳手(要用正确的工具,不能用老虎钳)将它拧紧。如果减压器不匹配则说明不适用。

(5) 确认减压器上的控制阀处在关闭状态,如果还连有出气阀,确认它也是关闭的。拧紧这个阀时不要过于用力,这样可能会损伤阀座。

(6) 缓缓打开钢瓶阀,从减压器上的压力表可以看到钢瓶气体的压力。

(7) 慢慢拧减压器控制阀,挤压隔膜,放出气体,直到减压器压力表上的读数达到期望值。

(8) 打开放气阀,可以用这个阀控制流量,但最终压力是通过减压器控制阀设定的。

(9) 检查系统各接口是否漏气,既可以用稀的肥皂水,也可以用厂商提供的泄漏检验溶液。如果发现有泄漏,再将连接口拧紧,如果仍不奏效,向老师求助。

拆卸减压器的方法如下:

(1) 关上钢瓶的总阀。

(2) 缓缓打开减压器上连的出气阀。

(3) 确认压力计读数降到零。

(4) 打开减压器控制阀(顺时针转),确认余压已完全释放。

(5) 用扳手(不能用老虎钳)将减压器从钢瓶上拆卸下来,立即将钢瓶保护帽换上去。

(6) 如果减压器是用于腐蚀性气体,拆下来之后在通风柜中用干燥的空气或氮气吹扫几次。

3. 气体鼓泡器

气体鼓泡器是实验室中的一种玻璃仪器(图 2.27),主要部分是一个玻璃泡,其中充满了某种液体——通常是矿物油或硅油。

鼓泡器可看作单向阀,装置内压力大于实验室大气压时,气体(热空气,反应生成的气体,溶剂蒸气)从接入口经过液体鼓泡,然后排放到大气中。如果装置内压力下降低于大气压,管子中的油液面将上升,阻止空气进入反应体系。不过,如果内压太低,空气最终会进入体系,油(或汞)也会吸进去。鼓泡器应该内置一个防倒吸的阀,以此防止油污染反应体系或 Schlenk 线。

鼓泡器是用来在反应装置中保持惰性气体保护气氛的简单装置(图 2.28),它还可以用来释放体系的压力。使用者可以从鼓起的气泡知道惰性气体正在吹扫体系,可以根据鼓泡速度来调整通气口压力。图 2.28 是最简单地使用鼓泡器的装置:

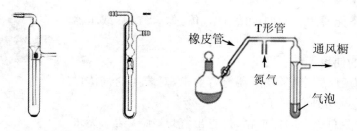

图 2.27　气体鼓泡器　　　**图 2.28　鼓泡器装置**

提示:

① 确认鼓泡器中的液体与所用的气体不发生反应。

② 烧瓶如果没有与鼓泡器连通,不要打开通气开关!

③ 如果以鼓泡方式流过鼓泡器的气体不是氮气(HCl、溶剂、反应副产物),实验完成后,切记用高纯氮气对这个鼓泡器鼓泡,或者将它彻底清洗。这样可以防止污染下一个反应。

④ 反应如果只是简单地进行搅拌,要保持正压只要鼓泡器中几秒钟冒一个泡就行了。流速太大会浪费氮气,还会将挥发性的溶剂吹走。流速太小则空气扩散进实验装置的可能性增加。

⑤ 为防止鼓泡器中的油或汞喷洒出来,最好在它的出口处连一截塑料管。或者在鼓泡器出气口再连接一个空的鼓泡器,这样,喷出的液体就不会损失。

4. 惰性气氛

很多有机反应中,空气中的氧气、水汽和二氧化碳常会造成产率大幅度下降,因此这些反应要在惰性气体中进行。氮气和氩气是有机实验室中最常用的惰性气体。市场上的氮气和氩气有不同级别的纯度。其中,纯度超过 99.995% 的可以不用提纯直接使用。氩气比氮气有两项优势:一是氩气比空气重所以对化合物的保护更有效;二是氩气是真正的惰性气体,氮气实际上是能与一些试剂反应的。不过,在大多数有机实验室中,氮气是首选的惰性气体,因为氩气价格高。

常规无氧、无水体系如下:高纯氮气通过一个三通活塞进入反应瓶(通常经过回流冷凝管上口)。体系在一开始用氮气彻底吹扫,为了提高吹扫效率,体系交替进行抽空和冲氮,通过一个三通活塞反复做几次。然后将氮气流减弱,缓缓通过一个油鼓泡器鼓出气泡,这样体系上方就有略显正压的氮气。

两种常见的空气隔绝技术是手套箱和 Schlenk 线的使用。

第三节 手 套 箱

最明确的空气隔绝技术是手套箱(图 2.29(a))的使用。惰性气氛手套箱(也被称为"干燥箱")是一种用来操作对水和空气敏感物质的设备。它有一个大的箱体或空腔,至少有一扇窗口。窗口有两个或更多个区域,每个区域都安装了手套,使用者的手伸进手套,戴着它在操作箱中执行任务,这样就不会破坏密闭空间。手套箱中可以安装一些常规操作的实验设备,但需要用手套来操作仪器。

一、手套箱的关键部件

(1) 箱体(图 2.29(b)):这是一个大的空腔,带有一个透明的前窗和一双手套。这里是工作区。

(2) 过渡舱(图 2.29(c)):手套箱右侧一个封闭腔体。它有两道门,一道只能从里边打开,另一道只能从外边打开,可以经过这个腔体将物品拿进手套箱或从中拿出。过渡舱可以用泵抽空或用氮气充满。

(3) 压差计(图 2.29(d)):用来控制手套箱的压力上限和下限。如果手套箱内压力太高,控制器自动打开与通真空泵的阀,释放多余的压力,并防止手套吹落。同样,如果压力过低,则控制器通氮气充满箱体。

(4) 踏控板(图 2.29(e)):一个用来人为调整手套箱内压力的脚踏板。

(5) 干燥线(图 2.29(f)):脱氧柱和干燥塔。目前市面上售的氮气和氩气纯度是很高的。但是惰性气体中极少量的氧或水汽有时会引发化合物自催化分解。有时这会很明显,因为惰性气流中的氧和水汽会持续累加。而且,通过封口和手套泄漏进去的 O_2 和 H_2O 对箱体惰性气氛的保持造成了严重的影响。在手套箱中,惰性气氛通过一个纯化系统(又称为干燥线)而进行循环是很有必要的。为除掉气体中的极少量空气,要用脱氧柱和干燥塔。脱氧柱是硅藻土上负载的活化铜颗粒,其作用温度是 180 ℃。为了干燥这些气体,用 5 Å 分子筛作为柱填料。用一段时间后,干燥线进行再生,做法是从手套箱上断开,通氢气,加热。吸收的氧转化为水,水在真空中很容易除掉。

不是任何试剂和溶剂都能在手套箱中使用。一些挥发性的化学试剂,例如卤代烃,以及配位能力特别强的化合物,如膦和硫醇等都是有问题的,因为它们会造成铜催化剂不可逆地中毒失效。

在大多数有机实验室,手套箱是公用设备,因为它们很昂贵,实验室又缺少空间。手套箱的手套通常都是大码数的,这样才能让所有人的手都可以伸手进去,所以必须学会戴这种超大的手套。使用手套箱还有一个缺点是戴上手套后手的灵活性就受到了限制。如果在手套箱中来操作空气敏感物质,必须有另一个人在场,以防止严重事故发生。因为紧急情况下手套很难脱下来。

最好只在实验中对空气敏感程度最高的阶段使用手套箱,例如称重,转移空气敏感试剂,以及准备光谱分析的样品。总的来说,空气敏感化合物通常是起始原料或反应中间体,大多数最终产物是较为稳定的。在手套箱中进行全过程的合成操作,包括溶剂中进行反应、后处理,以及产物的纯化是不必要的。

| (a) 手套箱 | (b) 箱体 | (c) 过渡舱 |
| (d) 压差计 | (e) 踏控板 | (f) 干燥线 |

图 2.29　手套箱

提示:

① 手套箱中会生成静电,将造成天平无法称出正确的重量。要用防静电设备。

② 手套箱中取用粉末状药瓶时通常需要使用静电枪。

二、手套箱的使用

1. 物品拿进手套箱

(1) 关上过渡舱与真空泵之间的阀。

(2) 缓缓打开过渡舱的氮气阀,通气达到一个大气压,然后关氮气阀。

(3) 确认交接室内侧门是关的。

(4) 打开外侧门,将要拿进的物品放进去并关外门。

(5) 确认氮气阀已关,然后缓缓打开过渡舱的真空阀。

(6) 用泵抽 10 分钟,关上过渡舱的真空阀,回冲氮气,然后再次抽空过渡舱。

(7) 5 分钟后重复上一步骤。

(8) 再抽 5 分钟后,关上过渡舱的真空阀,然后用氮气回冲至一个大气压。关氮气阀。

(9) 打开内侧门,将物品拿进手套箱。

提示:

O_2 和 H_2O 通过塑料袋逆向扩散,需要认真对待。必须戴双层手套,转移操作也要做得快,在 1 小时内完成。

2. 物品拿出手套箱

(1) 按上述指令,将过渡舱充氮气。

(2) 物品(从手套箱)拿进过渡舱,关内侧门。

(3) 确认内侧门已关,确认过渡舱两个阀均已关。

(4) 打开外侧门,取出物品,关外侧门。

(5) 确认氮气阀已关,缓缓打开过渡舱真空阀。

3. 注意事项

使用手套箱要避免以下各项:

(1) 将溶剂抽进泵。如果溶剂吸进泵,务必立即更换泵油。

(2) 塑料窗口和橡胶手套被有机溶剂腐蚀。

(3) 橡皮手套被戒指、尖指甲、刀片、针头和剪刀等刺破。手套很贵,如果一只手套上有三四个以上的针孔就需要更换。

(4) 将手套抽进箱内。手套抽进去以后,会膨胀,然后炸裂。

(5) 过渡舱内外两侧的门同时打开。

(6) 手套上有针孔。

(7) 干燥线催化剂被硫醇、胺、膦和卤代物等不可逆地损坏。如果要用其中任何一种物品,一定要先关闭干燥线。用过后,一定要对手套箱内的气氛实现净化,然后再重新打开干燥线。

三、手套袋

手套袋(图 2.30)与手套箱用到了相同的原理。手套袋是聚乙烯袋,可以封闭、净化,以及用惰性气体充气,生成一个便携而廉价的"软手套箱"来操作空气敏感物质。因为手套袋的封闭和净化不像真正的手套箱那样可靠,通常算是差一些的代用品。这种方法不需要特殊设备就可操作,用来打开装有空气敏感和易于潮解试剂的瓶子。

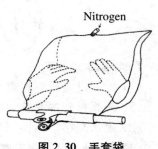

图 2.30　手套袋

手套袋的使用方法如下:

(1) 将瓶子放入袋中。

(2) 压平袋子,将空气赶出。

(3) 袋子末端卷在一根棍子上封闭起来。

(4) 对袋子充氮气,放出气体,然后再充氮气,重复 3 个循环。

(5) 在稍高的氮气压力下戴侧面的手套操作空气敏感试剂。

第四节　Schlenk 线与真空线

一、Schlenk 线与真空线

Schlenk 线与真空线是不用手套箱来方便地操作空气和水敏感物质的方法。Schlenk 线是 Wilhelm Schlenk 发明的化学实验室常用仪器。图 2.31 是一条 Schlenk 线。

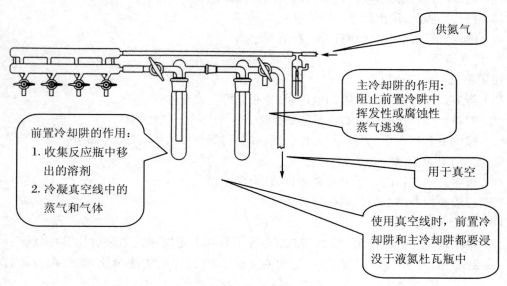

图 2.31　Schlenk 线与真空线

Schlenk 线由一套带几个接头的双排管组成。一根管连接纯化的惰性气体,另一根连接一个高真空泵。惰性气体经过一个鼓泡器排放,而溶剂蒸气和气态反应产物不能污染真空泵,要接一个液氮或干冰/丙酮冷却阱捕获。大部分情况下可以用隔膜泵产生真空,这时就不必用冷却阱了。两道斜槽的双向三通活塞(或特富龙接头)与双排管相连接。通过该活塞,双排管中某根管(氮气或真空管)与反应系统相通。这样,控制活塞转动就可以使连接在双排管上的设备从抽真空换成通惰气,反之亦然。一条 Schlenk 线常常有几个接头,只要小心,就可以用它同时进行几个反应操作。

目前并没有严格的定义用以区分"Schlenk 线"与"真空线"这两个术语,不过,可以列出二者间的差别:

(1) 真空线 $(10^{-4} \sim 10^{-7}\ \text{torr})$ 比 Schlenk 线真空度 $(10^{-2} \sim 10^{-4}\ \text{torr})$ 更高,因为典型的真空线上用到的是扩散泵。

(2) 真空线与实验装置常常是以磨口对接方式连接的,Schlenk 线上则用简单的耐压橡皮管进行连接,前者密封性更好,真空度更高。

二、Schlenk 瓶(管)

Schlenk 瓶或 Schlenk 管(图 2.32)是空气敏感物化学中常用的一种反应容器,由 Wilhelm Schlenk 发明。它有标准磨口和带有特氟龙或磨砂玻璃活塞的侧臂,通过活塞瓶子可以进行抽真空或充气的操作。磨口可以用来与其他玻璃仪器连接,也可以用玻璃塞或橡皮塞塞住。将一个普通圆底烧瓶配一个三通或二通活塞也可以当作 Schlenk 瓶来使用。

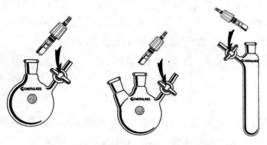

图 2.32　Schlenk 瓶和 Schlenk 管

注意:使用 Schlenk 线,包括 Schlenk 瓶时,在活塞和磨口处必须涂抹真空脂,保证气密性,防止玻璃部件黏住。反之,特氟龙活塞一般不用真空脂,只需要少量的油作为润滑剂。

三、与 Schlenk 线结合在一起使用的主要技术

(1) 泵抽加充气——容器通真空除掉气体和水,然后用惰性气体充满。通常重复三次这样的循环。

(2) 逆流技术,如打开瓶塞,将不同的玻璃仪器连接起来,或加试剂等操作在逆氮气流的条件下操作(保持快速的氮气流从瓶口向外流出,这样可以防止空气进入瓶子)。

(3) 使用翻口橡皮塞和注射器进行液体和溶液的转移。

(4) 导管转移术,在两个都有橡皮塞的瓶子间用一根细长管(名为导管)转移空气敏感试剂液体或溶液的技术。真空或惰性气体压力造成液体流动。

四、翻口橡皮塞

翻口橡皮塞是为烧瓶和试剂瓶封口的橡皮塞(图2.33)。封口是气密性的,可以阻止空气进入,但可以被尖利的针头或导管刺透。

图 2.33 翻口橡皮塞

翻口橡皮塞不耐热,使用前在烘箱中干燥这种办法不可行。好在它们这样的有机高聚物亲水性不强,由橡胶引入反应体系的水分非常少,不过还是可能对小量反应造成影响。橡胶会被像 THF(四氢呋喃)、甲苯、或 DCM(二氯甲烷)这样的有机溶剂重度溶胀。如果会与这些溶剂长时间接触要特别小心。在回流条件下,翻口橡皮塞通常不能使用。

使用方法:细的硬头塞进磨口粗的软边反过来扣住烧瓶口。加热回流不能用该瓶塞。

五、针头导管

针头导管是长而细的软管,有各种口径,大部分是 16~22 号,用来转移空气敏感试剂的液体或溶液。通常用不锈钢或聚四氟乙烯管,能耐受化学试剂。不锈钢导管通常有 60~80 cm 长,因为他们相对较硬,而聚四氟乙烯导管要短很多。导管两端都是尖头的,所以能刺透翻口橡皮塞。从很多方面讲,针头导管就像很长的双头注射器针头。

用导管有两种转移试剂的方法:真空法和加压法。它们都利用两个容器间的压差来推动液体流动。

1. 正压转移

出液瓶和接液瓶都有翻口橡皮塞,导管两头分别刺透这两个瓶塞。接液瓶连一个自己用的鼓泡器,出液瓶则与惰性气体直接连通。通过增加惰性气体压力,出液瓶中压力将高于接液瓶,液体因此在导管中流过。

在图 2.34 中,一根针头导管用来将液体从一个 Schlenk 瓶中转移到另一个瓶中。具体操作如下:

(1)打开鼓泡器 A 的氮气,关闭鼓泡器 B 的氮气。将针头导管的一头刺透左边 Schlenk 瓶的翻口橡皮塞插进去,针头不能伸入液面。

(2)确认氮气流可从导管中流出:将在外的针头伸进一个装有溶剂的烧杯,可以看到鼓泡,如果没有,则说明导管可能弯过头了或被堵塞了(最常见的是翻口橡皮塞的碎渣)。

(3)当导管用惰性气体吹扫过后,将另一头刺透右边 Schlenk 瓶的翻口橡皮塞。打开这个瓶与鼓泡器 B 的连接,你会看到其中有气泡。

(4)现把导管浸入左边 Schlenk 瓶的液面之下。如果需要,将鼓泡器 A 的氮气压力升高,

图 2.34 正压转移

使液体通过导管流入右边的瓶子。

（5）当液体转移量已达到要求，将导管从左瓶中提起来，高于液面。

（6）将导管先从右瓶、再从左瓶中取出。

（7）关闭氮气。

（8）马上清洗导管。

正压转移的主要缺点是转移速度慢，因为出液瓶和接液瓶间的压差很小。通入气体时通常都要同时连入一个气体鼓泡器来释放气体，防止压力过大。同时为保持足够的压力来完成转移，这个鼓泡器的出口需要被盖住，或者用一个活塞来阻止通入气体外泄。这种矛盾导致效率低。

2. 真空转移

导管两头刺透出液瓶和接液瓶的翻口橡皮塞。导管伸到要转移液体表面以下。对接液瓶抽真空，造成相对于出液瓶的低压，液体因此而通过导管流动。

真空转移的主要缺点是一旦有漏点，空气就会吸入体系中，破坏无水无氧的环境。液体蒸发流失是另一个问题，尽管纯液体比某种已知浓度的溶液损失要少一些。

这种技术可以有多种形式。例如，你可以从试剂瓶中将液体转移到另一个容器中，像磨口滴液漏斗或 Schlenk 管。而且，你还可以在导管口上安一个小的过滤头来进行导管过滤。

3. 导管的清洁与维护

为延长导管的使用寿命，应该确保：

（1）避免过度弯曲。导管会因此而扭转造成封闭，液体流速很小甚至不能流动，或者还可能造成导管破裂，以至于发生非常危险的泄漏。

（2）转移一完成就马上清洗导管：用一种合适的溶剂冲洗；用干燥的氮气冲洗；如果导管被堵塞了，你可以试着用一根很细的金属丝来清洗。

导管用溶剂和氮气进行清洗可以防止不锈钢受到无法察觉的腐蚀损害。因为导管常用于空气敏感化合物的操作，通常将它们放在烘箱中，减少水分子吸附。用之前通常要用真空－充气的三循环操作来除掉少量的空气。

六、空气敏感化合物操作示意图

1. 液体脱气：鼓泡法（图 2.35）

空气敏感化合物可能与空气中以下物质反应：① O_2；② H_2O；③ N_2；④ CO_2。

2. 无氧无水条件下固体分批加料方法（图 2.36）

反应原料固体为空气敏感或要分批无氧无水添加固体反应物：

（1）在氮气保护下将称量好固体反应物放入一烧瓶中，并用弯管连接反应瓶。

（2）每次分批加料时，将弯管旋转 $90° \sim 180°$，并用橡胶棒轻轻敲打烧瓶让固体落入反应瓶中（图 2.36 中虚线部分）。

3. 产品为空气敏感固体化合物的反应操作（图 2.37）

（1）无氧无水条件下加料并倒置安装一个砂芯漏斗，同时添加脱气溶剂（图 2.37(a)）。

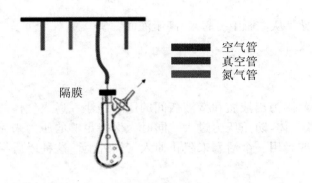

图 2.35 液体脱气

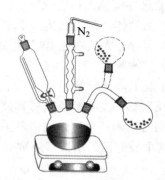

图 2.36 无氧无水条件下固体分批加料

(2) 回流反应完成后,冷却反应体系(图 2.37(b))。

(3) 氮气保护下,快速更换冷凝管到磨口塞,同时旋转砂芯漏斗过滤器 180°(图 2.37(c))。

(4) 翻转装置。将砂芯漏斗位置正过来,并进行抽滤洗涤纯化固体(图 2.37(d))。

(5) 关闭漏斗过滤阀,丢弃滤液,并真空干燥产品(图 2.37(e))。然后将漏斗充满氮气,将样品放入手套箱(图 2.37(f))。如需要低温保存,放入干燥器,并将干燥器放入冰箱。

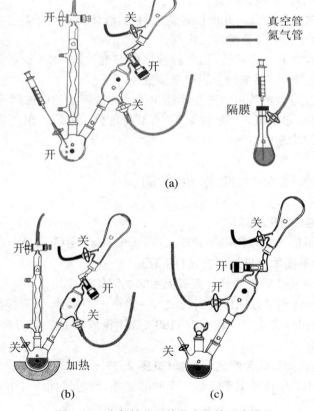

图 2.37 空气敏感固体化合物的反应操作

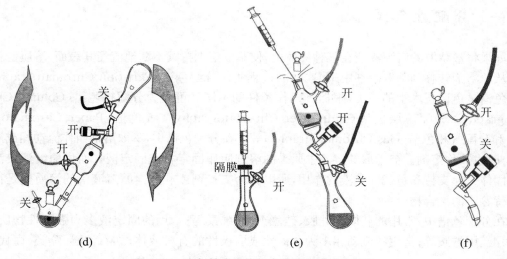

图 2.37　空气敏感固体化合物的反应操作(续)

第四章　色　谱　技　术

色谱法(chromatography)在分离、纯化和鉴定有机化合物时有着重要而广泛的应用。按其分离原理可分为吸附色谱、分配色谱、离子交换色谱及排阻色谱等;根据操作条件的不同,又可分为柱色谱、薄层色谱、纸色谱、气相色谱及高效(压)液相色谱等类型。色谱法最初用于分离有色物质时,往往得到颜色不同的色带,"色谱"一词由此得名。但现已广泛用于分离和鉴定无色化合物。因此,"色谱"一词早已超出原来的含义。

色谱法分离提纯有机化合物的基本原理是利用混合物各组分在某一物质(一般是多孔性物质)中的吸附或溶解性能或分配性能的差异或亲和性的不同,使混合物的溶液流经该种物质进行反复的吸附—解吸附或分配—再分配作用,从而使各组分分离。

吸附色谱主要是以氧化铝、硅胶等作为吸附剂(称为固定相),将一些物质自溶液中吸附到固定相的表面上,而后用溶剂(称为流动相)洗脱或展开,利用不同化合物在吸附剂上吸附力的不同和它们在溶剂中不同的溶解度而得到分离。吸附色谱分离可采用柱色谱和薄层色谱两种方式。

分配色谱也可采用柱色谱和薄层色谱两种方式。纸色谱也属于分配色谱。分配色谱主要是利用混合物的组分在两种不相溶的液体中分配情况不同而得到分离。相当于一种连续性溶剂萃取方法,这样的分离不经过吸附程序,仅由溶剂的萃取来完成。固定在柱内的液体称为固定相,它是由一种固体如纤维素、硅胶或硅藻土等载体固定相,从而使固定相固定在柱内,载体本身没有吸附能力,对分离不起什么作用,只是用来使固定相停留在柱内。用作洗脱的液体叫流动相。进行分离时,先将含有固定相的载体装在柱内,加入试样溶液后,用适当的溶剂进行洗脱,由于试样各组分在两相之间的分配不同,因此被移动相带着向下移动的速度也不同,易溶于移动相的组分移动得快些,而在固定相中溶解度大的组分就移动得慢一些,因此得到分离。

一、分配柱色谱

如果将被萃取的溶液浸渍在某种固体上，使萃取溶剂持续不断地流经其表面，溶质也就不断地从原溶剂转移到萃取溶剂中来，这样的过程叫作分配色谱（Partition Chromatography）。分配色谱是色谱技术中的一类，根据其操作条件的不同又可分为分配柱色谱（Column Chromatography）、分配薄层色谱（Thin-layer Chromatography）、纸色谱（Paper Chromatography）和分配气相色谱（Gas Chromatography）等。在分配色谱中，萃取溶剂叫作流动相或淋洗剂，有时也简称溶剂。被萃取的溶液中原来的溶剂叫作固定相或固定液。而供原溶液浸渍的那种固体只起支持和负载固定液的作用，所以称为支持剂或载体。原溶液中的溶质则是待分离或待鉴定的混合物。

在分配色谱中，常用的载体有硅胶、硅藻土、纤维素等；常用的固定液多为强极性物质，如水、甲醇、甲酰胺等；常用的流动相多为非极性或弱极性的有机液体，如石油醚、酯类、卤代烃、苯等。

分配柱色谱主要用于分离混合物，它是将浸渍有固定液的载体均匀紧密地装填在玻璃管、不锈钢管或薄膜塑料管中，使其保持柱状。流动相自柱顶淋下，持续不断地流经固定液，混合溶质中的各组分即在固定液与流动相间分配。在固定液中分配系数较小的组分将较多、较快地进入流动相；而在固定相中分配系数较大的组分则较少、较慢地进入流动相。已进入流动相的溶质在向下行进的过程中遇到前面的固定液又会发生新的两相间的分配；尚未进入流动相的溶质遇到前面新鲜的流动相也会进行两相间分配，又会有一部分溶质进入流动相。当经历了反复多次的分配之后，在流动相中分配系数较大的组分将在柱中下行较快、并较早到达柱底；反之，在固定液中分配系数较大的组分则下行较慢、并较晚到达柱底。在柱底用不同的接收瓶分别接收各个组分的流出液，各自蒸去溶剂，即得到各组分的纯品。

二、分配薄层色谱和纸色谱

分配薄层色谱的作用原理与分配柱色谱相同，其区别在于：① 分配薄层色谱所用的载体不是被装在柱中，而是被均匀地涂布于玻璃板或塑料板上，形成一定厚度的均匀涂层。② 流动相（在薄层色谱中也称展开剂）是靠毛细作用沿板前进并带动混合物样点前进的，而且大多数情况下是自下而上运行的。③ 由于操作量小，多用于分析鉴定，较少用于分离制备。关于分配薄层色谱的作用及操作可参考吸附薄层色谱部分。

纸色谱，也称纸层析或纸色层，是以纸为载体，以吸附于纸纤维中的水或水溶液为固定相，以部分与水互溶的有机溶剂为流动相的分配色谱。

纸纤维是由很多个葡萄糖分子组成的大分子，其中含有多个羟基。羟基是亲水基团，所以具有很强的吸水性，可吸收 20%～25% 的水，其中约有 6% 的水以氢键形式与纸纤维结合形成复合物。在靠近纸的一端处点样，将该端的边沿浸在有机溶剂中。由于纸纤维的毛细作用，有机溶剂会沿着纸向另一端移动，并带动样品前进。样品在前进过程中，即在水相和有机相之间进行连续多次的分配。亲脂性稍强的组分较多地分配于流动相中，前进的速度会快一些；反之,亲水性稍强的组分则较多地分配于固定相中,前进的速度就会慢一些。经历反复多次分配之后,各组分之间就逐渐拉开距离,终至完全分离。如果样品各组分为有色物质,分离后就会在不同高度的位置上显现出有颜色的斑点。若样品无色,可采用适当的方法显色。测量出原点到组分斑点的距离以及原点到溶剂前沿的距离,即可像 TLC 那样计算出该组分的 R_f 值。R_f 值与分配系数 K 的关系可表示为

$$R_f = \frac{1}{1 + \alpha K} \tag{2.14}$$

其中,α 是一个与纸的性质有关的常数。

化合物的 R_f 值如同它的熔点、沸点一样,是该物质的特征值,但在测定操作中会受到多种因素的影响而不易重现。从上面的式子中可以看到主要的影响因素是纸的性质 α 和分配系数 K。α 取决于纸的种类、厚度、均一性、纤维的松紧程度以及是否含有无机离子等;而 K 则与 pH、温度以及操作时色谱缸(Chromatography Jar)中有机溶剂的蒸气是否饱和等因素相关。因为 pH 的改变会影响弱酸、弱碱的电离程度,从而影响溶剂的极性;温度的变化会影响分配系数甚至影响展开剂的组成;若展开时色谱缸中的有机溶剂蒸气未达饱和,则流动相中的有机溶剂继续挥发而会改变流动相的组成;如果色谱纸的吸水量未达饱和,则流动相中含有的少量水分将会被层析纸吸留,也会改变流动相的组成。除了这些因素之外,展开剂展开的距离以及组分的共存物质也都会影响到 R_f 值。因此,很难控制完全相同的操作条件,从而很难获得重现的 R_f 值。所以,在鉴定未知化合物时,常在同一张层析纸上点上已知的标准样,进行比较,有时还需用几种极性不同的溶剂展开才能做出正确结论。

第一节　薄层色谱的用途

薄层色谱(Thin Layer Chromatography),也叫薄层层析,常用 TLC 代表,薄层色谱法是提供给有机化学工作者最灵活的和快速的分离技术之一。薄层色谱具有微量、快速、操作简便等优点,适合于小量的样品的分离,通常可分离的量在 500 mg 以下,最低可达 0.01 μg,用相对低廉的设备在几分钟内可成功地进行复杂混合物的分析。在薄层色谱法中分离发生在以坚实的固体支持物(如玻璃、铝或塑料板)薄层作为固定相,溶剂作为液体流动相,液体流动相沿板移动。通过分配、吸附、离子交换或大小排斥过程实现混合物的分离。不过,在有机化学实验室,大部分的应用薄层色谱法是基于吸附的。因此,我们将主要集中讨论薄层色谱法的吸附薄层色谱法。

一、薄层色谱的用途

在实验室中,薄层色谱主要有以下几种用途:

(1) 跟踪反应进程。在反应过程中定时取样,将原料和反应混合物分别点在同一块薄层板上,展开后观察样点的相对浓度变化。若只有原料点,则说明反应没有进行;若原料点很快

变淡,产物点很快变浓,则说明反应在迅速进行;若原料点基本消失,产物点变得很浓,则说明反应基本完成。

(2) 作为柱色谱的先导。一般来说,使用某种固定相和流动相可以在柱中分离开的混合物,使用同种固定相和流动相也可以在薄层板上分离开的混合物,因此常利用薄层色谱为柱色谱选择吸附剂和淋洗剂。

(3) 检测其他分离纯化结果。在柱色谱、重结晶、萃取等分离纯化过程中,将分离出来的组分进行薄层色谱,展开后如果只有一个斑点,则说明已经完全分离开;若展开后仍有两个或多个斑点,则说明分离纯化尚未达到预期的效果。

(4) 确定混合物中的组分数目。一般说来,混合物样品做薄层色谱,样点展开后出现几个斑点,就说明混合物中有几个组分。

(5) 鉴定样品。将各样品点在同一块薄层板上,展开后若各样点上升的高度相同,则大体上可以认定为同一物质;若上升高度不同,则肯定不是同一物质。

(6) 确定相对含量。根据薄层板上各组分斑点的相对浓度可粗略地判断各组分的相对含量。

(7) 分离纯化少量样品。为了尽快从反应混合物中分离出少量纯净样品做分析测试,可扩大薄层板的面积,加大薄层的厚度,并将混合物样液点成一条线。一次可分离出 10~500 mg 的样品。

二、薄层色谱的仪器和试剂

(一) 薄层色谱板

薄层色谱所用的薄板通常为玻璃板,也有用塑料板的,根据用途的不同而有不同的规格。做分析鉴定用的多为 7.5 cm×2.5 cm 的载玻片。若为分离少量纯样品,可将普通玻璃板裁成适当大小,将棱角用砂纸稍加打磨,以免割破手指,然后洗净干燥即可使用。近年来,有玻璃板或金属箔片制成的薄层板商品,购回后只需用玻璃刀(剪刀)裁成合适大小即可点样展开。用完后可用适当溶剂将玻璃片(箔片)上样点浸萃掉,经干燥后即可重复使用,但吸附剂涂层很薄,一般只可做分析鉴定用。

(二) 展开槽

展开槽规格形式不一,图 2.38 给出了其中的几种,图中(a)为斜靠式,(b)为卧式,(a)、(b)称上行式,(c)称下行式,(d)为制备纯样品所用的大型展开槽,亦为斜靠式。

(三) 吸附剂

薄层色谱中所用吸附剂最常见的有硅胶和氧化铝两类。其中不加任何添加剂的以 H 表示,如硅胶 H,氧化铝 H;加有煅石膏($CaSO_4 \cdot 0.5H_2O$)为黏合剂的用 G 表示(Gypsum),如硅胶 G,氧化铝 G;加有荧光素的用 F 表示(Fluorecein),如硅胶 HF_{254},意思是其中所加荧光素可在波长 254 nm 的紫外光下激发荧光;同时加有煅石膏和荧光素的用 GF 表示,如硅胶

GF_{254}，氧化铝 GF_{254}。如在制板时以羧甲基纤维素钠的溶液调和，则用 CMC 表示（Carboxm-ethyl Cellulose），如硅胶 CMC。添加黏合剂是为了加强薄层板的机械强度，其中以添加 CMC 者机械强度最高；添加荧光素是为了显色的方便。习惯上把加有黏合剂的薄层板称为硬板，不加黏合剂的薄层板称为软板。

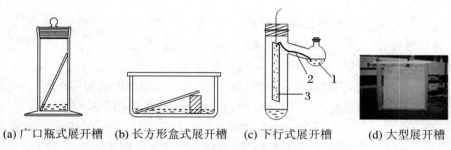

(a) 广口瓶式展开槽　(b) 长方形盒式展开槽　(c) 下行式展开槽　(d) 大型展开槽

图 2.38　薄层板在展开槽中展开

供薄层色谱用的吸附剂粒度较小，通常为 200 目，标签上有专门说明，如 Silica gel H for thin layer chromatography，使用时应予注意，不可用柱色谱吸附剂代替，也不可混用。

薄层色谱用的氧化铝也有酸性、中性、碱性之分，也分五个活性等级。如含煅石膏的氧化铝 G 是碱性的。选择原则与柱色谱类同。

（四）展开剂

在薄层色谱中用作流动相的溶剂称为展开剂，它相当于柱色谱中的淋洗剂，其选择原则也与淋洗剂相同，也是由被分离物质的极性决定的，如果被分离物极性小，选用极性较小的展开剂；如果被分离物极性大，选用极性较大的展开剂。环己烷和石油醚是最常使用的非极性展开剂，适合于非极性或弱极性试样；乙酸乙酯、丙酮或甲醇适合于分离极性较强的试样，氯仿和甲苯是中等极性的展开剂，可用作多官能团化合物的分离和鉴定。单一展开剂一般不能很好分离，常采用不同比例的混合溶剂作为展开剂。

选择展开剂的一条快捷的途径是在同一块薄层板上点上被分离样品的几个样点，各样点间至少相距 1 cm，再用毛细管分别汲取不同的样品溶液，各自点在一个样点上，展开剂将从样点向外扩展，形成一些同心的圆环。若样点基本上不随展开剂移动（图 2.39 中的(a)），或一直随展开剂移动到前沿（图 2.39 中的 (c)），则这样的展开剂不适用。若样点随展开剂移动适当距离，形成较小的环带（图 2.39(b)），则该展开剂一般可作为展开剂使用。

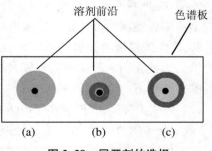

溶剂前沿　　色谱板

(a)　　(b)　　(c)

图 2.39　展开剂的选择

三、薄层色谱的操作

（一）制板

制板（（图2.40)也称铺板或铺层,有"干法"和"湿法"两种,由于干燥的吸附剂在玻璃板上附着力差,容易脱掉,不便操作,所以很少采用,此处只介绍湿法铺板。

1. 铺板操作

制备薄层色谱板之前,将载玻片洗干净、烘干。制板时,以蒸馏水做溶剂时,首先将待铺的

图2.40　制板

载玻片平放在水平台面上,将一定量的吸附剂放在干净研钵内,按照每克硅胶 G 2~3 mL 蒸馏水,或每克氧化铝 1~2 mL 蒸馏水的比例将蒸馏水加入,立即研磨成糊状,用牛角匙舀取糊状物倒在载玻片上并迅速摊布均匀。可轻敲载玻片边缘,或用手轻轻来回振摇载玻片,使载玻片表面均匀平滑。然后再平放在台面上,使其固化定型并晾干。固化的过程是吸附剂内的煅石膏吸水生成新固体的过程,反应式为

$$CaSO_4 \cdot 0.5H_2O + 1.5H_2O \longrightarrow CaSO_4 \cdot 2H_2O$$

所以,研磨糊状物和铺薄层板都要尽可能地迅速。若动作稍慢,糊状物即会结成团块状而无法铺均匀,即使再加水也不能再调成均匀的糊状。通常研磨糊状物应在短时间内完成,铺完全部载玻片也只在数分钟,最多在数十分钟内完成。每次铺板都需临时研磨糊状物。以蒸馏水做溶剂制得的薄层板具有较好的机械性能,如欲获得机械性能更好的薄层板,可用1%的羧甲基纤维素钠水溶液来调制糊状物。将 1 g 羧甲基纤维素钠加在 100 mL 蒸馏水中,煮沸使之充分溶解,然后用砂芯漏斗过滤。用所得滤液如前述方法调糊铺板,这样的薄层板具有足够的机械性能,可以用铅笔在上面写字或做其他记号,但需注意在活化时严格控制烘焙温度,以免温度过高引起纤维素碳化而使薄层变黑。

2.小薄层板铺制

浸渍法:把两块干净玻璃片背靠背贴紧,浸入调制好的吸附剂中,取出后分开、晾干。

小薄层板铺制的方法也可以采取较大薄层板的铺制方法。

3. 较大薄层板的铺制

供分离纯化用的薄层板具有较大的尺寸,通常都是用蒸馏水来调制糊状物的,方法同前。铺板的方法如下:

（1）倾注法:将玻璃板平放在台面上,把研好的糊状物迅速倾倒在玻璃板上,用干净玻璃棒摊平,或手托玻璃板微做倾斜,并轻轻敲击玻璃板背面,使之流动,即可获得平整均匀的薄层。

（2）刮平法:将待铺玻璃板平放台面上,在其长条方向的两边各放一条比玻璃板厚度厚1 mm 的玻璃板条。将调好的糊状物倒在中间的玻璃板上,用一根合适长度玻璃棒将糊状物沿一个方向刮平,即形成厚 1 mm 的均匀薄层。待固化定型后抽去两边的玻璃板条即可。

不管以何种方法制板,都要求铺得的薄层厚薄均一,没有纹路,没有团块凸起。产生纹路或团块原因是糊状物调得不均匀,或铺制太慢,或在局部固化的板子上又加入新的糊状物,所以为获得均匀的薄层,应动作迅速,一次研匀,一次倾倒,一次铺成。

（二）活化

晾干后的薄板移入烘箱内"活化"（图 2.41），活化的温度根据吸附剂不同而不同。硅胶薄板在 105～110 ℃烘焙 0.5～1 h 即可；氧化铝薄板在 200～220 ℃烘焙 4 h，其活性约为Ⅱ级，若在 150～160 ℃烘焙 4 h，活性相当于Ⅲ～Ⅳ级。活化后的薄层板就在烘箱内自然冷却至接近室温，取出后立即放入干燥器内备用。

（三）点样

固体样品通常溶解在合适的溶剂中配成 1%～5% 的溶液，用内径小于 1 mm 的平口毛细管吸取样品溶液点样。点样前可用铅笔在距薄层板一端约 1 cm 处轻轻地画一条横线作为"起始线"（图 2.42）。然后将样品溶液小心地点在"起始线"上。样品斑点的直径一般不应超过 2 mm。如果样品溶液太稀需要重复点样时，须待前一次点样的溶剂挥发之后再点样。点样时毛细管的下端应轻轻接触吸附剂层。如果用力过猛，会将吸附剂层戳成一个孔，影响吸附剂层的毛细作用，从而影响样品的 R_f 值。若在同一块板上点两个以上样点时，样点之间的距离不应小于 1 cm（高效色谱板，样品点间距 0.5 cm）。点样后待样点上溶剂挥发干净才能放入展开槽中展开。

在薄层色谱中，样品的用量对物质的分离效果影响很大，所需样品的量与样品结构、显色剂的灵敏度、吸附剂的种类、薄层厚度均有关系。样品溶液浓度太小时，斑点不清楚，难以观察；样品溶液浓度太大时，往往出现斑点太大或拖尾现象，以致不易分开。

（四）展开

展开剂带动样点在薄层板上移动的过程叫展开。展开过程是在充满展开剂蒸气的密闭的展开槽中进行的（图 2.43）。展开的方式有卧式、斜靠式、下行式和双向式等，图 2.38 所示。

图 2.41　活化　　　　　图 2.42　点样　　　　　图 2.43　展开

斜靠式展开是在立式展开槽中进行的，薄层板的倾斜角度在 30°～90°之间。先在展开槽中装入深约 0.5 cm 的展开剂，盖上盖子静置片刻，使蒸气充满展开槽。然后将点好样的薄层板小心放入展开槽，使其点样一端向下（注意样点不要浸泡在展开剂中），盖好盖子。由于吸附剂的毛细作用展开剂不断上升，如果展开剂合适，样点也随之展开，当展开剂前沿到达距薄层板上端约 1 cm 处时，取出薄层板并标出展开剂前沿的位置。分别测量前沿及各样点中心到起始线的距离，计算样品中各组分的比移值。如果样品中各组分的比移值都较小，则应该换用极性大一些的展开剂；反之，如果各组分的比移值都较大，则应换用极性小一些的展开剂。每次更换溶剂，必须等展开槽中前一次的溶剂挥发干净后，再加入新的溶剂。更换溶剂后，必须更换薄层板并重新点样、展开,重复整个操作过程。斜靠式展开只适合于硬板。

卧式展开如图 2.38(b)所示,薄层板倾斜 15°放置,操作方法同直立式,只是展开槽中所放的展开剂应更浅一些。卧式展开既通用于硬板,也适用于软板。

下行式展开如图 2.38(c)所示。薄层板竖直悬挂在展开槽中,一根滤纸条或纱布条搭在展开剂和薄层板上沿,靠毛细作用引导展开剂从板的上端向下展开。此法适合于比移位较小的化合物。

双向式展开采用方形玻璃板铺制薄层,样品点在角上,先向一个方向展开,然后转动 90°再换一种展开剂向另一方向展开。此法适合于成分复杂或较难分离的混合物样品。

用于分离的大块薄层板,在起点线上将样液点成一条线,使用足够大的展开槽展开,如图 2.38(d)所示,展开后成为带状,用不锈钢铲将各色带刮下,分别用适当溶剂萃取,各自蒸去溶剂,即可得到各组分的纯品。

若无展开槽,可用带有螺旋盖的广口瓶代替。若展开槽较大,则应预先在其中放入滤纸衬里。衬里的作用是使展开剂沿衬里上升并挥发,使展开剂蒸气迅速充满展开槽。

(五) 显色

分离和鉴定无色物质,必须先经过显色,才能观察到斑点的位置,判断分离情况。常用的显色方法有如下几种:

1. 紫外光显色法

如果被分离(或分析)的样品本身是荧光物质,可以在暗处的紫外灯下观察到荧光物质的亮点。如果样品本身不发荧光,可以在制板时,在吸附剂中加入适量的荧光剂或在制好的板上喷上荧光剂,制成荧光薄层色谱板。荧光色谱板经展开后取出,标记好展开剂的前沿,待溶剂挥发干净后,放在紫外灯下观察,有机化合物在亮的荧光背景上呈暗红色斑点(图 2.44)。标记出斑点的形状和位置,计算比移值(图 2.45)。

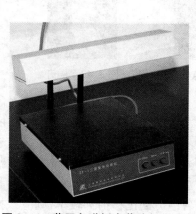

图 2.44 薄层色谱板在紫外灯下显色

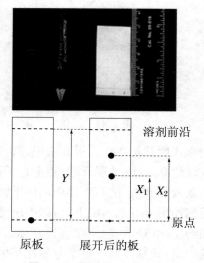

图 2.45 比移值(R_f)的计算

2. 碘蒸气显色法

将几粒碘的结晶置于密闭的容器中,待碘蒸气充满容器后,将展开后的薄层色谱板(溶剂已挥发干净)放入容器中,由于碘能与很多有机化合物(烷和卤代烷除外)可逆地结合,在几秒到数分钟内化合物斑点位置呈现黄棕色。薄层色谱板自容器中取出后,应立即标记出斑点的形状和位置(因为薄板放在空气中,由于碘挥发棕色斑点在短时间内即会消失),计算比移值。

3. 试剂显色法

除了上述显色法之外,还可以根据被分离(分析)化合物的性质,采用不同的试剂进行显色,凡可用于纸色谱的显色剂都可用于薄层色谱。一些常用显色剂及被检出物质列在表2.11中。

表 2.11　一些常用显色剂和被检测的化合物

显色剂	配制方法	被检测物质
浓硫酸或高锰酸钾溶液	直接使用98%浓硫酸	通用试剂,大多数有机物在加热后显黑色斑点
香兰素-浓硫酸	1%香兰素的浓硫酸溶液	冷时可检测萜类化合物,加热时为通用显色剂
四氯邻苯二甲酸酐	2%四氯邻苯二甲酸酐溶液溶剂:丙酮＝10：1	可检出芳香烃
硝酸铈铵	6%硝酸铈铵的 2 mol/L 硝酸溶液	检测醇类
铁氰化钾-三氯化铁	1%铁氰化钾水溶液与 2%的三氯化铁水溶液使用前等体积混合	检测酚类
2,4-二硝基苯肼	0.4%2,4-二硝基苯肼的 2 mol/L 盐酸溶液	检测醛类
溴酚蓝	0.05%溴酚蓝的乙醇溶液	检测有机酸
茚三酮	0.3 g 茚三酮溶于 100 mL 乙醇	检测胺、氨基酸
三氯化锑	三氯化锑的氯仿饱和溶液	甾体、萜类、胡萝卜素等
二甲氨基苯胺	1.5 g 二甲氨基苯胺溶于 25 mL 甲醇、25 mL 水及 1 mL 乙酸组成的混合溶液中	检测过氧化物

操作时,先将薄层板展开,风干,然后用喷雾器将显色剂直接喷到薄层板上,被分开的有机物组分便呈现出不同颜色的斑点。及时标记出斑点的形状和位置,计算比移值。

（六）分析、计算

$$R_f = \frac{x}{y} \times 100\%, \quad 即\ R_f = \frac{化合物样点移动的距离}{展开剂前沿原点中心移动距离}$$

四、制备薄层色谱

（1）铺有厚厚一层的二氧化硅大尺寸薄板用于通过薄层色谱法分离样品。

（2）多达 100 mg 的样品放在薄板的底部起始线上，像薄层色谱法一样在适当的溶剂展开。

（3）该产物用紫外线观察（理想情况下），并用铅笔标记。

（4）用刀片刮包含产品的硅板。

（5）吸附产物的硅胶放置在一个多孔漏斗中，用极性溶剂冲洗（如乙酸乙酯）。纯产品可以在滤液中分离。

五、薄层色谱疑难解析

问题 1：反应在高沸点溶剂中进行（DMF，吡啶，DMSO，胺类溶剂），做 TLC 时就像一个大的污点。

解答：点板，然后将板子放在一个瓶子里，在高真空下保持几分钟，然后再展开。或用注释第一种方法。[1]

问题 2：反应物和产物 R_f 非常接近。无法判断反应进行程度，怎样才能知道反应何时完成？

解答：

（1）合点会有帮助。如果它展开后像一个雪人的形状，反应就完成了。

（2）试试换溶剂体系。[2-4]

（3）试用茴香醛显色。化合物有不同的颜色（明亮的）。有时用钼类显色剂也可看到颜色差异。

问题 3：化合物可能对硅胶不稳定（如酸敏感化合物），怎样才能发现它对硅胶是否稳定呢？

解答：做二维 TLC：

（1）用一块方形硅胶板，在一个角点样。

（2）沿一个方向展开（样品中的所有成分的点会出现在一条垂线上）。

（3）把板转 90°（你的样品线要放在底边），然后再展开板子。

（4）如果样品对硅胶稳定，所有的点会出现在对角线上。如果一个化合物在分解，它会出现在对角线之下（图 2.46）。

问题 4：化合物极性大，在硅胶上不稳定，怎样准确监控反应？

解答：参考注释中的方法[5]。

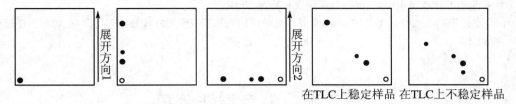

在TLC上稳定样品　在TLC上不稳定样品

图 2.46　二维 TLC 图谱(也叫双向展开谱)

问题 5：不想让反应暴露于空气中，怎样才能不打开反应容器而取一个 TLC 的样？

解答：搭反应装置时预先塞上一个橡皮塞，同时通入惰性气体，但不要让惰性气体正压很大。在一根 20 号针头上穿一根毛细管，将针头扎进塞子，并点样取出样品，并随后取下针头。这个操作使反应很少暴露于空气中。

问题 6：当毛细管浸入反应体系取样时，反应混合物堵住了管头，无法在板子上点样。怎样对非均相或黏稠反应混合物做 TLC？

解答：见注释[1]，或者取出一点用溶剂稀释过后在毛细管点板。

问题 7：反应样品在 TLC 上容易变。

解答：这可能意味着要做很多事。

(1) 大量分解。不过，不要只根据 TLC 容易变就做这样的假设。

(2) 一种试剂容易变，按注释[1]处理。

(3) 产物是完整的，可它对硅胶不稳定。试试二维 TLC(如图 2.46)。

(4) 溶剂对 TLC 有干扰，换展开体系，见注释[2-4]。

问题 8：化合物极性很大，停在底线上。看不到反应过程中发生了什么。

解答：试试注释[2-5]溶剂体系，或用反相硅胶板。

问题 9：做了 TLC，发现产物混合物处理后变了。

解答 1：产物可能遇酸、碱、空气和水时不稳定，在后处理过程中发生了反应。可以在淬灭反应之前取少量反应混合物样品进行检测，从而找出问题根源。同时防止在后处理过程中发生副反应。还有一种可能，就是反应停留在中间体状态，可以尝试延长反应时间和提高温度后再点板。

解答 2：在某个时刻，可能有未知的污染物混进了化合物。纯化一次看看有没有改善。通常用一个小滴管做一个微型色谱柱分离纯化后再处理较好。

【注释】

[1] 未知反应混合物，可在一个小瓶子里对少量反应混合物做一个小的水相后处理(用水洗涤反应物)，然后有机层做 TLC。

[2] 极性溶剂/烃类体系(乙酸乙酯/己烷，乙醚/石油醚)。

[3] 极性溶剂/二氯甲烷体系(乙醚/二氯甲烷，乙酸乙酯/二氯甲烷，甲醇/二氯甲烷)。

[4] 极性溶剂/苯体系(乙醚/苯，乙酸乙酯/苯)。

[5] 对极性很大的化合物：

(a) 用 10% NH_4OH 的 MeOH 溶液作为大极性展开剂：试用这种混合物 1%~10%的二氯甲烷溶液。

(b) EtOAc/丁醇/HOAc/H_2O 比例为 80/10/5/5(注意：这个溶剂体系不能用于快速柱色谱)。

(c) 用气相色谱(GC)。

(d) 如果所有这些都不奏效,取一些反应混合物做 NMR。

提示:点样用的毛细管必须专用,不得弄混。点样使用毛细管液面刚好接触到薄层即可,切勿点样过重而使薄层被破坏。

第二节　柱色谱法分离

利用色谱柱(Column Chromatography)将混合物各组分分离开来的操作过程称为柱色谱。柱色谱是色谱技术中的一类,依据其作用原理又可分为吸附柱色谱、分配柱色谱和离子交换柱色谱等,其中以吸附柱色谱的应用最为广泛。以下介绍吸附柱色谱的相关问题,其操作方法也可作为其他类型柱色谱的参考。

一、吸附柱色谱

(一) 色谱柱

实验室中最常用的玻璃色谱柱是下部带有活塞的玻璃管,根据是否加压过柱,选择柱上口是否磨口,如图 2.47 所示。活塞的芯最好是聚四氟乙烯制作的,这样可以不涂真空油脂,以免污染产品。如果使用普通的玻璃活塞,则需要涂抹真空油脂,涂层要薄而均匀。此外,薄膜塑料色谱柱因使用方便、节省淋洗剂、减少蒸发量等优点,应用日趋广泛。

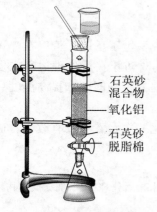

石英砂混合物
氧化铝

石英砂
脱脂棉

图 2.47　柱色谱分离装置

(二) 吸附剂

柱色谱中最常使用的吸附剂是氧化铝或硅胶。其用量为被分离样品的 30～50 倍,难以分离的混合物,吸附剂的用量可达 100 倍甚至更高。对于吸附剂应综合考虑其种类、酸碱性、粒度及活性等因素来选择,最后用实验方法确定。

柱色谱所用氧化铝的粒度一般为 100～150 目,硅胶为 60～100 目。

(1) 氧化铝:碱性或中性介质,可以用于较容易的分离,也常用于胺类化合物的纯化。

(2) 硅胶:微酸性介质,对常见化合物是最好的选择,能实现较好地分离。

(3) 硅酸镁:温和的中性介质。200 目的硅酸镁可以有效地用于较容易的分离。粒度大于 200 目的最好用于过滤纯化。有些化合物会吸附在硅酸镁上,用前先进行检验。

(4) 反相硅胶:极性最大的化合物最快流出,极性最小的最慢流出。

此外,一些天然产物带有多种官能团,对微弱的酸碱性都很敏感,则可用纤维素或糖类做吸附剂。

（三）淋洗剂

淋洗剂是将被分离物从吸附剂上洗脱下来所用的溶剂。其极性大小和对被分离物各组分的溶解度大小对于分离效果来说非常重要。常用溶剂的极性大小次序也因所用吸附剂的种类不同而不尽相同，表2.12给出了在硅胶和氧化铝柱中常见溶剂所表现出的极性次序，可作为选择展开剂的参考。

表 2.12　溶剂的极性

水	极性	丙酮
醋酸		二氯乙烷
乙烯乙二醇	↑	四氢呋喃
甲醇		二氯甲烷
乙醇		氯仿
异丙醇		乙醚
吡啶		苯
乙腈		甲苯
硝基甲烷		二甲苯
二乙胺		四氯化碳
苯胺		环己烷
二甲亚砜	↓	石油醚
乙酸乙酯	非极线	正己烷
二氧六环		正戊烷

除了分离效果外，还应当考虑：① 在常温至沸点的温度范围内可与被分离物长期共存不发生任何化学反应，也不被吸附剂或被分离物催化而发生自身的化学反应；② 沸点较低以利回收；③ 毒性较小，操作安全；④ 适当考虑价格是否合算，来源是否方便。

（四）被分离的混合物

在实际工作中，被分离的样品是不能选择的，但认真考察各个组分的分子结构，估计其吸附能力，对于正确选择吸附剂和淋洗剂都是有益的。若化合物的极性较大，或含有极性较大的基团，则易被吸附而较难被洗脱，宜选用吸附力较弱的吸附剂和极性较大的淋洗剂。反之，对于极性较小的样品则选用极性较强的吸附剂和弱极性或非极性淋洗剂。

（五）柱色谱仪器与辅材

色谱柱和储存淋洗剂的磨口球形漏斗；接收淋洗液的锥形瓶两个（其容积大小根据淋洗剂的体积确定）和带试管的试管架；白石英沙少许和玻璃丝少许（若色谱柱很小，也可用少量脱脂棉代替玻璃毛);滴管两支;以上均需干燥。

二、吸附柱色谱的操作

（一）装柱

装柱的方法分湿法装柱和干法装柱两种。

1. 湿法装柱

将色谱柱竖直固定在铁支架上,关闭活塞,加入选定的展开剂至柱容积的1/4,用一支干净的玻璃棒将少量玻璃毛(或脱脂棉)轻轻推入柱底狭窄部位,将准备好的石英砂加入柱中,使在玻璃毛上均匀沉积成约5 mm厚的一层(或使用下端带砂芯的色谱柱)。将需要量的填充剂置烧杯中,加淋洗剂中极性小的溶剂浸润,溶胀并调成糊状。打开柱下活塞,调节流出速度为每秒钟一滴,将调好的吸附剂在搅拌下自柱顶缓缓注入柱中,同时用硬橡胶棒轻轻敲击柱身,使填充剂在展开剂中均匀沉降,形成均匀紧密的吸附剂柱(最好用氮气加压,压力不超过0.1 MPa,或用加压球空气加压)。全部填充剂加完后,在填充剂顶部盖上一层白石英砂,关闭活塞(如图2.48)。

2. 干法装柱

先将色谱柱竖直固定在铁支架上,打开活塞。将所需量的吸附剂通过一支短颈玻璃漏斗慢慢加入色谱柱中,同时,轻轻敲柱身使柱填充紧密。然后,加入淋洗剂中极性小的溶剂,用氮气加压,压力不超过0.1 MPa,或用加压球空气加压装柱(如图2.49)。干法装柱的缺点是容易使柱中混有气泡。

图2.48　湿法装柱　　　　　图2.49　干法装柱

（二）加样

加样亦有湿法加样和干法加样两种。

1. 湿法加样

将待分离物溶于尽可能少的溶剂中,如有不溶性杂质应当滤去。将配好的样品溶液长滴管均匀的加在石英砂上层,并缓慢渗透到填充剂的上层,注意加料时滴管不能碰石英砂。溶液加完后,小心地开启柱下活塞,加一点压力,压出液体至溶液液面降至石英砂层,关闭活塞。用少许(1 mL左右)溶剂冲洗柱内壁(同样不可冲动石英砂),再放出液体至液面降到石英砂层。反复冲洗柱内壁,直至溶剂无色。加样操作的关键是要避免样品溶液被稀释。

2. 干法加样

将待分离样品加少量溶剂溶解,再加入约5倍量填充剂,拌和均匀后蒸发至干。将该混合物均匀平摊在石英砂顶端,再在上面加盖一薄层石英砂。干法加样易于掌握,但不适合于热敏感的化合物。

(三)淋洗和接收

样品加入后即可安装溶剂球,溶剂球上方应带一个流量控制阀,通常用一个磨口三通活塞,侧面导气,顶端有控制流量开关或者直接套一个滴管橡胶头,如图2.50所示。随后用淋洗剂充填溶剂球到球体积2/3处,再加压淋洗。随着流动相向下移动,溶剂前沿会放热,用手触摸可判断溶剂前沿部位。同时混合物逐渐分成若干个不同的色带,继续淋洗,各色带间距离拉开,最终被一个个淋洗下来。当第一色带即将开始流出,更换接收瓶,接收完毕再更换接受瓶,接收两色带间的空白带,并依此法分别接收各个色带。若后面的色带下得太慢,可依次使用几种极性逐渐增大的淋洗剂来淋洗。

(四)显色

分离无色物质时需要显色,如果使用带荧光的吸附剂,可在黑暗的环境中用紫外光照射以显出各色带的位置,以便按色带分别接收,但柱上显色远不如在薄层板上显色方便。所以常用的办法是等分接收,即事先准备十几个甚至几十个试管,放在试管架上,依次编出号码,各接收相同体积的流出液,并各自在薄层板上

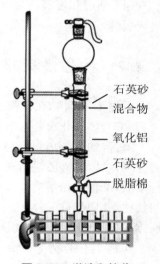

石英砂
混合物

氧化铝

石英砂
脱脂棉

图2.50　淋洗和接收

点样展开,然后在薄层板上显色(相关的显色操作见薄层色谱部分)。具有相同 R_f 值的为同一组分,可以合并处理。也可能出现交叉带,若交叉带很少,可以弃之,若交叉带较多,或样品很贵重,可以将交叉部分再次做柱色谱分离,直至完全分开。

三、柱色谱操作中应注意的问题

(一)淋洗剂流出的速度控制

一般控制流速为每秒一滴。若流速太快,样品在柱中的吸附和溶解过程来不及达到平衡,影响分离效果。若流速太慢,分离时间会拖得太长。有时,样品在柱中停留时间过长,可能促成某些成分发生变化。或流动相在柱中下行速度小于样品的扩散速度,会造成色带加宽、重叠甚至根本不能分离的情况。

（二）影响分离效果的现象

（1）色带过宽，界限不清：造成的原因可能是柱的直径与高度比选择不当，或吸附剂、淋洗剂选择不当，或样品在柱中停留时间过长。但更常见的却是在加样时造成的。

（2）色带倾斜：正常情况下柱中的色带应是水平的，而倾斜的色带在前一个色带还没有完全流出时，后面色带的前沿已开始流出，所以不能接收到纯的单一组分。造成色带倾斜的原因是吸附剂的顶面装得倾斜，或柱身安装得不垂直。

（3）气泡：造成气泡产生的原因可能是玻璃毛细管或脱脂棉中的空气未挤净，也可能是吸附剂未充分浸润溶胀。但更大的可能性是在装柱或淋洗过程中淋洗剂放出过快，液面下降到吸附剂柱表面之下，使空气进入吸附剂内部滞留而成。所以**在装柱及淋洗过程中应始终保持吸附剂上面有一段液柱**。

（4）断层和裂缝：当柱内某一区域内积有较多气泡时，这些气泡会合并起来在柱内形成断层或裂缝。

四、柱色谱疑难解析

问题 1：化合物在硅胶上不稳定（如果你想知道化合物在硅胶上是否稳定，请参阅疑难解析：TLC），如果化合物在硅胶上分解，怎么做色谱纯化？

解答：如果分离很容易，可以尝试用硅藻土（200 目）或氧化铝进行纯化。对那些难度较大的分离，可以对硅胶进行减活处理（降低其酸性）。这样，对化合物的损害就小了。要对硅胶进行减活，准备一份溶有 1%～3%三乙胺的溶液。可以用比平时少一些的极性溶剂。用这种溶剂装柱，并用与硅胶体积相等的溶剂冲洗，弃掉流动相。硅胶减活后，可以用含有三乙胺的溶剂体系（通常 1%），也可以用平常的溶剂体系过柱。

问题 2：化合物应该流出柱子了，可正在收集的组分中没有接收到它的信号，为什么？

解答：可能有以下几种情况：

（1）化合物在柱子上分解了，因而根本就出不来了。先检查化合物对硅胶是否稳定。

（2）正在用的溶剂体系不是你想用的。复查用来配制展开剂的瓶子，看看你是否在配制过程中把极性和非极性成分搞反了。

（3）化合物在前面就出来了。检查前面的组分。

（4）化合物确实出来了，可浓度太低你检测不出来。浓缩试管中的溶液，或者同一处多点几次板，通常试管中样品含量在 1 mg 左右，要点板 10 次以上，然后就可以检测到它了。

问题 3：尽管 R_f 相差很大，柱色谱也没能把反应混合物中的各个成分分离。所有组分都是混合物。为什么会这样？

解答：最大的可能是柱子没有装好，导致产品不能分离。这有两种常见错误：一种是柱子没有压紧，非常松，可考虑用氮气压紧；另一种可能是加料不标准。这里也有两种可能：一是滴管加料在一个点上，没有铺成一个平面；还有就是粗产物没有压入柱子中就开始大量加展开剂了，导致粗产物分布在柱子中很长一段，而不是一个圈。

另一种可能是你被薄层色谱误导了。你看到了两个化合物，但是其中一个可能是另一个化合物的降解产物,降解就在硅胶上进行的。过柱时,这个反应在洗脱时就一直在进行,所有组分都含有产物和降解成分。所以过柱前要检查化合物是否对硅胶稳定。

有时选错溶剂也会表现出这种现象——如果低 R_f 的化合物在展开剂中溶解得好,而高 R_f 的化合物溶解得不好,你就会观察到这种现象。尝试找出一种溶剂体系,使两种化合物都能溶解得很好。

问题 4:化合物极性很小,在任何溶剂体系中 R_f 都不能低到 0.3~0.4。该怎么做?

解答:如果分离比较容易,高 R_f 不会成为问题。如果不容易,考虑别的纯化方法。如果化合物是固体,可以用结晶法纯化,或者做的规模够大,可以用蒸馏法。如果这些办法不行,但化合物大体上还算纯,就想想后面步骤怎么做。可以把它转化成极性更大的种类以使纯化更容易。有时取决于具体的化学反应,可以用大致纯的化合物继续做下一个反应,在后续步骤就可以成功纯化了。

问题 5:化合物没有太多杂质。是不是非过柱子不可?

解答:这取决于整个合成工作的下一步。最好的方法是不做纯化就试着以小规模做下一步反应,看看进行得如何;另一个办法是把化合物用一个短硅胶柱过一下(可以用一个大的布氏漏斗做柱子,用减压过滤),这样可以除掉极性杂质,而且可以省略色谱中最麻烦的组分收集阶段。

问题 6:化合物极性很大:甚至用 100% EtOAc 做展开剂都爬不起来。怎么用色谱法纯化它?

解答:可以用反相硅胶来过柱,或者试试洗脱能力更强的溶剂体系,使之离开底线。含有氨的溶剂体系在这方面应该非常有效。制备一个 10% NH_4OH 的甲醇缓冲溶液,试试用含 1%~10% 这种溶液的二氯乙烷来分离极性很大的化合物,不要用超过 10% 的缓冲溶液,过多的甲醇会溶解硅胶。

问题 7:化合物少于 5 mg 怎么纯化?

解答:可以用一个小的快速色谱柱,方法是用一个短的滴管当柱子,就像平常过柱子一样,用脱脂棉、石英砂和硅胶装柱。选一个溶剂体系,使你的化合物的 R_f 约为 0.2。你需要每 1~2 个组分加一次溶剂,不过加压比较简单,用滴管的乳胶头就行,很快能完成,这一方法行之有效。

问题 8:化合物一直在从柱子上流出,洗脱时开始流出的点还正常,可后来要收集很多试管才停。

解答:化合物开始从柱端流出时,提高洗脱溶剂的极性。如果没有较低 R_f 的杂质,可以提高极性,避免拖尾效应。实际上这样做并没有改变展开体系,只是增加展开剂极性成分的比例。

问题 9:两个化合物 R_f 很近,怎样分离它们?

解答:尽管有点繁琐,最好的办法还是在淋洗时用梯度淋洗。开始时选择一个展开剂,控制要分离化合物 R_f 约为 0.2(或更低)。随后在补充柱中展开剂时,每次把溶剂体系中极性成分的百分比稍提高一些。每次遇到难度较大的分离时,都要用实验确定溶剂梯度的大小,这样才能找到优化的分离条件。有些人发现过两次柱子比一根更容易分离。对难度大的分离,你经常会得到一些混合的组分,不要扔掉或混到纯样品中,将这些混合组分留着以防万一。如果需要,可以以后再对该混合样再过一次柱子进行纯化。

问题 10:准备好用某种溶剂体系做柱洗脱剂,可反应混合的粗产物在其中不溶解。如何在柱子上加载样品(注意:这种现象大部分是在用乙酸乙酯/己烷溶剂体系时出现,而且常常是反应规模较大时才是一个问题)。

解答:(1) 可以先用极性较大的溶剂将样品先溶解,例如二氯甲烷/己烷或丙酮/己烷。

(2) 一个比较冒险的办法是把样品溶解在很小体积的另一种溶剂(如二氯甲烷)中。成败与否取决于你的掌握(洗脱不好造成返工)。因为溶解的溶剂与展开剂的极性差别较大时,容易造成柱子产生气泡、开裂或断层。压得很紧的柱子可以避免这类问题。

(3) 若是反应副产物造成溶解困难,可以试着用硅胶过滤一下以除掉。用一个短柱和一种有效溶解产物而不溶解杂质的溶剂。可以在正式过柱之前用这个办法粗略地收集成分以取得最好的粗分离效果。

(4) 把粗反应混合物浸泡到少量硅胶上,然后把样品以固体状态加载到柱子上。也就是前面介绍的干法加样。

问题 11:化合物不知为何把硅胶柱堵了,流动相流出速度很慢。

解答:这种现象不常见,不过如果发生了就很令人头疼。化合物或一种杂质在柱中结晶时会出现这个问题,它们形成了固体障碍物,阻挡溶剂流动,其后果通常很难解决。若上柱前注意到这个问题了,就要避免把这种讨厌的混合物加载到普通的柱子上。应该要用某种色谱前纯化技术,或者用一根很粗的柱子和大量的硅胶。这种状况出现通常是洗脱剂没有选好。可通过增加溶剂极性将混合物冲出。重新配制展开剂装新柱子分离。也可尝试如下方法:

(1) 拿一根细金属丝,从柱子下口向上捅捅棉花堵口,也许堵塞就发生在棉花所在的细口处,捅一下就清除掉了。

(2) 取一根长的玻璃移液管、棍子或相似的工具,试着搅动柱子里的硅胶浆,只是让溶液再动起来。显然,若这样做了你就要再纯化一次。

(3) 如果这些办法没有奏效,你就要把柱子里的所有东西从上口倒出来,做一次粗过滤,以便把你的样品从硅胶中提取出来。这一步可能会除掉不溶的物质,你可以接着做色谱纯化。

【注意事项】

(1) 二氯甲烷一般溶解化合物的能力更好,可它跑出硅胶会花更多时间。

(2) 苯有时是有用的小极性组分,不过一般情况下还是避免用它,因为毒性太大了,可用甲苯代替。

(3) 如果你的化合物对酸敏感,在你的溶剂体系中加 1%~3%的三乙胺,以中和硅胶中的酸。你的化合物的 R_f 可能升高一些,先检查一下再用。

a. 找到一种适合于你的化合物或反应混合物的混合溶剂。一般的规则是目标化合物应该在 TLC 板上,R_f 约为 0.3。薄层板上两个点很接近或者这两个点在 $R_f = 0.7 \sim 1$ 或 $0 \sim 0.2$ 可能实际上在柱子上很容易分离。这时柱子的粗细应该很重要。

b. 对大多数柱色谱分离来说,己烷与乙酸乙酯的混合溶剂($100:0 - 0:100$ 己烷/乙酸乙酯)是最好的。别的有用的溶剂体系包括二氯甲烷/甲醇($100:1 - 100:10$)、乙酸乙酯/丙酮($100:0 - 50:50$),还有甲苯与丙酮、乙酸乙酯或二氯甲烷。

c. 对碱性化合物,主要是胺类化合物,有时需要在混合溶剂中加一些三乙胺或吡啶($0.1\% \sim 1\%$)来增加分离效果。

d. 对酸性化合物,少量的乙酸有时有助于产品的稳定。但在浓缩溶剂时要很小心,因为与产物一起浓缩,痕量的乙酸就很容易溢出,剩下是没有被保护的产品。这时只要加部分甲苯浓缩到几毫升体积,稳定剂乙酸可以很安全地被旋转蒸发除掉,剩余的甲苯可以保护产品。重复操作几次就可将乙酸除尽。因为乙酸沸点低于甲苯,这种方法可以除掉酸而不会让纯化合物不稳定。

五、快速柱色谱

快速色谱是根据 Still 的方法操作的柱色谱,所有快速色谱都要用硅胶 60 来做,是柱色谱的主要形式。

(一)选择色谱溶剂体系

快速柱色谱通常用两种溶剂的混合物,一种极性大,一种极性小。偶尔也可以只用一种溶剂。适合做单一组分的淋洗剂的溶剂体系不多,仅有如下几种(按极性从最小到最大列出):

(1)烃类:戊烷、石油醚、己烷。

(2)乙醚和二氯甲烷(极性很接近)。

(3)乙酸乙酯。

二组分溶剂体系作为展开剂的是最常见的(按极性从最小到最大列出):

(1)乙醚/石油醚、乙醚/己烷、乙醚/戊烷。烃类组分的选择主要取决于是否容易得到和对沸点的要求。通常戊烷价高,沸点低,石油醚可以是低沸点的,己烷很容易就可以买到。

(2)乙酸乙酯/己烷:对常见化合物是标准配方,效果好,尤其对难度大的分离是最好的选择。

(3)甲醇/二氯甲烷:用于大极性化合物。如氨基酸和胺类、醇类化合物。

(4)10% NH_4OH 的甲醇溶液/二氯甲烷:极性非常大,有时可以把最难跑的胺从底线上展开。

经验规则:

(1)硅胶板上,一种化合物在 10% 的乙酸乙酯/己烷为展开剂时如果 R_f 为 0.5,它在 20% 的乙醚/己烷为展开剂时 R_f 也是 0.5。这种转换因子是普遍的。

(2)甲醇可用作大极性溶剂,不过在混合物中不能超过 10%,多于这个比例的甲醇会溶解硅胶。

(3)有甲醇的体系,淋洗剂不能有石油醚,也不能用石油醚去装柱子。因为二者不互溶,二者共用会导致柱子开裂。

(二)装柱

(1)一根色谱柱用一小片脱脂棉塞住下端,只要够挡住二通的孔即可。

(2)石英砂,约 2 cm 高,砂的直径与柱子直径应该相同。

(3)硅胶干法加入,通常加入的硅胶不很长最好,大多数情况下 16~25 cm 就行了。

(4)用一个真空泵通过活塞接在柱子下端。开启泵和活塞,这可以挤压硅胶,让它装得紧密以利于下一步操作。

(5)在柱顶上加一些石英砂,1~2 cm 厚度就够了。保持真空泵运转,将展开剂(预先混合好的,如 4∶1 己烷/乙酸乙酯)倒进柱子,使溶剂流过柱子直到接近流出但没有流出,这时,关闭活塞,移开真空系统。

(6) 准备足够的溶剂,其体积是硅胶柱长的 5～6 倍,准备让它们流过柱子,以完成装柱(流过的展开剂收集到干净锥形瓶中,加料过后可做展开剂使用)。然后在压缩空气加压下(如果没有压缩空气可考虑用氮气或者打气球)让所有溶剂从柱子里流出,不过要小心不要把柱子跑干了。在溶剂液面与石英砂平行时停下。装好的柱子应该没有气泡或裂缝,从活塞处流出的展开剂不能温热或发烫(万一有气泡或裂缝再加展开剂冲压,压柱用的展开剂通常可重复使用。第一次下来的展开剂通常带有交换热量)。

(三) 上样

(1) 将你的反应混合物或化合物溶于尽可能少的二氯甲烷制成溶液(有时也用乙酸乙酯)。用一根滴管,仔细将它加到硅胶柱顶,一定要均匀铺开。用 3～4 倍量的展开剂或二氯甲烷洗涤烧瓶,至少分两次滴加到柱顶。每次滴加后,要让溶剂液面低到硅胶柱顶(低于砂层但一定要高于硅胶层)。

(2) 小心向柱中加 2～3 管(小滴管)展开剂并压到柱顶,低于砂层但一定要高于硅胶层,并重复 3～4 次。

(3) 先用滴管小心地将液面加到柱顶 3 cm 以上,然后再用展开剂把柱子剩余的空间充满,并在压缩空气加压下洗脱。流速在 2.5 cm/min 较好。这可以从硅胶上方柱子里溶剂液面的下降速度测出来。测量或调节流速在上样前压柱时就应该已经做好了。

(4) 当反应混合物或化合物在色谱溶剂中不溶时,可以把它吸附在硅胶上。做法是将化合物溶于丙酮,加入硅胶,然后小心地旋转浓缩,直到硅胶变干成流动的粉末(注意:放气要慢,否则硅胶会被泵抽走),把干硅胶加到装好的硅胶柱顶。这种情况下,装柱时不能在顶上盖石英砂,吸附了化合物的硅胶填入柱子后再盖上石英砂。这种方法只能在万不得已时使用,因为分离效果常常不如溶液法上样。

(四) 过柱[①]

(1) 过柱分出的组分收集在试管中,其体积与柱子类型和极性相适应。13 mm 的试管用于小规模(即 5～50 mg)的柱子,而大一些的试管用于更大的柱子。具体情况可参考 Still 的论文。

(2) 样品上柱后马上开始收集组分,很小极性的化合物用不了多长时间就会流出柱子。

(3) 一旦上样,最好不要停下来,无论柱子要走多长时间。这是因为在硅胶上化合物会慢慢扩散,时间长了会使分离效果变差,产率也会降低。

(4) 过柱的同时要找到你的化合物,每一个组分(通常是每个试管)都要在 TLC 板上点样,然后检查哪一个组分含有化合物。含有相同化合物的组分合并,试管用二氯甲烷或(更环

---

① 寻找各个组分时可以采用优选法进行,即从两边向中间逼近。如 5 号管开始有组分出来到 20 号管结束。可以点 5 号、10 号、15 号和 20 号。根据这些管的 TLC 情况,特别是 10 号和 15 号的情况确定,5～10 号,10～15 号,15～20 号管子里是什么组分,从而不需要每个管都点板。

保)用回收的乙酸乙酯或丙酮洗涤。合并后的收集液减压下进行浓缩。

（5）不要让柱子跑干，要一直用溶剂洗脱，直到你确认所有化合物都已冲洗下来。

（五）柱层析之后——清洗

（1）柱子过完后，用压缩空气把所有溶剂从柱子上赶出来，然后向柱子里通压缩空气1～2 h，这样硅胶会变干，可以自由流动，但这样时间较长。可以直接从柱子底部用压缩空气将半干的硅胶压到固体废弃物容器，这个容器需要放在通风橱中。

（2）将吹干的柱中物质倒进盛放硅胶废弃物的容器。

（3）大部分情况下，用乙醇或丙酮把柱子洗一洗就足够了。如果有必要，用很少量的洗涤剂也行，不过要尽量避免用肥皂或硬刷子刮擦柱体。

六、小量样品纯化方法

纯化少于 25 mg 的一种化合物装置（图 2.51）和方法如下：

（1）用一个 10～12 cm 长一次性的玻璃滴管做柱子。

（2）选择一个展开体系，你想要的化合物用它在硅胶板上展开时比平时低一些，通常 R_f 在 0.2 左右。

（3）用一些脱脂棉塞在移液管的细口处，像平常一样加硅胶/石英砂装柱，在柱顶部留下 2～5 cm 空间不要装硅胶。

（4）加载样品，像平常那样洗脱，用洗耳球或用管路引来的压缩空气加快溶剂流速。

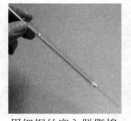

用细钢丝塞入脱脂棉

图 2.51 小量样品纯化装置

在小规模分离中慢慢增加极性应该比较容易（即所谓的"溶剂梯度"）。可以用这种方法分离 R_f 非常接近的组分。

对 25～100 mg 的化合物，可以考虑制备薄层色谱，见第四章第一节。

第三节 纸 色 谱 法

纸色谱法（Paper Chromatography）是一种分配色谱。纸色谱可用于分析鉴定，也可用于微量样品的分离，特别是在鉴定高极性的、亲水性强的或多官能团的化合物时，其效果往往优于薄层色谱，所以多用于醇类、糖类、生物碱、氨基酸等天然物质的鉴定与分离。纸色谱 R_f 值的重现性总的说来比薄层色谱好一些，滤纸也比薄层板易于保存，这是其优点。但纸色谱一般只适于微量操作。即使用很多层滤纸重叠起来，一次分离的样品量一般也不会超过 0.5 mg；而且展开的时间长，一次操作常需数小时甚至数十小时，这使得它的应用受到一定的限制。

一、载体、固定相和展开剂

纸色谱所用的滤纸应该均匀平整、无折痕、边缘整齐,有合适的机械强度,表面洁白,纯度高。含杂质少的滤纸的纸纤维松紧应适宜,过紧则展开太难,过松则样点易于扩散。普通纸色谱实验对滤纸的要求并不苛刻,实验室中常用的滤纸可满足一般要求。在严格的研究工作中则需慎重选择滤纸,并做净化处理。处理的方法是将纸放在 2 mol/L 醋酸中浸泡数日,取出用蒸馏水洗净,以除去纸中的无机离子,使用前还要做充分干燥。

纸色谱常使用水或水溶液作为固定相,如正丁醇的水溶液等。当分离极性较小的化合物时,常用甲酰胺或二甲基甲酰胺浸渍于滤纸上为固定相。在分离弱极性或非极性化合物时,则可以反过来以有机溶剂浸渍于滤纸上作为固定相,而以水溶液或不相溶的有机溶剂作为流动相,称为反相色谱法。

二、纸色谱操作

(一) 点样

纸色谱(如图 2.52)的点样与薄层色谱相似,可用毛细管、微量滴管、微量注射器或微量移液管点样。液体样品可直接点样,固体样品可用与展开剂相同或相似的溶剂配制成溶液来点样。溶液的浓度可用试验法确定,一般先从 1% 试起,逐步调整到合适的浓度。点样点在距滤纸一端约 4 cm 处,样点直径不宜超过 2 mm。若在同一张滤纸上点几个样点,则应点在同一水平线上,间距为 1~2 cm。

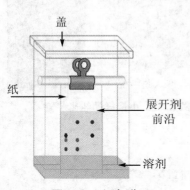

图 2.52　纸色谱

(二) 展开

展开在密闭的、充满展开剂蒸气的展开槽中进行。展开前常需在加有展开剂的展开槽中放置滤纸衬里,展开剂沿衬里上升并挥发,在较短时间内使其中的展开剂蒸气达到饱和。然后将点好样的滤纸放入,使点有样品的一端浸在展开剂中,但不可浸及样点(图 2.52)。观察展开情况,待展开剂前沿到达离滤纸另一端约 1.5 cm 处,取出滤纸,如薄层色谱一样计算 R_f 值。

(三) 显色

纸色谱的显色法与薄层色谱大致类同,碘蒸气显色法、紫外光显色法等通用方法也适用于纸色谱,但浓硫酸、浓硝酸等显色法不适用于纸色谱。纸色谱多采用化学显色剂喷雾显色的方法,如茚三酮溶液适于蛋白质、氨基酸及肽的显色;硝酸银氨溶液适合于糖类的显色;pH 指示剂适合于有机酸、碱的显色等。

第四节　气相色谱

　　在色谱的两相中用气相作为流动相的是气相色谱。气相色谱法（Gas Chromatography）简称 GC。根据固定相的状态不同,气相色谱又可以分为气-固色谱和气-液色谱两种。气-液色谱的固定相是吸附在小颗粒固体表面的高沸点液体,通常将这种固体称为载体,而把吸附在载体表面上的高沸点液体称为固定液。由于被分析样品中各组分在固定液中溶解度不同,从而将混合物样品分离。气-固色谱的固定相是固体吸附剂如硅胶、氧化铝和分子筛等,利用不同组分在固定相表面吸附能力的差别而达到分离的目的。

　　气相色谱是近几十年来迅速发展起来的一种新技术,它已广泛地应用于石油工业、有机合成、生物化学和环境监测中,特别适用于多组分混合物的分离,具有分离效率和灵敏度高及速度快的优点。但是对于不易挥发或对热不稳定的化合物,以及腐蚀性物质的分离还有其局限性。

一、气相色谱构造

　　常用的气相色谱仪是由色谱柱、检测器、气流控制系统、温度控制系统、进样系统和信号记录系统等部件所组成的(图 2.53)。

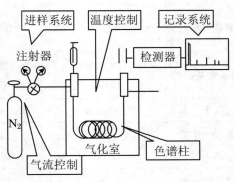

图 2.53　气相色谱仪示意图

二、基本原理

（一）色谱柱

　　最常用的色谱柱是一根细长的玻璃管或金属管(内径 2~4 mm,长 2~3 m)折叠成 3~4 圈的环状螺旋形,在柱中装满表面涂有固定液的载体,通常放在控温炉中。另一种是毛细管色谱柱,它是一根内径 0.5~2 mm 的玻璃毛细管,内壁涂以固定液,长度可达几十米,用于复杂样品的快速分析。

影响固定液中溶解的各组分化合物挥发性的因素依赖于它们之间的作用力,此作用力包括氢键的形成、偶极—偶极作用或疏水和亲水相互作用等。分配色谱柱分离效能的高低,首先在于固定液的选择。

通常来说,选择的固定液原则是要求所选的固定液与被分离的组分有相对强的相互作用,也就是固定液的结构、性质、极性与被分离的组分相似或相近相似或相近。如果给分离组分主要是通过扩散作用被分离,那么就应该选择类碳氢化合物作为固定相。在气相色谱中,高分子量的碳氢化合物,如非极性的角鲨烷经常被用作固定液。操作温度的选择应该保证溶解组分的动能足够高,以便每个组分都有足够的分压使得分离过程能在一个适当的时间内完成。依靠扩散作用的分离过程需要采用非极性的固定液,如碳氢化合物或阿匹松硅树脂聚合物。反之,含有强极性基团的组分一般选用强极性的固定液,如 β, β' - 氧二丙腈等,组分主要按极性顺序分离,非极性物质首先流出。目前固定液的种类很多,现将一些常用的固定液列于表2.13中。

表 2.13　常用的固定液

固定液	英文名或缩写	最高使用温度(℃)	溶剂	分离对象
角鲨烷	Squalane	140	乙醚	分离烃类和非极性化合物
阿匹松 LM	Apiezon LM	240～300 270～300	苯、氯仿	高沸点极性物质
甲基硅橡胶	SE-30	300	氯仿＋丁醇 (1∶2)	高沸点弱极性物质
甲基苯基硅油	DC-701 OV-17	350 160	丙酮	高沸点非极性、弱极性物质
硅油(Ⅰ～Ⅴ)	Silicone	150～250	乙醚	热稳定性好、一般应用
邻苯二甲酸二丁酯	Di-n-butyl-phthalate DOP	100 130	甲醇、乙醚	烃、醇、酮、酸、酯等各类有机化合物
邻苯二甲酸二壬酯	DNP	160	乙醚、丙酮、氯仿	本身具有中等极性,分离烃、醇、醛、酮、酯和脂肪烃
聚乙二醇己二酸酯	PEGA	200(270)	氯仿	醇、酮、酯及饱和脂肪烃
聚乙二醇	PEG	60～225	乙醇、氯仿、丙酮	氢键型固定液、分离极性物质醇、醛、酮、脂肪酸酯,根据样品沸点不同选用不同分子量的 PEG

气相色谱中所使用的填料多种多样,在类型和粒径大小上分布很广。但最基本的类型只有两种,即负载了固定相的载体(如寅式土或煅烧过后的寅式土)和本身就是固定相的材料(如硅胶和通常用在液相色谱中的键合相)。通常大部分填料是惰性的多孔材料,如寅式土(一种含有以硅藻土类骨架结构堆积的空穴),煅烧过后的寅式土(如粉状的耐火砖)或以寅式土为原料制作的载体。为了减少载体的表面活性,经常需要用酸洗涤来去除少量的铁和其他重金属,然后再用水和丙酮洗涤并干燥,之后用六氯乙硅烷来处理以钝化残留在载体表面的羟基基团。这样制备的填料粒径分布在 $150\sim200~\mu m$。填料堆积得越紧密,分离效果越好。

(二)检测器

具有高灵敏度的检测器往往适用于特定的样品和那些对检测有特定响应的样品(如电子捕获检测器适用于卤化物的检测)。相反,那些对很多样品都有响应的检测器灵敏度不会很高,尽管和液相色谱相比(如火焰离子化检测器)灵敏度还算高。实际应用中具有广泛响应的检测器比较流行。目前气相色谱中主要使用的是火焰离子化检测器(FID)。最常见的特定检测器是氮磷检测器(NPD)和电子捕获检测器(ECD)。热导池检测器尽管灵敏度很低,但目前仍然广泛使用。下面主要介绍火焰离子化检测器(FID)和氮磷检测器(NPD)。

1. 火焰离子化检测器

火焰离子化检测器主要是一个离子室,离子室以氢火焰作为能源,在氢火焰附近设有收集极与发射极,在两极之间加有 $150\sim350~V$ 的电压,形成一直流电(图 2.53)。当样品组分从色谱柱流出后,由载气携带,与氢气汇合,然后从喷口流出,并与进入离子室的空气相遇,在燃烧着的氢火焰高温作用下,样品组分经电离,形成正离子和电子(电离的程度与组分的性质和火焰的温度有关),在直流电场的作用下,正离子和电子各向极性相反的电极运动,从而产生微电流信号,利用微电流放大器测定离子流的强度。最后由记录仪进行记录,从记录纸上画出的色谱流出曲线,便可知道未知样品的组分及各组分在样品中的含量。

该方法的本底电流很小,因而产生的噪声信号也非常小。火焰离子化检测器的灵敏度比热导池高得多。

2. 氮磷检测器

氮磷检测器是高灵敏的特定检测器,直接从氢火焰电离检测器发展而来。它对含氮或磷的有机化合物有强烈的响应。尽管它的功能同氢火焰电离检测器,事实上,它的操作原理已经完全不同于氢火焰电离检测器。该检测器的示意图如图 2.55。

氮磷检测器的探头是一个含有铷或铯珠的小加热线圈。载气氮和氢气混合通过一个小喷嘴流入检测器。小加热圈位于喷嘴的上方,当混合气流通过线圈时,金属珠被加热。如果探头对氮和磷都有响应,调节氢气流确保气流在喷嘴处不被点燃。反之,如果探头仅仅对磷有响应,提高氢气流量确保混合气在喷嘴处被点燃。在金属珠和阳极之间增加电压,加热金属珠通过热电子发射产生电子,阳极接收这些发射电子生成离子流。含氮或磷的组分在洗脱过程中,部分燃烧的氮和磷产物被吸附在金属珠的表面。这些被吸收的物质将降低金属表面功能。因而电子发射将会增加并引起阳极电流增加。该检测器对磷、氮的灵敏度分别是 $10^{-12}~g/mL$ 和 $10^{-11}~g/mL$。

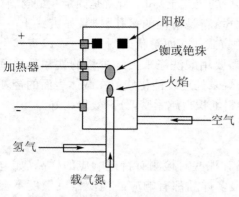

图 2.54　氢火焰电离检测器

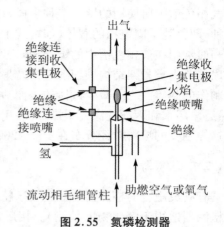

图 2.55　氮磷检测器

三、实验操作

（1）检查所有的电源和加热开关，确保处在关闭的位置。所有其他的开关旋钮完全在反时针位置。

（2）打开氢气流，调节进气压到适当的流量。

（3）调节进气流到 25 psi，关掉出气口和进气钢瓶的开关。如果系统不漏气，钢瓶压力表读数将保持不变，如果有变化，表明系统漏气，应该找实验老师解决。

（4）调节进气压到 10 psi，并用一个肥皂流量计测量流速。将装有 3%肥皂液的流量计放置于气流出口处。慢慢挤压流量计上橡胶球直到球内的肥皂液和逸出气流顶起整个计量柱。当气泡到达计量柱的零线时开始计时。当气泡达到计量柱上刻度 10 时，停止计时。600 除以该过程所用时间（秒）所得到的数值就是流速，单位是 mL/min。

（5）打开总电源开关，然后打开注射加热器，调节温度控制到所设置的位置，调节气流开关到所需要的读数，将衰减器旋钮放在无限大的位置。

（6）打开记录仪开关。

（7）让基线回零并稳定。这段等待时间可以准备样品，回零记录仪。此时衰减器旋钮要回到所需的位置上。

（8）调节衰减器并使用色谱控制来使其归零，让衰减器位置在最大灵敏度时重复这样的归零过程。当温度稳定后，就会得到一条很直的基线（如图 2.56）。

（9）注射样品。

（10）如果样品峰信号太低，将衰减器旋钮朝增大的方向扭动，直到能清楚观察每个组分的峰。

（11）试验结束后，应关闭所有的电源，所有的控制按钮应该回到完全反时针的位置。保持载气流动直到柱内温度低于 90 ℃。关闭氢气流并清洁注射器。

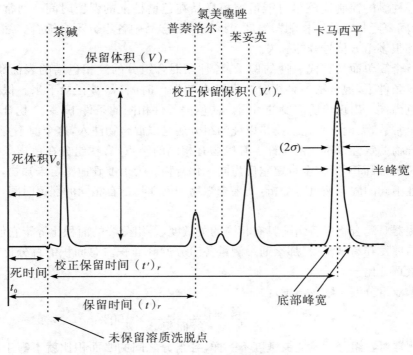

图 2.56 气相色谱图

【注意事项】

（1）确保你记下了如下的仪器参数：气体流动速度、衰减器旋钮读数、桥电流大小、柱内温度、记录仪记录纸速度（若非计算机记录）、样品大小。

（2）每个样品峰上应该标注相应的样品名称。

相关术语：

（1）**功率**：色谱柱上单位体积保留样品的能力。通常是洗脱所需气体的体积与无效体积之比。

（2）**载气**：运送样品通过色谱柱到达检测器，使得色谱柱能将混合组分分离的惰性气体。该气体通常储存在高压钢瓶中，混合组分通常是挥发性样品。气流大小通过节流阀来调控。载气要求纯度高，不与样品反应，适用于各种检测器。因而，氢气、氦气和氮气经常被用作为载气。

（3）**效率**：色谱柱效率的经验测量被称为理论塔板数（N）。色谱峰越窄，N 值越大，色谱柱的分离效率越高。该术语与分馏过程中的理论塔板数也相关。

（4）**保留时间**：混合物中各组分都以一个特定的时间到达检测器并产生一个信号峰。

（5）**定量分析**：混合物组分中各组分的含量可通过色谱峰面积来测量。

（6）**进样**：用注射器将样品注射入进样口的过程。

（7）**固定相**：固定相应该对样品中的各组分呈现不同的分配系数。样品在溶剂中应该有不同的溶解度，溶剂在操作温度下应该有可以忽略的蒸气压。

（8）**温度**：进样口的温度应该被监控和调节，保证温度能使样品气化，但不能造成热分解和分子重排。柱温的控制应该尽可能地缩短样品在色谱柱上的保留时间。通常温度每降低30 ℃ 保留时间要延长一倍。检测器温度应该调节到样品中各组分不会缩合。缩合将会导致宽峰的形成和很多组分信号峰的丢失。

下面是一个简单而又有代表性的例子：各种酮混合组分的气相色谱的表征和分离过程。在给定的实验条件下，混合物中各组分按照各自的保留时间（t）被记录下来。保留时间反映了从进样到色谱柱上出现峰所需要的时间。在色谱条件相同的条件下，一个化合物的保留时间是一个特定常数，无论这个化合物是以纯的组分还是以混合物注入，这个值不变。因而保留值可用于化合物的定性鉴定。由于许多有机物有相同的沸点，有些组分在色谱条件下具有相同的保留的时间，因而不能完全肯定它们为同一化合物。为了准确地鉴定未知物，必须至少用两种以上极性不同的固定液进行分析，如果未知物和已知物都有相同的保留时间，说明是同一化合物。

如果检测器对混合物中各组分具有相同的灵敏度，各组分峰的面积比等于它们的重量比，并且各组分易挥发和易被洗脱，那么通过测量各组分的峰面积占总面积的百分比就可以获得各组分的重量百分比。

这样对于双组分混合物（A＋B）：

$$A\% = \frac{峰面积\,A}{峰面积\,A + 峰面积\,B} \times 100\%$$

如果检测器对各组分的响应灵敏度不一样，各组分之间的峰面积比就不等于各组分之间的重量比。这种情况下要完成定量分析就需要做一些预备实验。对于 A 和 B 双组分体系就要加入第三种组分 C 作为内标。将已知各组分重量的 A＋B 和 B＋C 混合物做出色谱图，然后采用下列方程式计算检测响应因子。

$$\frac{峰面积\,A}{峰面积\,C} = \frac{重量\,A}{重量\,C}; \quad 重量\,A = 峰面积\,A \times \frac{重量\,C}{峰面积\,C}$$

类似地，

$$\frac{峰面积\,B}{峰面积\,C} = \frac{重量\,B}{重量\,C}; \quad 重量\,B = 峰面积\,B \times \frac{重量\,C}{峰面积\,C}$$

已知 C 在（A＋B）混合物中的重量，根据所测的峰面积，通过响应因子可计算出 A 和 B 的重量百分比。这样得到的数据准确度取决于所选的内标。通常对于内标的选择有以下几个标准：

（1）内标与混合物中各组分都没有化学反应。

（2）内标峰与其他各组分峰没有重叠，包括杂质峰。

（3）保留时间与混合物中各组分的保留时间相差不大。

（4）内标峰应该对称性好，不要有"伸头"和"拖尾"现象。

（5）检测器对于内标的用量要求与被测样品中各组分的含量相比既不能太多也不能太少。

第五节　高效液相色谱

一、原理与应用

高效液相色谱（HPLC）是柱色谱法和气相色谱的结合，具备这两种方法的一些共同特征。如同在柱层析法中，一种溶剂或混合溶剂（即洗脱液）作为流动相带动样品通过柱子，在这流动过程中柱中的细微填料与样品中的待测物不断发生作用，最后达到分离。又如同在气相色谱中，样品通常是注射进入色谱柱的，被分离离开色谱柱时会被以在色谱图上出现一系列峰而记录。像柱层析法一样，固定相可以是固体吸附剂，但更多的是与硅胶微粒黏结的有机相，这些硅胶微粒实际上是被一薄层液体有机相所包裹的。样品中的物质根据其在液体流动相和液体固定相中的分配系数的不同被分离开，分配系数是根据样品成分在每种液相中的溶解度决定的。在已给定的液体相中，复杂混合待测样品中各组分都有不同的分配系数，所以各种成分因在柱子中通过的速度不同而被分离。

与气相色谱不同的是，高效液相色谱可以用来分离非挥发性固体和液体及在沸点易分解的物质、经常用于分析蛋白质氨基酸、碳水化合物、核酸、类固醇药物、杀虫剂、天然产物、无机化合物等。

二、仪器

高效液相色谱是通过减小填料粒径来提高柱色谱分离效率的一种手段。大部分柱色谱的填料粒径在 $75\sim175~\mu m$ 范围内，然而大多数现代的高效液相色谱的填料粒径在 $3\sim10~\mu m$ 之间，因此可以很好地提高分离效率。仅仅通过重力作用，流动相很难通过细小的颗粒，所以需要通过泵在将近 400 atm 的压力下推动流动相。

高效液相色谱系统的基本组成在图 2.57 中表示出，高效液相色谱设备通常由几个装有不同洗脱液的大储液器组成。等梯度洗脱只需要一种溶剂，梯度洗脱需要两种或两种以上的不同极性的溶剂，在分离过程中通过程序设定不断改变溶剂比例。梯度洗脱可以减少分离时间并且提高分离效率。

在制备色谱系统中，需要安装带有分离收集器的大口径塔器收集从色谱柱中分离的洗脱液。蒸发掉各分离组分的洗脱液即可以得到纯的目标物。分析型高效液相色谱系统用来测定混合物中的成分，需要很少量的样品，而且样品不需要回收。典型的分析型色谱柱是长度为 $10\sim25$ cm、直径为 $2.1\sim4.6$ mm 的直形不锈钢管。微孔分析柱的直径是 1 mm，而制备型色谱柱在 $1\sim50$ mm。样品通过注射器或采样阀进入色谱柱，在加压的混合溶剂的带动下通过柱子。不过固定相填料的粒径太小，很容易被洗脱液或样品带来的微粒物质或黏附的溶质堵塞。为去除任何可能损害色谱柱的物质，洗脱液必须经过一到多次的过滤，样品则需要先通过保护柱。

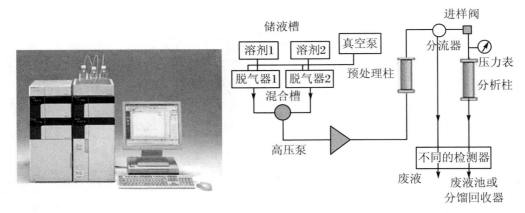

图 2.57　高压液相色谱仪示意图

　　样品中的每种物质离开色谱柱后,检测器根据成分的相应性质检测分离物质。检测器向记录仪发射电子信号,在色谱图中会出现该物质的色谱峰,得到的色谱图是这个成分的相应性质的反应,如紫外吸收等。流动相的体积会影响峰图的形成。因为特定波长下,不同的洗脱液会有不同的紫外吸收从而影响紫外吸收检测。在计算混合物中每种组分所占的百分比前,必须要确定检测器对各组分的响应因子。如果待测物在紫外区没有吸收,可以将待测物转换成在紫外区有吸收的衍生物或者换另外一种检测器。任何和洗脱液有不同的折光率待测物则可以采用示差折光来检测,但是示差折光检测器的灵敏度小于紫外检测器。

　　高效液相色谱可以分离挥发性极低而气相色谱不能检测到的物质。在气相色谱中色谱柱被加热时,一些化学物质会发生分解反应或其他变化。而高效液相色谱可以在室温下操作,因而对样品的安全性相对高一些。由于这些优势,高效液相色谱已成为化学领域发展最快的分离技术。但测试涉及的仪器、色谱柱、高纯度溶剂等较昂贵,使得该设备在本科生实验室的使用在某种程度受到限制。

三、固定相

　　有些高效液相色谱柱固定相是硅胶或氧化铝,这样的固定相比洗脱液极性更大,所以非极性的待测物相对极性的会被优先洗脱。如今大多数高效液相色谱柱采用的是被液体有机相化学结合过的硅胶微粒。硅胶中有的硅醇键(—Si—OH)、长链烷烃如十八烷基可以通过反应黏附在硅胶表面,如下所示:

$$—Si—OH \xrightarrow{R_2SiCl} —Si—O—\overset{\displaystyle R}{\underset{\displaystyle R}{Si}}—Cl \xrightarrow{H_2O \quad (CH_3)_3SiCl}$$

$$—Si—O—\overset{\displaystyle R}{\underset{\displaystyle R}{Si}}—O—Si(CH_3)_3 \qquad R = CH_3(CH_2)_{17}——(octadecyl)$$

　　改性过的固定相(如上所示)极性降低,可能比洗脱液极性还小,如水与甲醇、水与乙腈、水与四氢呋喃等混合洗脱液极性就比这样改性的固定相极性大。因此,极性大的待测物在洗脱液中(流动相)的保留时间将比在固定相中停留的时间要长,从而极性相对较弱的其他组分优先被洗脱分离开。与通常的洗脱顺序相反,这种分离模式被称为反相色谱法。

　　其他的固定相则是根据不同的机理工作的,如排阻色谱法中的固定相是具有一定尺寸的多孔体填料,通过流动相中待测物质的尺寸和形状差异来分离混合物组分。小分子物质可能可以进入多孔体结构的最窄孔道,较大的分子只能找到较少的孔道进入,更大的分子可能完全被排除在固定相外。因此,体积大的分子相对小分子物质能够更快地通过色谱柱。离子交换色谱的固定相具有离子化功能团,其带有负或正电荷,因此可以吸附某些离子溶质。在有机化学中,这种固定相主要用于分离离子型有机化合物,如羧酸、有机胺。手性固定相可以分离对映体,同时也可以测定其光学纯度。

　　很多种固定相被用于高效液相色谱分离法,典型的反相色谱法固定相是硅胶表面化学吸附了一些有机分子,这些分子具有甲基(—CH_3)、苯基(—C_6H_5)、正辛烷基[—$(CH_2)_7CH_3$]—十八烷基[—$(CH_2)_{17}CH_3$]—氰丙基[—$(CH_2)_3CN$]、氨丙基[—$(CH_2)_3NH_2$]等功能团。尺寸排阻法的固定相主要是具有不同孔体积的硅胶、玻璃、高分子凝胶等。离子交换色谱的固定相主要有:(1)带有离子化功能团(如SO_3H、NR_4^+、OH^-)的苯乙烯-二乙烯基苯共聚物;(2)表面覆盖有离子交换材料的玻璃粉;(3)表面黏附其他相的硅胶微粒。

四、高效液相色谱仪使用说明

　　在没有经过培训和监督下请勿操作仪器,因为不同的高效液相色谱仪在构造和操作上差别很大。在设备已设置好所有参数并已安装好合适的反相色谱柱,同时洗脱只是常规洗脱的前提下,可以按照这里介绍的最基本操作步骤操作。否则需要在指导下操作。

　　用与洗脱液相同的溶剂配制大约0.1%的样品储备液,有些情况下可能还要将该储备液进一步稀释。另外还要确保使用色谱级的溶剂来配制待测溶液及进行色谱柱冲洗。所用的溶剂应先用氦气将溶剂中溶解的气体脱气,随后用1.0 μm滤膜过滤溶液以去除其他固体颗粒物质。必要时应对溶液进行脱气处理。然后将样品通过进样阀注射进样,或者通过取样阀送入(此时需使用保护柱以避免色谱柱被污染)。记录数据,直到没有色谱峰出现在谱图上。然后检查色谱图判断是否所有的物质都已溶解。如果没有,可以采用增大混合洗脱剂中极性较大溶剂的百分比或采用极性更大的溶剂来解决。

第五章　波　谱　技　术

第一节　波谱技术简介

　　测定一个未知物结构经典方法,是通过一系列的化学反应转化成已知物来评定其结构。现在有许多功能强大的波谱法就能简单地完成鉴定结构的任务。在有机化学中,尽管紫外(UV-Vis)、质谱(MS)和 X-衍射在结构鉴定时也广泛使用,但最重要的是红外(IR)和核磁共振(NMR)。

　　本章介绍的大多数波谱法都是基于吸收辐射能而激发初始分子到一种能量更高的状态。这种特定的激发是有辐射伴随的能量来决定的。辐射能和频率 υ 或波长 λ 的关系如式(2.15)所示,其中,N 为阿伏伽德罗常数(6.023×10^{23}),h 为普朗克常数($6.62606957(29) \times 10^{-34}$ J·s),c 为光速(2.998×10^{14} $\mu m/s$),υ 和 λ 的单位分别是 Hz(1.0 周/s)和微米($\mu m = 10^{-6} m$)。由于 υ 和 λ 的相互关系,频率越高或波长越短,伴随的辐射能能量越大。

$$E = Nh\upsilon = Nhc/\lambda \tag{2.15}$$

　　在红外谱中,吸收的辐射能对应着分子中相同电子态(一般为基态)的不同振动-转动能级间的跃迁,这类激发需要 4～150 J/mol 的能量。IR 谱对于确定分子中有无官能团是非常有用的手段。例如,检查 IR 适当的吸收区间能够判定有无碳碳双键、芳香环、羰基和羟基的出现。除非未知物的 IR 谱与已知物的完全相同,不然 IR 谱对于化合物的元素组成和未知物的准确结构不能给出非常准确的信息。

　　NMR 仪涉及核的自旋态之间的转变,该转变涉及的激发能非常低,不足 4 J/mol。尽管分子中不是所有的核都能通过这种方法确定,NMR 可以提供关于分子中各种原子的数目和分布的信息。这种技术应用到 H 原子的分析就叫作[1]H NMR 谱,涉及[13]C 原子相关的方法简记作[13]C NMR。紫外-可见(UV-Vis)是基于电子的跃迁,其跃迁的能量比 IR 和 NMR 要高。例如,可见光区的激发需要能量在 159～301 kJ/mol,而紫外区的激发需更大的能量,在 301～598 kJ/mol 之间。UV-Vis 光谱对于测定共轭的 π 键体系是非常有用的,如 1,3-二烯、芳香环、1,3-烯酮的确认。由于这种结构的限制,对于化学家来说,紫外-可见光技术没有 IR 和 NMR 使用的普遍。然而,由于 UV-Vis 谱图获得的准确性和快捷性,其在化学反应的动力学研究中有较好的应用。图 2.58 为光谱的分类,表 2.14 总结了 IR、NMR、UV-Vis 光谱的能量和其相应波长的关系。

　　质谱对于确定有机分子质量和元素组成是非常有用的技术。这种技术是在高真空条件下电离样品,然后通过一个磁场,根据它们的质荷比将这些气态的碎片离子分离开来。这些信息在分析组成是否相同时是非常有用的。由于质谱要求样品电离,所以需要的能量较大。例如产生电离轰击样品电子束需要电子的能量大约有 70 ev(669.4 焦耳/摩尔),如式(2.16)所示。

$$P + e^- \longrightarrow P^{+\cdot} + 2e^- \qquad (2.16)$$

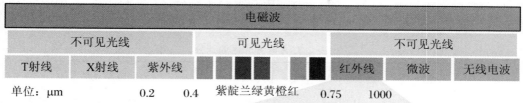

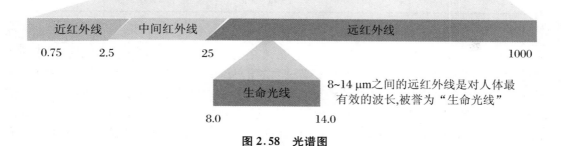

图 2.58 光谱图

表 2.14 电磁光谱区间

光谱区	紫外	可见	红外	微波	无线电
波长(μm)	$0.20\sim0.40$ $(200\sim400 \text{ nm})$	$0.40\sim0.75$ $(400\sim750 \text{ nm})$	$0.75\sim50$	$50\sim5\times10^4$	$5\times10^4\sim2\times10^9$
能量(J/mol)	$598.3\sim299.2$	$299.2\sim159.4$	$159.4\sim2.38$	$2.38\sim2.38\times10^{-3}$	$2.38\times10^{-3}\sim$ 5.86×10^{-8}
分子效应	电子跃迁, 如 $\pi\rightarrow\pi^*$	紫外可见	键的伸缩与弯曲	分子转动	在磁场中核自旋重新排列

第二节 红外光谱

红外光谱(Infrared Spectroscopy),简称 IR,主要用来迅速鉴定分子中含有哪些官能团,以及鉴定两个有机化合物是否相同。用红外光谱和其他几种波谱技术结合,可以在较短的时间内完成一些复杂的未知物结构的测定。

一、基本原理

红外光谱用来测量一个有机化合物所吸收的红外光的频率和波长。根据实验技术和应用的不同,将红外光区分成三个区:近红外区、中红外区、远红外区(表 2.15)。其中中红外区是研究和应用最多的区域,一般说的红外光谱就是指中红外区的红外光谱。

表 2.15　红外光区的划分

区域名称		波长(μm)	波数(cm^{-1})	能级跃迁类型
近红外区	泛频区	0.75~2.5	13 158~4 000	—OH、—NH、—CH 的倍频吸收
中红外区	基本振动区	2.5~25	4 000~400	分子振动,伴随转动
远红外区	分子转动区	25~300	400~10	分子转动

分子并不是坚硬的刚体,在分子中存在着两种基本振动形式,即伸缩振动和弯曲振动。伸缩振动伴随着键长的伸长和缩短,需要较高的能量,往往在高频区产生吸收;弯曲振动(或变角振动)包括面内弯曲和面外弯曲振动,伴随着键角的扩大或缩小,需要较低的能量,通常在低频区产生吸收。分子中各种振动能级的跃迁同样是量子化的,并且在红外区内。如果用频率连续改变的红外光照射分子,当分子中某个化学键的振动频率和红外光的振动频率相同时,就产生了红外吸收。需要指出的是,并非所有的振动都会产生红外吸收,只有那些偶极矩的大小和方向发生变化的振动,才能产生红外吸收,这称为红外光谱的选择规律。

用经典力学方法把双原子分子的振动形式用两个刚性小球的弹簧振动来模拟,如图 2.59 所示:

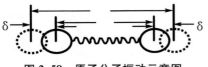

图 2.59　原子分子振动示意图

该体系的基本振动频率的计算公式为

$$\tilde{\nu} = \frac{1}{2\pi c}\sqrt{\frac{K}{\mu}}$$

其中

$$\mu = \frac{m_1 \cdot m_2}{m_1 + m_2} \tag{2.17}$$

由上式可见,影响基本振动频率的直接因素是相对原子质量 m 和化学键的力常数 K。

红外吸收光谱法是通过研究物质结构与红外吸收光谱间的关系来对物质进行分析的,红外光谱可以用吸收峰谱带的位置和峰的强度加以表征。测定未知物结构是红外光谱定性分析的一个重要用途。根据实验所测绘的红外光谱图的吸收峰位置、强度和形状,利用基团振动频率与分子结构的关系来确定吸收带的归属,确认分子中所含的基团或键,并推断分子的结构。

红外光谱用来测量一个有机化合物所吸收的红外光的频率和波长。一般最有用的红外区域的频率范围在 4 000~650 cm^{-1}(波数),或用波长表示为 2.5~15 μm,也称中红外区。分子吸收红外光能,使分子的振动由基态激发到高能态,产生红外吸收光谱。图 2.60 为 8-羟基喹啉的红外光谱。图中横坐标为频率或波长,纵坐标为吸收百分比率或透过百分比率。

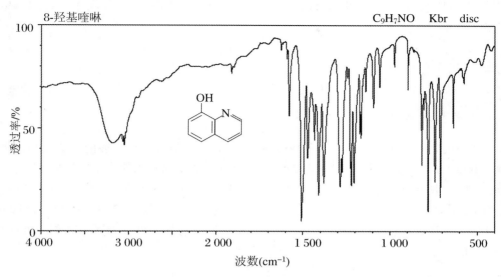

图 2.60　红外光谱图

二、红外光谱仪

（一）红外光谱仪结构

红外光谱仪的结构如图 2.61 所示。

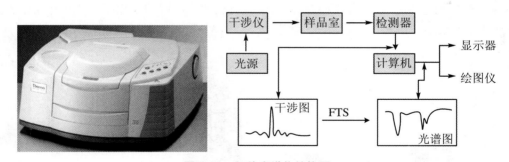

图 2.61　红外光谱仪结构图

（二）工作原理

测定分子红外光谱运用红外光谱仪或称红外分光光度计。其原理与紫外分光光度计类似。双臂红外光谱仪的光源通常是电阻丝或电加热棒。从光源发出的红外光被反射镜分成两个强度相同的光束，一束为参考光源，一束通过样品称为样品光束。两束光交替地经反射后射入分光棱镜或光栅，使其成为波长可选择的红外光，然后经过一狭缝连续进入检测器，以检测红外光的相对强度。样品光束通过样品池被其中的样品程度不同地吸收了某些频率的红外光，因而在检测器内产生了不同强度的吸收信号，并以吸收峰的形式记录下来。由于玻璃和石英能几乎全部吸收红外光,因此通常用金属卤化物(氯化钠或溴化钾)的晶体来制作样品池和分光棱镜。

三、红外光谱测定

(一)载样材料的选择

目前以中红外区(波长范围为 4 000~400 cm^{-1})的应用最广泛,一般的光学材料为氯化钠 (4 000~600 cm^{-1})、溴化钾(4 000~400 cm^{-1}),这些晶体很易吸水使表面"发乌",影响红外光的透过。为此,所用的窗片应放在干燥器内,要在湿度较小的环境操作。另外,晶体片质地脆,而且价格较贵,使用时要特别小心,对含水样品的测试应采用 KRS-5 窗片(4 000~250 cm^{-1})、ZnSe(4 000~500 cm^{-1})和 CaF$_2$(4 000~1 000 cm^{-1})等材料。近红外区用石英和玻璃材料,远红外区用聚乙烯材料。

(二)样品的制备

1. 固体样品的制法(溴化钾压片法)

(1)所用仪器:玛瑙研钵、压片模具、手动压片机,如图 2.62 所示。

(2)步骤:从干燥器中将模具、溴化钾晶体取出,在红外灯下用镊子取酒精药棉,将所用的玛瑙研钵、刮匙、压片模具的表面等擦拭一遍,烘干。用镊子取 200~300 mg 无水溴化钾与 2~3 mg 试样于玛瑙研钵中,将其研碎成细粉末并充分混匀。用剪子将一直径约为 1.5 cm 的硬纸盘片剪成内圆直径约为 1.3 cm 的纸环,并放在一模具面中心。用刮匙把磨细的粉末均匀地放在纸环内,盖上另一块模具,放入压片机中进行压片。压好的溴化钾盘片在样品架上夹好放入红外光谱仪中扫谱测试。

玛瑙研钵　　　　压片模具　　　　手动压片机

手轮
丝杠
压把
压力表
注油孔螺钉
放油阀

图 2.62　压模组装图

(3)压片机的操作方法:先将注油孔螺钉旋下,顺时针拧紧放油阀,将模具置于工作台的中央,用丝杠拧紧后,前后摇动手动压把,达到所需压力(6~7 MPa),保压几分钟后,逆时针松开放油阀,取下模具即可。

2. 液体样品的制备(液膜法)

(1)所用的仪器:液体吸收池如图 2.63 所示。

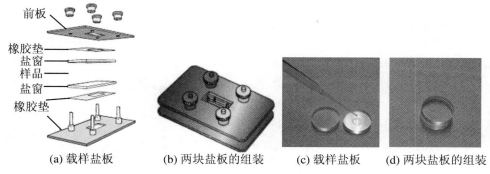

前板
橡胶垫
盐窗
样品
盐窗
橡胶垫

(a) 载样盐板　　(b) 两块盐板的组装　　(c) 载样盐板　　(d) 两块盐板的组装

图 2.63　可拆卸 IR 吸收池

（2）操作步骤：将液体吸收池的两块盐片从干燥器中取出，在红外灯下用酒精药棉将其表面擦拭一遍，烘干。

将盐片放在吸收池的孔中央，在盐片上滴一滴试样，将另一盐片压紧并轻轻转动，以保证形成的液膜无气泡，组装好液池试样测试——即将滴有样品的两盐片夹在金属盖板孔中心用螺帽旋紧组成液池试样。

然后将液体吸收池置于光度计样品托架上，进行扫谱测试。

3．气态样品的制备

气态样品一般都灌注于气体池内进行测试。

4．特殊样品的制备——薄膜法

（1）熔融法：对熔点低，在熔融时不发生分解、升华和其他化学变化的物质，用熔融法制备。可将样品直接用红外灯或电吹风加热熔融后涂制成膜。

（2）热压成膜法：对于某些聚合物可把它们放在两块具有抛光面的金属块间加热，样品熔融后立即用油压机加压，冷却后揭下薄膜夹在夹具中直接测试。

（3）溶液制膜法：将试样溶解在低沸点的易挥发溶剂中，涂在盐片上，待溶剂挥发后成膜来测定。如果溶剂和样品不溶于水，使它们在水面上成膜也是可行的。比水重的溶剂在汞表面成膜。

（三）Nicolet iS10 傅里叶红外光谱仪（图 2.64）操作步骤

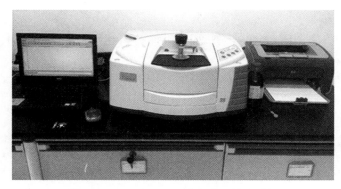

图 2.64　Nicolet iS10 傅里叶红外光谱仪

1. 红外光谱仪操作步骤(ATR)

(1) 按顺序打开计算机和红外光谱仪主机电源。

(2) 将仪器里面的透射样品支架取下,换上 ATR 附件,注意保护好平板和晶体。

(3) 双击 OMINC 图标进入软件,检查软件右上角是否为绿勾。

(4) 点实验设置到光学台看 MAX 值是否正常,如正常,表示仪器稳定,即可开始数据采集。

(5) 点左起第二个图标采集背景,等待背景扫描完成。

(6) 将待测样品放入 ATR 上,如果测粉末和薄膜样品,需要将样品放在 ZnSe 晶体表面,然后用压头压实。如果测液体样品,将液体直接滴于样品表面即可。

(7) 点左起第三个图标采集样品,输入样品名称后点"确定",等待扫描完成,谱图会出现在窗口中。

(8) 点"标峰",移动横线即可将线以上的峰标出。点右上角"替代完成"。若要增加标注,可以使用工具栏 T 键。

(9) 点谱图分析检索设置,选好合适的谱库,选中后加到比对框。回到样品红外图谱,点检索图标,出现检索结果。

(10) 实验结束时,先关闭 OMNIC 软件,再顺序关闭红外光谱仪主机和计算机电源。

【注意事项】:ZnSe 晶体在使用时要注意,不能做太硬和不平的样品,用完后注意清洁晶体。

2. 红外光谱仪操作步骤(透射)

(1) 按顺序打开计算机和红外光谱仪主机电源。

(2) 双击 OMINC 图标进入软件,检查软件右上角是否为绿勾。

(3) 点实验设置到光学台看 MAX 值是否正常,如正常,表示仪器稳定,即可开始数据采集。

(4) 点左起第二个图标采集背景,等待背景扫描完成。

(5) 将压好的片或者其他透射的样品放入透射样品架,关好样品仓。

(6) 点左起第三个图标采集样品,输入样品名称后点"确定",等待扫描完成,谱图会出现在窗口中。

(7) 点"标峰",移动横线即可将线以上的峰标出。点右上角"替代完成"。若要增加标注,可以使用工具栏 T 键。

(8) 点谱图分析检索设置,选好合适的谱库,选中后加到比对框。回到样品红外图谱,点检索图标,出现检索结果。

(9) 实验结束时,先关闭 OMNIC 软件,再顺序关闭红外光谱仪主机和计算机电源。

附 1:试样制备方法

1.1　一般注意事项

在定性分析中,所制备的样品最好使最强的吸收峰透过率为 10% 左右。

1.2　固体样品

1.2.1　压片法

取 1~2 mg 的样品在玛瑙研钵中研磨成细粉末,与干燥的溴化钾(A.R.级)粉末(约 100 mg,粒度 200 目)混合均匀,装入模具内,在压片机上压制成片测试。

1.2.2　糊状法

在玛瑙研钵中,将干燥的样品研磨成细粉末。然后滴入 1～2 滴液状石蜡混研成糊状,涂于 KBr 或 NaCl 窗片上测试。

1.2.3　溶液法

把样品溶解在适当的溶液中,注入液体池内测试。所选择的溶剂应不腐蚀池窗,在分析波数范围内没有吸收,并对溶质不产生溶剂效应。一般使用 0.1 mm 的液体池,溶液浓度在 10% 左右为宜。

1.3　液体样品

1.3.1　液膜法

非水溶性的油状或黏稠液体,直接涂于 KBr 窗片上测试。非水溶性的流动性大、沸点低(≤100 ℃)的液体,可夹在两块溴化钾窗片之间或直接注入厚度适当的液体池内测试。使用相应的溶剂清洗红外窗片。

1.3.2　水溶液样品

可用有机溶剂萃取水中的有机物,然后将溶剂挥发干,所留下的液体涂于 KBr 窗片上测试;应特别注意含水的样品不能直接注入 KBr 或 NaCl 液体池内测试。水溶性的液体也可选择其他窗片进行测试,如 BaF2,CaF2 等。

附 2：停水停电的处置

在测试过程中发生停水停电时,按操作规程顺序关掉仪器,保留样品。待水电正常后,重新测试。仪器发生故障时,立即停止测试,找维修人员进行检查。故障排除后,恢复测试。

四、红外光谱解析与应用

化合物的 IR 谱可以用来鉴定分子中的官能团,测量已知物的纯度,鉴定未知物的结构。一般而言,在 $4\,000\sim1\,250\ cm^{-1}$ 范围内的吸收称为官能团区,这个区间是各个官能团的激发振动,如酮羰基的伸缩振动在 $1\,750\sim1\,675\ cm^{-1}$ 内,碳碳双键的伸缩振动在 $1\,680\sim1\,610\ cm^{-1}$ 附近,表 2.16 汇总了各类官能团的红外吸收谱,表 2.17 是对表 2.16 更为详细的补充。需要注意的是,在某个位置没有红外吸收和此处有红外吸收会给出同样重要的分子结构信息。例如在羰基的吸收位置没有吸收,分子中就很可能不含羰基,这样就排除了醛、酮、酯类化合物了。

用红外光谱评价一个化合物的纯度,应该拿该样品与纯物质的红外光谱做比较,如果出现了额外的吸收峰,就表示含有其他杂质。总的说来,当杂质含量较低时,红外光谱不是很灵敏。通常 1%～5% 的样品杂质不能被红外光谱检测出来。

表 2.16　官能团红外吸收范围简表

频率(cm^{-1})	键的振动形式	官能团
3 640～3 610(s,sh)	O—H 伸缩振动,游离的羟基	醇,酚
3 500～3 200(s,b)	O—H 伸缩振动,氢键	醇,酚
3 400～3 250(m)	N—H 伸缩振动	一级、二级胺,酰胺
3 300～2 500(m)	O—H 伸缩振动	羧酸
3 330～3 270(n,s)	—C≡C—H：C—H 伸缩振动	炔烃(末端)
3 100～3 000(s)	C—H 伸缩振动	芳香烃

续表

频率(cm⁻¹)	键的振动形式	官能团
3 100～3 000(m)	=C—H 伸缩振动	烯烃
3 000～2 850(m)	C—H 伸缩振动	烷烃
2 830～2 695(m)	H—C=O：C—H 伸缩振动	醛
2 260～2 210(v)	C≡N 伸缩振动	腈
2 260～2 100(w)	—C≡C—伸缩振动	炔
1 760～1 665(s)	C=O 伸缩振动	醛
1 760～1 690(s)	C=O 伸缩振动	羧酸
1 750～1 735(s)	C=O 伸缩振动	脂,饱和脂肪
1 740～1 720(s)	C=O 伸缩振动	醛,饱和脂肪
1 730～1 715(s)	C=O 伸缩振动	α,β-不饱和脂
1 715(s)	C=O 伸缩振动	酮,饱和脂肪
1 710～1 665(s)	C=O 伸缩振动	α,β-不饱和醛,酮
1 680～1 640(m)	—C=C—伸缩振动	烯烃
1 650～1 580(m)	N—H 弯曲振动	一级胺
1 600～1 585(m)	C—C 伸缩振动(环内)	芳香烃
1 550～1 475(s)	N—O 不对称伸缩振动	硝基
1 500～1 400(m)	C—C 伸缩振动(环内)	芳香烃
1 470～1 450(m)	C—H 弯曲振动	烷烃
1 370～1 350(m)	C—H 面内摇摆振动	烷烃
1 360～1 290(m)	N—O 对称伸缩振动	硝基
1 335～1 250(s)	C—N 伸缩振动	芳香胺
1 320～1 000(s)	C—O 伸缩振动	醇,羧酸,脂,醚
1 300～1 150(m)	C—H 面外摇摆振动（—CH2X）	脂肪烃
1 300～1 150(m)	C—H 面外摇摆振动（—CH2X）	脂肪烃
1 250～1 020(m)	C—N 伸缩振动	脂肪胺
1 000～650(s)	=C—H 弯曲振动	烯烃
950～910(m)	O—H 弯曲振动	羧酸
910～665 (s, b)	N—H 面外摇摆振动	一级、二级胺
900～675 (s)	C—H 面外弯曲振动	芳香烃
850～550 (m)	C—Cl 伸缩振动	脂肪烃
725～720 (m)	C—H 面内摇摆振动	烷烃
700～610(b, s)	—C≡C—H：C—H 弯曲振动	炔烃
690～515 (m)	C—Br 伸缩振动	脂肪烃

注:m = 中强峰,w = 弱峰,s = 强峰,n = 窄峰,b = 宽峰,sh = 尖峰。

　　鉴定未知物的结构时,如果两个样品的红外光谱完全重叠,可以认为这两个样品为同一物质。谱图重叠的标准是极其严格的,它要求两个谱图的吸收强度、形状、每个吸收峰的位置都要相同。只有两个样品使用相同的吸收池和光谱仪时才有这样的可能,不然是很难得到完全相同的谱图的。当使用的吸收池和仪器不一样,却发现两个样品的谱图非常相似,即使它们不是同一物质,也是相似的物质。改用制备衍生物的 NMR 法和混合熔点法就能判断是不是同一物质了。

　　$1\,250\sim500\,\text{cm}^{-1}$ 区间的吸收通常是整个分子的振动-转动复合频率,对于特定的分子拥有特定的谱图,称为指纹区。尽管相似分子的红外光谱在 $4\,000\sim1\,250\,\text{cm}^{-1}$ 的官能团区可能相似,但在指纹区就会有所不同。

表 2.17　详细的特征红外吸收

含 H 的伸缩区间($3\,600\sim2\,500\,\text{cm}^{-1}$)吸收涉及 H 同 C、N、O 成键的伸缩振动频率,在解析一些弱键的吸收时应该仔细,因为这些弱吸收可能是 $1\,800\sim1\,250\,\text{cm}^{-1}$ 强吸收的倍频,$1\,650\,\text{cm}^{-1}$ 处的倍频吸收很普遍

$\upsilon(\text{cm}^{-1})$	官能团	备　注
(1) $3\,600\sim3\,400$	O—H 伸缩振动 强度:变化的	游离的 O—H $3\,600\,\text{cm}^{-1}$(尖峰);缔合的 O—H $3\,400\,\text{cm}^{-1}$;这两个峰常出现在醇中,缔合的 O—H(CO_2H 或烯醇化的 β-二羰基化合物),吸收范围很宽(以 $2\,900\sim3\,000\,\text{cm}^{-1}$ 为中心跨越 500 cm^{-1} 单位)
(2) $3\,400\sim3\,200$	N—H 伸缩 强度:中等	游离的 N—H $3\,400\,\text{cm}^{-1}$(尖),缔合的 N—H $3\,200\,\text{cm}^{-1}$(宽),NH_2 出现两个峰(相差 50 cm^{-1}),二级胺的 N—H 吸收很弱
(3) $3\,300$	炔的 C—H 伸缩 强度:强	$3\,300\sim3\,000\,\text{cm}^{-1}$ 区间完全不出现吸收表明没有与 C=C,C≡C 相连的 H,在解析时要细心,因为在大的分子中这段吸收很弱。芳香类除了在 $3\,050\,\text{cm}^{-1}$ 处的吸收,在 $1\,500\,\text{cm}^{-1}$ 和 $1\,600\,\text{cm}^{-1}$ 处有尖锐的中等吸收
(4) $3\,080\sim3\,010$	烯烃的 C—H 伸缩振动 强度:强、中等	
(5) $3\,050$	芳香 C—H 伸缩振动强度:变化的,通常为中等、弱	
(6) $3\,000\sim2\,600$	OH 强的氢键的强吸收 强度:中等	与 C—H 的伸缩振动叠加而在这个区间出现宽的吸收是羧酸的特征吸收
(7) $2\,980\sim2\,900$	脂肪族 C—H 的伸缩振动 强度:强	如上面的(3)~(5)所述,没有这个区间的吸收说明没有饱和 C—H 键,四级 C—H 吸收弱

续表

$\upsilon(\mathrm{cm}^{-1})$	官能团	备　注
(8) 2 850～2 760	醛中 C—H 的伸缩振动 强度:弱	醛分子在这里有 1～2 个吸收峰

三键区(2 300～2 100 cm^{-1})这个区间的吸收涉及含三键的伸缩振动

$\upsilon(\mathrm{cm}^{-1})$	官能团	备　注
(1) 2 260～2 215	C≡N 强度:强	与双键共轭的氰吸收出现在低频率区,非共轭的出现在高频率区
(2) 2 150～2 100	C≡C 强度:末端炔,强;其他的,可变	对称炔的吸收很弱甚至无吸收

双键区(1 900～1 550 cm^{-1})这个区间涉及碳碳、碳氮、碳氧双键的伸缩振动吸收

$\upsilon(\mathrm{cm}^{-1})$	官能团	备　注
(3) 1 815～1 770	酰氯 C=O 伸缩振动 强度:强	与双键共轭的羰基吸收出现在低频率区,非共轭的出现在高频率区
(2) 1 870～1 800 和 1 790～1 740	酸酐 C=O 伸缩振动 强度:强	两个峰都会出现,每个峰的吸收受环大小影响,共轭对其影响同其他羰基一样
(3) 1 750～1 735	酯和内酯 C=O 伸缩振动 强度:很强	这个羰基同其他羰基一样受立体电子效应影响,共轭的酯在 1 710 cm^{-1},共轭的 γ-内酯在 1 780 cm^{-1}
(4) 1 725～1 705	醛和酮 C=O 伸缩振动 强度:很强	该吸收范围是指那些没有电负性取代基的非环状、不共轭的醛和酮,比如,羰基旁边有卤素结构改变,吸收频率也就变化了,总结如下: (a) 共轭效应芳基或碳碳双键、三键的共轭使羰基吸收减少 30 cm^{-1},如果羰基处在交叉共轭体系(在羰基两边都有不饱和基团)中,减少 50 cm^{-1}; (b) 环效应六元或更大的环中羰基表现出和脂肪酮一样的吸收,比六元更小的环中,羰基出现在高频率处吸收,如环戊酮,1 745 cm^{-1},环丁酮 1 780 cm^{-1},共轭和环效应综合考虑,如 2-环戊烯酮,1 710 cm^{-1}; (c) 电负性原子的影响电负性原子如氧、卤素连接在醛和酮的 α-碳上通常会使羰基的吸收增加 20 cm^{-1}
(5) 1 700～1 600	羧酸的 C=O 伸缩振动 强度:强	共轭会降低吸收频率 20 cm^{-1}
(6) 1 690～1 650	酰胺或内酰胺 C=O 伸缩振动 强度:强	共轭会降低吸收频率 20 cm^{-1},γ-内酰胺和 β-内酰胺会分别增加 35 cm^{-1} 和 70 cm^{-1}

续表

$\upsilon(cm^{-1})$	官能团	备　　注
(7) 1 660～1 600	烯烃 C ═C 伸缩振动 强度:变化	共轭烯烃的频率会降低,中等到强度吸收,非共轭的出现在高频率区,但强度弱,这些双键的吸收也受环张力的影响频率增加,但不如羰基明显
(8) 1 680～1 640	C ═N 伸缩 强度:可变	这个吸收很弱,较难反映出来

H 弯曲振动区间(1 600～1 250 cm^{-1})的吸收常常是连接在碳、氮上 H 的弯曲振动,这些吸收一般不提供结构方面的信息,下面能提供结构信息的已用 * 标出

$\upsilon(cm^{-1})$	官能团	备　　注
(1) 1 600	NH_2 弯曲振动 强度:强、中等	结合 3 300 cm^{-1} 的吸收,这个区间的吸收是一级氨和酰胺的特征峰
(2) 1 540	NH 振动 强度:弱(一般而言)	结合 3 300 cm^{-1} 的吸收,这个区间的吸收是二级氨和酰胺的特征峰,正如 3 300 cm^{-1} 处的吸收强度一样,此处的吸收也非常弱
(3)* 1 520～1 350	NH_2 伸缩振动 强度:强	这对吸收峰通常很强
(4) 1 465	CH_2 振动 强度:可变	此处吸收峰的强度取决于分子中亚甲基的数目,亚甲基越多,峰越强
(5) 1 410	含有羰基组分的 CH_2 弯曲振动 强度:可变	是与羰基相邻的亚甲基的吸收,数目越多,强度越大
(6)* 1 450 和 1 375	CH_3 振动 强度:强	较低的 1 375 cm^{-1} 是甲基的特征吸收,异丙基上的甲基会出现两个峰,1 385 cm^{-1} 和 1 365 cm^{-1}
(7) 1 325	CH 振动 强度:弱	弱、较难观察到

指纹区(1 250～600 cm^{-1})的吸收繁多,含较多的信息。该区域的吸收是判定未知物与已知物是否相同的依据。该区域包含各种振动吸收的组合峰,峰型和峰强对分子的结构尤为敏感。另外很多单键的伸缩振动和各种类型的弯曲振动都会在这里出现,没有必要对该区域的所有吸收峰作归属。分子结构在该区间的解析更多的是作为官能团区的一种验证性的支持

$\upsilon(\text{cm}^{-1})$	官能团	备　　注
(1) 1 200	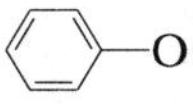 ⬡—O 强度:强	不能确定这是 C—O 的伸缩还是弯曲振动,醇、醚、酯在这里有不止一个的吸收峰,关于结构和吸收位置的关系任何一种推测只是经验判断,近似准确。酯有两个吸收,1 170 cm^{-1}和1 270 cm^{-1}
(2) 1 150	C—O 强度:强	
(3) 1 100	HC—O 强度:强	
(4) 1 050	H₂C—O 强度:强	
(5) 985 和 910	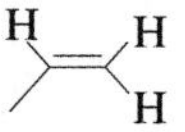 C—H 弯曲振动 强度:非常强	端乙烯基的强特征吸收
(6) 965	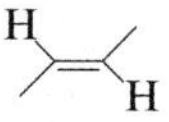 C—H 弯曲振动 强度:非常强	反式 1,2-二取代的乙烯
(7) 890	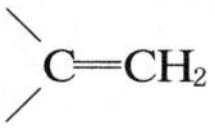 C=CH₂ C—H 弯曲振动 强度:非常强	1,1-二取代的乙烯,如果亚甲基旁边连有电负性的基团或原子,频率增加 0~80 cm^{-1}
(8) 840~810	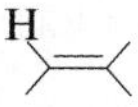 强度:非常强	弱,不可见。由于取代基的不同,使其频率往往超出此范围
(9) 700	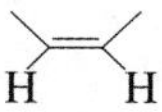 强度:可变	由于溶剂和其他吸收的干扰,顺式 1,2-二取代吸收常常不可见
(10) 750 和 690	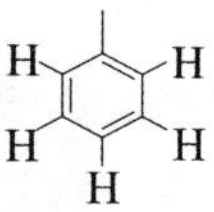 C—H 弯曲振动 强度:非常强	这些特定的吸收往往受溶剂和其他因素的干扰,但在判断芳香族化合物取代基的位置时非常有用

$\upsilon(cm^{-1})$	官能团	备　注
(11) 750	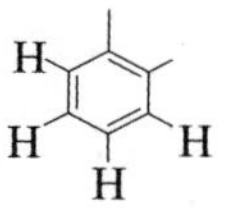 C—H 弯曲振动 强度:非常强	
(12) 780 和 700	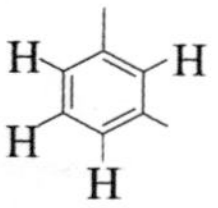 强度:非常强	
(13) 825	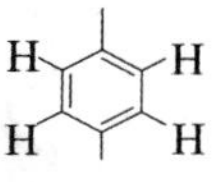 强度:非常强	这些吸收对结构很敏感,但化学方法已经很容易鉴定卤素元素,所以这段吸收区间的重要性并不十分突出
(14) 1 400~1 000	C—F 强度:强	
(15) 800~600	C—Cl 强度:强	
(16) 700~500	C—Br 强度:强	
(17) 600~400	C—I 强度:强	

　　基于 IR 谱鉴定有机化合物中的官能团是非常重要的手段。有效应用红外光谱的基本方法是首先确定已知化合物的谱图,然后用表 2.16 和表 2.17 中的数据将分子中主要官能团化学键的吸收和表中相应数据关联起来。

　　氢原子伸缩振动区域在 3 600~2 500 cm^{-1}。在该区间的吸收峰产生于 C—H,O—H 和 N—H 键的伸缩振动。解析该区域的一些非常弱的吸收峰时需要仔细认真,因为在 1 800~1 250 cm^{-1} 的强吸收峰的倍频峰经常出现在这里。这些倍频峰的吸收位置是原来峰的波数的两倍。例如在 1 650 cm^{-1} 的吸收特别容易出现倍频峰(3 300 cm^{-1})。

　　在 1 250~600 cm^{-1} 的吸收称为指纹区。指纹区的吸收包含了很多吸收带的较丰富的结构信息。该区域的吸收对于判断是否一个未知化合物与一个已知化合物完全相同非常有用,特别是仅仅根据红外谱图来作为判断依据的时候。然而想对该区域每个吸收峰进行归属是不切实际的,因为这些吸收经常是各种振动模式的组合,并且这里的振动是对分子结构非常敏感的振动。而且,许多单键的伸缩振动和各种弯曲振动都在这一区域出现。该区间吸收只能对官能团判定提供辅助手段,只是对高波数得到的分子结构信息进行进一步的验证。

　　图 2.65 是几个不成功的制样图与一张合适的制样图比较。

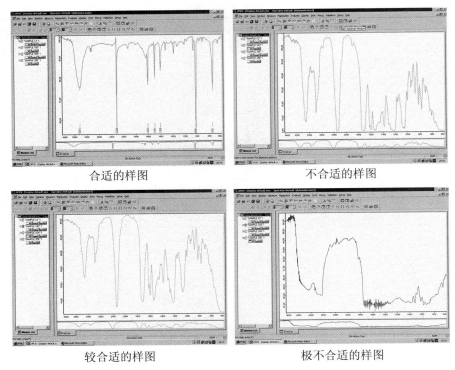

合适的样图　　　　　　　　　　不合适的样图

较合适的样图　　　　　　　　　　极不合适的样图

图 2.65　红外光谱样图

第三节　核磁共振谱

核磁共振谱(Nuclear Magnetic Resonance Spectroscopy)简称 NMR,是现代有机化学工作者分析化合物最简单、有效的方法。这种技术是基于放在磁场中的核能产生自旋现象的。有机化合物中普遍存在的这类元素有^{1}H、^{2}H、^{19}F、^{13}C、^{15}N 和^{31}P 等。但^{12}C、^{16}O 和^{32}S 没有核自旋,不能用于 NMR 谱的研究。核磁共振仪结构图如图 2.66 所示。

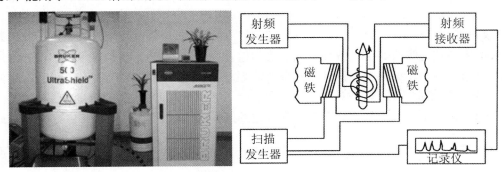

图 2.66　核磁共振仪结构图

一、基本原理

　　一个特定原子 NMR 谱的吸收是由于在所用磁场(H_0)中原子核的自旋变化,如图 2.67 中(b)、(c)所示。自旋变化常称为自旋翻转,翻转所伴随的能量取决于应用磁场的强度 H_0 和待测定的原子磁旋比 γ,如式(2.18)所示。现在大部分 NMR 仪器所用频率在 90~500 MHz,H_0 在 21 000~117 000 高斯(2.1~11.7T)。这就意味着对于 ^{1}H,自旋翻转需要的能量不足 4.187×10^{-4} kJ/mol。

$$\Delta E = h\gamma H_0/2\pi \tag{2.18}$$

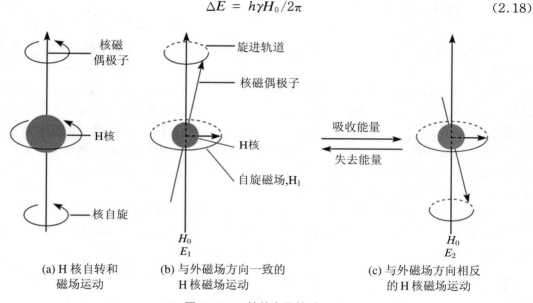

图 2.67　H 核的自旋性质

　　另外一种磁场强度 H_0 与不同自旋态能量差的关系表达式如图 2.68 所示。由此可见一个拥有两个自旋态($\pm 1/2$)的原子,其中正号和负号分别表示核自旋态与磁场 H_0 方向相同和相反,ΔE 随 H_0 强度的增加而增加。发生核磁共振所要求的能量对应于电磁波谱中的无线电频率范围,在仪器中置入无线电频率振荡器提供核自旋翻转的能量。磁场与频率振荡器的关系如式(2.19)所示,当提供的能量合适共振就会发生,产生一个自旋态向另一自旋态跃迁。

$$\Delta E = h\upsilon = h\gamma H_0/2\pi \quad 或 \quad \upsilon = \gamma H_0/2\pi \tag{2.19}$$

式中 ΔE 为两自旋态之间的能量差,h 为 Planck 常数,γ 为磁旋比(对于特定原子核是一个常数值),H_0 为外加磁场的强度,υ 为振荡器的频率。

　　为满足式(2.19)所要求的共振条件,H_0 保持不变而改变 υ,或 υ 保持不变而改变 H_0。在连续波(CW)光谱中,早期商品化 NMR 是频率改变(变频),而目前磁场改变(变场)更普遍。通过慢慢的扫场,在某个特定的振荡频率下达到共振现象。现在的傅里叶变化(FT)是在 H_0 固定的情况下通过脉冲技术获得所有的共振频率,这种技术比一般的连续波(CW)花费更短的时间收集光谱数据。

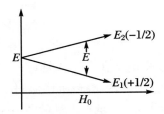

图 2.68　自旋态间的能量差是 H_0 的函数

二、^{1}H 核磁共振谱(^{1}H NMR)

^{1}H 核的自旋量子数 I_z 是 1/2，涉及这个质子的特殊 NMR 叫作质子核磁共振波谱，简记为 ^{1}H NMR。

正如式(2.18)和(2.19)所示，如果分子中所有的 H 核都处在相同的磁场环境，那么所有 H 核共振所需要的能量是相同的。也就是说，所有 H 原子核都有相同的磁场环境 H_0，自旋翻转所需要的 υ 也相同。这样就导致 ^{1}H NMR 谱上只出现一个吸收峰，没给出任何有用的信息。但事实上所有的 H 核的磁场环境并不相同，因为分子三维电子结构导致分子中 H 原子的磁场环境有差异(见后面部分的化学位移)。这就意味着分子中各质子的共振需要不同的能量，从而给出关于分子结构信息的 NMR 谱。

分析图 2.69 中 1-硝基丙烷的 ^{1}H NMR 谱，在这个谱图中能给出有关分子结构重要信息的重要参数是化学位移、自旋-自旋裂分、峰的积分高度等，这些参数在后面的章节会详细的讨论。这里，首先简要地概述一下解析 NMR 谱图的一般规律。

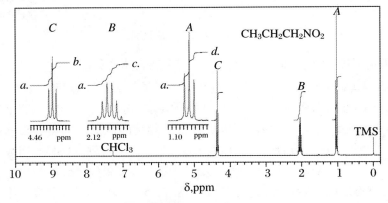

图 2.69　1-硝基丙烷 ^{1}H NMR 谱(300 MHz，CDCl$_3$)

在图 2.69 中，磁场强度 H_0 是沿水平轴绘制的，自左向右依次增强。这个方向叫作高场，相反的方向就是低场。例如，H_b 的共振峰相比 H_c 就在高场，自左向右共振所需能量也是依次增加的。吸收带强度绘制在垂直轴上，从图标的底部或基线增加。在谱图底部水平地印有一个尺度来表示相对于标准物质样品的吸收峰位置。通常使用 δ(ppm 做单位)来表示 ^{1}H NMR 谱，内标物一般使用四甲基硅烷(CH$_3$)$_4$Si，简记为 TMS。TMS 是一种惰性的挥发性液体，直接加入到样品溶液中就可以作为惰性的基准物,它通常已经包含在氘代试剂中。

(一) 化学位移

在图 2.69 中有三组峰,分别以 1.0、2.0、4.4 为中心的 δ 值。这些数值是 1-硝基丙烷中三种不同 H 的化学位移值(ppm)。可通过相关软件来分析谱图并得到更为准确的化学位移值,预测分子中各种质子是否化学等价或不等价。这对 ^{1}H NMR 谱的分析很重要,因为质子的不等性是产生不同化学位移的基础。

现在分析 1-硝基丙烷,如何判别什么是化学不等价。实验表明 1-硝基丙烷 ^{1}H NMR 谱中会出现三种不同的共振(图 2.68),三种不同质子化学位移是由于分子中 H 核所处磁场环境的差异造成的。这种差异主要取决于两个因素:① 外加磁场;② 分子中电子的流通,实际上这种差异与电子屏蔽效应有关。

磁场 H_0 在整个分子中的强度一直不变,所以它不能导致核磁不等价。另一方面,由于分子中各个部位的电子密度不同,导致环电流产生的屏蔽效应对不同质子是有差异的,这是非常关键的,因为在分子周边电场会诱导产生内磁场 H_i,通常诱导产生的磁场与外加磁场的作用相反。所以在核中实际有效磁场 H_e 比外加磁场要小(式(2.20)),这个现象也被称为分子抗磁性屏蔽。

$$H_e = H_0 - H_i \tag{1.3}$$

H_i 的强度同 H_e 的强度一样在分子不同部位也是不同的,这就导致样品中不同质子的 H_e 不同。H_i 越大,H_e 就越小,需要增强外加磁场来引起共振。也就是说,磁场屏蔽得越大,对于特定振荡频率的共振需要的外加磁场也就越大。

硝基(NO_2)作为吸电子集团导致在它周围的质子的电场减弱。因此,靠近硝基部位的 H_i 就比较小。1-硝基丙烷中的 H_c 的抗磁屏蔽最小,结果在最小的 H_0 下达到共振。而离硝基最远的甲基质子 H_a 的屏蔽效应最强,共振就出现在高磁场区(图 2.69)。

$$\delta = \frac{\nu_{样品} - \nu_{TMS}}{\nu_{共振仪}} \times 10^6 \tag{2.21}$$

大多数的质子的化学位移相对于 TMS 为低场,根据上面位移值的符号的规定,这些化学位移值为正。然而也有些有机化合物中的质子受到的屏蔽比 TMS 强,因而出现在高场,这种情况下化学位移值为负。

特定的官能团具有特定的化学位移值,可将这些化学位移值与相应的官能团制作成表。表 2.18 就是各种化学位移汇编,表 2.19 是更为详尽的关于不同质子的化学位移值的列表。因为这些位移是以 ppm 为单位的,不会随共振仪的频率改变而变化。

表 2.17　各种官能团的氢原子的化学位移

质子的类型	化合物类型	化学位移范围（ppm）
RCH₃	一级烷烃	0.9
R₂CH₂	二级烷烃	1.3
R₃CH	三级烷烃	1.5
C=C—H	烯烃	4.6～5.9
C=C—H	共轭烯烃	5.5～7.5
C≡C—H	炔烃	2～3
Ar—H	芳香烃	6～8.5
Ar—C—H	苄基化合物	2.2～3
C=C—CH₃	烯丙烃	1.7
HC—F	氟代烃	4～4.5
HC—Cl	氯代烃	3～4
HC—Br	溴代烃	2.5～4
HC—I	碘代烃	2～4
HC—OH	醇	3.4～4
HC—OR	醚	3.3～4
RCOO—CH	酯	3.7～4.1
HC—COOR	酯	2～2.2
HC—COOH	羧酸	2～2.6
HC—C=O	羰基化合物	2～2.7

　　比较不同的甲基卤化物 X=F、Cl、Br、I，对应的 CH_3-X 位移值 δ 分别是 4.3、3.0、2.7、2.2（表 2.19）。电子密度的影响可以通过比较烷烃质子与烯烃质子的不同而清楚地看到，如，乙烷（$\delta 0.9$）而乙烯（$\delta 5.25$）。乙烯的 H 核去屏蔽是因为 sp^2 杂化的碳比的 sp^3 电负性要大，然而，烯烃质子更大的去屏蔽是由于这些质子所处的位置，正好诱导磁场与外加磁场的方向相同（图 2.70(a)）。同样的分析也可以用来解释乙炔的化学位移（$\delta 1.80$），尽管 sp 杂化是所有有机化合物碳原子杂化方式中电负性最大的，但并没有产生去屏蔽效应。这是因为炔烃质子所处的位置正是环电子产生的诱导磁场方向与外加磁场相反的地方（图 2.70(b)），因而增加了这种核的屏蔽作用。芳香族化合物的质子如苯（$\delta 7.27$）比烯烃的质子共振出现在更低场，这是因为 π 电子在环中循环的性质（环电流效应）使芳香族的去屏蔽效应比烯烃更强（图 2.70(c)）。

表 2.19　不同分子中 H 的化学位移

化合物	化学位移 δ(ppm)	化合物	化学位移 δ(ppm)
CH_3F	4.3	CH_3Cl	3.0
CH_3Br	2.7	CH_3I	2.2
CH_3CH_3	0.9	$CH_2{=}CH_2$	5.25
$CH{\equiv}CH$	1.8	PhH	7.27

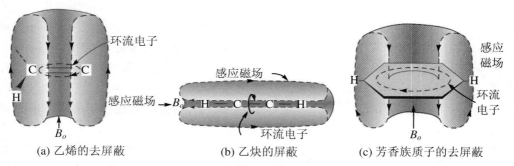

(a) 乙烯的去屏蔽　　　　(b) 乙炔的屏蔽　　　　(c) 芳香族质子的去屏蔽

图 2.70　环电流产生的诱导磁场对化学位移的影响

（二）自旋-自旋裂分

通过分析 NMR 谱可以获得除化学位移以外的质子信息。例如,由特定 H 核引起的自旋-自旋裂分可以提供其邻近质子的信息。邻近质子是指有核的自旋,在大多数情况下距离不超过三个化学键,主要是两个键间的原子。这里主要是讨论常见的 H 核裂分。其他常出现的 ^{13}C 也不在讨论之列,因为这种核虽有 1/2 的核自旋量子数,但其丰度仅有 1%,由它引起的自旋-自旋裂分峰很弱以至于无法观察。

有自旋量子数的核要发生相互偶合就要求磁不等价。顺便指出,磁等价的意思就是一组化学等价的核对自旋体系中其他的任何核的偶合是相等的。化学不等价的核通常也是磁不等价核,它们之间会发生偶合。如前所述,这种不等价性在异位或非对映异构中经常可见。化学等价而磁不等价的情况主要在对映异构体中较常见。

分析 1-硝基丙烷,H_a 有两个邻近质子,即 H_b。H_b 是磁活性的并且化学不等价,H_c 有两个邻近质子,而 H_b 有五个。

通常,三个 H_a 原子的自旋 I_z 为 1/2、1、3/2,它使 H_b 原子的裂分峰个数如式(2.22)所示。若原子 A 是 ^1H、^{13}C、^{19}F、^{31}P 等原子时,I_z 都是 1/2 时,如式(2.23)表示的 $n+1$ 规律。根据式(2.23),1-硝基丙烷的裂分就是 H_a,H_c 都是三个峰,H_b 是六个峰。准确的裂分方式如图(2.70)所示。

$$N = 2nI_z + 1 \tag{2.22}$$

式中,N 为观察到的 H_b 吸收峰裂分的数目;N 为与 A 磁等价的邻近质子数;I_z 为 A 的自旋量子数。

通常邻近的是质子,自旋量子数是 1/2,因而式(2.22)可简化为

$$N = n + 1 \tag{2.23}$$

准确地说,$n+1$ 规律判定偶合峰的数目仅适用于以下情况:① 所有与研究质子偶合的邻近质子的偶合常数值 J 相同;② $\Delta\upsilon/J$ 的值要大于 10(式 2.24),$\Delta\upsilon$ 是指不同质子化学位移值之差。当所有的这些条件都满足时,吸收多重峰的一级谱分析才能成为可能。更为重要的是,如果是 ^{1}H NMR 是一级谱,可以用式(2.23)来确定一个 H 原子的邻近质子数目 n,例如,如果 ^{1}H NMR 中显示为六重峰,则其邻近质子就是 5,通过式(2.23)也得到了验证。当

$$\Delta\upsilon \text{(Hz)}/J \text{(Hz)} \geqslant 10 \text{ 时},\ n+1 \text{ 规律有效} \tag{2.24}$$

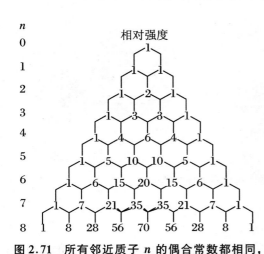

图 2.71　所有邻近质子 n 的偶合常数都相同,用帕斯卡三角来表示一级谱的相对强度

遵从式(2.23)的一级多重峰的相对强度适合杨辉三角规律(图 2.71)。例如一个质子有两个邻近质子,被裂分成三重峰,它们的相对强度就是 $1:2:1$,如果有五个邻近质子,这个六重峰的强度比为 $1:6:15:20:15:6:1$。随着 $\Delta\upsilon/J$ 比值的增加,用这种方法判定多重峰的相对强度越准确。

这里以 300 MHz 的 ^{1}H NMR 谱为例,大部分谱图可以当作一级谱处理,多重峰的相对强度可以用帕斯卡三角来解释。例如重新看图 2.69,$J_{ab} = J_{bc} \approx 7$ Hz,偶合体系中的化学位移值差分别是 $\Delta\upsilon_{AB} = 315$ Hz,$\Delta\upsilon_{BC} = 700$ Hz,应用式(2.24),相应的比值为 $315/7 = 45$ 和 $700/7 = 100$,这两个数值都满足式(2.24)中的那个标准(大于 10),则裂分符合 $n+1$ 规律(图 2.69),另外图 2.69 中多重峰的相对强度与杨辉三角的数值几乎相近。

随着 $\Delta\upsilon/J$ 比值的减小,谱图就变成二级谱了,图也就更为复杂了。裂分方式就不再遵从 $n+1$ 规律,峰的相对强度也不满足杨辉三角规律。

在计算偶合常数 J 的时候,由 $\Delta\delta$ 提供的数据一定要转化成以 Hz 为单位。例如,在 300 MHz 的仪器有一组四重峰,峰间距相差 0.4 ppm,通过式(2.25)计算的偶合常数是 12 Hz,在这个式中 $\Delta\delta$ 是 0.4,仪器频率为 300 MHz。

$$J \text{(Hz)} = (\Delta\delta \times 10^{-6}) \times \text{仪器频率} \tag{2.25}$$

（三）积分

^{1}H NMR 谱峰的面积对于测定分子中不同种类 H 的相对数目是很重要的,峰面积与产生吸收峰核的数目成线性比例关系。积分出来的面积通常是以阶梯式的曲线绘画出来的(图 2.69)。

实验过程中,先记录下 ^{1}H NMR 谱,然后再在谱上绘制积分曲线。从一个吸收峰的底部往上积分得到的垂直距离就是测量到的峰面积,根据峰面积就能得出质子的相对数目。如图 2.69 所示,每测完一组峰,积分器就归零,但在图 2.72 中就不需要这样,积分器以前一个积分高度为起点,这种积分方式可减少实验误差。

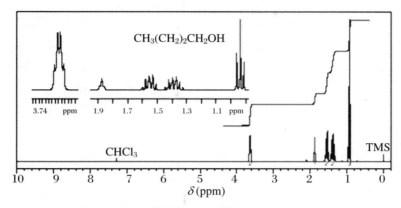

图 2.72　1-丁醇的 ^{1}H NMR 谱（300 MHz，$CDCl_3$）

　　测量每一段积分曲线的总高度，该高度再除以其中最小的高度，从而得出质子的相对数目，即给出不同质子的比值。例如，图 2.68 中 1-硝基丙烷谱的各段积分高度分别是 ab、ac 和 ad。根据这些相对高度可得到 A、B、C 三类氢原子的数目比例是 1.55:1.00:1.00。因为分子中 H 原子的数目必须是整数，这就需要乘以适当的数值使得这些比值成为整数比。如果分子式已知，这些比值给出的整数之和要与分子式中所有的 H 原子数相等。1-硝基丙烷中共有 7 个 H，所以上述的比值乘以 2，得到 3.10:2.0:2.0，三个数据之和为 7.1。由于面积积分的误差一般在 5%～10%，所以相对于分子中质子的数目，这应该属于实验误差。

（四）^{1}H NMR 谱分析一般程序

　　正确地分析化合物的 ^{1}H NMR 谱可以得到一些分子结构方面的信息。化学位移值的大小可以提供 H 所连接的官能团种类，自旋-自旋偶合和 $n+1$ 规律可以提供邻近质子的数目，峰的积分面积可以推测出分子中各类质子的相对数目，如果化合物的分子式确定，就可以知道各类质子的绝对数目了。

　　通常完整分析 ^{1}H NMR 谱的具体步骤如下：

　　通过测定峰积分曲线的高度来判定不同种类质子的相对数目，如果已知分子式，就可以将相对比值转化为绝对比值了。在每个谱峰下面括号里的数值就是积分的绝对数值。

　　确定每个峰的化学位移值，利用化学位移值的大小来推测和质子相连的官能团种类。当然已知分子式或者诸如红外、^{13}C NMR 谱可以帮助我们推测官能团的种类。

　　分析每组峰的自旋-自旋裂分来确定每类质子的邻近质子数。

　　通过这些步骤可以对未知物的结构做出分析，但是没有分子式或没有制备该物质的化学反应等方面的信息，我们仅能得到部分的结构信息。要得到全部结构信息就需要其他的一些化学支撑和谱图数据。任何情况下，基于谱图解释得到的结构信息需通过比较未知物和标准物（这个化合物需已知或者通过化学方法将未知物转化为已知物）的谱才能确定。

（五）未知物的分析实例

　　问题：分子式 C_4H_9Br 的 ^{1}H NMR 谱如图 2.73 所示，请分析其结构方面的信息。

方法：为了方便分析，谱图中的核从左向右依次标记为 A～C。

积分：H_a、H_b、H_c 积分的相对比值为 $2.1:1.0:5.7$，考虑到已给出的分子式，其绝对比值是 $2:1:6$，共计 9 个 H。因此有 2 个 H_a、1 个 H_b 和 6 个 H_c。

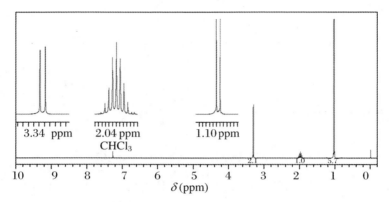

图 2.73　未知化合物^{1}H NMR 谱（300 MHz，CDCl$_3$）

（1）化学位移

各峰中心的 δ 值分别为 $3.3(H_a)$、$2.0(H_b)$ 和 $1.0(H_c)$。出现在低场的 H_a 可能连接有强电负性的溴原子。因为有两个 H，因此可写成—CH$_2$Br 这样的基团。H_c 的 $\delta\ 1.0$ 与甲基相符，由于有 6 个 H，意味着有两个甲基（H$_3$C）C—存在。由于已确定的这两个片段结构包含了分子式中所有的 C 原子，只缺 1 个 H，剩下的这个氢就应该是连接在由两个甲基和一个溴甲基取代的碳原子上，也称为次甲基氢。尽管这里的甲基氢化学位移值超出了表 2.18 中给出的范围，但 β-C 上连有卤素时甲基的位移移向低场，这可以从溴乙烷（CH$_3$CH$_2$Br）的甲基化学位移为 1.7 中得到验证。这种效应同样适用于次甲基 H。这样就有足够的信息来确定未知物的结构是 1-溴-2-甲基丙烷（异丁基溴）（（CH$_3$）$_2$CHCH$_2$Br）。

在这个例子中，结构的确定仅依赖于分子式、化学位移、积分曲线等。未知物起初结构信息并不是来自自旋-自旋裂分方式的。实际上，裂分方式主要用来验证所得到的结果。通常包含在裂分中的信息对于开始判断和猜想未知物的结构是很有用的。

自旋-自旋裂分：H_a 和 H_b 如果以双峰的形式存在，它们的邻近质子就只有一个。1-溴-2-甲基丙烷中的 H_a 和 H_c 仅同次甲基 H_b 偶合就是这种情况。反过来，H_b 就要同 H_a、H_c 共计 8 个 H 偶合。在 H_b 多重峰中有两个峰消失是因为它们在末端，峰强很弱，另外谱图的放大倍数不够不足以看到。如果 H_b 在足够高的倍数放大下，所有的九重峰确实都能看到。

值得注意的是实际上看到峰的裂分数要比 $n+1$ 规律得到的少，理论上有 6 个或更多峰时通常末端（图 2.71 中的帕斯卡三角）的 1 个或更多峰因强度太弱，在正常实验操作的条件下无法显示。应用裂分方式来解释未知物时一定要考虑到这一点。

（2）结构的确定

尽管目前用积分^{1}H NMR 谱三种基本信息中的两个就能解决一些基本问题，但大多数情况下对这三个基本信息要仔细研究才能给出分子结构信息。首先推测能够满足已知数据的片段结构，然后在满足裂分方式和成键原子的原子价的同时，将这些片段结构以尽可能多的方式连接起来。大多数情况下，对含有一两个官能团或约 20 个原子的分子，可以尝试将这些片段用各种连接的方式拼接起来,以此来发现分子的实际结构。一旦找到合适结构,对该结构一定要仔细检查以满足所有谱图数据。如果不能全部满足数据,推测的结构就不一定正确,就要检查另外一种结构直到能够满足所有谱图数据。

（六）问题解析

问题 1:产物峰重叠在一起,无法看到偶合模式,也无法得到准确的积分,更不能找出特定的质子吸收来做质子-质子相关实验。

解答:尝试另外一种不同的 NMR 溶剂。有时这样做想要的峰就从一堆峰里显出来了。例如在六氘代苯中做的谱图通常与氘代氯仿中得到的谱图模式不尽相同。还可以考虑换高分辨的 NMR 核磁共振仪。

问题 2:化合物不溶于氘代氯仿。

解答:试一种新溶剂,何种溶剂取决于化合物结构。下列溶剂之一可能能解决这个问题:六氘代苯、六氘代丙酮或氘代甲醇。(六氘代)二甲亚砜是一个非常有效的选择,不过你要从这种溶剂中回收样品很不容易。

问题 3:谱图看上去与首次做出的化合物有所不同,但非常肯定没有出什么错。

解答:如果谱图只有很小的差别,可能是两次测试浓度不同造成的。有时浓一些的样品的峰会表现出分子间的相互作用。

问题 4:一个峰可能显示的是一个 OH 或 NH 的质子。我怎样才能确认这样的归属?

解答:加一滴 D_2O 到你的样品中,剧烈振摇几分钟。质子会发生交换,它的峰会从谱图上消失。同时还可以在四氘代甲醇中测一个谱,比较谱图的差异。

问题 5:谱图上总是有乙酸乙酯的峰,甚至把样品在高真空下保持几个小时不变。

解答:有些化合物与乙酸乙酯结合得非常紧。不过通常它可以被二氯甲烷取代下来。可以加一些二氯甲烷到样品中,然后旋转蒸发,并且重复 1~2 次,就可以成功地除掉乙酸乙酯。

问题 6:由于受到氘代氯仿峰的影响,无法得到芳环区的准确积分。

解答:可以改用氘代丙酮中测一个谱。

问题 7:反应用 TLC 或 GC 观测进行得很干净,可纯化后,^{1}H NMR 很复杂。也不是非对映异构体的混合物造成的。

解答:可能是构象异构体。试试在较高的温度下测谱,这样可以提高 NMR 在特定时间范围内键的旋转。

问题 8:尽管对样品处理得很仔细,谱图上还是有大的水峰。

解答:NMR 溶剂会吸取一定量的水。避免这个问题的一种方法是加一种惰性干燥剂(如碳酸钾或硫酸钠)到氘代氯仿试剂瓶中。

问题 9:谱图上有丙酮的峰。

解答:这可能是清洗 NMR 试管后有丙酮残留。特别注意的是,NMR 试管洗净后,甚至把它放在烘箱中烘干也要 2~3 h 后丙酮残留才会消失。有时为了加速干燥,可以用电吹风快速烘干。

问题 10:谱图峰很宽。

解答:很多因素会导致峰增宽。锁场没做好,样品不是均相溶液(可能是由于你的化合物溶解性差造成的），或者样品太浓。如果不是这些原因所致，与 NMR 技术员联系，仪器可能需要调试。

问题 11：粗产物 NMR 看上去非常乱。所预期的峰全都没有看到，谱图上都是很多没想到的峰。

解答：粗产物 NMR 并不总是判定反应效果的最好方法。以下情况粗产物 NMR 会造成误导：

（1）试剂峰太大，产物峰被盖住了：有时反应进行得很好，可只有除掉剩余的试剂后才能得到准确信息。

（2）溶剂峰盖住了产物峰：主要是反应高沸点溶剂的残留，高沸点溶剂在旋转蒸发时常常无法完全除掉，尝试用洗涤方法除掉高沸点溶剂。

（3）反应给出的产物是几种异构体的混合物：这种情况，粗产物的 NMR 特别复杂，不过纯化后会变得简单。

（4）可以用 TLC 或 GC 鉴别出一个主要产物，继续往下做，对反应混合物进行纯化，也可能得到非常满意的结果。

三、碳-13 核磁共振谱（^{13}C NMR）

^{12}C 没有核的自旋，而它的同位素 ^{13}C 却有如同 ^{1}H 一样的核自旋 $I_Z = 1/2$。^{13}C 的自然丰度只有约 1.1%，所以除非是人工合成的高含量 ^{13}C 样品，通常化合物中只有 1% 的碳原子在 NMR 实验中发生共振吸收。

由于 NMR 活性的碳元素的低丰度导致获得 ^{13}C NMR 谱较为困难。例如，获得 ^{1}H NMR 谱可能仅需几分钟，而 ^{13}C NMR 谱则需要数十分钟甚至几个小时来累加获得足够的数据，以得到较高的信噪比，确保碳共振峰清晰可见。现代的仪器和高性能的计算机允许 1～5 mg 的样品能获得清晰的 ^{13}C NMR 谱，该样品量大约比 ^{1}H NMR 谱大一个数量级。

^{13}C NMR 谱的原理同 ^{1}H NMR 谱一样，在外加磁场中，^{13}C 采取两种自旋态中的一种，这两种自旋态之间的能量差取决于场强（图 2.67）。将这种核暴露在电磁辐射中，适当的能量就能使核产生共振（式（2.19））。这就是说，自旋态转变伴随着从一种能级转向另一种能级（图 2.68）。

像 H 核一样，分子中 ^{13}C 的电子云环境各不相同，这就产生了化学位移，该化学位移是分子中各种不同种类碳原子磁场环境的特征表现。（CH_3）$_4Si$ 也作为 ^{13}C NMR 谱的标准物，大多数的 ^{13}C 核都在低场跃迁，化学位移值为正。可根据式（2.21）计算这些化学位移，并以 δ 和 ppm 为单位来表示（图 2.73），这同 ^{1}H NMR 谱一样。

现代的仪器都可以测量 ^{1}H 和 ^{13}C NMR 谱。不过测量 ^{13}C NMR 谱时需要消去所有邻近质子对 ^{13}C 的偶合，这个过程就是质子宽带去偶。利用这种技术得到的 ^{13}C NMR 谱就没有 ^{1}H NMR 谱那样的自旋-自旋偶合裂分。另外，邻近 ^{13}C 核的偶合可以忽略，因为在有机化合物中 ^{13}C 的丰度很低，彼此相邻的两个 ^{13}C 出现的概率只有万分之一。去偶合后的 ^{13}C NMR 是很简单的，它只含有磁不等性碳的尖锐吸收峰。

如 2-丁酮的谱图中（图 2.74），四种不同碳原子产生了四种独立的吸收峰。在 79.5 ppm 处的三个峰是溶剂氘代氯仿 $CDCl_3$ 的吸收。这里的一个碳的多重峰是因为质子宽带去偶过程中没有消去的氘-碳之间的偶合。氘的自旋量子数 I_z 是 1，所以根据式（1.10）碳原子有三重峰。

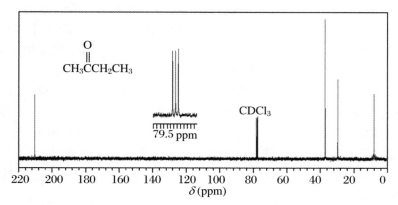

图 2.74　2-丁酮的质子宽带去偶 ^{13}C NMR 谱（75MHz，CDCl$_3$）

在这里要提及一种特殊的 ^{13}C NMR 谱技术，即无畸变极化转移增强（DEPT）。这种技术能够提供与碳原子相连的 H 原子的信息。尽管本书对 DEPT 技术原理不做深入讨论，但 DEPT 谱很容易解析。如果连接在碳上的 H 是奇数，像甲基（CH$_3$）和次甲基（CH）在 DEPT 谱中峰朝上伸，化学位移同一般的 ^{13}C NMR 谱一样。当连接偶数个 H，如亚甲基（CH$_2$）峰朝下伸，而不连 H 的季碳不出现峰。2-丁酮的 DEPT 谱如图 2.75 所示，下半部是正常的 ^{13}C 谱，而上半部是 DEPT 谱图。正如预料的一样，两个磁不等价的甲基有两个朝上的峰，次甲基有一个朝下的峰。

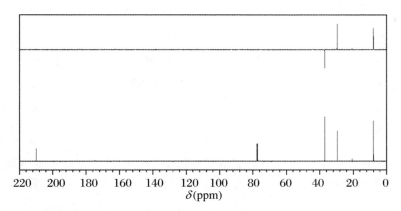

图 2.75　2-丁酮的 DEPT ^{13}C NMR 谱（75 MHz，CDCl$_3$）

不同于去偶合谱，偶合谱往往非常复杂并难以解析，因为 ^{1}H-^{13}C 的偶合常数范围很大，在 120～230 Hz 之间，导致峰的重叠是很严重的。然而一些特殊的仪器能够根据裂分方式提供碳原子的邻近质子数方面的信息。例如质子偏共振去偶法可以简化谱图，每一种碳原子裂分的数目符合 $n+1$ 规律。在 ^{1}H NMR 中，n 是待测 H 的邻近质子数，而在质子偏共振去偶 ^{13}C NMR中，n 是指直接与碳相连的 H 的数目。质子偏共振去偶方法比较复杂，通常将该方法与质子宽带去偶结合使用。

碳原子的化学位移比质子对化学环境更敏感,所以^{13}C 化学位移范围比^{1}H 要宽得多。具体地说,^{1}H 相对于 TMS 一般在 10 ppm 以内,而^{13}C 化学位移可以达到 220 个 ppm,这就意味着两个不同的碳很难有一个相同的化学位移。因此,在去偶的^{13}C NMR 谱有几个峰就意味着分子中有几个不同连接种类的碳原子。该规则可从图 2.74 中 2-丁酮的四个峰和图 2.76 中苯甲酸甲酯的六个峰中清晰可见。在苯甲酸甲酯的^{13}C NMR 谱中,酯基的邻位和间位的两个碳是磁等价的,所以芳环上六个碳只有四个吸收峰。

和^{1}H NMR 谱一样,也将各种不同环境下的碳原子化学位移值总结在表 2.20 中。观察表中的数据,你会发现在^{1}H NMR 谱低场的发生共振的一些结构基团在^{13}C NMR 谱也是在低场吸收。如吸电子取代基羰基或吸电子杂原子相连的碳原子比饱和烃碳原子,共振吸收要在低场,这与 H 核的情景是一样的。这是由于吸电子基团导致的去屏蔽效应。^{13}C NMR 谱中决定化学位移的另一因素是碳原子的杂化方式,一般的 sp^{3}在 10~65 ppm,sp^{2}在 115~210 ppm,sp 在 65~85 ppm(表 2.20 所示)。

表 2.20　^{13}C NMR 谱中^{13}C 化学位移

C 原子类型（下划线显示）	化学位移范围 δ(ppm)	C 原子类型（下划线显示）	化学位移范围 δ(ppm)
RCH$_2$ C̲H$_3$	13~16	R C̲H$_2$CH$_3$	16~25
R$_3$C̲H	25~38	C̲H$_3$COR	30~32
CH$_3$C̲O$_2$R	20~22	R C̲H$_2$—Cl	40~45
R C̲H$_2$—Br	28~35	R C̲H$_2$—NH$_2$	37~45
R C̲H$_2$—OH	50~65	R C̲≡CH	67~70
R C̲≡CH	74~85	R C̲H═CH$_2$	115~120
R C̲H═CH$_2$	125~140	R C̲≡N	118~125
A̲rH	125~150	R C̲O—NR^{1}R^2	160~175
R C̲O$_2$R^1	170~175	R C̲O$_2$H	175~180
R C̲HO	190~200	R C̲OCH$_3$	205~210

尽管每个碳原子对应一个吸收峰,^{13}C NMR 谱中 2-丁酮的每个峰相对强度是不相同的。这是因为产生吸收的碳原子数和共振吸收的相对强度没有 1:1 的对应关系。然而,峰的强度(峰高)和在碳上连接的 H 原子有一定的关系。如果没有 H 连接在碳上,这个碳原子的吸收峰强度就很低。从图 2.74 中可见,羰基的 δ 208.3 吸收峰相对于其他峰已经放大了 2 倍,但是高度还是很矮。相反,亚甲基碳原子的强度比分子中任何其他甲基碳原子的强度都大。这表明和碳相连 H 原子的数目与碳原子的强度没有定量的对应关系。总之,^{1}H NMR 谱积分曲线可以提供关于各种 H 核数目的重要信息,而^{13}C NMR 谱不能,除非应用其他特殊的技术。

分析苯甲酸甲酯的^{13}C NMR 谱(图 2.76)是一个典型实例。基于表 2.20 我们如何确定峰的归属,以及如何利用峰的强度来确定有无 H 和碳相连。首先,由于分子的对称性,该分子只有 6 个磁不等性碳原子。根据表 2.20 分析,δ 166.8 一定是羰基碳原子 C1$'$的吸收。正如之前所料,该峰的强度是最低的。同时,表中的数据表明 δ 51.8 应该是甲氧基 C2′ 的吸收峰。

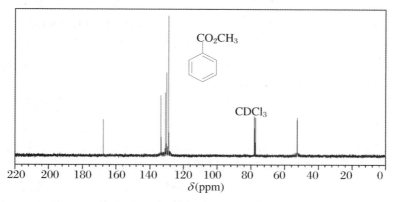

图 2.76 苯甲酸甲酯的 DEPT ^{13}C NMR 谱(75MHz,CDCl$_3$)

剩下的四个峰是芳香环的 ^{13}C NMR 谱,鉴定如下:由于 δ 130.5 是四个峰中强度最弱的,可能是与酯基相连的芳香环上 C1。酯基的邻、对位碳原子相对于间位应该在低场,因为酯基通过 π-电子的离域导致邻、对位的去屏蔽较大,这可从下面的(a)~(c)的共振式来理解,也可通过 σ-键从环上诱导吸电子效应得到说明。这就意味着 δ 128.5 吸收是间位的两个碳原子吸收。基于邻位吸收峰是间位强度的 2 倍来鉴别剩下的 δ 129.7 和 δ 132.9 环上的吸收峰。强度更大的 δ 129.7 吸收峰应该是间位的 C2 共振吸收,较弱的吸收 δ 132.9 应该是对位 C4 吸收峰。

四、NMR 的制样

通常采用高精度管径的特殊玻璃管中盛放的液体样来获得 NMR 谱。尽管低黏度纯液体样可以获得 NMR 谱,但通常不管它是什么样的物理状态,都要将样品溶解在一种适当的溶剂中。较黏的样品 NMR 谱不是很理想,往往得到的是较宽的吸收峰,谱图分辨率很低。

目前所有的 NMR 谱仪都采用脉冲傅里叶转化模式。从技术上就要求使用氘代溶剂,如氘代氯仿(CDCl$_3$)是一种非常普遍使用的溶剂。尽管另外一些溶剂(通常更昂贵一些),如丙酮-d$_6$((CD$_3$)$_2$CO)、二甲基亚砜(CD$_3$SOCD$_3$)、苯-d$_6$(C$_6$D$_6$),也可以使用,但使用频率不高。如果样品是水溶性的,可以使用较便宜的 D$_2$O 做溶剂。

质子溶剂通常不能作为测试溶剂,因为溶剂质子的吸收峰会强烈干扰样品的氢核吸收。尽管氘(^{2}H)同样也有核自旋,但它在 NMR 谱中的吸收与 ^{1}H 完全不同。用氘取代所有溶剂分子中的质子就可以去除 ^{1}H 在 ^{1}H NMR 中的吸收。但在实际工作中因残留的质子还会观察到微弱的氢核吸收。这是因为对一般的谱图测定，通常含 100D 原子%氘代试剂实在是太昂贵了。溶剂产生的弱吸收峰在解析[1]H NMR 谱图时要排除掉。另外，连接到碳原子上不止一个 D 原子的话，取代的 D 会使邻近的碳发生裂分，从而可推测出 D（D 的自旋量子数 I_z 为 1）的数目。例如氘代丙酮中残留的质子在 δ 2.17 出现五重逢。如果丙酮-d_6 含有 99% 的原子或更大含量的氘，该裂分就会产生，来源于碳上的一个残留 H 和两个 D 的偶合。可以通过式 5.10 来计算出残留 H 引起的五重分裂。

当然，无论使用的溶剂是否氘代，溶剂中的碳原子吸收峰在[13]C NMR 中都会出现。和残留的质子偶合一样，也可以观察到碳原子被邻近的 D 裂分。

CDCl$_3$ 碳原子的三个吸收峰如图 2.74～图 2.76 所示。在解析[13]C NMR 谱时应该注意溶剂自身峰带来的影响，如果怀疑样品与溶剂峰重叠，应重新选择溶剂。

做 NMR 谱时比较适当的质量浓度在 5%～15%。尽管允许核磁管最少可以装 0.6 mL 溶液，而装 1.0 mL 样品溶液较为合适。核磁管应小心地洗净和干燥，样品溶液应避免因样品本身或灰尘造成不溶物生成。另外，由于溶质或溶剂与铁罐中金属的接触，痕量的磁性铁杂质会污染溶液，导致谱峰变弱、变宽，这个也要避免。

第四节　紫外和可见光谱

分子吸收适当能量的光以后产生的电子跃迁就是紫外可见光谱（UV-Vis）。该类吸收发生在紫外和可见光区，这两个区间在光谱中是彼此相邻的（图 2.77）。我们可以目测到有颜色的有机物对可见光的吸收。而无色的化学物质吸收紫外光区的能量，这种吸收我们用肉眼无法观察到。

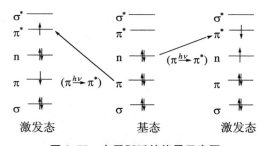

图 2.77　电子跃迁的能量示意图

一、基本原理

UV-Vis 光谱现象是将低能级的电子激发到高能级上。对于有机化学家而言，两种有价值的激发是非键分子轨道或者离域键分子轨道（π 键分子轨道）上的电子激发到反键轨道中（图 2.77）。对于这类激发需要的能量达 159.0～585.8 J/mol 以上，相应的波长范围在 700～

200 nm(式 2.15)。短波长的光用于激发 σ-类电子并给出相应的谱图,尽管这类谱图在鉴定有机分子结构和理解分子的基本性质方面没有什么用途。通常 π 的反键轨道(π^*)的能量要比相应的 σ^* 轨道能量低,如图 2.77 所示。因此,UV-Vis 光谱较普遍的是从 n 轨道($n{\to}\pi^*$)或 π 轨道($\pi{\to}\pi^*$)到 π^* 轨道的激发过程。

通过激发之后的电子会从反键轨道返回到基态的过程称作弛豫或者衰减。尽管弛豫会以热的形式释放能量,但它也会以光的形式释放能量。

紫外光谱仪由光源、单色器、试样池和检出器等组成,如图 2.78 所示。

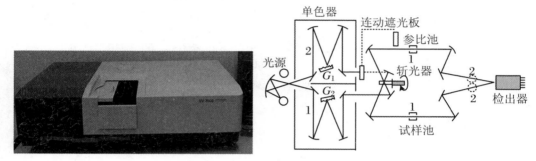

图 2.78　紫外光谱仪原理图

二、实验操作

UV-Vis 光谱受各种因素的干扰,包括溶剂、测试的溶液浓度和吸收池的光程。特定物质对于光的吸收可以定量地用朗伯-比尔定律表示:

$$A = \log I/I_0 = \varepsilon cl \qquad (2.26)$$

式中,A 为吸光度或光密度、I_0 为特定波长的入射光强度、I 为相同波长的透射光强度、ε 为摩尔吸光系数,c 为样品浓度(mol/L)、l 为吸收池宽度(cm)。

在 UV-Vis 光谱中,吸光度 A 是入射光 λ 的函数。因浓度(c)和吸收池长(l)已知,所以可在每个波长下测得不同吸光度 A,随后可根据式(2.26)算出摩尔吸光系数 ε,该系数通常在 10~100 000 之间。下面是一个实例。通过香草油的蒸馏可制备得到天然产物柠檬醛,其 UV 吸收光谱如图 2.79 所示。由于该化合物是无色的,在可见光区间无吸收。配比该化合物不同浓度的溶液进行全波段扫谱来检测最强和最弱吸收峰的位置。记录 UV-Vis 光谱,标出最大吸收波长 λ_{max}、强度 ε 或 $\log \varepsilon$ 以及所使用的溶剂。溶剂要注明,因为 λ_{max}、ε 都与所用溶剂有关。图 2.79 中含有的一些基本信息也可以用下面的方式表达出来:

$$\lambda_{max}^{环己烷} 230 \text{ nm} \quad \log \varepsilon 4.06;$$

$$\lambda_{max}^{环己烷} 320 \text{ nm} \quad \log \varepsilon 1.74$$

230 nm 处的强吸收是因为 α,β-不饱和羰基发色团,发色团是那些强吸收光的官能团。230 nm 的强吸收来源于 $\pi{\to}\pi^*$ 跃迁,而 320 nm 的吸收来源于 $n{\to}\pi^*$ 的跃迁。

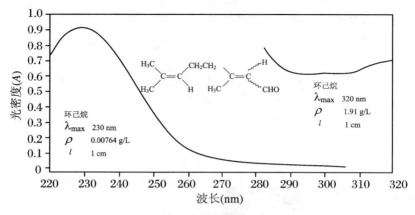

图 2.79　柠檬醛的 UV 谱图

三、UV-Vis 制样

几乎所有的 UV-Vis 谱都是在溶液中测量的,因而寻找一种合适的溶剂制样就较为重要。幸运的是,水和很多有机溶剂都可以用来进行 UV-Vis 谱分析。正如表 2.21 所示,这些溶剂有一个共同的特点,就是在 200 nm 波长以上无明显的吸收。通常每种溶剂都有一个所谓的"临界点"波长,在这个波长以下溶剂就有明显的吸收,这时溶剂对涉及该波长以下的测量就不合适了。"工业纯""分析纯"的溶剂通常含有一些能吸收光的杂质,在使用之前应纯化,但是较昂贵的"光学纯"溶剂就不需要纯化。当然,还要求溶剂不能与溶质反应。

表 2.21　紫外-可见光谱使用的溶剂

溶剂	有用的光谱范围（nm）	溶剂	有用的光谱范围（nm）
乙腈	<200	正己烷	200
氯仿	245	甲醇	205
环己烷	205	水	200
95% 乙醇	205		

待测溶液的浓度应该能够使测得的 A 在 0.3～1.5 范围内,这样测试的准确度较高。对于发色团,更具它的 ε 值来估计要测试溶液的浓度,可从式(2.26)中计算得到浓度 c。通常对于弱激发(logε 约为 1) 0.01～0.001 mol/L 的溶液会给出较合适的光吸收值。这样的溶液也可以进一步稀释,以在合适的 A 范围内观察到最大的吸收强度为准。

样品池必须是石英的,因为各种玻璃会吸收 UV 区间的光。可见光区间测量可以使用较便宜的硼硅酸盐玻璃,这种玻璃对 UV 是不透明的,用作紫外吸收池不合适。

溶质的浓度必须定量,这样就可以获得准确的 A 和 ε 的值。这就要求精确称量溶质的质量并完全转移到容量瓶进行准确稀释。要注意,即使引入很少的强吸收杂质到溶液中,对 UV 光谱的测量都会产生巨大的影响。所以在制备溶液时要使用洁净的玻璃器皿是很关键的。在测试的时候为减少污染,加溶剂之前和之后都要清洗样品池,并且样品池的光学表面也应洗干净,同时避免留有指纹在上面。另外,不能用丙酮清洗吸收池,因为石英上残留的痕量酸或碱催化剂会促进羟醛缩合反应生成痕量的 4-甲基-3-戊烯-2-酮,这种烯酮有非常大的 ε 值,它的出现就会干扰 ε 值的准确测量。样品池最好用与溶解溶质相同的溶剂清洗,当溶液浓度改变时也要仔细清洗一遍。

14

4-甲基-3-戊烯-2-酮

正如前所述,UV-Vis 光谱可以用来鉴定未知物中含有 UV-Vis 区间有吸收的发色团。这种光谱技术更普遍的用途是定量地测定反应速率。式(2.26)表明:如果常量 l、λ 和 A 都已知,就可以测试浓度 c。若在一个已知长度的吸收池中配制已知浓度的相同样品,测定 A 就能算出 ε。因为摩尔吸光系数和吸收池长 l 都是已知的,并且为常量。而对于特定的溶液其吸光度 A 的变化一定是由于浓度 c 的变化所引起。对于特定的溶液,监测吸光度 A 随时间的变化,能获得吸光物质浓度随时间的变化情况,就能计算出生成的产物或消耗的反应物的速率。

第五节　质　　谱

红外、核磁、紫外各种光谱技术在检测和鉴定有机分子结构时,不破坏样品的结构。质谱是有机化学工作者使用的另外一种重要的结构分析手段,但用于检测的微量样品(10^{-6} g)在实验过程中结构会遭到破坏。该项实验技术有很多的应用,其中最重要的两点是检测分子量和元素组成。比起传统方法获取分子质量和元素组成,质谱显得更为快捷、准确,同时所需的量也少。因此,如今有机化学分析质谱几乎取代了所有的传统测分子量和元素组成的方法。

一、仪器原理

图 2.80 列出了质谱仪的一些基本的组成部件,各个不同型号的质谱仪主要区别在于设计、操作和样式构造等方面的不同。同时用于物质分离的气相和液相色谱也可以与质谱串联使用。从图 2.80 中可以看出这些结构部件被封闭在一个持续压强为 1.33×10^{-5} Pa 的真空室内,该真空是必需的。因为在质谱气相分析过程中会产生高反应活性的物质,该物质能引起双分子的反应,降低这些物质的浓度可避免可能发生的双分子反应。进样系统能够将固、液、气微量样品送到离子化室中。离子化过程可以通过几种方法产生,包括高能电子的轰击、化学方法、激光照射。随后离子以气相的形式进入质量分析器,通过磁场作用,由于各自的质荷比(m/z)不同,先后到达检测器,在特定的时间到达检测器的离子具有唯一的质荷比,从而将不同质荷比的离子分离开来。

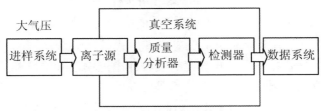

图 2.80 质谱仪的框图

　　然后,检测器把离子束强度转变成电信号,这些电信号通过处理器再转变成有用的格式,以谱图的形式贮存或显示出来。离子束的强度和相应的信号都是基于到达检测器的特定的质荷比的数值,质谱图上信号的强度是到达检测器的质荷比的函数,在某些情况下可通过这些不同碎片的质荷比信息推测分子质量和分析分子的结构特点。

二、质谱分析

　　为了说明质谱的作用,首先以甲烷为例,如何通过质谱中的碎片峰(图 2.81)来推断甲烷的结构。该简单的例子可以将质谱峰与分子结构联系起来,同时也介绍一些质谱分析的基本方法。

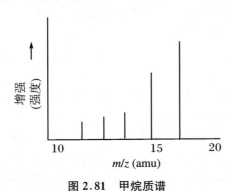

图 2.81 甲烷质谱

　　当分子受到高能电子的轰击,例如甲烷,就会离子化产生自由基碳正离子,这是带有未成对电子的正电荷。这个过程可以通过式(2.27)表达:

$$CH_4 + 1e^- \longrightarrow CH_4^+ + 1e^-$$

　　甲烷　　　　　　分子量 $= 16$

$$(m/z = 16) \tag{2.27}$$

　　离子和初始物分子含有相同的质量,称作分子离子或母离子。这个离子,拥有 $z = +1$ 的电荷,到达检测器产生 m/z 为 16(分子的相对分子量)的信号。然而这个分子离子不稳定,在离子室里将解离成其他正离子(称为子离子),这些子离子根据它们的质荷比不同在到达检测器之前被分开。在甲烷中,分子离子的解离是简单地丢掉一些 H 原子,如式(2.28)所示。各谱峰的强度与形成这种离子概率及到达检测器的可能性大小有关。

$$CH_4^+ \xrightarrow{-H^.} CH_3^+ \xrightarrow{-H^.} CH_2^+ \xrightarrow{-H^.} CH^+ \xrightarrow{-H^.} C_2^+ \tag{2.28}$$
$$m/z = 16 \quad m/z = 15 \quad m/z = 14 \quad m/z = 13 \quad m/z = 12$$

如果结构比甲烷分子复杂,那么分子解离的方式也会更复杂。这可从 2-甲基丁烷的质谱中看出(图 2.82)。母离子和子离子解离成更小的离子和中性物质的一般表达式,如式(2.29)和(2.30)所示。这里

$$P^+ \longrightarrow A^+ + B^. \quad 或 \quad P^. + B^+ \tag{2.29}$$
$$A^+ \longrightarrow C^+ + D^. \quad 或 \quad C^. + D^+ \tag{2.30}$$

分子离子峰的解离通常会产生一些较大质荷比的离子峰,使解析质谱变得困难。可以通过应用已学习过的反应机理并遵循一些裂解原理从质谱中提取一些分子结构的重要信息。例如,分子离子容易断键生成烯丙基、苯基、四级碳正离子等较稳定的离子。在分子解离过程中也会产生一些热力学稳定的中性分子,如水、氨、氮气、一氧化碳、二氧化碳、乙烯、乙炔等。因为在质谱中只能检测正离子,这些中性物质观察不到。但是这些中性碎片分子的解离对分析样品中可能出现的官能团有提示作用。因而,确定碎片离子的 m/z 值能提供关于未知物的结构特征方面的重要信息。

具体到 2-甲基丁烷质谱(图 2.82)的解析,几个离子峰给出了关于结构方面的信息。例如在 m/z 为 72 就是分子离子峰 P^+,以 H 为 1.000,C 为 12.000,2-甲基丁烷的分子质量刚好是 72。化合物中 H^2 和 C^{13} 的出现,会有 m/z 为 73 的 $P^+ + 1$ 出现,而 $P^+ + 2$ 没有出现是因为在分子中出现两次 H^2 或 C^{13},或者同时 C^{13}、H^2 各出现一次的概率太小。图中可见分子离子峰并不是最强的,而是 m/z 为 43 的碎片离子峰。该峰的强度定为 100%,称作基峰,其他峰的强度以它为参考标准。

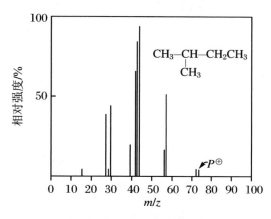

图 2.82　2-甲基丁烷质谱

从图 2.83 中可以看出,在图 2.82 中几个高丰度碎片离子,其来源可以用 2-甲基丁烷自由基正离子(2)的几种可能的解离方式来归属。离子(2)以两种方式从 C2 上失去甲基,从而产生 2-丁基正离子(3)、甲基自由基(3)、2-丁基(4)和甲基正离子(5)。基于碳正离子稳定性,主要应该产生二级碳正离子(3),而不是一级碳正离子(6)。事实上,图中 m/z 为 15 的弱峰就是6,而强度更大的 m/z 为 57 的峰就是 17。分子离子(2)通过 C2 和 C3 键的解离产生 2-丙基碳正离子(7)、乙基自由基(8)和 2-丙基自由基(9)、乙基碳正离子(10),基于两个碳正离子的稳定

性,21,m/z 43 比 24,m/z 29 要优先产生。谱中的一些峰是各种自由基正离子的 $P^+ + 1$、$P^+ + 2$ 峰。

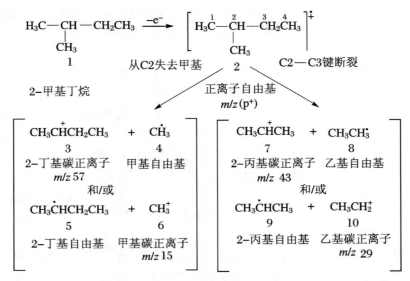

图 2.83 2-甲基丁基正离子的解离

大部分质谱仪可以分辨相差一个原子单位的离子,也就是检测的 m/z 值近似为整数,用质谱的术语表示就是低分辨质谱仪。价格昂贵的高分辨质谱仪可以分辨 m/z 在 $±0.001$ 或 $±0.000\,1$ 个原子单位,可以提供非常准确的分子质量,对于未知物测量其准确分子质量和确定分子式是极其重要的。这类质谱仪也开始普及了。

第三篇　有机化学基础性实验

有机化学基础性实验偏重基本操作如回流、常压蒸馏、减压蒸馏、重结晶、升华、萃取、薄层色谱和柱色谱,以制备(简单合成)、纯化为主,实验类型以基础为主。

实验一　简单玻璃工操作

一、实验目的

学习简单玻璃工操作技术。

二、简单玻璃工操作技术

虽然标准磨口玻璃仪器的普及使用为仪器的连接装配带来极大的便利,但在许多情况下仍需实验者自己动手做玻璃的简单加工,如测熔点或减压蒸馏所用的毛细管。导入或导出气体所用的玻璃弯管,以及滴管、玻璃钉、搅拌棒等。在微型有机化学实验中,需要自己制作简单仪器的情况更多,所以简单玻璃工操作是有机化学实验的基本操作之一。简单玻璃工操作主要指玻璃管和玻璃棒的切割、弯曲、拉伸、按压和熔封等技术。

1. 清洗和切割

新购的玻璃管只需用自来水冲洗干净,烘干后即可用来加工,可满足一般要求。如洁净程度要求较高,或玻璃管内壁有污物,可用细长的毛刷蘸取洗衣粉刷洗后再用自来水冲洗干净或超声波清洗。如玻璃管太细,可用细铁丝系上一小团棉花代替毛刷在管内来回推擦洗涤。如果洁净程度要求特别高,比如拉制熔点管所用的玻璃管,则需先用洗液浸泡数日,再用自来水冲洗干净,然后用蒸馏水荡洗,经烘干后避尘保存备用。

切断玻璃管(棒)采用何种方法,主要取决于玻璃管(棒)的粗细。实验室中最常用的玻璃管(棒)直径一般为6~10 mm,可用三角锉刀或小砂轮很方便地切断。切割时左手握住玻璃管(棒),拇指指甲端部顶住欲切断处,将玻璃管(棒)平置于实验台边缘处,使与边缘线的交角呈30°左右。右手持三角锉(或小砂轮)在欲切断处沿与玻璃管(棒)垂直的方向锉一深痕。如果一次锉出的痕不够深,可在原处沿原方向再锉几次。但不可来回乱锉,否则会使断口不齐,也会使切割工具迅速变钝。然后将玻璃管(棒)拿起,双手水平握持,两手拇指指甲端部并齐顶在锉痕背面向前缓缓推压。同时其余手指分握锉痕两侧向斜后方拉折,开始用力宜小,缓缓加大力度直至断开。为安全起见,可在锉痕两侧分别以布包衬,然后折断。

如果玻璃管(棒)较粗,或需要切断处靠近端部,不便握持,可将锉痕稍锉深一些,用直径约6 mm左右的玻璃棒在燃气灯上将一端充分烧软熔融,迅速将熔融的端点压在锉痕中部,玻璃管(棒)即沿锉痕方向断裂开。若一次点压不能使之完全断开,可将玻璃棒端部重新烧熔,沿裂痕方向移动点压位置再次点压,直至完全断开。这种方法称为点切法。

切断后的玻璃管(棒)切口边缘锋利,不易插入塞孔或橡皮管中去,且易划破手指,故应将断口在火焰上烧至锋沿处开始软化时取出,放冷备用,但不可烧得太软,以免管口收缩。

2. 弯曲

将燃气灯套上鱼尾灯头后点燃,调节好火焰。两手平托待弯的玻璃管(棒),将要弯曲的部位放在火焰的边上转动烘烤,烘热后逐渐移动到火焰上烧,同时两手将其缓缓地同向、同步、同轴转动。待玻璃管(棒)烧软(但不宜太软)时取离火焰,仍两手平托,由于重力作用,已软化的部位会自然下沉,同时两手可顺势微微向软化处用力,使之弯曲成所需角度。在玻璃管(棒)已经变硬但尚未冷却时,将其放在弱火焰上微微加热,再缓缓移离火焰,放在石棉网上自然冷却。这种逐渐冷却的方法称为退火,其目的是减少内部应力,避免冷却后断裂。

若无鱼尾灯头可将两盏燃气灯一前一后靠近摆放,并将其中一盏稍微向另一盏倾斜,使两个灯头靠在一起。由于热气流相冲撞,火焰会被扩宽而呈扁形,一般可代替鱼尾灯头使用。如果只用一盏燃气灯弯管,由于所烧宽度有限,不宜一次弯成所需角度,若用力强行弯成所需角度,则弯角处易折皱变细,这时可采用多次弯曲的方法,一种方法是烧软后轻轻弯一角度,再将弯角重新移到火焰中去并稍稍移动所烧位置,两手托住两端使弯角在火焰中来回摆动,又弯一定角度,再移动所烧位置,如此重复直至所需角度后做退火处理;另一种方法是待玻璃管(棒)开始软化时放开左手,仅以右手握其一端,使另一端靠重力作用自然下沉,弯成一定角度,当其不再下沉时重新加热并移动烧点,也可逐步弯成所需角度。

无论用何种方法弯曲,总的要求是弯角平滑,无折皱,不扭曲,不明显变细,弯角及其两边在同一平面内。如果已经出现折皱或变细,可做适当修理。修理的方法是将其一端塞住,将弯角烧软,从另一端轻轻吹气,使之稍稍鼓胀并变圆滑。

3. 拉伸

玻璃管加热软化后可拉伸成不同径度的毛细管,以适应不同的需要,俗称拉丝。拉制测定熔点用的毛细管要求拉得长而均匀,且粗细合适,故应尽量使受热部分长一些,一般应加鱼尾灯头,或用两盏燃气灯对烧以扩展火焰的宽度(见弯曲部分)。拉制减压蒸馏用的导气毛细管或制作滴管等,受热部分不必很宽,可只用一盏燃气灯,也不需鱼尾灯头。

烧软玻璃管的方法是先用弱火烧热,再用强火烧软。烧时应以两手平托(如果火焰较窄,也可倾斜托持,以使受热部分长一些),边烧边做同向、同步、同轴转动,直至充分烧软移离火焰后,仍需在缓缓转动下沿水平方向拉伸。

拉制熔点管时,应先缓缓拉伸,眼睛始终盯着最细的部分。当最细处拉至直径约1 mm时需稍稍停顿一下,然后快速向两边拉开。停顿的目的在于使最细处冷却硬化,再拉时不至于变得更细。而较粗处冷却较慢,短暂的停顿不能使其硬化,当再迅速拉伸时可将尚未硬化的粗处拉细,而原已拉细的部分则已硬化不会改变,这样即可得到长而均匀、粗细合适的毛细管。毛细管两头由细变粗处称为喇叭口。如果拉伸的时间、速度、力度都掌握地很好,则喇叭口很短;如果拉的速度不当,则喇叭口很长,即从两端到中间逐渐变细,任何一段都不均匀,不合用,就会浪费掉大量材料。而要准确掌握火候、时间、速度、力度则需要反复练习多次,仔细体会要领。毛细管拉成后可放开左手,以右手竖直提持。冷却一分钟左右,从开始均匀的地方折断,截成所需的长度备用。此时喇叭口处仍然很烫,不可放在实验台上,以免烫坏台面,应放在石棉网上缓缓冷却。

　　减压蒸馏所用毛细管一般要求细如发丝,弹性良好。高真空蒸馏时所用的毛细管甚至要求在水中吹不出气泡,仅在乙醚中可吹出成串的细小气泡。这样细的毛细管一般是分两次拉成的。首先将玻璃管在较窄的火焰上烧软一小段,移离火焰,缓缓拉伸,使细部直径为 1.5 mm 左右,然后将细部烧软,迅速拉开,即可得到很细的毛细管。

　　滴管的细部直径一般要求在 1.5～2 mm,且严格要求粗部与细部同轴。其拉制方法是将烧软的玻璃管移离火焰,两手分握两端,在缓缓转动下沿水平方向慢慢拉伸至所需粗细。由于喇叭口长短无碍使用,故不需中途停顿。但若拉伸时不加转动,则会拉偏,粗、细部不同轴。

　　玻璃棒的拉伸方法与玻璃管相同,可以将一根较粗的玻璃棒拉制成所需径度的细玻璃棒,也可以拉成玻璃丝。需要注意的是,玻璃棒的冷却硬化比玻璃管慢许多,要防止其在尚未硬化之前变弯。

4. 熔封

　　欲将玻璃管的一端熔封起来,可将该端伸入灯焰 0.5～1 cm,转动加热至充分软化,离开火焰,立即用镊子夹紧端部迅速拉开。在细部接近长端喇叭口处烧软拉断。

三、简单玻璃工操作实验

1. 燃气灯使用

　　燃气灯火焰简单可分为外焰、内焰、焰心,也可分为氧化焰、还原焰、未燃区,如图 3.1 所示。内焰为蓝色火焰,外焰为红色火焰。

　　一般拉制玻璃管都要求在内焰与外焰交接处,也即火焰的温度最高 2/3 处加热。

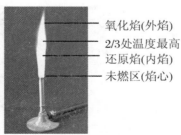

　　　　　　　　　　　　　氧化焰(外焰)
　　　　　　　　　　　　　2/3处温度最高
　　　　　　　　　　　　　还原焰(内焰)
　　　　　　　　　　　　　未燃区(焰心)

图 3.1　燃气灯火焰

　　首先将燃气灯的进空气的螺旋阀门关闭,使空气无法进入,打开煤气管道两通阀门,然后点燃火柴,打开在燃气灯底部的进气阀门,点燃燃气灯。点燃后调节进空气的螺旋阀门至出现蓝色火焰,并能很明显看出内外焰的区别为止。

在拉制玻璃管时,一般要求火焰尽量调至最大。

2. 实验材料

直径:5~6 mm,长:18 cm,玻璃管2根。

直径:8~12 mm,长:30 cm,软质薄壁玻璃管2根。

选取直径5~6 mm的玻璃管,洗净后外部用干抹布擦干净。视实验需要用自来水、洗涤剂洗涤,必要时用少量蒸馏水清洗、烘干或晾干后使用。

3. 玻璃管切割

(1)冷切

玻璃管的切割是用三角锉刀的边棱或小砂轮在切割处朝一个方向锉一较深的割痕(不可来回锉),用两手握住玻璃管,以大拇指顶住锉痕背面的两边,轻轻向前推并朝两边拉,玻璃管即平整断开。折断粗管时,可在锉痕处涂点水,这样折断时比较容易。断口处边沿锋利,在火焰上将切口烧至锋沿开始软化时取出冷却备用。

(2)热切

取与玻璃管质地相同、直径2~3 mm的玻璃棒,将其一端稍稍拉细,用细的氧化火焰灼烧成圆球珠状,呈赤红色时,将这个赤热圆球珠迅速取出,直接放在锉痕处压紧,玻璃管即可沿锉痕裂开。一次不行,可重复操作。截断后将断口钝化。

4. 拉制玻璃管

(1)制作滴管

取一根干燥洁净的长为15 cm、直径约为5 mm的细玻璃管。左手握玻璃管转动,右手托住玻璃管,将玻璃管中心放在燃气灯上强火焰上加热,如图3.2所示,两手不断同步向同一方向转动玻璃管。当玻璃管由红色变为黄色,玻璃管发软时,移离火焰,趁热慢慢拉伸,使粗部和细部同轴。当细处拉至直径1.5~2 mm时停止,稍冷后放开左手,以右手垂直提持。待玻璃管完全变硬后,置于石棉网上冷却,然后在中心用砂轮在细处截成适当长度、粗端长为7 cm左右的两根滴管。细口锋沿在弱火焰或外焰处呈45°角来回转动一会儿,使锋利口成平滑的管口。另一端口在强火焰处烧软后,垂直按在石棉网上片刻后,使管口卷起,以便乳胶头套上不滑脱而成一滴管。

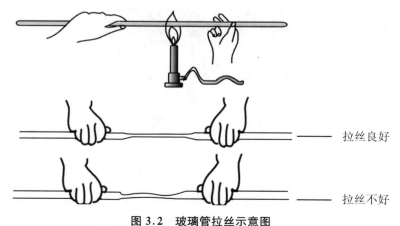

图3.2　玻璃管拉丝示意图

滴管规格:粗端 0.5×7 cm,细端 0.15×(3~4) cm。

拉好玻璃管的技术关键有两点:一是掌握火候,二是转动时不要上下扭动,两手要同步转动。

(2) 拉制毛细管(熔点管、沸点内管)

选一根直径约为 1 cm、长为 30 cm 的薄壁软质玻璃管。双手拿玻璃管于适当之处,开始在燃气灯的大火焰上灼烧,灼烧时要不断转动玻璃管,同时倾斜不同角度上下转动,使灼烧面积扩大,受热均匀。在灼烧玻璃管的过程中,不要把管拉细。当玻璃管变得很软时,先慢后快,尽量拉长,制成中间段为 1~1.5 mm 的毛细管,如图 3.3 所示。然后截取粗细均匀、长为 15 cm 的毛细管 5 根。一次拉制不够,继续拉两端较粗的部分,一定要注意等两端较粗的部分冷透后方可继续使用,否则容易烫伤。

毛细管两端在弱火焰上封闭,从中间截开制成熔点管(沸点内管)。

毛细管规格:(1~1.5)×15 mm。

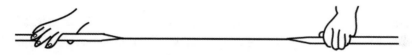

图 3.3 毛细管制作示意图

(3) 制作沸点外管

取软质薄壁玻璃管一根,在强火焰上灼烧,烧管的面积要宽。拉制时速度要慢,拉的幅度要小,使成内径为 3~4 mm、长为 6~8 cm 的一段玻璃管,截取后,一端在外焰上呈 45°角来回转动烧融,使口成平滑不割手,但不要烧太久以免管口缩小;另一端在外焰上呈 45°角转动烧成封闭。

沸点外管规格:(3~4) mm×(6~8) cm。

(4) 制作玻璃弯管

取内径约为 5 mm、长为 18 cm 的细玻璃管,将玻璃管 1/3 处放在火焰上,一边加热,一边慢慢转动使玻璃管使受热均匀。当玻璃管软化后,从火焰中取出,两手水平持着,在重力作用下轻轻弯曲(注意一次不能弯太大的角度)。然后再次放入火焰,稍换一部位加热,烧软,再取出弯玻璃管弯曲,反复几次,直至弯成 90°的弯角。注意弯成的玻璃管,转角处不能扭曲,不能成一切线,弯管应在同一平面上。

玻璃弯管规格:90°弯管。

实验二 毛细管法熔点及微量法沸点测定

一、实验目的

(1) 了解熔点测定的意义,掌握毛细管法测定熔点的方法及操作。

（2）了解沸点测定的意义，掌握微量法测定沸点的方法及操作。

二、实验原理

固体化合物的熔点（Melting point）通常认为是固-液两态在大气压下达到平衡状态的温度。对于纯有机化合物，一般都有固定熔点，即在一定压力下，固-液两相之间的变化都是非常敏锐的，初熔至全熔的温度范围一般为 $0.5\sim1\ ℃$（熔点范围或称熔距、熔程）。若混有杂质，熔点下降，且熔距也较长。以此可鉴定纯固体有机化合物，并根据熔距的长短定性地估计出该化合物的纯度。

在一定温度和压力下，使某一化合物固-液两相处于同一容器中，这时可能发生三种情况：固相迅速转化为液相即固体熔化；液相迅速转化为固相即液体固化；固-液两相同时并存。如何判断在某一温度时哪一种情况占优势，可从该化合物的蒸气压与温度的曲线图来理解，如图 3.4 所示。

图 3.4(a) 的曲线表示固体的蒸气压随温度升高而增大。图 3.4(b) 是液态物质蒸气压-温度曲线。如将曲线 (a)、(b) 加合，即得图 3.4(c) 曲线。固相的蒸气压随温度的变化速率比相应的液相大，最后两曲线相交，在交叉点 M 处（只能在此温度时）固-液两相可同时并存，此时温度 T_M 即为该化合物的熔点。当温度高于 T_M 时，说明此时固相的蒸气压已较液相的蒸气压大，使所有的固相全部转化为液相；若低于 T_M 时，则由液相转变为固相；只有当温度为 T_M 时，固-液两相的蒸气压才是一致的，此时固-液两相可同时并存。这是纯有机化合物有固定而又敏锐熔点的原因。当温度超过 T_M 时，甚至很小的变化，如有足够的时间，固体就可以全部转变为液体。所以要精确测定熔点，在接近熔点时加热速度一定要慢，每分钟温度升高不能超过 $2\ ℃$，只有这样才能使整个熔化进程尽可能接近于两相平衡的条件。

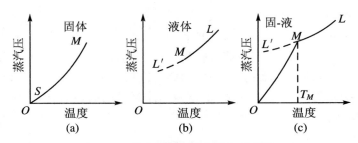

图 3.4　化合物的温度与蒸气压曲线

液体化合物的蒸气压随温度升高而增加，当蒸气压力等于该物质所受的外界压力时，液体即开始沸腾，此时的温度就是该化合物的沸点（Boiling point）。液体化合物的沸点随着外界压力而改变，外界压力增大，沸点升高；外界压力减小，沸点降低。在一定压力下，纯净化合物的沸点是固定的，但具有恒定沸点的液体不一定是纯粹的化合物，如两个或两个以上的化合物形成的共沸混合物也具有一定的沸点。

三、毛细管法测定熔点

1. 实验仪器、药品

b 形管（提勒管）、温度计、熔点管苯乙酸、未知物。

2. 实验步骤

（1）熔点管制备

测熔点用的毛细管，外径为 1～1.5 mm，长为 7～8 mm。将拉制好的长为 15 cm、两端封闭的毛细管，用砂轮片在中间将其切断，并使切口平整，检查封闭口，以确保不漏。

（2）装样

将待测苯乙酸或未知物放入表面皿，用空心塞将样品充分磨细成粉末堆成一堆，将熔点管开口一端插入粉末中装样，将熔点管开口朝上，从垂直立于表面皿或桌面上空气冷凝管的上口，由上至下自由下落反复数次，使所装样品紧密结实，样品高度为 2～3 mm。沾于管外粉末需抹去，以免污染加热浴液。注意样品一定要研得极细，装得结实，以使在加热时热量的传导速度均匀，不影响测定结果。

（3）熔点浴

实验室常用的熔点浴是提勒管（Thiele tube），又叫 b 形管，如图 3.5 所示，管内装入浴液，高度达到上支管处即可，管口装有开口软木塞。温度计插入其中，刻度面向开口，水银球位于 b 形管上、下两叉管口之间，也可以不用软木塞，将温度计悬挂其中。将装好样品的熔点管沾少许浴液黏附于温度计下端，使样品的部分位于水银球侧顶中央。如果浴液黏度较小，可用一小橡皮圈套在温度计和熔点管上部，在图示部位加热。

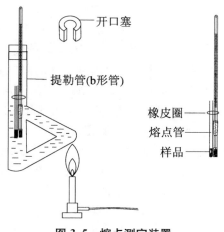

图 3.5　熔点测定装置

（4）熔点测定

开始在上、下支管交合处加热，若已知样品的熔点，开始加热速度可较快，当接近熔点 10～15 ℃时，调整火焰，使每分钟上升 1～2 ℃。在测未知物时，可先较快地粗测其熔点范围，再根据所测数据精测，这样较节省时间。在测定时，应记下样品开始的萎缩温度、液相出现（即出汗)时的初熔温度和固体完全消失时的全熔温度。测定第二次时,应更换一根熔点管再测。

苯乙酸测两次,未知物粗测一次,精测两次。

3. 熔点仪测定法

见 WRS-2A 熔点仪使用说明。

4. 温度计的偏差及其校正

温度计的读数与所测的温度之间常有一定的偏差,使用温度计时就必须对温度计进行校正。校正时,选几种已知熔点的纯化合物做标准,测定其熔点,以观察到的熔点做纵坐标,测得熔点与应有熔点的差数做横坐标,画成曲线,任意温度的校正值可直接从曲线中读出。表 3.1 列出了常用的标准样品及其熔点。

表 3.1　校正温度计常用的标准样品

标准样品	熔点(℃)	标准样品	熔点(℃)
冰-水	0	尿素	132.7
3-苯基丙酸	48.6	二苯基羟基乙酸	151
苯甲酸苄酯	71	水杨酸	159
乙酰胺	82.3	对苯二酚	173～174
间二硝基苯	90.02	3,5-二硝基苯甲酸	205
二苯乙二酮	95～96	酚酞	262～263
乙酰苯胺	114.3	蒽醌	286
苯甲酸	122.4		

(1) 温度计产生误差的原因

普通温度计是实验室中最常用的测温仪器之一,大多数不能测量出绝对正确的温度。产生误差的主要原因有两个方面:一方面是温度计标定时的条件与使用时的条件不完全相同。温度计的标定可分为全浸式和半浸式两种,全浸式温度计的刻度是在汞线前部均匀受热的条件下标定刻出来的,而使用时只有一部分汞线受热,所以有误差是必然的。半浸式温度计的刻度是在有一半汞线受热的条件下标定刻出来的,效力接近使用时的条件,但在使用时汞线受热部分的长短及周围环境的温度也不会与标定时的完全相同,受热和未受热部分的玻璃及水银的膨胀差异,也会产生误差。另一方面,温度计的毛细管不一定绝对均匀。温度计长期处于高温或低温下会使毛细管永久性体积变形,这些原因都可能造成读数误差。所以,温度在 100 ℃以上时,偏差 1～2 ℃的情况是常见的。在科学研究和生产实际中,对于温度测量的精确度要求有时较为粗略,有时较为精确。在要求精确测定温度的场合下,就需要选用标准温度计或纯化合物的熔点作为标准对所用的温度计进行校正。

(2) 用标准温度计校正(比较法)

取一支标准温度计在不同的温度下与待校正的温度计相比较,作出温度计校正曲线。

(3) 用标准样品校正(熔点法)

在测定固体的熔点时,我们是假定温度计的读数是正确的,用它来确定样品的熔点;在校正温度计时,则是反过来选定若干已知的纯净固体样品,它们的熔点温度是经过精确测定的,将这些熔点温度与温度计的读数相比较,做出温度计校正曲线,即从曲线上读出任一温度的校正值。

用熔点方法校正温度计的标准样品如下,校正时可以具体选择。

（4）温度计校正曲线的绘制

温度计校正曲线的纵坐标通常是温度计的直接读数,横坐标可以是真实温度,也可以是读数与真实温度的差值。由于后者对于一两摄氏度的,甚至零点几摄氏度的温度误差都会引起曲线形状的较大变化,即较为灵敏,故应用更广一些。如果误差完全是由于温度计标定时和使用时的条件差别所造成的,则绘出的曲线应该是线性或接近线性的;如果误差是由于温度计毛细管不均匀、样品不纯、测定的操作失误等偶然原因所致,则曲线可能具有正、负两方面的偏差而不呈线性。图3.6分别表示了这两种情况。

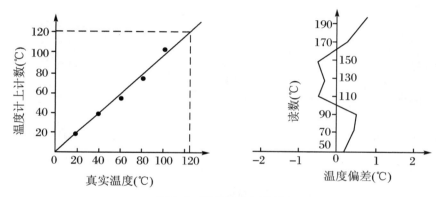

图 3.6　温度计校正曲线

四、微量法测定沸点

1．实验材料

b 形管、温度计、沸点外管、沸点内管,95%乙醇。

2．实验步骤

（1）沸点管制备

自制沸点外管为长约为 5 cm、外径为 5~8 cm 的小试管。内管即为一段封闭的约 6 cm 长的毛细管。

（2）装品

用滴管吸取 95%乙醇于沸点管外管中,液柱高约为 1 cm,将内管开口端向下插入外管中。

（3）沸点测定

微量液体可用微量测定法。测定装置如图 3.7 所示,将沸点管用橡皮圈固定在温度计上,使样品部分置于水银球（或酒精球）侧面中部,并插入 b 形管中加热。加热时由于气体膨胀,会有小气泡慢慢逸出,当接近沸点时气泡增加,到达液体沸点时有一连串气泡快速退出,此时停止加热,温度逐渐下降,当毛细管末端不

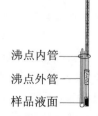

沸点内管

沸点外管

样品液面

图 3.7　微量法测定沸点装置

再有气泡逸出,液体刚要进入毛细管的瞬间(最后一个气泡有开始缩回毛细管内的倾向时),说明毛细管内蒸气压与外界压力相同。记下温度计的温度,即为该化合物的沸点。

每支毛细管只可用于一次测定,一个样品测定需重复 2~3 次,测得平行数据相差应该不超过 1 ℃。

五、数据记录

熔点		萎缩(℃)、初熔(℃)、全熔(℃)	沸点	T_1(℃)	T_2(℃)
已知物	1			1	
	2			2	
未知物	1				
	2			$\vert T_1 - T_2 \vert < 1$	
	3				

【注意事项】

(1) 水浴高度不能超过熔、沸点管的开口处,以免水进入,但又不能低于 b 形管的叉管口,以便使冷热水进行循环。

(2) 测定熔点、沸点时,每测一样品更换一毛细管。

(3) 在进行第二次测定时注意浴液的温度。可以将原来的浴液倒掉一半,加入新的浴液,使浴温不致太高而能顺利进行下次测定。

(4) 测定受热易分解的样品时,可先将熔点管加热至低于熔点 20 ℃时再放入样品测定。

(5) 测定易升华物质的熔点时,应将熔点管上口封闭。

(6) 热的温度计要防止剧冷,以免使水银柱或酒精柱产生断裂现象。

(7) 提勒管内的浴液可以是浓硫酸、磷酸、液体蜡或有机硅油等。液体蜡较为安全,适于 170 ℃ 以下使用。浓硫酸价格便宜,易传热,但腐蚀性大,有一定危险性,适于 220 ℃ 以下使用,高温下会分解放出三氧化硫,当有机物和其他杂质触及硫酸时,会使硫酸变黑,妨碍熔点的观察,这时可加入少许硝酸钾晶体共热使之脱色。磷酸可在 300 ℃ 下使用,如将 7 份浓硫酸和 3 份硫酸钾或 55 份浓硫酸和 4.5 份硫酸钾在通风橱一起加热,直至固体溶解,可应用在 220~320 ℃ 范围,以 6 份浓硫酸和 4 份硫酸钾混合,则可使用至 365 ℃,这类溶液室温下为个固态或固态,不适用于测定低熔点化合物。

六、思考题

1. 测定熔点时,若遇下列情况,将产生什么结果?

(1) 熔点管壁太厚。

(2) 熔点管底部未完全封闭,尚有一针孔。

(3) 熔点管不洁净。

(4) 样品未完全干燥或含有杂质。

(5) 样品研得不细或装得不紧密。

(6) 加热太快。

2. 熔点低于室温的化合物,如何测定其熔点?

七、WRS-2A 数字熔点仪使用说明

1. 工作原理

仪器工作原理基于物质在结晶状态时的反射光线,在熔融状态时的透射光线。因此,物质在熔化过程中随着温度的升高会产生透射光的跃变(图 3.8)。

2. 熔点测定操作步骤

(1) 开启电源开关,显示上一次起始温度及升温速率。稳定 20 min。此时,光标将停止在
"起始温度"第一位数字,用户可通过键盘修改起始温度,并按
"回车键"表示确认,如图 3.9(b)所示,若起始温度不需键盘修
改可直接按"回车键",此时光标炮制"升温速率"第一位数字。

(2) 通过键盘输入升温速率,按"回车键"表示确认,亦直
接按"回车键"。默认当前的升温速率,此时光标有回到"起始
温度"第一位数字。

(3) 用户也可通过光标移动键"←"将光标移到所需修改
的数字中,然后进行修改(总之光标所停位置即可修改),修改
后按"回车键"表示确认。

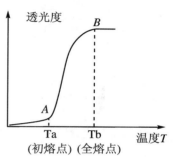

图 3.8　熔点跃变图

(4) 当实际炉温达到预设温度并稳定后,可插入样品毛
细管。

(5) 按升温键,操作显示"↑",此时仪器将按照预设的工作参数对样品进行测量。

(a) WRS-2A数字熔点仪　　　　(b) WRS-2A数字熔点仪按键

图 3.9　WRS-2A 数字熔点仪

(6) 当达到初熔点时,显示初熔温度,当达到终熔点时,显示终熔温度,同时显示熔化
曲线。

(7) 只要电源未切断,上述读数值将一直保留。

(8) 若用户想测量另一新的样品,输入完"起始温度"并按"回车键"后,原先的曲线将自动
清除,开始下一样品的测量。

(9) "清除"键的使用:用户每测完一样品,会显示出对应于 3 个样品的熔化曲线,若由于
装样等因素造成某条曲线长距离不连续,测量误差过大,此时用户可清除该条曲线,重新测量,

具体操作如下：

- 按下"清除"键，操作提示处显示：123C；
- 用户可按下相应的数字键以清除缺陷，亦可再次按下"清除"键以便放弃清除操作；
- 设定好工作参数后，将装有药粉的毛细管放入对应的炉子，按"升温"键；
- 此时仪器将重新测量该药粉，并计算平均值。

（10）Reset 键的使用：

若仪器出现死机或需要刷新界面可按面板右上角的 Reset 键。

实验三　液体化合物折光率测定

一、实验目的

学习液体化合物折光原理和折光率（Refractive index）测定方法。

二、实验原理

一般地说，光在两个不同介质中的传播速度是不相同的。所以光线从一个介质进入另一个介质，当它的传播方向与两个介质的界面不垂直时，则在界面处的传播方向发生改变。这种现象称为光的折射现象（图 3.11）。根据折射定律，波长一定的单色光线，在确定的温度、压力等外界条件下，从一个介质 A 进入另一个介质 B 时，如图 3.10 所示，入射角 α 和折射角 β 的正弦之比和这两个介质的折光率 N（介质 A 的）与 n（介质 B 的）成反比，即

$$\frac{\sin \alpha}{\sin \beta} = \frac{n}{N} \tag{3.1}$$

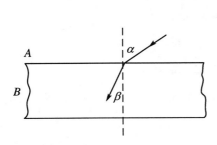

图 3.10　光通过界面时的折射

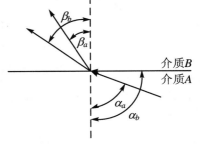

图 3.11　光的折射现象

若介质 A 是真空，则定其 $N = 1$，于是

$$n = \frac{\sin \alpha}{\sin \beta} \tag{3.2}$$

所以一个介质的折光率,就是光线从真空进入这个介质时的入射角和折射角的正弦之比。这种折光率称为该介质的绝对折光率。通常测定的折光率,都是以空气作为比较的标准。

折光率是有机化合物最重要的物理常数之一,它能精确而方便地测定出来。作为液体物质纯度的标准,它比沸点更为可靠。利用折光率,可鉴定未知化合物。如果一个化合物是纯的,那么就可以根据所测得的折光排除考虑中的其他化合物,而识别出这个未知物来。

折光率也用于确定液体混合物的组成。在蒸馏两种或两种以上的液体混合物且当各级分的沸点彼此接近时,那么就可利用折光率来确定馏分的组成了。因为当组分的结构相似和极性小时,混合物的折光率和物质的量组成之间常呈线性关系。例如,由 1 mol 四氯化碳和 1 mol 甲苯组成的混合物,n_D^{20} 为 1.482 2,而纯甲苯和纯四氯化碳在同一温度下 n_D^{20} 分别为 1.499 4 和 1.465 19,要分馏此混合物时,就可利用这一线性关系求得馏分的组成。

物质的折光率不但与它的结构和光线波长有关,而且也受温度、压力等因素的影响。所以折光率的表示须注明所用的光线和测定时的温度,常用 n_D^t 表示。D 是以钠灯的 D 线(5893Å)做光源,t 是与折光率相对应的温度。例如 n_D^{20} 表示 20 ℃时,该介质对钠灯的 D 线的折光率。由于通常大气压的变化,对折光率的影响不显著,所以只有在很精密的工作中,才考虑压力的影响。

一般来说,当温度增高 1 ℃时,液体有机化合物的折光率就减小 $3.5 \times 10^{-4} \sim 5.5 \times 10^{-5}$。某些液体,特别是测求折光率的温度与其沸点相近时,其温度系数可达 7×10^{-4}。在实际工作中,往往把某一温度下测定的折光率换算成另一温度下的折光率。为了便于计算,一般采用 4×10^{-4} 为温度变化常数。这个粗略计算,所得的数值可能略有误差,但却有参考价值。

三、阿贝折光率及操作方法

1. 仪器工作原理

测定液体折光率的仪器构成原理如图 3.12 所示。当光由介质 A 进入介质 B 时,如果介质 A 对于介质 B 是疏物质,即 $n_A < n_B$ 时,则折射角 β 必小于入射角 α,当入射角 α 为 90°时,$\sin \alpha = 1$,这时折射角达到最大值,称为临界角,用 β_0 表示。很明显,在一定波长与一定条件下,β_0 也是一个常数,它与折光率的关系是

$$n = 1/\sin \beta_0 \tag{3.3}$$

可见通过测定临界角 β_0,就可以得到折光率,这就是通常所用阿贝(Abbe)折光仪的基本光学原理。

为了测定 β_0 值,阿贝折光仪采用了“半明半暗”的方法,就是让单色光由 0~90°的所有角度从介质 A 射入介质 B,这时介质 B 中临界角以内的整个区域均有光线通过,因而是明亮的;而临界角以外的全部区域没有光线通过,因而是暗的,明、暗两区域的界线十分清楚。如果在介质 B 的上方用一目镜观测,就可看见一个界线十分清晰的半明半暗的像。

介质不同,临界角也就不同,目镜中明、暗两区的界线位置也不一样。如果在目镜中刻上一“十”字交叉线,改变介质 B 与目镜的相对位置,使每次明、暗两区的界线总是与“十”字交叉线的交点重合,通过测定其相对位置(角度),并经换算,便可得到折光率。而阿贝折光仪的标尺上所刻的读数即是折算后的折光率,故可直接读出。同时阿贝折光仪有消色散装置,故可直

接使用日光,其测得的数字与钠光线所测得的一样。这些都是阿贝折光仪的优点所在。

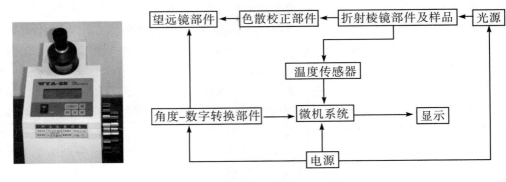

图 3.12　阿贝折光仪原理方框图

2. WAY-2S 数字阿贝折射仪结构图

阿贝折射仪结构图见图 3.13。

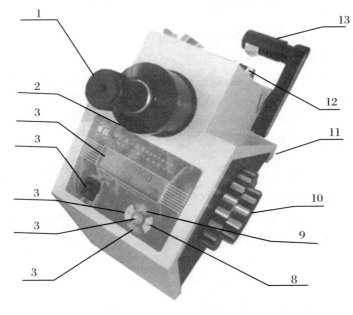

1. 目镜
2. 色散校正手轮
3. 显示窗
4. "POWER"电源开关
5. "n_D"折射率显示键
6. "READ"读数显示键
7. "BX-TC"经温度修正锤度值
8. "BX"未经温度修正锤度显示键
9. "TEMP"温度显示键
10. 调节手轮
11. RS232插口
12. 折射棱镜部件
13. 聚光照明部件

图 3.13　折射仪结构图

3. 操作步骤及使用方法

（1）按下"POWER"波形电源开关 4,聚光照明部件 10 中照明灯亮,同时显示窗 3 显示 0000。有时显示窗先显示"—",数秒后显示 0000。

（2）开折射棱镜部件 11,移去擦镜纸,这张擦镜纸是仪器不使用时放在两棱镜之间,为防止在关上棱镜时,可能留在棱镜上细小硬粒弄坏棱镜表面所用。擦镜纸只需用单层。

（3）检查上、下棱镜表面,并用水或酒精小心清洁其表面。测定每一个样品以后也要仔细清洁两块棱镜表面,因为留在棱镜上少量的原来样品将影响下一个样品的测定准确度。

（4）将被测样品放在下面的折射棱镜的工作表面上。如样品为液体,可用干净滴管吸 1～

2 滴液体样品放在棱镜工作表面上,然后将上面的
进光棱镜盖上。如样品为固体,则固体样品必须有
一个经过抛光加工的平整表面。测量前需将这抛
光表面擦清,并在下面的折射棱镜工作表面上滴
1~2 滴折射率比固体样品折射率高的透明的液体
(如溴代萘),然后将固体样品抛光面放在折射棱镜
工作表面上,使其接触良好。测固体样品时不需将
上面的进光棱镜盖上,如图 3.14 所示。

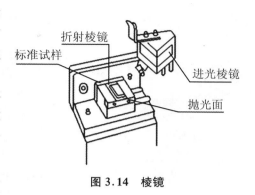

图 3.14　棱镜

(5) 旋转聚光照明部件的转臂和聚光镜筒使上
面的进光棱镜的进光表面(测液体样品)或固体样
品前面的进光表面(测固体样品)得到均匀照明。

(6) 通过目镜 1 观察视场,同时旋转调节手轮 9,使明暗分界线落在交叉线视场中。如从
目镜中看到视场是暗的,可将调节手轮逆时针旋转。看到视场是明亮的,则将调节手轮顺时针
旋转。明亮区域是在视场的顶部。在明亮视场情况下可旋转目镜,调节视度看清晰交叉线。

(7) 旋转目镜方缺口里的色散校正手轮 2,同时调节聚光镜位置,使视场中明、暗两部分具
有良好的反差和明暗分界线具有最小的色散。

图 3.15　视场

(8) 旋转调节手轮,使明暗分界线准确对准交叉线的交点,如图
3.15 所示。

(9) 按"READ"读数显示键 5,显示窗中 0000 消失,显示"—",数
秒后"—"消失,显示被测样品的折射率。如要知道该样品的锤度值,
可按"BX"未经温度修正的锤度显示键 8 或按"BX－TC"经温度修正
的锤度(按 ICUMSA)显示键 6。"n_D""BX－TC"及"BX"三个键是用
于选定测量方式的。经选定后,再按"READ"键,显示窗就按预先选
定的测量方式显示。有时按"READ"键,显示"—",数秒后"—"消
失,显示窗全暗,无其他显示,反映该仪器可能存在故障,此时仪器不能正常工作,需进行检查
修理。当选定测量方式为"BX－TC"或"BX"时如果调节手轮旋转超出锤度测量范围(0~
95%),按"READ"后,显示窗将显示"."。

(10) 检测样品温度,可按"TEMP"温度显示键 12 显示窗将显示样品温度。除了按
"READ"键后,显示窗显示"—"时,按"TEMP"键无效,在其他情况下都可以对样品进行温度
检测。显示为温度时,再按"n_D""BX－TC"及"BX"键,显示将是原来的折射率或锤度。为了
区分显示值是温度还是锤度,在温度前加""符号,在"BX－TC"锤度前加""符号,在"BX"锤度
前加""符号。

(11) 样品测量结束后,必须用酒精或水(样品为糖溶液)进行小心清洁。

(12) 本仪器折射棱镜部件中有通恒温水结构,如需测定样品在某一特定温度下的折射
率,仪器可外接恒温器,将温度调节到你所需温度再进行测量。

(13) 计算机可用 RS232 连接线与仪器连接。首先,送出一个任意的字符,然后等待接收
信息。(参数:波特率 2 400,数据位 8 位,停止位 1 位,字节总长 18。)

(14) 折光率的温度校正:折光率随温度的升高而降低,温度每变化 1 ℃,折光率大约改变

0.000 45。可以通过下面的公式计算得到校正到 20 ℃ 的折光率：
$$n_D^{20} = n_D^t + (0.00045)(t - 20\text{℃})$$

螺钉孔

图 3.16　校正

其中，n 是温度 t 时实验测得的折光率。这表明在实验温度高于20℃时，n_D^{20} 比 n_D^t 大，而低于20℃时，则 n_D^{20} 比 n_D^t 小。

4. 仪器校正

仪器定期进行校准，或对测量数据有所怀疑时，也可以对仪器进行校准。校准用蒸馏水或玻璃标准块。如测量数据与标准有误差，可用钟表螺丝刀通过色散校正手轮 2 中的小孔，如图 3.16 所示。小心旋转里面的螺钉，使分划板上的交叉线上、下移动，然后再进行测量，直到测数符合要求为止。样品为标准块时、测数要符合标准块上所标定的数据（表 3.2、表 3.3）。

表 3.2　蒸馏水的折光率

温度(℃)	折射率(n_D^t)	温度(℃)	折射率(n_D^t)
18	1.333 16	25	1.332 50
19	1.333 08	26	1.332 39
20	1.332 99	27	1.332 28
21	1.332 89	28	1.332 17
22	1.332 80	29	1.332 05
23	1.332 70	30	1.331 93
24	1.332 60		

表 3.3　不同温度下乙醇(99.8%)的折光率

温度(℃)	折光率(n_D^t)	温度(℃)	折光率(n_D^t)
16	1.362 10	26	1.358 03
18	1.361 29	28	1.357 21
20	1.360 48	30	1.356 39
22	1.359 67	32	1.355 57
24	1.358 85	34	1.354 74

5. 仪器的维护与保养

（1）仪器应放在干燥、空气流通和温度适宜的地方，以免其光学零件受潮发霉。

（2）仪器使用前后及更换样品时，必须先清洗拭净折射棱镜系统的工作表面。

（3）被测样品不准有固体杂质，测试固体样品时应防止折射棱镜的工作表面拉毛或产生痕，本仪器严禁测试腐蚀性较强的样品。

（4）仪器应避免强烈振动或撞击，防止光学零件震碎、松动而影响精度。

（5）如聚光照明系统中灯泡损坏，可将聚光镜筒沿轴取下，换上新灯泡，并调节灯泡左右位置（松开旁边的紧定螺钉），使光线聚光在折射棱镜的进光表面上，并不产生明显偏斜。

（6）聚光镜是塑料制成的，为了防止带有腐蚀性的样品对它的表面造成破坏，使用时用透明塑料罩将聚光镜罩住。

（7）仪器不用时应用塑料罩将仪器盖上后放入箱内。

（8）使用者不得随意拆装仪器，如仪器发生故障，或达不到精度要求时，应及时送修。

四、实验

测定下列液体化合物的折光率：水、叔丁基氯、正溴丁烷、正己酸。

实验四　比旋光度的测定

一、实验目的

学习手性化合物的比旋光度的测定方法。

二、旋光仪的测旋原理

光的本质是电磁波，电波和磁波均在与光的前进方向垂直的所有方向上振动使光通过滤光片可获得单色光，但单色光仍然在与光的前进方向垂直的所有方向上振动。如果使单色光通过尼克尔（Nicol）棱镜，棱镜只允许在某一个方向上振动的光通过，而在其他方向上振动的光不能通过，则透过棱镜的光就只能在一个平面内振动，这样的光叫作平面偏振光（Plane-polarized light），简称偏光。某些有机化合物的分子具有手性，可以使偏光的振动平面旋转一定角度，这样的性质称为旋光性。具有旋光性的物质称为旋光物质或光学活性物质。旋光物质使偏光的振动平面旋转的角度称为旋光度（Rotation），通常用 α 表示。旋光度的测定对于研究具有光学活性的分子的构型及确定某些反应机理具有重要的作用。不同种类的旋光物质，其旋光度一般不同，而同一种旋光物质在测定条件完全相同时具有固定不变的旋光角度，但当条件不同时，测定的值就不相同。影响偏旋角度的因素有：溶液的浓度、温度、溶剂、光的波长以及光所通过的液层厚度。为了比较不同种旋光物质的旋光性能，需要有一个统一的比较标准，这个比较标准称为比旋光度（Specific rotation）。

有些物质能使偏振光的振动平面向右（顺时针方向）旋转，称为右旋，以（＋）号表示；另一些物质则能使偏振光的振动平面向左（逆时针方向）旋转，称为左旋，以（－）号表示。又由于溶剂能影响旋光度，所以一般在旋光度数据之后注明所用的溶剂。例如左旋果糖的比旋光度为：$[\alpha]_D^{20} = -93°$（水）；右旋酒石酸的5%乙醇溶液的比旋光度为：$[\alpha]_D^{20} = +3.79°$（乙醇，5%）。

　　定量测定溶液或液体旋光程度的仪器称为旋光仪,其工作原理如图 3.17 所示。常用的旋光仪主要由光源、起偏镜、样品管和检偏镜几部分组成。光源为炽热的钠光灯。起偏镜是由两块光学透明的方解石黏合而成的,也称尼科尔棱镜,其作用是使自然光通过后产生所需要的平面偏振光。尼科尔棱镜的作用就像一个栅栏。普通光是在所有平面振动的电磁波,通过棱晶时只有和棱镜晶轴平行的平面振动的光才能通过。这种只在一个平面振动的平面偏振光照射到样品管,样品管装待测的旋光性液体或溶液,其长度有 1 dm 和 2 dm 等几种,对旋光度较小或溶液浓度较稀的样品,最好采用 2 dm 长的样品管。当偏光通过盛有旋光性物质的样品管后,因物质的旋光性使偏光不能通过第二个棱晶(检偏镜),必须将检偏镜旋转一定角度后才能通过,因此要调节校偏镜进行配光。由装在检偏镜上的标尺盘上移动的角度,可指示出校偏镜转动角度,即为该物质在此浓度的旋光度。使偏振光平面向右旋转(顺时针方向)的旋光性物质叫作右旋体,向左旋转(逆时针方向)的叫作左旋体。

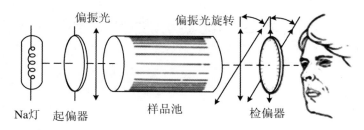

图 3.17　旋光仪工作原理

　　物质的旋光度与测定时所用溶液的浓度、样品管长度、温度、所用光源的波长及溶剂的性质等因素有关。因此,常用比旋光度 $[\alpha]_\lambda^t$ 来表示物质的旋光性。当光源、温度和溶剂固定时,$[\alpha]_\lambda^t$ 等于单位长度、单位浓度物质的旋光度(α)。像沸点、熔点一样,比旋光度是一个只与分子结构有关的表征旋光性物质的特征常数。溶液的比旋光度与旋光度的关系为

$$[\alpha]_\lambda^t = \frac{\alpha}{C \cdot l} \tag{3.4}$$

式中,$[\alpha]$ 表示旋光性物质在 t ℃、光源波长为 l 时的比旋光度,α 为标尺盘转动角度的读数,即旋光度,l 为放光管的长度,单位以分米(dm)表示,C 为溶液浓度(以 1 mL 溶液所含溶质的质量表示)。

　　如测定的旋光活性物质为纯液体,比旋光度可由下式求出:

$$[\alpha]_\lambda^t = \frac{\alpha}{d \cdot l} \tag{3.5}$$

式中,d 为纯液体的密度(g/cm³)。

　　表示比旋光度时通常还需标明测定时所用的溶剂。为了准确判断旋光度的大小,测定时通常在视野中分出三分视场,如图 3.18 所示。当检偏镜的偏振面与通过棱镜的光的偏振面平行时,我们通过目镜可观察到图 3.18(c)所示(当中明亮,两旁较暗);若检偏镜的偏振面与起偏镜偏振面平行时,可观察到图 3.18(a)所示(当中较暗,两旁明亮);只有当检偏镜的偏振面处于 1/2f(半暗角)的角度时。视场内明暗相等,如图 3.18(b)所示,这一位置作为零度。使标尺上 0°对准刻度盘 0°。

　　测定时,调节视场内明暗相等,以便观察结果准确。一般在测定时选取较小的半暗角,由

于人的眼睛对弱照度的变化比较敏感。视野的照度随半暗角 f 的减小而变弱,所以在测定中通常选几度、十几度的结果。

(a) 调节不正确　　　(b) 调节正确　　　(c) 调节不正确

图 3.18　三分视场

旋光度的测定对于研究具有光学活性的分子的构型及确定某些反应机理具有重要的作用。在给定的实验条件下,将测得的旋光度通过换算,即可得知光学活性物质特征的物理常数比旋光度,后者对鉴定旋光性化合物是不可缺少的,并且可计算出旋光性化合物的光学纯度。

从有机化学有关立体化学的学习中我们已经得知,化合物可以分为两类:一类能使偏光振动平面旋转一定的角度,即有旋光性。称为旋光物质或光学活性物质。另一类则没有旋光性。旋光分子具有实物与其镜像不能重叠的特点,即"手征性"(Chirality),大多数生物碱和生物体内的大部分有机分子都是光活性的。

定量测定溶液或液体旋光程度的仪器称为旋光仪(Polarimeter)。

三、测定方法

测定比旋光度的操作程序为:

1. 溶液的配制

如果待测物质为液体,可直接用于测定。如果为固体,可在分析天平上难确称取 0.10～0.50 g,在 25 mL 容量瓶中加溶剂溶解,并稀释至刻度线。常用溶剂为水、乙醇或氯仿。溶液应该透明,无悬浮物,无沉淀物。

2. 零点的校正

在测定纯液体样品时,用空的旋光管进行校正,在测定溶液时,用装满溶剂的旋光管进行校正。光接通电源将灯丝加热 10 min,放入旋光管,盖上盖子,转动粗调及微调手轮,使刻度盘的零读数在零标记号左右的小范围内移动,并从目镜中观察。从 B 镜中可以看到一个剖开的视场。当调整到视场的中间部分与其两边部分没有明显的界线,而且强度均匀(通常较暗,如图 3.18(b)所示)时,观察刻度盘上的零读数与零标记是否相符。如有较小偏差,重复操作至少 5 次,求取平均值。作为该仪器的校正值,如果偏差太大,则需重新校正。

3. 装样

将旋光管的一端用玻璃盖和铜帽封紧,然后将未封的一端向上竖起,注入待测液体或溶液直至凸起的液面高于管口,将封管玻璃盖紧贴在管口一边并沿管口平推过去,至恰好盖住管口,使管内不合空气泡。旋上铜帽至液体不能漏出,但不宜过紧,以免损伤管口或玻璃盖。普通的旋光管在靠近其一端的地方有一段膨大的部分,在装好样品后将该端向上倾斜并轻轻拍拍管身,使样液中万一残留的微气泡集于该膨大部分而离开光的通路。在向旋光仪中放置旋光管时,也应使靠近膨大部分的一端向上倾斜。

4. 测定和计算

接通电源加热灯丝 10 min 后放入装好的旋光管，按照在校正零点时的操作方法反复测定 5 次以上，求取平均值，再以前面得到的校正值进行校正，将校正后的数据代入公式即可计算出其比旋光度。例如 0.727 6 g 盐酸麻黄碱溶于水，配成的 25 mL 溶液在 29 ℃下测定，旋光管长 1 dm，测得旋光度为左旋 0.993 9，则其比旋光度

$$[\alpha]_{\mathrm{D}}^{29} = \frac{(-0.993) \times 100}{1 \times 0.7276 \times 4} = -34.12°$$

四、自动旋光仪

自动旋光仪系采用光电检测器及晶体管自动显示数值装置（图 3.19），灵敏度高，对目测旋光仪难于分析的低旋光度样品也可测定，但仅适用于比较法。使用应按照仪器说明书进行操作。

图 3.19　MCP200 高精度智能旋光仪

五、光学纯度的计算

在进行不对称合成和拆分具有光学活性的化合物时，得到的常常不是百分之百的纯对映体，而是存在少量的对映异构体的混合物，这时必须用光学纯度或对映体过量（$e.e.$）来表示旋光异构体的混合物中一种对映体过量所占的百分率。光学纯度（Optical Purity）的定义是：旋光性产物的比旋光度除以光学纯试样在相同条件下的比旋光度：

$$光学纯度 = \frac{到的比旋光度}{品的比旋光度} \times 100\% \tag{3.6}$$

对映体过量 $e.e.$ 则用下式表示

$$e.e.\% = \frac{S - R}{S + R} \times 100\% \tag{3.7}$$

式（3.7）中，S 是主要异构体，R 是其镜像异构体。在一般情况下旋光度与对映体组成成正比，因此光学纯度与对映体过量所占的百分率两者相等。

根据所得的光学纯度，可以计算试样中两个对映体的相对百分含量。对外消旋体来说，不

存在过量的对映体,因此光学纯度为零。拆分完全构对映体的光学纯度是100%。假如旋光异构体中(-)对映体的光学纯度为 $X\%$,则

$$(-) 对映体的百分含量 = \left(X + \frac{100-X}{2}\right)\%$$

$$(+) 对映体的百分含量 = \left(\frac{100-X}{2}\right)\%$$

根据上述两式能容易地计算对映体的含量,例如测得香芹酮对映体的混合物比旋光为 $-55°$,(-)香芹酮$[\alpha]_D^{20} - 62°$,那么

$$光学纯度 = \frac{-55}{-62} = 88\%$$

$$(-) 对映体(\%) = \left(88 + \frac{100-88}{2}\right)\% = 94\%$$

$$(+) 对映体(\%) = \left(\frac{100-88}{2}\right)\% = 6\%$$

六、实　验

测定 α-苯乙胺、$1,1'$-联-2-萘酚旋光度。

实验五　简单蒸馏纯化工业乙醇

一、实验目的

练习简单蒸馏操作和装置的安装。

二、实验原理

来源不同的工业乙醇纯度不尽相同,主要成分为乙醇和水,还有少量低沸点杂质和高沸点杂质或固体杂质。通过简单蒸馏可以将低沸物、高沸物及固体杂质除去,但水可与乙醇形成共沸物,故不能将水和乙醇完全分开。蒸馏所得的是含95.6%乙醇和4.4%水的混合物,相当于市售的95%乙醇。在实验之前应先阅读"最低共沸体系"部分,参见第二章第二节常压蒸馏。

三、主要仪器和试剂

(1) 仪器:50 mL 圆底烧瓶、蒸馏头、直形冷凝管、支管接引管、50 mL 锥形瓶。
(2) 试剂:工业乙醇。

四、实验步骤

(1) 按照图 3.20 所示的装置装配仪器。

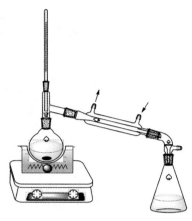

图 3.20　蒸馏装置

① 安装铁圈。

② 确认加热套与热控部分连好。一定要用可调的加热控制器与电热套连接的装置。切勿把电热套直接通电！

③ 把一个 50 mL 圆底烧瓶放入电热套中,用夹子固定使之不动(经常检查玻璃仪器是否有裂纹)。

④ 通过漏斗注入 30 mL 工业乙醇。

⑤ 放入磁子。

⑥ 安装蒸馏头。

⑦ 安装温度计套管。

⑧ 小心塞入温度计使上沿与下沿齐平。

⑨ 在冷凝管上装通水用管(注意水流方向应自下而上)。

⑩ 安装直形冷凝管,用冷凝管夹固定。

⑪ 安装尾接管。

⑫ 在尾接管后安一个 50 mL 锥形瓶,用升降台做支撑。

⑬ 开启冷凝水,保持水流稳定平缓。

(2) 开始加热。调节热源使液体平稳沸腾,蒸气冷凝回流形成的圈缓缓上升到蒸馏头。当它升至接触温度计的水银球时,温度计的读数会迅速上升,蒸气会通过蒸馏头侧臂进入冷凝管,结合成滴状流入接收瓶。前几滴过去后,温度计读数会升到平衡值,并稳定下来。此时,温度计水银球会完全浸润在冷凝液中,冷凝液会从其下端滴回瓶中。

(3) 记下温度计读数稳定下来的温度。如果低于预期,请检查温度计的位置。

(4) 如果温度计读数一开始就达到预期沸程(77 ℃)时,跳过下一步;如果温度计读数一开始低于预期沸程,就继续蒸馏,直至达到沸程下限,用一个瓶子收集这些"馏头"后,换一个称量过的干净接收瓶,动作要快,不要漏接馏分。

(5) 蒸馏速度保持在每秒 1~2 滴,在蒸馏过程中经常查看温度。蒸馏出现下列情况之一时就要停止:

① 接收瓶中液体已达到 75%。

② 蒸馏瓶中液体残留只有 5 mL。

③ 温度已达到预期沸程上限。

(6) 关闭热源,不要把瓶中液体蒸干! 如果有必要,把热源移开。加热一个干的烧瓶会有焦油生成。(甚至会爆炸！)

(7) 把蒸馏瓶中残留的液体倒入通风橱中标有有机废液的容器中。

(8) 用去污粉和水清洗蒸馏瓶,别的玻璃仪器在蒸馏乙醇时已经被洗干净了。

【注意事项】

(1) 搭装置时从下到上,从左到右,成一个平面,做到正确、整齐、稳妥,玻璃仪器装置要放在的前上方,其轴线应与实验台边沿平行。十字头夹铁夹的螺口要朝上,烧瓶夹、冷凝管夹不要混用。烧瓶夹夹在烧瓶磨口部位,冷凝管夹夹在球形冷凝管中部稍靠上部位(即其黄金分割处)。

(2) 冷凝水由下口进,上口出。所有盛液体的容器都不要超过其容积的 2/3,也不要少于 1/3。

实验六　减压蒸馏纯化呋喃甲醛

一、实验目的

练习减压蒸馏操作。

二、实验原理

呋喃甲醛,亦名糠醛,无色液体,沸点 161.7 ℃,久置会被缓慢氧化而变为棕褐色甚至黑色,同时往往含有水分,所以在使用前常需做蒸馏纯化。由于它易被氧化,最好采用减压蒸馏以便在较低温度下蒸出。实验前参看第二章第三节减压蒸馏。

三、主要仪器和试剂

(1) 仪器:减压蒸馏装置。
(2) 试剂:糠醛。

四、实验步骤

(1) 如图 3.21,用一个 50 mL 圆底烧瓶做蒸馏瓶,一个 50 mL 和一个 25 mL 圆底烧瓶做接收瓶,一个两叉尾接管,用搅拌磁子防止暴沸。
(2) 通过一个漏斗加 40 mL 2-呋喃甲醛,通冷凝水。
(3) 启动搅拌,打开安全瓶上的活塞,启动水泵。
(4) 关上活塞,等几分钟直到真空度稳定下来。
(5) 启动热浴。
(6) 热浴温度逐渐升高到 80 ℃。
(7) 在一个烧瓶中收集沸点稳定前的所有液体。
(8) 换接收瓶收集 2-呋喃甲醛。
(9) 记录温度和压力。

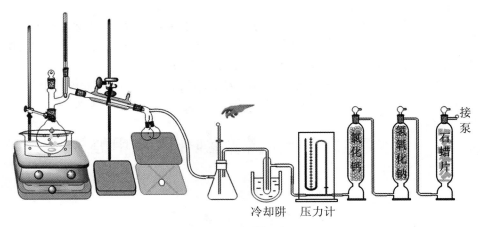

图 3.21　减压蒸馏装置

（10）温度比最高点下降 20 ℃时，关掉热源并移开。

（11）开活塞，将空气放入系统。

（12）关掉水泵。

（13）尽快将装置拆开，蒸馏瓶中的残液和前馏分倒入通风橱中的标有有机废液的容器。

（14）用水和去污粉清洗蒸馏瓶和所有用到的玻璃仪器。

实验七　水蒸气蒸馏法从橙皮中提取柠檬烯

一、实验目的

练习水蒸气蒸馏操作。

二、实验原理

工业上常用水蒸气蒸馏的方法从植物组织中获取精油。本实验中我们用水蒸气蒸馏法提取 D-柠檬烯。柠檬烯是一大类天然产物萜烯的一个例子。萜烯和萜类化合物是很多植物和花的精油的重要成分。香精油作为天然香料得到了广泛的应用，在食品生产中用作添加剂，在香水和很多传统或替代医药中用作香料。实验原理参见第二章第四节水蒸气蒸馏。

三、主要仪器和试剂

（1）仪器：水蒸气发生器、100 mL 三口烧瓶、直形冷凝管、支管接引管、100 mL 锥形瓶、弯管。

（2）试剂：新鲜橙皮、CH$_2$Cl$_2$。

四、实验步骤

（1）按照图 3.22 安装水蒸气蒸馏装置[1]。将 2～3 块橙皮[2]剪成细碎的碎片,投入 100 mL 三口烧瓶中。

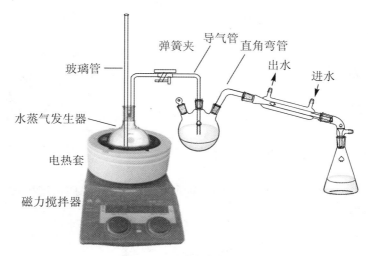

图 3.22　水蒸气蒸馏装置

（2）松开弹簧夹加热水蒸气发生器至水沸腾,三通管的支管口有大量水蒸气冒出时夹紧弹簧夹,打开冷凝水,即开始进行水蒸气蒸馏,当馏出液收集 60～70 mL 时,转动收集瓶可看到柠檬烯层漂浮在水面上。

（3）将馏出液加入分液漏斗中,每次用 10 mL 二氯甲烷洗涤收集瓶后倒入分液漏斗中萃取,重复 3 次。合并萃取液,置于干燥的 50 mL 小瓶中,加入一些无水硫酸钠干燥此溶液,30 min 内不时摇动。

（4）将干燥后的溶液滤入 50 mL 蒸馏瓶中,加一粒沸石,用水浴加热蒸馏。当二氯甲烷基本蒸完后,改用水泵减压蒸馏以除去残留的二氯甲烷即得橙油。

（5）测定橙油的折光率、比旋光度[3]并用气相层析法测定橙油中柠檬烯的含量[4]。

（6）纯粹的柠檬烯沸点：176 ℃；n_D^t 1.4727；$[a]$ +125.6°。

【注释】

[1] 也可用 500 mL 单口圆底烧瓶加入 250 mL 水,进行直接水蒸气蒸馏。

[2] 橙皮最好是新鲜的。

[3] 测定比旋光度可将几个人所得柠檬烯合并在一起,用 95%乙醇配成 5%溶液进行测定。

[4] 气相层析的条件是：上海精科 GC112A 型气相色谱仪、热导池检测器、3 mm×3 m 色谱柱。固定液：SE-30,5%；柱温：101 ℃；汽化温度：185 ℃；载气：氢气；进样量 0.5～1 μL。

实验八　简单分馏甲醇-水体系

一、实验目的

练习液体简单蒸馏操作。

二、实验原理

参见第二章第二节常压蒸馏。

三、主要仪器和试剂

(1) 仪器：Vigreux 柱、蒸馏头、温度计套管、温度计、直形冷凝管、尾接管、50 mL 锥形瓶。
(2) 试剂：甲醇、水。

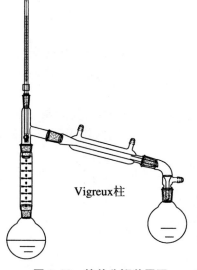

图 3.23　简单分馏装置图

Vigreux柱

四、实验步骤

　　将 20 mL 甲醇(沸点：65 ℃)和 20 mL 水(沸点：100 ℃)的混合物放进一个 100 mL 圆底烧瓶，放入磁子。安装 Vigreux柱、蒸馏头、温度计套管、温度计、直形冷凝管、尾接管和一个 50 mL 锥形瓶做接收瓶(图 3.23)。搅拌加热烧瓶。当馏分开始流出，将加热速度调节到液体流过速度为每秒0.5～0.65 mL。每收集 1 mL 馏分，就将温度计读数记录下来。将温度和馏分体积作图，就得到分馏曲线，曲线的转折点就是水和甲醇的分离点。甲醇馏分过去之后，馏分就暂时停止流出。缓缓提高加热速度，沸点会突然升到 100 ℃，即水开始馏出(注：温度上升前就换接收瓶)。收集到的甲醇再做一次简单分馏就可以得到绝对甲醇。

实验九　重结晶纯化固体水杨酸

一、实验目的

(1) 在固体的重结晶操作中,练习溶解、回流、脱色、热过滤、结晶、抽滤、固体干燥。
(2) 学习滤纸的折叠方法。

二、实验原理

参见重结晶及滤纸的折叠方法。

三、主要仪器和试剂

(1) 仪器:50 mL 圆底烧瓶、球形冷凝管、50 mL 锥形瓶、短颈漏斗、抽滤瓶、布氏漏斗。
(2) 试剂:1 g 粗水杨酸,10+6 mL 30%乙醇,少许活性炭。

四、实验步骤

在 50 mL 圆底烧瓶中,加入 1 g 粗水杨酸、10 mL 30% 乙醇和磁子。装上球形冷凝管,接通冷凝水后,再用磁力搅拌器搅拌加热至沸,以加速溶解,装置如图 3.24(a)所示。若所加的乙醇不能使粗水杨酸完全溶解,则应从冷凝管上端继续加入 4~6 mL 30%乙醇,继续加热搅拌,观察是否可完全溶解。待完全溶解后,再多加一些乙醇。停止加热,稍冷后拆开冷凝管加入少许活性炭,再重新搅拌加热煮沸数分钟。准备好预热的短颈漏斗和折叠滤纸过滤,用少量热的 30%乙醇润湿折叠滤纸后,趁热过滤水杨酸的热溶液到干燥的 25 mL 锥形瓶中(用热水保温)。过滤完后用少量热 30%乙醇洗涤容器和滤纸,并在短颈漏斗上盖上表面皿,热滤装置如图 3.24(b)所示。盛滤液的锥形瓶用塞子塞好,任其自然冷却,最后再用冷水或冰水冷却。抽滤(布氏漏斗中滤纸应先用 30%乙醇润湿,吸紧),打开安全瓶活塞,用少量 30%乙醇洗涤(抽滤装置如图 3.24(c)所示)。抽干后将结晶转移至表面皿上,放在空气中晾干或放入干燥剂中干燥,待干燥后称重、计算收率并测熔点。

本实验一般需 4~6 h。

【注意事项】

(1) 重结晶热溶解时,通常要用比饱和溶液多20%~30%的溶剂量。

(2) 加活性炭时,应先将溶液稍冷后,再加入,否则易造成暴沸。应将冷凝管向上移从烧瓶口上小心加入,活性炭不要粘在瓶口上。且动作要快,以免乙醇挥发太多。

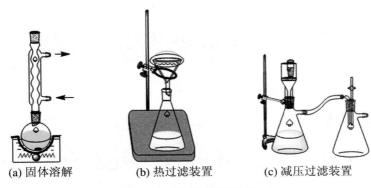

(a) 固体溶解　　　　(b) 热过滤装置　　　　(c) 减压过滤装置

图 3.24　重结晶操作装置

(3) 热滤时,用热水浴保温,以免在热过滤过程中晶体在滤纸上析出,减少收率。

(4) 抽滤洗涤时用少量乙醇,若无安全瓶,可拔去抽滤瓶上的真空胶管,让洗涤液浸润一会再抽。

(5) 关真空泵前,先打开安全瓶活塞或拆开抽滤瓶上的橡皮管,防止在抽滤时倒吸。

五、思考题

(1) 简述有机化合物重结晶的步骤和各步的目的。

(2) 某一有机化合物进行重结晶时,最适合的溶剂应该具有哪些性质?

(3) 加热溶解重结晶粗产物时,为何先加入比计算量略少的溶剂,然后渐渐添加至恰好溶解,最后再多加少量溶剂?

(4) 为什么活性炭要在固体完全溶解后加入? 又为什么不能在溶液沸腾时加入?

(5) 将溶液进行热过滤时,为什么要尽可能减少溶剂的挥发? 如何减少其挥发?

(6) 用抽气过滤收集固体时,为什么在关闭水泵前,先要拆开水泵和抽滤瓶之间的连接或先打开安全瓶通大气的活塞?

(7) 在布氏漏斗中用溶剂洗涤固体时应注意什么?

(8) 用有机溶剂重结晶时,哪些操作易着火? 应该如何防范?

实验十　重结晶纯化工业苯甲酸粗品

一、实验目的

学习化工产品的重结晶纯化操作。

二、实验原理

工业苯甲酸一般由甲苯氧化所得,其组成中常含有未反应的原料、中间体、催化剂、不溶性杂质和有色杂质等,因而呈棕黄色块状并带有难闻的怪气味。可以用水为溶剂重结晶纯化。实验前需预习第二章第六节。

三、主要仪器和试剂

(1) 仪器:250 mL 圆底烧瓶、球形冷凝管、250 mL 锥形瓶、短颈漏斗、抽滤瓶、布氏漏斗。
(2) 试剂:工业苯甲酸、水、活性炭。

四、实验步骤

称取 2.0 g 工业苯甲酸粗品,置于 250 mL 圆底烧瓶中,加水约 50 mL,放在磁力搅拌器上加热、溶解,观察溶解情况。如至水沸腾仍有不溶性固体,可分批补加适当水直至沸腾温度下可以全溶或基本溶解,补加的水量为 15~20 mL,总用水量为 80 mL 左右。与此同时将布氏漏斗放在另一个大烧杯中并加水煮沸预热。

暂停对溶液加热,稍冷后加入半匙活性炭,搅拌使之分散开。重新加热至沸并煮沸约 3 min。

取出预热的布氏漏斗,立即放入事先选定的略小于漏斗底面的圆形滤纸,迅速安装好抽滤装置,以数滴沸水润湿滤纸,开泵抽气使滤纸紧贴漏斗底。将热溶液倒入漏斗中,每次倒入漏斗的液体不要太满,也不要等溶液全部滤完再加。在热过滤过程中,应保持溶液的温度,为此,将未过滤的部分继续用小火加热,以防冷却。待所有的溶液过滤完毕后,用少量热水洗涤漏斗和滤纸。滤毕,立即将滤液转入烧杯中用表面皿盖住杯口,室温放置冷却结晶。如果抽滤过程中晶体已在滤瓶中或漏斗尾部析出,可将晶体一起转入烧杯中,将烧杯温热溶解后再在室温放置结晶,或将烧杯放在热水浴中随热水一起缓缓冷却结晶。

结晶完成后,用布氏漏斗抽滤,用玻璃塞将结晶压紧,使母液尽量除去,打开安全瓶上的活塞,停止抽气,加少量冷水洗涤,然后重新抽干,如此重复 1~2 次。最后将结晶转移到表面皿上,摊开,在红外灯下烘干,测定熔点,并与初产品的熔点做比较。称重,计算回收率。

产量一般为 1.2~1.6 g,回收率一般为 60%~70%,粗品熔点一般为 112~118 ℃,产品熔点一般为 121~122 ℃(文献值 122.4 ℃)。

本实验需 3~4 h。

实验十一 萃取法制备叔氯丁烷

一、实验目的

（1）学习萃取操作和分液漏斗的使用。
（2）掌握已学过的分液、洗涤、干燥、普通蒸馏操作。

二、实验原理

本实验是叔碳原子上亲核取代反应的典型代表之一。由于反应易于进行，仅在分液漏斗中振摇使反应物充分接触即可完成。实验的目的是除了制取叔氯丁烷之外，主要在于训练分液漏斗的使用操作。

三、主要仪器和试剂

（1）仪器：125 mL 分液漏斗。
（2）试剂：叔丁醇、5%碳酸氢钠溶液。

四、实验步骤

将 25 mL 浓盐酸（$d = 1.18$）[1]加入 125 mL 分液漏斗中，再加入 7.5 g 叔丁醇（9.5 mL，0.1 mol）[2]，不塞顶塞轻轻旋摇 1 min，然后塞上顶部塞子（注意使塞子的出气槽与漏斗颈部的出气孔错开），按照图 3.25 所示方法将漏斗倒置，并打开活塞放气一次。关闭活塞轻轻旋摇后再打开活塞放气[3]。重复操作数次后漏斗中不再有大量气体产生，可用力振摇。一共振摇几分钟，最后一次放气后将漏斗放到铁圈上。旋转顶部塞子使出气孔与出气槽相通，静置使液体分层清晰。

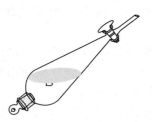

图 3.25 分液漏斗中的反应

用一支盛有 1～2 mL 清水的试管接在分液漏斗下部，小心旋转活塞将 2～3 滴液体滴入试管中，振荡试管后静置，观察试管内液体是否分层，并以此判断分液漏斗中哪一层液体是水层。分离并弃去水层。依次用 8 mL 水、5 mL 5%碳酸氢钠溶液[4]、8 mL 水洗涤有机层，直至用湿润的石蕊试纸检验呈中性。

将主产物转移到小锥形瓶中，加入 1～1.5 g 无水氯化钙，塞住瓶口干燥半小时以上，至液体澄清后滤入 25 mL 蒸馏瓶中，水浴加热蒸馏，用冰水浴冷却接收瓶，收集 49～52 ℃馏分[5]。得产物 7～8 g，回收率 78%～86%。

纯粹的叔氯丁烷沸点为 $51\sim52\ ℃$，$d_4^{20}=0.842\ 0$，$n_D^{20}=1.385\ 7$。

本实验需 $3\sim4\ h$。

【注释】

［1］化学纯浓盐酸能获得良好结果。

［2］叔丁醇熔点 $25\ ℃$，沸点 $82.3\ ℃$，温度较低，叔丁醇凝固，可用温水浴熔化。不可用工业盐酸。常温下为黏稠液体。

［3］分液漏斗中压力大大超过大气压，应注意及时放气。

［4］用碳酸氢钠溶液洗涤时会产生大量气体，应先不封闭体系振摇至不再产生大量气体时再塞上塞子按正常洗涤方法洗涤，注意仍需及时放气。

［5］如果在 $49\ ℃$ 以下的馏分较多，可将其重新干燥，再蒸馏。

叔丁基氯核的红外光谱、^1H 核磁光谱图如图 3.26、图 3.27 所示。

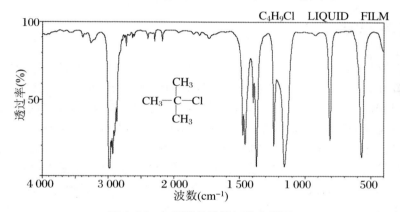

图 3.26　叔丁基氯核的红外光谱图

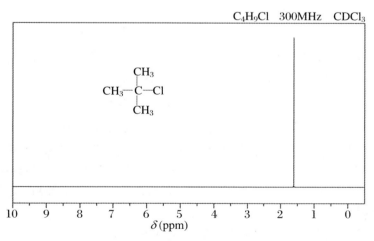

图 3.27　叔丁基氯核的 ^1H 核磁光谱图

实验十二　萃取法提取茶叶中咖啡因

一、实验目的

(1) 了解掌握脂肪提取器的原理、方法。
(2) 练习掌握升华操作方法。

二、实验原理

从天然植物或动物资源衍生出来的物质称为天然产物。人类对存在于自然界的有机化合物一直有着浓厚的兴趣,许多天然产物显示了惊人的生理效能,可以作为药物。例如,从植物中提取出的生物碱——咖啡因具有兴奋中枢神经和利尿等生理作用,除广泛应用于饮料之外,也用于医药,它是复方阿司匹林 APC(aspirin-phenacetin-caffein)药片的成分之一。

茶叶中含有多种生物碱,其中以咖啡碱(又称咖啡因)为主,占 1%～5%,另外还含有 11%～12%的丹宁酸(又名鞣酸),0.6 %的色素、纤维素、蛋白质等。咖啡碱是弱碱性化合物,易溶于氯仿(12.5%)、水(2%)及乙醇(2%)等。在苯中的溶解度为 1%(热苯为 5%)。丹宁酸易溶于水和乙醇,但不溶于苯。

咖啡碱是杂环化合物嘌呤的衍生物,它的化学名称为 1,3,7-三甲基-2,6-二氧嘌呤。其结构式如下:

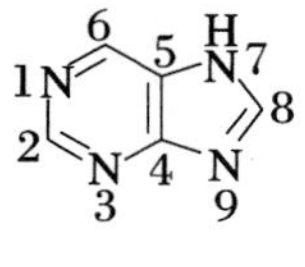

嘌呤 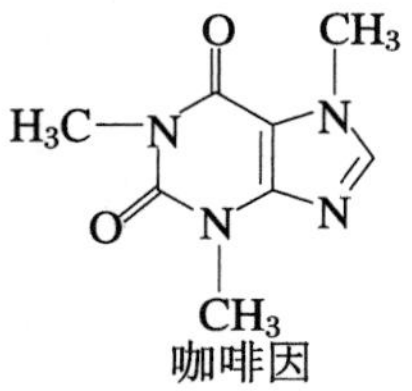　　　　　　　　　咖啡因
1,3,7-三甲基-2,6-二氧嘌呤

咖啡因系无色针状结晶,味苦,能溶于水、乙醇、氯仿等。在 100 ℃时即失去结晶水,并开始升华,120 ℃时升华相当显著,至 178 ℃时升华很快。无水咖啡因的熔点为 234.5 ℃。

为了提取茶叶中的咖啡因,往往利用适当的溶剂(氯仿、乙醇、苯等)在脂肪提取器中连续抽取,然后蒸去溶剂,即得粗咖啡因。

粗咖啡因还含有其他一些生物碱和杂质,利用升华可进一步提纯。

升华是纯化固体有机物的一个方法,它需温度一般较蒸馏时低,但只有在其熔点温度以下具有相当高蒸气压的固体物质才可应用升华来提取,升华可得到较高纯度的产物,但操作时间长,损失也较大,只用于较少量物质(1～2 g)的纯化。

三、茶叶中咖啡因的提取

（一）实验方法 A

1. 主要仪器和试剂

（1）仪器：100 mL 圆底烧瓶、蒸馏头、直形冷凝管、脂肪提取器、蒸发皿、短颈漏斗。

（2）试剂：10 g 茶叶末、80 mL 95% 乙醇、3～4 g 生石灰（CaO）。

2. 实验步骤

在 100 mL 的圆底烧瓶中加入 50 mL 95% 乙醇，称取 10 g 茶叶末放入脂肪提取器的滤纸套筒中[1]，安装脂肪提取器[2]，在脂肪提取器中加入 30 mL 95% 乙醇，装上冷凝管，如图 3.28 所示。加热，连续提取 1.5～2 h。当提取液颜色很淡时，即可停止提取。待冷凝液刚刚虹吸下去时，立即停止加热。稍冷后，改成蒸馏装置，回收提取液中的大部分乙醇[3]。趁热将瓶中的残液倾入蒸发皿中，拌入 3～4 g 生石灰粉[4]。

搅拌成糊状，在空气浴上蒸干，如图 3.29（a）所示，其间应不断搅拌，并压碎块状物。最后将蒸发皿放在热浴中，加热片刻，使水分全部除去。冷却后，擦去粘在边上的粉末，以免在升华时污染产物。取一只口径合适的玻璃漏斗，并在颈部塞上一小团棉花，罩在隔以刺有许多小孔滤纸的蒸发皿上，用空气浴小心加热升华，如图 3.29（b）[5-6]所示。控制温度在 220 ℃ 左右。当滤纸上出现许多白色针状结晶时，暂停加热，让其自然冷却至 100 ℃ 左右。小心取下漏斗，揭开滤纸，用刮刀将纸上和器皿周围的咖啡因刮下[7]。残渣经搅拌后用较大的火再加热片刻，使升华完全。合并几次升华的咖啡因，称重。纯粹咖啡因的熔点为 234.5 ℃[8]。

本实验需 4～6 h。

图 3.28　咖啡因提取装置

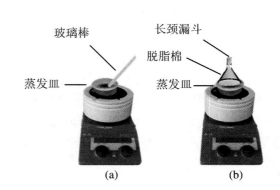

（a）　　　　　　　（b）

图 3.29　蒸气浴加热升华装置

【注释】

［1］滤纸套大小要紧贴器壁，又能方便取放，其高度不得超过导气管口。滤纸包茶叶末时要严密，防止茶叶末漏出堵塞虹吸管。纸套上面折成凹形，以保证回流液均匀浸润被萃取物。

〔2〕脂肪提取器的虹吸管极易折断,装置仪器和取拿时须特别小心。可用恒压滴液漏斗代替脂肪提取器。

〔3〕蒸馏结束时,瓶中剩余约 5 mL,否则残液很黏,转移时损失较大。转移后的烧瓶要及时清洗。

〔4〕生石灰起吸水和中和作用,以除去部分酸性杂质。

〔5〕在萃取回流充分的情况下,升华操作是实验成败的关键。升华过程中,始终都要用小火或空气浴加热。如温度太高,会使产物发黄。

〔6〕升华中若有较多茶油产生,可以在蒸发皿冷却情况下擦去茶油,以免污染产物。

〔7〕取结晶时务必将蒸发皿冷却至 100 ℃ 以下后才能刮产物,以免在高温下损失产物。

〔8〕提取液及咖啡因的定性检验:

① 提取液的定性检验:取样品液 2 滴于干燥白色瓷板上,喷上酸性碘-碘化钾试剂,可见到棕色、红紫色和蓝紫色化合物生成。

② 咖啡因的定性检验:取上述任一样品液 2～4 mL 置于瓷皿中,加热蒸去溶剂,加盐酸 1 mL 溶解,加入 $KClO_3$ 0.1 g,在通风橱内加热蒸发,待干,冷却后滴加氨水数滴,残渣即变为紫色。

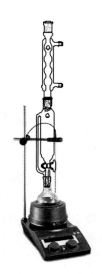

图 3.30　浸提

3. 实验流程

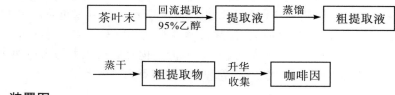

4. 装置图

图 3.30 为咖啡因浸取、升华装置。

（二）实验方法 B

1. 主要试剂

3 g 茶叶、2 g 碳酸钠、二氯甲烷。

2. 实验步骤

半微量:在 50 mL 烧杯中,将 2 g 碳酸钠溶于 20 mL 蒸馏水中。称取 3 g 茶叶,用纱布包好放入烧杯内,搅拌加热煮沸 0.5 h。注意勿使溶液起泡溢出。稍冷后(约 50 ℃),将提取液小心倾泻至另一烧杯中。冷至室温后,转入分液漏斗。加入 5 mL 二氯甲烷摇振,静置分层,此时在两相界面处产生乳化层。在一小玻璃漏斗的颈口放置一小团棉花(棉花放置约 1 cm 厚)和适量无水 Na_2SO_4 粉末,直接将有机相滤入一干燥锥形瓶,并用 1～2 mL 二氯甲烷冲洗干燥剂。水相再用 3 mL 二氯甲烷萃取一次。收集于锥形瓶中的有机相应是清亮透明的。

将干燥后的萃取液转入 25 mL 圆底烧瓶,加入几粒沸石,用水浴蒸馏回收二氯甲烷,并用水泵将溶剂抽干。将残渣溶于最少量的丙酮中,慢慢加入石油醚(60～90 ℃),到溶液恰好混浊为止,冷却结晶,抽滤收集产物。干燥后称重并计算收率。

在试管中加入 50 mg 咖啡因、37 mg 水杨酸和 4 mL 甲苯,在水浴上加热振摇使其溶解,然后加入约1 mL石油醚（60～90 ℃），在冰浴中冷却结晶。若无晶体析出，可用玻璃棒或刮刀摩擦试管壁。过滤收集产物，测定熔点。纯盐的熔点为137 ℃。

本实验需3～4 h。

3. 实验流程

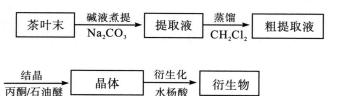

咖啡因的红外光谱图、^{1}H核磁共振图如图3.31、图3.32所示。

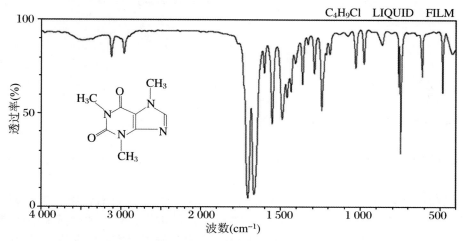

图3.31　咖啡因的红外光谱图

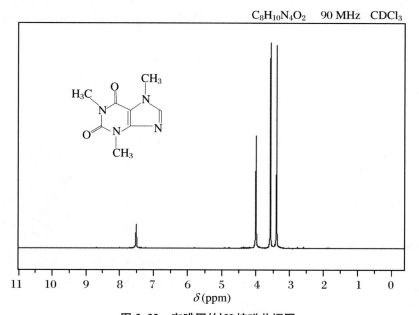

图3.32　咖啡因的^{1}H核磁共振图

四、思考题

(1) 提取咖啡因时,用到的生石灰起什么作用?

(2) 从茶叶中提取出的粗咖啡因有绿色光泽,为什么?

(3) 具有什么条件的固体有机化合物才能用升华法进行提纯?

(4) 在进行升华操作时,为什么只能用小火缓缓加热?

实验十三　干燥法制备无水乙醚

一、实验目的

练习无水溶剂的制备,学习液体的干燥。

二、实验原理

普通乙醚中常含有少量水和乙醇,放置过久还可能产生少量过氧化物。这对于要求以无水乙醚为溶剂的反应(如 Grignard 反应)不仅影响反应的进行,而且易发生危险。市售的试剂级无水乙醚也往往不合要求,因此常需自行制备。无水乙醚因用途和要求的不同,制备方法亦不尽相同,但通常都需经过三个基本步骤:① 检验并除去其中可能含有的过氧化物;② 初级干燥;③ 深度干燥。本实验是以浓硫酸做干燥剂进行初级干燥后再压入金属钠丝做深度干燥,这样制得的无水乙醚可用于 Grignard 反应。

其实验原理参看第二章第九节干燥和干燥剂的使用。

三、主要仪器和试剂

(1) 仪器:100 mL 圆底烧瓶、恒压滴液漏斗、100 mL 锥形瓶。

(2) 试剂:市售乙醚、2%碘化钾淀粉溶液、硫酸亚铁、金属钠。

四、实验步骤

1. 过氧化物的检验

在干净试管中取市售乙醚 1～2 mL,加入等体积 2%的碘化钾淀粉溶液及数滴稀盐酸一起摆振,若混合溶液显紫色或蓝色,则说明含有过氧化物,需进行第 2 步操作;若为无色或仅略带淡黄色,说明无过氧化物,可直接进行第 3 步操作。

2. 除去过氧化物

在小烧杯中放置 11 mL 水,用滴管滴入 0.6 mL 浓硫酸,再加入 0.6 g 硫酸亚铁,搅拌溶解。在 125 mL 分液漏斗中先放置 50 mL 市售乙醚,将配制好的硫酸亚铁溶液加入其中,塞上塞子剧烈振摇(注意放气),然后静置分层,弃去水层,再检验有无过氧化物。

3. 硫酸干燥

将约 50 mL 不含过氧化物的乙醚加入 100 mL 圆底烧瓶中,放入磁子,瓶口安装回流冷凝管,把一个装有 5 mL 浓硫酸的恒压滴液漏斗安装在冷凝管上口。开启冷却水,缓慢滴加浓硫酸于乙醚中。硫酸吸水放热,乙醚自行沸腾,硫酸加完后开始磁力搅拌,使硫酸和乙醚充分接触。干燥装置如图 3.33 所示。

4. 蒸馏

待冷凝管中不再有液滴滴下时,将回流装置改为蒸馏装置。蒸馏装置中的全部仪器均需洁净干燥,还需在尾接管的支管口加装氯化钙干燥管,然后将尾气导入水槽中。蒸馏速度不宜太快,以免冷凝不完全[1]。收集乙醚约 35 mL 时馏出速度会显著变慢,即可停止蒸馏。瓶中残液待冷至接近室温时倒入指定的回收瓶中。

图 3.33 干燥装置

5. 用金属钠干燥

将蒸馏收集的乙醚装入干燥锥形瓶中,加入约 0.5 g 金属钠[2]。把带有毛细管的氯化钙干燥管通过软木塞安装在瓶口上[3],既与大气相通,又不大量接触空气中的水汽,也避免氯化钙的粉末漏入乙醚中。放置 24 h 以后观察。如果已无气泡冒出,钠丝粗细基本未变,表面为亮黄色,即可使用;如果钠丝明显变粗,表面粗糙灰暗,甚至有裂缝,则需再压入少量钠丝,放置至不再产生气泡后才可使用[4]。无水乙醚在取用后剩余部分应放在原瓶中用原装置储存,全部乙醚用完后,废钠丝应用低规格乙醇或回收乙醇分解掉,不可随意丢入水槽、废液缸或垃圾箱中,以免发生危险。

纯粹的乙醚沸点为 34.51 ℃,折光率 n_D^{20} 为 1.352 6。

本实验约需 4 h。

【注释】

[1] 乙醚沸点低(34.51 ℃),易挥发(20 ℃时蒸气压为 58 928 Pa),其蒸气比空气重(约为空气的 25 倍),爆炸极限宽(1.85%～48%)。如果蒸馏速度过快,部分蒸气来不及冷凝,会遗散到空气中,沉陷至地面并流动聚集于低洼处,遇到明火会发生爆炸。所以应避免其蒸气散发到空气中,且蒸馏装置附近应无明火。

[2] 用压钠机将金属钠压成钠丝,也可用小刀将钠切成薄片代替钠丝。

[3] 瓶口的塞子最好用软木塞,也可用磨口导气管,但不宜用橡皮塞,因为橡皮塞会被乙醚蒸气溶胀而拔不出来。如果必须用橡皮塞,则应使用较大号的,使塞进瓶口的部分短一些。

[4] 如在市售乙醚中加入其质量 1/20～1/15 的无水氯化钙,密封放置过夜,滤除氯化钙后加入五氧化二磷干燥,则所得乙醚的干燥程度与本实验结果相当。如欲制取更纯的无水乙醚,可在除去过氧化物后,先用 0.5% 的高锰酸钾溶液洗去残存醛类,再用 5% 的氢氧化钠溶液洗去残留酸,最后用水洗涤,分去水层后按本实验方法处理。

实验十四 干燥法制备绝对乙醇

有机化学实验离不开溶剂,溶剂不仅作为反应介质,而且在产物的纯化和后处理中也经常使用。市售的有机溶剂有工业、化学纯和分析纯等各种规格,纯度愈高,价格愈贵。在有机合成中,常根据反应的特点和要求选用适当规格的溶剂,以便使反应能够顺利地进行而又符合节约的原则。某些反应(如 Grignard 反应等)对溶剂要求较高,即使微量杂质或水分的存在,也会对反应速率、产率和纯度带来一定的影响。由于有机合成中使用溶剂的量都比较大,若仅靠购买市售纯品,不仅价格较贵,有时也不一定能满足反应的要求。因此了解有机溶剂性质及纯化方法是十分重要的。有机溶剂的纯化是有机合成工作的一项基本操作。

市售的无水乙醇只能达到 99.5% 的纯度,在许多反应中需用纯度较高的绝对乙醇,经常需要自己制备。通常工业用 95.5% 的乙醇不能直接用蒸馏法制取无水乙醇,因 95.5% 乙醇和4.5% 的水形成恒沸混合物。要把水除去,第一步是加入氧化钙(生石灰)煮沸回流,使乙醇中的水与氧化钙作用生成氢氧化钙,然后再将无水乙醇蒸出,这样得到的无水乙醇纯度在99.5%,纯度更高的无水乙醇(绝对乙醇)可用金属镁或金属钠进行处理。

一、实验目的

(1) 学习溶剂、试剂的纯化原理和方法。
(2) 进一步掌握制备无水乙醇操作的方法。

二、实验原理

反应式:

$$2C_2H_5OH + Mg \longrightarrow (C_2H_5O)_2Mg + H_2 \uparrow$$
$$(C_2H_5O)_2Mg + H_2O \longrightarrow 2C_2H_5OH + Mg(OH)_2$$

三、主要仪器和试剂

(1) 仪器:100 mL 电热套、磁力搅拌器、100 mL 圆底烧瓶、球形和直形冷凝管。
(2) 试剂:50 mL 无水乙醇 (99.5%)、0.4 g 镁屑、氯化钙、碘粒。

四、实验步骤

在 100 mL 的干燥圆底烧瓶中,放置 0.4 g 干燥纯净的镁屑、10 mL 99.5% 无水乙醇,装上干燥过的回流冷凝管,并在冷凝管上端附加一只无水氯化钙干燥管。磁力搅拌、加热使达微沸,移去热源,立即加入几粒碘片,顷刻即在碘粒附近发生作用,最后可达到相当剧烈的程度。有时作用太慢则需加热,如果在加碘之后,作用仍不开始,则可再加入数粒碘。待镁屑已经作用充分后,加入 40 mL 99.5%乙醇和磁子。搅拌回流 50～60 min,蒸馏,产物收集于 50～100 mL 磨口锥形瓶中,用塞子塞住。这样制备的乙醇纯度超过 99.99%。实验装置如图 3.34 所示。

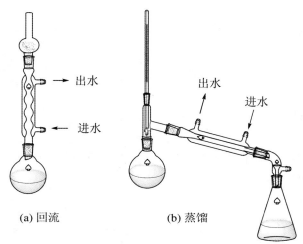

图 3.34　绝对乙醇制备实验装置

【注意事项】

(1) 由于无水乙醇具有很强的吸水性,在操作过程中水汽存在于实验所用到的仪器中,仪器均需预先干燥,如 100 mL 烧瓶、锥形瓶、球形、直形冷凝管、蒸馏头、接液管、大小干燥管、大小空心塞、量筒。

(2) 所用的乙醇若是 95%的乙醇,可用氧化钙将 95.5%的乙醇处理成无水乙醇。

(3) 一般来说,乙醇与镁的作用是缓慢的,如所用的乙醇含水量超过 0.5%,作用尤其困难。

(4) 加入碘粒后,若反应仍不发生可再加碘粒;若反应很慢可用电热套或电吹风低温加热。

(5) 镁屑是过量的,可能作用不完。

五、操作流程

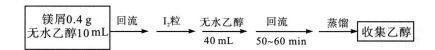

六、思考题

(1) 如何判别反应已发生?

(2) 蒸馏时在接液管支口处为何要接一干燥管?

实验十五　薄层色谱分离偶氮苯和苏丹Ⅲ

一、实验目的

练习薄层色谱(TLC)分离与鉴别操作。

二、实验原理

偶氮苯和苏丹Ⅲ由于二者极性不同,利用薄层色谱(TLC)可以将二者分离。参见本书第四章第一节薄层色谱的用途。

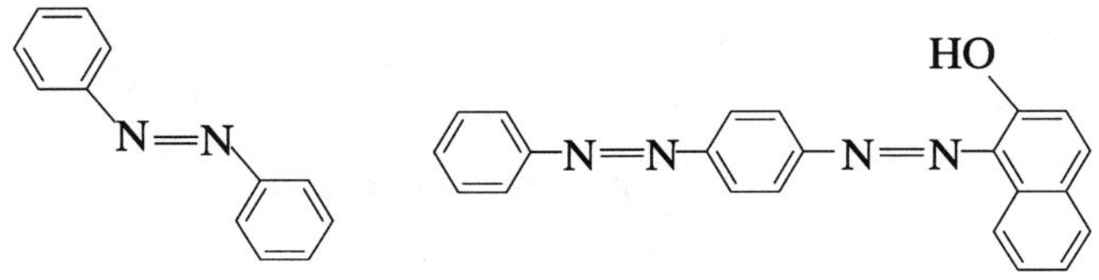

偶氮苯　　　　　　　　　　　苏丹Ⅲ

三、主要仪器和试剂

(1) 仪器:载玻片、展缸。
(2) 试剂:1%偶氮苯的苯溶液、1%苏丹Ⅲ的苯溶液、1%的羧甲基纤维素钠(CMC)水溶液、硅胶G、9:1的无水苯-乙酸乙酯。

四、实验步骤

1. 薄层板的制备

取7.5 cm×2.5 cm左右的载玻片5片,洗净晾干。

在50 mL烧杯中,放置3 g硅胶G,逐渐加入0.5%羧甲基纤维素钠(CMG)水溶液8 mL,调成均匀的糊状,用滴管吸取此糊状物,涂于上述洁净的载玻璃片上,用手将带浆的玻璃片在玻璃板或水平的桌面上做上下轻微的颠动,并不时转动方向,制成薄厚均匀、表面光洁平整的薄层板,涂好硅胶G的薄层板置于水平的玻璃板上,室温放置至风干后,放入烘箱中,缓慢升温至110 ℃,恒温0.5 h,取出,稍冷后置于干燥器中备用。

2. 点样

取2块用上述方法制好的薄层板。分别在距一端1 cm处用铅笔轻轻划一横线作为起始线。取管口平整的毛细管插入样品溶液中,在一块板的起点线上点 1% 的偶氮苯的苯溶液和混合液两个样点。在第二块板的起点线上点 1% 的苏丹Ⅲ苯溶液和混合液两个样点,样点间相距 1~1.5 cm。如果样点的颜色较浅,可重复点样,重复点样前必须待前次样点干燥后进行。样点直径不应超过 2 mm。

3. 展开

用 9:1 的无水苯-乙酸乙酯为展开剂,待样点干燥后,小心放入已加入展开剂的 250 mL 展缸中进行展开。瓶的内壁贴一张高 5 cm、环绕周长约为 4/5 的滤纸,下面浸入展开剂中,以使容器内被展开剂蒸气饱和。点样一端应浸入展开剂 0.5 cm。盖好瓶塞,观察展开剂前沿上升至离板的上端 1 cm 处取出,尽快用铅笔在展开剂上升的前沿处划一记号,晾干后观察分离的情况,比较二者 R_f 值的大小。

实验十六 薄层色谱鉴定镇痛药片 APC 组分

一、实验目的

掌握薄层色谱鉴定镇痛片的方法。

二、实验原理

普通的镇痛药,如 APC,通常是几种药物的混合物,大多含阿司匹林、咖啡因和其他成分,由于组分本身是无色的,需要通过紫外灯显色或碘熏显色,并与纯组分的 R_f 值比较来加以鉴定。参见第四章第一节薄层色谱的用途。

三、主要仪器和试剂

(1) 仪器:载玻片、展缸。

(2) 试剂:APC 镇痛药片、2% 阿司匹林的 95% 乙醇溶液、2% 咖啡因的 95% 乙醇溶液、95% 乙醇、12:1 的 1,2-二氯乙烷-乙酸。

四、实验步骤

1. 该样品的制备

准备 2% 咖啡因的 95% 乙醇溶液,95% 乙醇。领取镇痛药 APC 一片,用不锈钢勺研成粉状。用一小玻璃丝或棉球塞住一支滴管的细口,将粉状 APC 转入其中使堆成柱状,用另一支滴管从上口加入 5 mL 95% 乙醇通过柱状的镇痛药粉,萃取液收集于小试管中。

2．点样

按上述方法制备好薄层板。取两块板，分别在距一端 1 cm 处用铅笔轻轻划一横线为起始线。用毛细管在一块板的起始线上点药品萃取液样点和 2% 的阿司匹林乙醇溶液样点；在第二块板的起始线上点药品萃取液和 2% 的咖啡因乙醇溶液两个样点。样点间相距 1～1.5 cm，如果样点颜色较浅，可重复点样，但必须待前次样点干燥后进行，点样原点不宜过大，控制直径在 2 mm 内。

3．展开

用 12∶1 的 1,2-二氯乙烷与乙酸做展开剂。待样点干燥后，小心地放入已加入展开剂的 250 mL 的内壁贴有一张高为 5 cm、环绕周长约为 4/5 的滤纸展缸中进行展开，样品点必须在展开剂液面以上，盖好瓶塞，观察展开剂前沿上升至离板的上端约 0.5 cm 处取出，尽快用铅笔在展开剂上升的前沿画一记号并烘干。

4．鉴定

将烘干的薄层板放入 254 nm 紫外分析仪中照射显色，可清晰地看到展开得到的粉红色亮点，说明 APC 药片中的三种主要成分都是荧光物质。用铅笔绕亮点做出记号，求出每个点的 R_f 值。并将未知物与标准样品比较，下面给出了镇痛药常见组分在给定条件下参考的 R_f 值，如测定值和参考值误差在 ±20% 以下，即可肯定为同一化合物；如误差超过 20%，则需重新点样并适当增加展开剂中醋酸的比例。

在完成薄层板的分析之后，将薄层板置于放有几粒碘结晶的展缸内，盖上瓶盖，直至暗棕色的斑点明显时取出，并与先前在紫外分析仪中用铅笔做出的记号进行比较。

水杨酰胺
$R_f=0.46$

阿司匹林
$R_f=0.36$

菲那西汀
$R_f=0.25$

咖啡因
$R_f=0.17$

扑热息痛
$R_f=0.06$

【注意事项】

（1）制板时要求薄层平滑均匀，为此，宜将吸附剂调得稍稀些，尤其是制硅胶板时，更是如此。否则，吸附剂调得很稠，就很难做到均匀。另一个制板的方法是：在一块较大的玻璃板上，放置一块 2 mm 厚的薄层用载玻片，两边各放一块 3 mm 厚的长条玻璃板，倒上调好的吸附剂，用宽于载玻片的刀片或油灰刮刀顺一个方向刮去。倒料多少要合适，以便一次刮成。

（2）点样用的毛细管必须专用，不得弄混。点样使用毛细管液面刚好接触到薄层即可，切勿点样过重而破坏薄层。

五、思考题

(1) 在一定的操作条件下为什么可利用 R_f 值来鉴定化合物?

(2) 在混合物薄层色谱中,如何判定各组分在薄层上的位置?

(3) 展开剂的高度若超过了点样线,对薄层色谱有何影响?

实验十七　柱色谱分离偶氮苯与邻-硝基苯胺

一、实验目的

(1) 练习柱色谱分离有机混合物的方法。

(2) 学习柱色谱原理。

二、实验原理

本实验是以小型色谱柱分离偶氮苯与邻-硝基苯胺的少量混合溶液。由于二组分均有鲜艳的颜色,故不显色即可清晰地观察到柱中的分离情况,适合于初学者练习柱色谱操作技能之用。参见第四章第二节柱色谱法分离。

三、主要仪器及药品

(1) 仪器:色谱柱(长为 25 cm,内径为 1 cm)。

(2) 试剂:

① 吸附剂:市售中性氧化铝(100 目,n～m 级)。

② 淋洗剂:a.1,2-二氯乙烷与环己烷等体积混合液 80～100 mL;b.95%乙醇(备用)。

③ 待分离混合样:1%偶氮苯的 1,2-二氯乙烷溶液与 1%邻-硝基苯胺的 1,2-二氯乙烷溶液的等体积混合液约 1 mL。

四、操作步骤

1. 湿法装柱

将洗净晾干的色谱柱竖直固定在铁架台上,关闭活塞,注入约为柱容积 1/4 的淋洗剂。将一小团脱脂棉用一支干净玻璃棒推入柱底狭窄部位(勿挤压太紧),在脱脂棉上加盖一张直径略小于柱内径的滤纸片(或使用底部带砂芯的色谱柱)。将 10 g 中性氧化铝置于小烧杯中,加入淋洗剂调成悬浊状。打开往下活塞调节流速约每秒一滴,将制成的悬浊液在不断搅拌下自柱顶注入,最好一次加完。如吸附剂尚未加完而烧杯中淋洗剂已加完,可再用适量淋洗剂调和后加入柱中。在吸附剂沉积过程中可用套有橡皮管的玻璃棒轻轻敲击柱身以便吸附剂沉积均匀,柱下接得的淋洗剂可重复使用。在此过程中应始终保持吸附剂沉积层上面有一段液柱。吸附剂加完后关闭活塞,待沉积完全后将一张比柱内径稍小的滤纸片用玻璃棒轻轻推入,盖在吸附剂沉积面上。

2. 加样

打开往下活塞放出柱中液体,待液面降至滤纸片时关闭活塞,将 1 mL 待分离的混合样液沿内壁加入。打开活塞,待样液液面降至滤纸片时关闭活塞。用干净滴管吸取淋洗剂约 0.3 mL沿加样处冲洗柱内壁。再打开活塞将液面降至滤纸处。依上法重复操作直至柱壁和顶部的淋洗剂均无颜色。

3. 淋洗和接收

加入大量淋洗剂,打开柱下活塞,控制流出速度为 1 滴/s。观察柱中色带下行情况。随着色带向下行进逐渐分为两个色带,下方的为橙红或橙黄色,上方为亮黄或微带草绿色,中间为空白带。当前一色带到达柱底时更换接收瓶接收(在此之前接收的无色淋洗剂可重复使用)。当第一色带接收完后更换接收瓶接收空白带,当空白带接完后再换接收瓶接收第二色带。

如果两色带间的空白带较宽,在第一色带到达柱底时可改用95%乙醇淋洗,以加速色带下行。若空白带较窄,甚至中间为交叉带,则不可用乙醇淋洗,否则将会使后一色带追上前一色带,造成混褐。

本实验因样品量甚微,不要求蒸发溶剂制取固体产品,所接收的两个色带应分别密封避光保存,留待做薄层检测。操作优劣以柱中色带分布狭窄、前沿整齐水平、空白带较宽者为佳。

本实验需 3~4 h。

实验十八　　菠菜色素的提取和柱色谱分离

一、实验目的

学习从植物中提取色素的方法和柱色谱分离。

二、实验原理

植物绿叶中含有多种天然色素,最常见的有胡萝卜素(橙色)、叶绿素(绿色)和叶黄素(黄色),其结构为:

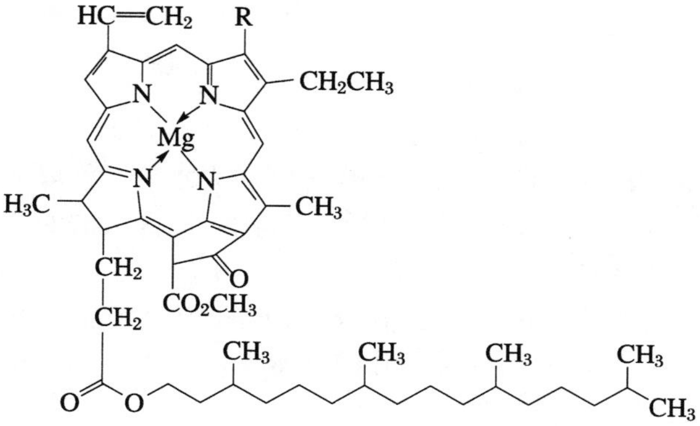

R＝CH₃:叶绿素a

R＝CHO:叶绿素b

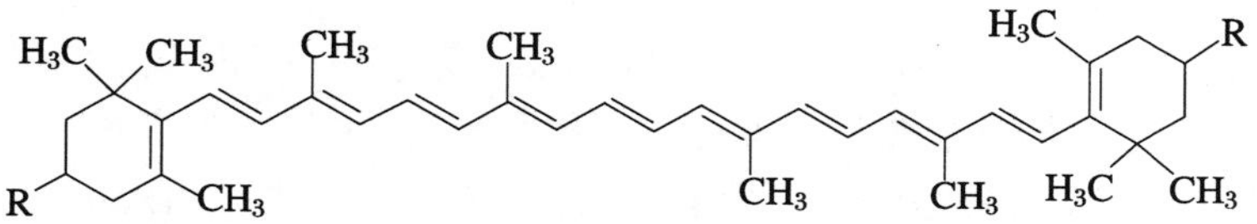

R＝H:β-胡萝卜素

R＝OH:叶黄素

叶绿素存在两种结构相似的形式即叶绿素 a($C_{55}H_{72}O_5N_4Mg$)和叶绿素 b($C_{55}H_{70}O_6N_4Mg$)，其差别仅是 a 中一个甲基被 b 中的甲酰基所取代。它们都是吡咯衍生物与金属镁的络合物，是植物进行光合作用所必需的催化剂。植物中叶绿素 a 的含量通常是叶绿素 b 的 3 倍。尽管叶绿素分子中含有一些极性基团，但大的烃基结构使它易溶于醚、石油醚等一些非极性的溶剂。

胡萝卜素($C_{40}H_{56}$)是具有长链结构的共轭多烯。它有三种异构体，即 α-，β-和 γ-胡萝卜素，其中 β-异构体含量最多，也最重要。生长期较长的绿色植物中，异构体中 β-体的含量多达99%。β-异构体具有维生素 A 的生理活性，其结构是两分子维生素 A 在链端失去两分子水结合而成的。在生物体内，β-体受酶催化氧化即形成维生素 A。目前 β-体已可进行工业生产，可作为维生素 A 使用，也可作为食品工业中的色素使用。

叶黄素($C_{40}H_{56}O_2$)是胡萝卜素的羟基衍生物，它在绿叶中的含量通常是胡萝卜素的两倍。与胡萝卜素相比，叶黄素较易溶于酯而在石油醚中溶解度较小。

本实验是从菠菜叶中提取以上色素，用柱色谱分离后用薄层色谱检测，并测定其中 β-胡萝卜素的紫外吸收。

三、主要仪器和试剂

（1）仪器：研钵、布氏漏斗、抽滤瓶、分液漏斗、展缸、载玻片(2.5 cm×7.5 cm,6 块)、色谱柱(2 cm×20 cm)。

（2）试剂：硅胶 H、羧甲基纤维素钠、中性氧化铝(150～160 目)、甲醇、95％乙醇、丙酮、乙酸乙酯、石油醚、菠菜叶。

四、实验步骤

1. 菠菜叶色素的提取

将菠菜叶洗净，甩去叶面上的水珠，摊在通风橱中抽风干燥至叶面无水迹。称取 20 g，用剪刀剪碎，置于研钵中，加入 20 mL 甲醇，研磨 5 min，转入布氏漏斗中抽滤，弃去滤液。

将布氏漏斗中的糊状物放回研钵，加入体积比为 3∶2 的石油醚-甲醇混合液 20 mL，研磨，抽滤[1]。用另一份 20 mL 混合液重复操作，抽干。合并两次的滤液，转入分液漏斗，每次用 10 mL 水洗涤两次[2]，弃去水-醇层，将石油醚层用无水硫酸钠干燥后滤入蒸馏瓶中，水浴加热蒸馏至体积约为 1 mL 的残液。

2. 柱色谱分离

将选好的色谱柱竖直固定在铁架台上，加石油醚约 15 cm 高。将一小团脱脂棉用石油醚润湿，轻轻挤出气泡，用一根洁净的玻璃棒将其推入柱底狭窄部位，再将一张直径略小于柱内径的圆滤纸片推入底部，水平覆盖在棉花上（或使用下端带砂芯的色谱柱）。把 20 g 中性氧化铝（150～160 目）通过玻璃漏斗缓缓加入，同时打开柱下活塞放出石油醚，使柱内液面高度大体保持不变。必要时用装在玻璃棒上的橡皮塞轻轻敲击柱身，以使氧化铝均匀沉降，始终保持沉积面上有一段液柱。氧化铝加完后小心控制柱下活塞使液面恰恰降至氧化铝沉积面相平齐，关闭活塞，在沉积面上再加盖一张小滤纸片（或石英砂）。用滴管吸取已制得的色素溶液，除留下一滴做薄层色谱用之外，其余部分加入柱中。开启活塞使液面降至滤纸片处，关闭活塞。将数滴石油醚贴内壁加入以冲洗内壁，再放出液体至液面与滤纸相平齐。重复冲洗操作 2～3 次，然后改用体积比为 9∶1 的石油醚-丙酮混合溶剂淋洗。当第一个色带（橙黄色）开始流出时更换接收瓶接收，当第一色带完全流出后再更换接收瓶并改用体积比为 7∶3 的石油醚-丙酮混合液淋洗第二色带[3]。最后改用体积比为 3∶1∶1 的正丁醇-乙醇-水混合液淋洗第三和第四色带。

3. 薄层色谱检测柱效

按照实验十五中操作步骤 1 的方法铺制羧甲基纤维素钠硅胶板 6 块，按 2 所述方法点样，用体积比为 8∶2 的石油醚-丙酮混合液做展开剂，展开后计算各样点的 R_f 值，观察各色带样点是否单一，以认定柱中分离是否完全。建议按下表次序点样：

点样序号	1	2	3	4	5	备注
点样产物	原提取液	第一色带	第二色带	第三色带	第四色带	

各样点的 R_f 值因板层厚度及活化程度不同而略有差异。大致次序为：第一色带为 β-胡萝卜素（橙黄色，R_f 0.75）；第二色带为叶黄素（黄色，R_f 0.7）[3]；第三色带为叶绿素 a（蓝绿色，R_f 0.67）；第四色带为叶绿素 b（黄绿色，R_f 0.50）。在原提取液（浓缩）的薄层板上还可以看到另一个未知色素的斑点（R_f 0.20）。

4. 紫外光谱测定

将第二步操作中接收到的第一色带用石油醚稀释后加到 1 cm 比色皿中，以石油醚做空白对照，用 UV-240 型紫外分光光度计或 72 型分光光度计测定其在 400～600 nm 范围内的吸收。β-胡萝卜素的 λ_{max} 值为 481(123 027),453(141 254)。

本实验需 8~10 h。

【注释】

[1] 抽滤不宜剧烈,稍抽一下即可。

[2] 水洗时振摇宜轻,避免严重乳化。

[3] 叶黄素易溶于酯而在石油醚中溶解度较小。菠菜嫩叶中叶黄素含量本来不多,经提取洗涤损失后所剩更少,故在柱色谱中不易分得黄色带,在薄层色谱中样点很浅,可能观察不到。

实验十九　纸色谱分离和鉴定头发蛋白中的氨基酸

一、实验目的

学习纸色谱原理和氨基酸分离、鉴定方法。

二、实验原理

头发蛋白中含有多种氨基酸。故此本实验是先将头发水解,将所得水解液与 9 种已知氨基酸在同一张滤纸上点样展开,用茚三酮显色,比较各样点的 R_f 值以鉴别各样点是何种氨基酸。由于某些氨基酸的 R_f 值非常接近,必须使用双向展开法才能分离开,在本实验条件下尚不能分离到足以用 R_f 值做出肯定判断的程度。故本实验只要求对分得清楚的样点做出判断。参见第四章第三节纸色谱法。

三、主要仪器和试剂

(1) 仪器:展缸。

(2) 试剂:天冬氨酸、丙氨酸、甘氨酸、头发水解液、磁力搅拌器、酪氨酸、脯氨酸、亮氨酸、头发水解液、谷氨酸、半胱氨酸、精氨酸。

四、实验步骤

1. 头发的水解

在 25 mL 圆底烧瓶中放入 0.1 g 洗净晾干的头发,加入 19%的盐酸(即浓盐酸与等体积水配成的溶液)5 mL,加入磁子,装上回流冷凝管,在石棉网上加热回流 1 h。关掉热源,拆下冷凝管,立即加入约 0.5 g 活性炭,摇匀后用伞形滤纸将水解液滤入小锥瓶中。水解液应为无色或稍带淡黄色。取数滴水解液检验水解是否完全[1],如不完全,可补加 19%盐酸 3~5 mL,重新回流 15 min 后再检验,直至水解完全。

2. 点样

用干净的剪刀剪取 24 cm×18 cm 的滤纸一张,在距长边 3 cm 处用铅笔各画一条与长边平行的直线 aa' 和 bb'。在距 aa' 2 cm 处再画一条与 aa' 平行的直线 cc' 作为起始线。在 cc' 两端各留出 3 cm 空白。在 cc' 的中间部分分别用铅笔做出 11 个记号,各记号间大体等距离(约 1.6 cm),如图 3.35 中(a)所示,自左向右依次编号。

将 9 种已知氨基酸各配制成 0.1 mol·L^{-1} 的标准溶液,每毫升标准溶液加 1 滴 19% 盐酸酸化,然后分别用直径小于 1 mm 的平口毛细管汲取样液在滤纸的记号处点样(一支毛细管只限用于同一种氨基酸)。自左至右各样点依次为:① 天冬氨酸;② 丙氨酸;③ 甘氨酸;④ 头发水解液;⑤ 酪氨酸;⑥ 脯氨酸;⑦ 亮氨酸;⑧ 头发水解液;⑨ 谷氨酸;⑩ 半胱氨酸;⑪ 精氨酸。每种氨基酸需重复点样两次,头发水解液则需重复点样三次,每次都需等原样点上的溶剂挥发掉之后再重复点样。样点的直径不要超过 2 mm。记下各种氨基酸的样点编号,不可混淆。

3. 展开

待样点中溶剂挥发后将滤纸卷成筒形,使滤纸的 acb 边与 $a'c'b'$ 边对齐缝合(使样点向内),用剪刀沿 ab 边和 $a'b'$ 边剪去两头,即得到如图 3.35(b)所示的形状。注意在全部操作中都不可以手指触及 ab 线及 $a'b'$ 线之间的部分[2],必要时可用干净的镊子夹住滤纸卷曲和缝合。在展开槽中预先加入 80% 的苯酚水溶液作为展开剂[3],其深度约为 1 cm。用镊子夹住滤纸筒小心放入展开槽中,使点有样品的一端向下,如图 3.35(c)所示。注意滤纸筒不可触及展开槽内壁,展开剂不可直接浸没样点。然后盖上盖子密闭展开。

4. 显色

当展开剂前沿上升到距离滤纸筒顶端约 1.5 cm 时,用镊子取出滤纸筒,用铅笔画出溶剂前沿的位置。用冷风吹干溶剂后用喷雾方式均匀喷洒茚三酮的乙醇溶液(见有机化合物的定性鉴定)。将滤纸放在红外灯下烘烤或放入 110 ℃ 的烘箱内烘干,约 5 min 样点显现出紫红色。取出后用铅笔描出样点的轮廓。

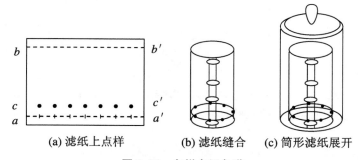

(a) 滤纸上点样   (b) 滤纸缝合   (c) 筒形滤纸展开

图 3.35   多样点纸色谱

5. 计算和鉴定

测量各样点中心到起始线的距离以及溶剂前沿到起始线的距离,计算各样点的 R_f 值。比较头发水解液中各样点与已知氨基酸样点的 R_f 值,说明头发中含有哪几种氨基酸。对于那些由于 R_f 值差别甚小,不能肯定其是何种氨基酸的样点则看作一组,与已知氨基酸相应的一组相比较。

本实验需 7~8 h。

【注释】

[1] 水解完全与否,判断的方法是:用双缩脲试验检验其中是否含有多肽。方法见有机化合物定性鉴定。

[2] 本实验非常灵敏。手指上的油脂中含有相当量的氨基酸,若触及滤纸会沾染在滤纸上的显色步骤中会显出颜色,与样点颜色混淆。

[3] 80%苯酚水溶液是由 10 mL 水与 40 g 苯酚混合加热溶解制得的。制好以后宜立即使用,以免氧化。如需短时间存放,可在溶液面上加盖一层石油醚使之与空气隔离。

实验二十 消去反应制备环己烯

一、实验目的

(1) 掌握环己烯制备原理和方法。
(2) 练习分馏操作方法。

二、实验原理

反应式:

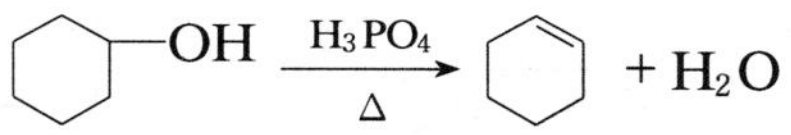

$$\text{\raisebox{-0.5ex}{⬡}—OH} \xrightarrow[\Delta]{H_3PO_4} \text{⬡} + H_2O$$

三、主要仪器和试剂

(1) 仪器:磁力搅拌器、50 mL 圆底烧瓶、刺形分馏柱、直形冷凝管。
(2) 试剂:10.5 mL 环己醇、4 mL 浓磷酸、2 mL 5%碳酸钠、1.5 g 无水氯化钙、1 g 氯化钠。

四、实验步骤

在 50 mL 干燥的圆底烧瓶中加入 10.5 mL 环己醇、4 mL 浓磷酸,充分振摇使之混合均匀[1]。烧瓶上装一短的分馏柱[2],接上蒸馏头、冷凝管、接液管(图 3.36),接收瓶浸在冷水中冷却。将烧瓶置于磁力搅拌器上(或电热套低压加热或几粒沸石,在石棉网上用小火)缓缓加热至沸,控制分馏柱顶部的馏出温度不超过 90 ℃[3][4],馏出液为带水的混浊液。至无液体蒸出时,可升温,当烧瓶中只剩下很少量残液并出现阵阵白雾时,即可停止蒸馏。全部蒸馏时间约需 1 h。馏出液用 1 g 食盐饱和,然后加约 2 mL 5%碳酸钠溶液中和微量的酸。将液体转入分液漏斗中,振摇后静置分层,分出有机相,用 1~2 g 无水氯化钙干燥[5],待溶液清亮透明后,滤入蒸馏瓶中,加入磁子后用水浴蒸馏,收集 80~85 ℃馏分于一已称量的小锥形瓶中,若蒸出

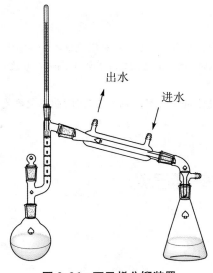

图 3.36　环己烯分馏装置

产物混浊,必须重新干燥后再蒸馏。

纯粹环己烯的沸点为 82.98 ℃,折光率 n_D^{20} 为 1.446 5。理论量:8.2 g,实际产量:4.7~5.3 g。

本实验约需 4 h。

【注释】

[1] 环己醇是黏稠液体(熔点:24 ℃),若用量筒量时,应注意转移中的损失。

[2] 分馏柱常用有两种:填充式分馏柱及刺形分馏柱(又称韦氏分馏柱)。本实验所用为刺形分馏柱,它结构简单,且较填充式黏附的液体少,缺点是较同样长度的填充柱分馏效率低,适合于分离少量且沸点差距较大的液体。

[3] 应用分馏柱将几种沸点相近的混合物进行分离的方法称为分馏,实际上分馏就是多次的蒸馏。

[4] 反应中:环己烯与水形成共沸物(沸点 70.8 ℃、含水 10%);环己醇与环己烯形成共沸物(沸点 64.9 ℃、含环己醇 30.5%);环己醇与水形成共沸物(沸点 97.8 ℃、含水 80%)。因此,在加热时温度不可过高,控制在温度小于 90 ℃,蒸馏速度不宜太快,以减少未作用的环己醇蒸出。

[5] 水层应尽可能分离完全,否则将增加无水氯化钙用量,使产物更多地被干燥剂吸附而招致损失。这里用无水氯化钙较适宜,因它还可除去少量环己醇(生成醇与氯化钙的配合物)。

五、实验操作流程

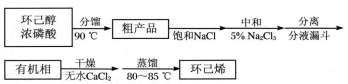

环乙烯的红外光谱图、¹H 核磁共振谱图分别如图 3.37、图 3.38 所示。

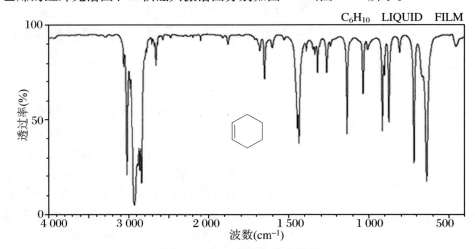

图 3.37　环乙烯的红外光谱图

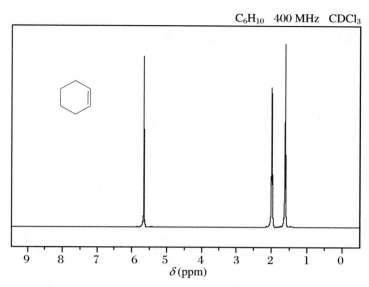

C_6H_{10}　400 MHz　$CDCl_3$

图 3.38　环乙烯的 ^1H 核磁共振谱图

六、思考题

(1) 醇类的酸催化脱水的反应机理是什么？
(2) 在粗制环己烯中，加入食盐使水层饱和的目的何在？
(3) 蒸馏终止前，出现的阵阵白雾是什么？
(4) 写出无水氯化钙吸水后的化学变化方程式，为什么蒸馏前一定要将它过滤？

实验二十一　亲核取代反应制备正溴丁烷

一、实验目的

(1) 学习正溴丁烷的制备原理和方法。
(2) 掌握回流、蒸馏、洗涤、液体干燥和气体吸收的操作。

二、实验原理

卤代烃是一类重要的有机合成中间体和重要的有机熔剂。卤代烷可通过多种方法和试剂进行制备，实验室制备卤代烷最常用的方法是将结构对应的醇，通过亲核取代反应转变为卤代物，常用的试剂有氢卤酸、三卤化磷和氯化亚砜。

醇与氢卤酸的反应是制备卤代烷最方便的方法,根据醇的结构不同,反应存在着两种不同的机理,叔醇 S_N1 机理,伯醇则主要按 S_N2 机理进行。

$$(H_3C)_3C\!-\!OH + HX \rightleftharpoons (H_3C)_3C\!-\!\overset{+}{\underset{H}{O}}\!-\!H + X^-$$

$$(H_3C)_3C\!-\!\overset{+}{\underset{H}{O}}\!-\!H \longrightarrow (CH_3)_3C^+ + H_2O$$

$$(CH_3)_3C^+ + X^- \longrightarrow (CH_3)_3CX \qquad\qquad S_N1$$

$$RCH_2OH + H_2SO_4 \longrightarrow R\overset{+}{\underset{H}{H_2CO}}\!-\!H + HSO_4^-$$

$$X^- + \underset{R}{H_2C}\!-\!\overset{+}{O}H_2 \longrightarrow RCH_2X + H_2O \qquad\qquad S_N2$$

酸的作用主要是促使醇首先质子化,将较难离去的基团 OH 转变成较易离去的基团 H_2O,加快反应速率。

但是,消去反应与取代反应是同时存在的竞争反应,对于仲醇,还可能存在着分子重排反应。因此,针对不同的反应对象,可能存在着醚、烯烃或重排的副产物。

本实验以 S_N2 机理为主反应。

主反应:

$$NaBr + H_2SO_4 \longrightarrow HBr + NaHSO_4$$

$$n\text{-}C_4H_9OH + HBr \xrightarrow{H_2SO_4} n\text{-}C_4H_9Br + H_2O$$

副反应:

$$H_3CH_2CH_2CH_2C\!-\!OH \xrightarrow{H_2SO_4} H_3CH_2CH_2C\!=\!CH_2 + H_2O$$

$$n\text{-}C_4H_9OH \xrightarrow{H_2SO_4} (n\text{-}C_4H_9)_2 + H_2O$$

$$2NaBr + 3H_2SO_4(浓) \longrightarrow Br_2 + SO_2 + 2H_2O + 2NaHSO_4$$

三、主要仪器和试剂

(1) 仪器:油浴、磁力搅拌器、100 mL 圆底烧瓶、球(直)形冷凝管、蒸馏头、分液漏斗。

(2) 试剂:6 mL 正丁醇、8 g 无水溴化钠、(10 mL＋5 mL)浓硫酸、8 mL 水、10 mL 饱和碳酸氢钠、无水氯化钙。

四、实验步骤

在 50～100 mL 的圆底烧瓶中加入 8 mL 水,并小心地加入 10 mL 浓硫酸,混合均匀后冷至室温[1]。再依次加入 6 mL 正丁醇和 8 g 溴化钠,安装上球形冷凝管并连上气体吸收装置(图3.39),用5%的氢氧化钠溶液或水做吸收剂[2]。将烧瓶置于保温套中加热搅拌,调节温度使液体保持沸腾而又平稳地回流[3],并促使反应完成[4]。由于无机盐水溶液有较大的相对密度,不久会分出上层液体即是正溴丁烷。回流需 30~40 min。待反应液冷却后,移去冷凝管,改为蒸馏装置,蒸出粗产物正溴丁烷[5-6]。

图3.39 回流及气体吸收装置

将粗产物移入分液漏斗中(图3.40(b)),加入 8 mL 的水洗涤[7]。产物转入另一干燥的分液漏斗中,用 4 mL 的浓硫酸洗涤[8]。尽量分去硫酸层。有机相依次用 10 mL 的水、10 mL 饱和碳酸氢钠溶液和 10 mL 水各洗涤一次至中性,分出正溴丁烷,放入干燥的锥形瓶中[9-11]。用 1~2 g 颗粒状的无水氯化钙干燥[12],间歇性摇动锥形瓶,直至液体清亮为止。

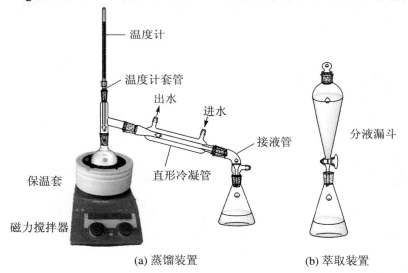

(a) 蒸馏装置　　　　　(b) 萃取装置

图3.40 蒸馏及萃取装置

将干燥好的产物过滤到蒸馏瓶中进行蒸馏,蒸馏装置如图3.40(a)所示,收集 99~103 ℃的馏分[13-14],产量为 3~4 g,纯的正溴丁烷的沸点为 101.6 ℃,折光率 n_D^{20} 为 1.439 9。

测定正溴丁烷的折光率以及 ^{1}H NMR 谱图并解析。

本实验约需 6 h。

【注释】

[1] 在烧瓶内,先加水再加浓硫酸,顺序不要弄错,以免暴沸,发生危险。在烧瓶冷至室温后再加正丁醇及溴化钠,以免正丁醇碳化,有机相发黑。

[2] 搭气体吸收装置注意三角漏斗不要全部浸入水中,以免倒吸。

[3] 实验应控制温度,高温使有机相发红、发黑(放出 Br_2 及碳化)。

[4] 液体首先由一层变成三层,上层开始极薄,中层为橙黄色(可能是硫酸氢甲酯),随着反应进行,上层

越来越厚,由淡黄变橙黄,中层逐渐消失。

[5] 检验粗产物是否蒸完的三种方法:① 馏出液是否由浑浊变为澄清;② 反应瓶上层油层是否消失;③ 取一滴馏出液滴入清水中是否溶解或呈一油珠在水面上。

[6] 蒸完后蒸馏瓶冷却,析出无色透明结晶 $NaHSO_4$。

[7] 水洗涤后有机相呈红棕色,是因其浓硫酸的氧化作用生成游离溴的缘故,可加饱和亚硫酸氢钠进行洗涤,使 Br_2 还原。

$$2NaBr + 3H_2SO_4 \longrightarrow Br_2 + SO_2 \uparrow + H_2O + 2NaHSO_4$$

$$Br_2 + 3NaHSO_3 \longrightarrow 2NaBr + NaHSO_4 + 2SO_2 \uparrow + H_2O$$

[8] 浓硫酸能溶解存在于粗产物中的少量未反应的正丁醇及副产物正丁醚等杂质。因为在以后的蒸馏中,由于正丁醇和正溴丁烷可形成共沸物(沸点 98.6 ℃,含正丁醇 13%)而难以除去。

[9] 分离、萃取时,注意上、下口分别倒出上、下两相液体,以免污染产物。

[10] 洗涤时,若有机溶剂沸点低,振摇中随时放气。支管口应指向无人处。

[11] 正溴丁烷相对密度为 1.28,洗涤时注意产品在上层还是在下层。

[12] 加干燥剂原则:① 与所加干燥试剂不起化学反应;② 不溶于该液体中;③ 不能与被干燥物形成络合物。干燥剂量以加入小颗粒后振摇、液体清亮干燥剂边缘轮廓清晰为准。

[13] 本实验制备的正溴丁烷,均含有 1%～2% 的 2-溴丁烷,回流时间较长,2-溴丁烷的含量较高,但回流到一定时间后,2-溴丁烷的量就不再增加。2-溴丁烷的生成可能是由于在酸性介质中,反应也会部分以 S_N1 机理进行的结果。

[14] 产品是否清亮透明,是衡量产品是否合格的外观标准。因此在蒸馏已干燥的产物时,所用仪器应充分干燥。精馏时,蒸馏装置要预先烘干:25 mL 烧瓶、蒸馏头、直形冷凝管、接液管、10 mL 锥形瓶。

五、实验操作流程

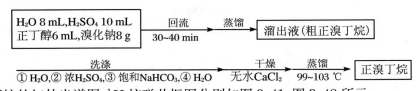

正溴丁烷的红外光谱图、^{1}H 核磁共振图分别如图 3.41、图 3.42 所示。

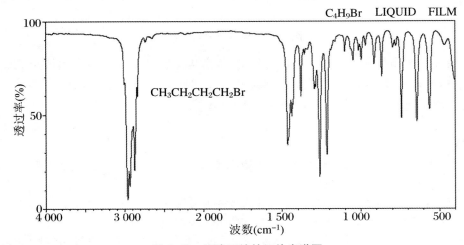

图 3.41 正溴丁烷的红外光谱图

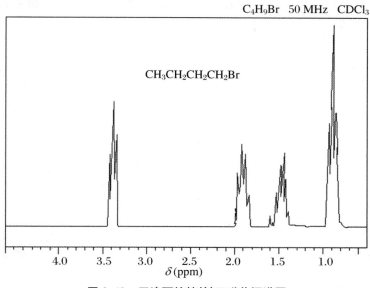

图 3.42 正溴丁烷核的 ^1H 磁共振谱图

六、思考题

(1) 实验中硫酸的作用是什么？硫酸的用量和浓度过大或过小有什么不好？

(2) 反应后的粗产物中含有哪些杂质？各步洗涤的目的何在？

(3) 用分液漏斗洗涤产物时，正溴丁烷时而在上层，时而在下层，如不知道产物的密度时，可用什么简便的方法加以判别？

(4) 为什么用饱和碳酸氢钠溶液洗涤前先要用水洗一次？

(5) 用分液漏斗洗涤产物时，为什么摇动后要及时放气？应如何操作？

(6) 写出无水氯化钙吸水后的化学变化方程式，为什么蒸馏前一定要将它过滤掉？

实验二十二　还原反应制备二苯甲醇

一、实验目的

(1) 学习由酮还原制备醇的原理及方法。

(2) 进一步练习半微量实验。

(3) 掌握回流、抽滤、重结晶、熔点测定操作。

二苯甲醇的合成方法是通过还原剂(如锌粉、硼氢化钠等)还原二苯甲酮得到的。在碱性醇溶液中用锌粉还原是制备二苯甲醇常用的方法,适用于中等规模的实验室制备,对于少量合成,硼氢化钠是更理想的试剂。

二、实验原理

反应式:

$$\text{二苯甲酮} \xrightarrow[\text{EtOH}]{\text{Zn,NaOH}} \text{二苯甲醇}$$

三、主要仪器和试剂

(1)仪器:水浴、磁力搅拌器、50 mL 圆底烧瓶(50 mL 三口烧瓶)、球形冷凝管、霍氏抽滤装置仪器。

(2)试剂:氢氧化钠、二苯甲酮、锌粉(硼氢化钠)、10 mL 95%乙醇、浓盐酸、10 mL 石油醚(60~90 ℃)。

四、实验步骤

(一)实验方法 A:锌粉还原

在 50 mL 圆底烧瓶中(图 3.43)依次加入 10 mL 95% 乙醇、1 g 氢氧化钠、1 g 二苯甲酮[1]

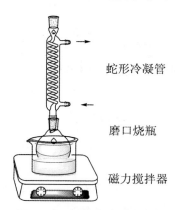

及 1 g 锌粉,装上球形(螺旋形)冷凝管,室温下充分搅拌 20 min 后,在 70~80 ℃ 的热水浴中加热 5~10 min[2],使反应完全[3],用霍氏漏斗抽滤,固体用少量乙醇洗涤。溶液倒入盛有 60 mL 冷水(冰水浴冷却)的烧杯中,此时溶液呈乳浊液,小心用浓盐酸酸化使 pH = 5~6[4],然后抽滤。粗产物于红外灯下(应低于 50 ℃)干燥,重约 1 g。然后 1 g 粗品用 10 mL 石油醚(60~90 ℃)重结晶[5],抽滤,干燥,得针状白色结晶约为 0.8 g,产率约为 80%,熔点为 68~69 ℃,理论量为 1.02 g。(要求测定熔点以及 IR 谱图并解析。)

本实验约需 4 h。

蛇形冷凝管

磨口烧瓶

磁力搅拌器

图 3.43　二苯甲醇反应装置

【注释】

[1]二苯甲酮和氢氧化钠必须研碎,否则反应很难进行。

[2]第一步温水浴温度在 40 ℃,或者就在室温下反应。第二步热水浴可以控制在 70~75 ℃,时间最好是 5 min,时间过长易发生颜色变化(变黄,严重者发红)。

[3]反应液颜色为灰黑色为正常。若溶液发红,可能反应不成功。

[4]酸化时,溶液的酸性不宜太强,pH = 5~6,否则难以析出固体。

［5］由于用(60～90 ℃)石油醚重结晶,故产品仪器均需干燥,否则很难溶解产品。

（二）实验方法 B：硼氢化钠（NaBH₄）还原

图 3.44　霍氏抽滤装置

在装有回流冷凝管、分液漏斗、温度计和磁力搅拌器的 50 mL 三口烧瓶中,加入 1.82 g(0.01 mol)二苯甲酮和 10 mL 95%乙醇,加热使固体物全部溶解。冷至室温后,在搅拌下分批加入 0.19 g(0.005 mol)硼氢化钠[1]。此时,可观察到有气泡发生,溶液变热,硼氢化钠加入速度以及反应温度不超过 50 ℃为宜。待硼氢化钠加毕,继续搅拌回流20 min,此过程中有大量气泡放出,待冷至室温后[2],通过分液漏斗加入 10 mL 冷水搅匀,以分解过量的硼氢化钠,然后逐滴加入 10%盐酸 1.5～2.5 mL,直至反应停止。换成蒸馏装置,蒸出大部分乙醇,当反应液冷却后,抽滤(图3.44),用水洗涤所得固体,干燥后得粗产物。粗产物用石油醚(30～60 ℃)重结晶[3]得二苯甲醇(bcnzhydrol)针状结晶约1 g,测熔点。纯二苯甲醇熔点为 69 ℃。

本实验需 3～4 h。

【注释】

［1］硼氢化钠是强碱性物质,易吸潮,具腐蚀性。称量时要小心操作,勿与皮肤接触。

［2］若无沉淀出现,可在水浴上蒸去大部分乙醇,冷却后将残液倒入 10 g 碎冰和 1 mL 浓盐酸的混合液中,抽滤,用水洗涤所得固体。其余步骤同上。

［3］也可以用己烷代替石油醚进行重结晶。

五、实验操作流程（实验方法 A）

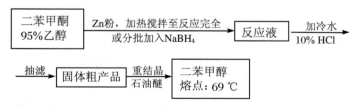

二苯甲醇的红外光谱图、¹H 核磁共振谱图如图 3.45、图 3.46 所示。

六、思考题

（1）硼氢化钠和氢化锂铝都是负氢还原剂,试说明它们在还原性及操作上的不同。

（2）试提出合成二苯甲醇的其他方法。

（3）本实验反应完成后,为什么要加入 10%盐酸?

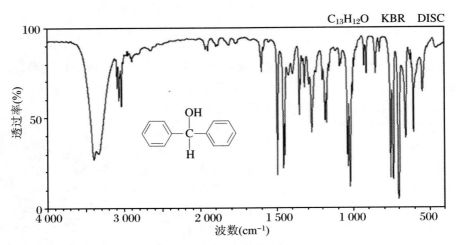

图3.45　二苯甲醇的红外光谱图

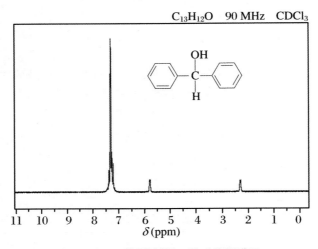

图3.46　二苯甲醇的^{1}H核磁共振谱图

实验二十三　Fridel-Crafts 反应制备对叔丁基苯酚

一、实验目的

（1）学习 Fridel-Crafts 反应向芳环引入烷基的方法。

（2）掌握无水操作及气体吸收等基本操作。

（3）掌握重结晶、熔点测定等基本操作。

二、实验原理

反应式：

$$HO\!-\!\!\left\langle\!\!\bigcirc\!\!\right\rangle\!\!-\!H + (CH_3)_3CCl \xrightarrow{AlCl_3} HO\!-\!\!\left\langle\!\!\bigcirc\!\!\right\rangle\!\!-\!\!\overset{\overset{\displaystyle CH_3}{|}}{\underset{\underset{\displaystyle CH_3}{|}}{C}}\!\!-\!CH_3 + HCl\!\uparrow$$

三、主要仪器和试剂

(1) 仪器：油浴、磁力搅拌器、回馏冷凝管、干燥管。
(2) 试剂：2.2 mL(1.8 g) 叔丁基氯、1.6 g 苯酚、0.2 g 无水三氯化铝、浓盐酸。

四、实验步骤

在一个干燥[1]的 50 mL 三口瓶内加入 2.2 mL 叔丁基氯和 1.6 g 苯酚[2]。搅拌使苯酚完全或几乎完全溶解。在三口瓶上装上球形冷凝管、有氯化钙干燥管和气体吸收装置，以吸收反应过程中生成的氯化氢气体，如图 3.47 所示。快速称取约 0.2 g 无水三氯化铝[3]，向三口瓶中加入部分无水三氯化铝，不断搅拌反应液，立即有氯化氢放出[4][5]，如果反应混合物发热，产生大量气泡时可用冷水浴冷却。反应缓和后再加入剩余的无水三氯化铝，此时反应瓶中混合物应当是固体[6]。向三口瓶中加入 8 mL 水及 1 mL 浓盐酸组成溶液水解反应物，即有白色固体析出，尽可能将块状物捣碎直至成为细小的颗粒。抽滤并用少量水洗涤，粗产物干燥后用石油醚(60～90 ℃)重结晶[7]，得白色或淡黄色片状对叔丁基苯酚约 2.3 g(产率为 93%)，熔点为99～100 ℃。

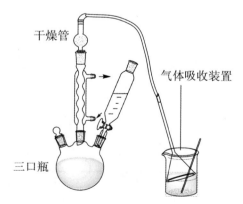

干燥管

气体吸收装置

三口瓶

图 3.47　对叔丁基苯酚制备装置

本实验需 5～6 h。

五、实验操作流程

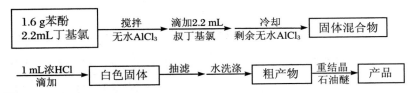

【注意事项】

[1] 本实验所用仪器和试剂均应充分干燥。

[2] 苯酚易灼伤皮肤,若不慎碰到应立即用水冲洗。

[3] 无水三氯化铝要研细,快速称取及投料要迅速。

[4] 气体吸收装置中的玻璃漏斗应略为倾斜,以防水倒吸。

[5] 不断搅拌反应液,使催化剂的新表面得到充分暴露以利反应进行。避免反应温度过高,反应太激烈,否则产生的大量氯化氢气体会将低沸点的叔丁基氯(沸点:50.7 ℃)大量带出而使产量降低。

[6] 如果反应后没有固体可用玻璃棒摩擦或摇动以诱导结晶。

[7] 有时候产物呈现紫色,可能为一部分苯酚氧化所致令产物泛紫,可用石油醚重结晶。

对叔丁基苯酚的红外光谱图、^{13}C 核磁共振谱图分别见图 3.48、图 3.49。

六、思考题

(1) 如果用正丁基氯代替叔丁基氯,那么本实验中的副产物有哪些?

(2) 除了用熔点来证明得到的产物是对叔丁基苯酚外,还可用什么方法证明产物是对位而不是邻位或间位异构体?

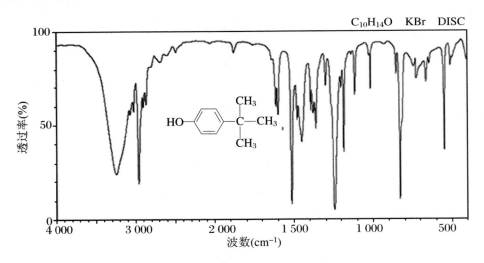

图 3.48　对叔丁基苯酚的红外光谱图

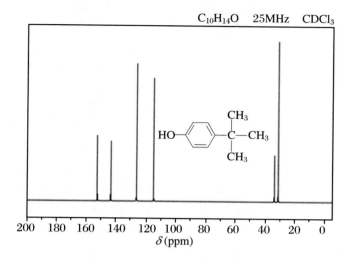

图 3.49　对叔丁基苯酚的¹C核磁共振谱图

实验二十四　Williamson 反应制备苯乙醚

一、实验目的

学习 Williamson 反应制备醚。

二、实验原理

反应式：

$$\text{（苯环）—OH} + \text{NaOH} \longrightarrow \text{（苯环）—ONa} + \text{H}_2\text{O}$$

$$\text{（苯环）—ONa} + \text{（乙基）Br} \longrightarrow \text{（苯环）—O（乙基）} + \text{NaBr}$$

三、主要仪器和试剂

（1）仪器：磁力搅拌器、滴液漏斗、冷凝管。

（2）试剂：7.5 g 苯酚、13 g（8.9 mL）溴乙烷、5 g 氢氧化钠、乙醚、氯化钠、无水氯化钙。

四、实验步骤

在装有滴液漏斗和回流冷凝管 50 mL 的三口瓶中，加入 7.5 g 苯酚、5 g 氢氧化钠、4 mL 水和磁子，按图 3.50 所示装置仪器。搅拌加热使固体全部溶解，调节温度在 80～90 ℃ 之间，开始慢慢滴加 8.9 mL 溴乙烷，约 1 h 滴加完毕，在该温度下继续搅拌反应 1 h，然后冷却至室温，加 10～20 mL 水使固体全部溶解。把液体转入分液漏斗中，分出水相，有机相用等体积饱和食盐水洗两次（若出现乳化现象时，可减压过滤），分出有机相，合并两次的洗涤液，用 15 mL 乙醚提取一次，提取液与有机相合并，用无水氯化钙干燥。水浴蒸出乙醚，再减压蒸馏，收集产品，也可以进行常压蒸馏，收集 171～180 ℃ 馏分。产品为无色透明液体，为 4～5 g。

纯苯乙醚的沸点为 170 ℃，折光率 n_D^{20} 为 1.507 3。

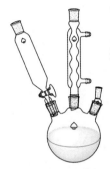

图 3.50　苯乙醚反应装置

【注意事项】

(1) 溴乙烷沸点低，回流冷却要充分，以保证足够量的溴乙烷参与反应。

(2) 若有结块出现，应停止滴加溴乙烷，待充分搅拌后再继续滴加。

(3) 蒸去乙醚时，应严禁明火。

(4) 苯乙醚的压力与沸点的关系：

P(mmHg)	1	5	10	20	40	60	100	200	400	760
沸点(℃)	18.1	43.7	56.4	70.3	86.6	95.4	108.4	127.9	149	172

五、思考题

(1) 反应过程中，回流的液体和出现的固体各是什么？ 为什么到后期回流不明显了？

(2) 用饱和食盐水洗涤的目的何在？

实验二十五　Fridel-Crafts 反应制备对-甲基苯乙酮

一、实验目的

(1) 了解 Fridel-Crafts 酰基化反应制备芳香酮的原理。

(2) 练习无水操作方法，进一步掌握蒸馏、气体吸收操作。

二、实验原理

Fridel-Crafts 反应是向芳环上引入烷基和酰基最重要的方法,在合成上具有很大的实用价值。

Fridel-Crafts 酰基化反应是在芳环上引入酰基制备芳香酮的主要方法。在无水三氯化铝存在下,酰氯或酸酐与活泼的芳香化合物反应,得到高产率的烷基芳香酮或二芳香基酮。

本实验是 Fridel-Crafts 酰基化反应,其反应机理:

$$(CH_3CO)_2O + 2AlCl_3 \rightleftharpoons |CH_3CO|^+ |AlCl_4|^- \rightleftharpoons CH_3CO^+ + AlCl_4^-$$

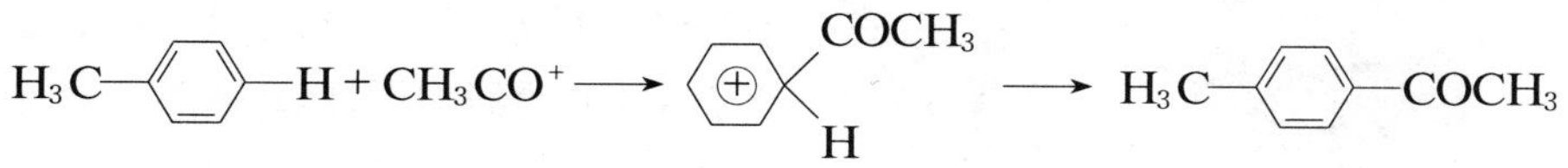

$$|AlCl_4|^- + H^+ \longrightarrow AlCl_3 + HCl$$
$$AlCl_3 + H_2O \longrightarrow Al(OH)Cl_2 \downarrow + HCl$$

无水三氯化铝的作用是产生亲电试剂、酰基阳离子($R—C^+ = \ddot{O}: \longrightarrow R—C \equiv \overset{+}{O}:$)。当用酰氯做酰基化试剂时,三氯化铝的用量约为 1.1 mol,因三氯化铝与反应中产生的芳香酮形成络合物$[ArCOR]^+[AlCl_4]^-$;当用酸酐时,则需使用 2.1 mol,因反应中产生的有机酸也会与三氯化铝反应。

$$(RCO)_2O + 2AlCl_3 \longrightarrow [RCO]^+[AlCl_4]^- + RCO_2AlCl$$

制备反应中,常用酸酐代替酰氯做酰化试剂。这是由于与酰氯相比,酸酐原料易得,纯度高,操作方便,无明显的副反应或有害气体放出;反应平稳且产率高,产生的芳酮容易提纯。

主反应:

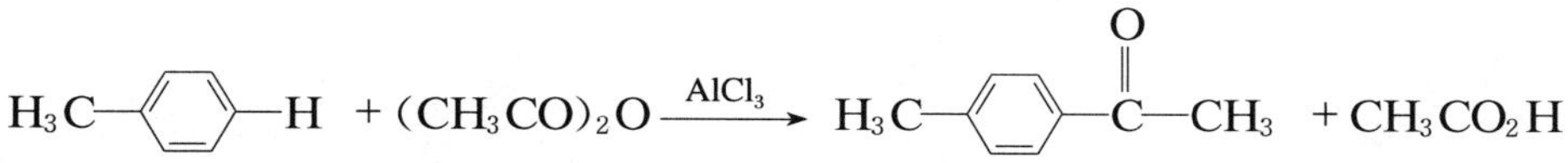

副反应:

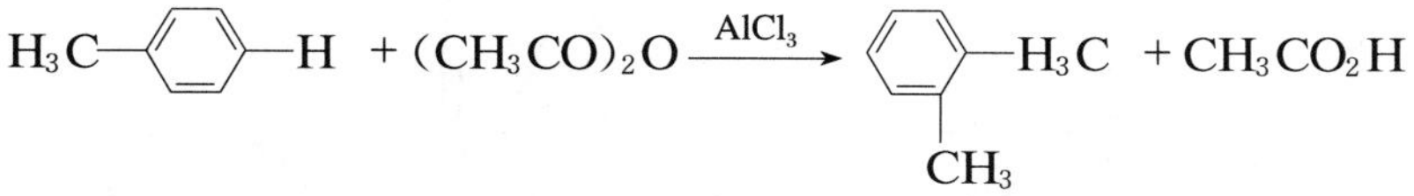

三、主要仪器和试剂

(1) 仪器:油浴、磁力搅拌器、100 mL 三颈瓶、滴液漏斗、回流冷凝管、蒸馏头、空气冷凝管。

(2) 试剂:18 mL 干燥的甲苯、4.5 mL(新蒸)乙酸酐、11 g 无水三氧化铝、25 mL 浓盐酸、10 mL 10%氢氧化钠、无水硫酸镁。

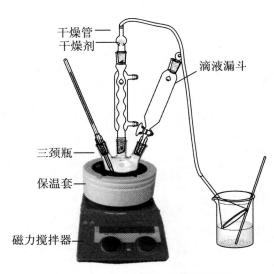

图 3.51　对-甲基苯乙酮制备装置

四、操作步骤[1]

在 100 mL 三口烧瓶中,分别装上预先烘干的滴液漏斗,上端装有氯化钙干燥管球形冷凝管,再接氯化氢气体吸收装置(图 3.51)。

迅速称取 11 g 经研成小块的无水三氯化铝[2]放入三颈瓶中,再加 15 mL 纯的无水甲苯,在磁力搅拌下滴入 4.5 mL 新蒸馏的乙酸酐及 3 mL 无水甲苯的混合液[3],反应放出大量热,因此边滴边搅拌,10～15 min 滴加完毕。为了使反应完全,加热 0.5 h[4],直至没有 HCl 放出为止。冷却将三颈瓶浸入冷水浴中,在搅拌下慢慢滴入 25 mL 浓盐酸及 25 mL 冰水混合物(此液先在 100 mL 烧杯中混合)[5],搅拌至全部铝盐溶解后,转入分液漏斗,分出甲苯层。依次用 10 mL 水、10 mL 10%氢氧化钠溶液、10 mL 水洗涤,甲苯层用新炒的无水硫酸镁干燥。

将干燥后的溶液滤入圆底烧瓶中,蒸馏蒸出甲苯[6],当温度升至 140 ℃ 左右时,停止加热,稍冷后换空气冷凝管(图 3.52),继续蒸馏收集 224～226 ℃ 的馏分。理论量为 6.85 g,实际产量为 3～3.7 g,产率为 64%～79%。纯 p-甲基苯乙酮的沸点为 225 ℃[7],折光率 n_D^{20} 为 1.532 8,无色液体,熔点为 28 ℃。

本实验需 6～8 h。

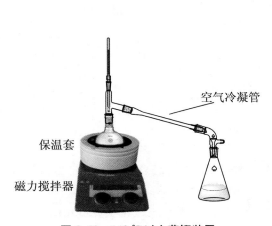

图 3.52　140 ℃ 以上蒸馏装置

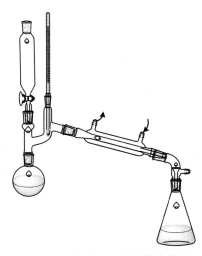

图 3.53　分批加入溶剂蒸馏装置

【注释】

[1] 玻璃仪器 100 mL 三口瓶、球形冷凝管、滴液漏斗、磨口干燥管、25 mL 量筒(预先烘干,量筒必须充分

干燥,否则影响反应顺利进行)。

　　[2] 无水 $AlCl_3$ 的质量是实验成败的关键之一,称量、研细、投料都要迅速,避免长时间暴露在空气中,防止它因吸水而水解。

　　[3] 甲苯应用金属钠处理干燥,乙酸酐要新蒸,以确保实验成功。

　　[4] 整个反应温度需要控制在 $100\sim105\,℃$。

　　[5] 反应液冷却后倒入盐酸溶液应使铝盐溶解完全,若不溶解可再添加稀盐酸。

　　[6] 由于最终产物不多,宜选用较小的圆底烧瓶,甲苯可用滴液漏斗分批加入到烧瓶中,如图 3.53 所示。

　　[7] (对)p-甲基苯乙酮的沸点:$225\,℃$,(邻)o-甲基苯乙酮的沸点:$214\,℃$,(间)m-甲基苯乙酮的沸点:$220\,℃$。

五、实验操作流程

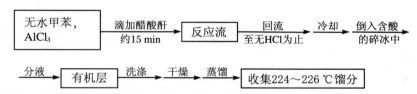

对-甲基苯乙酮的红外光谱图、^1H 核磁共振谱图分别如图 3.54、图 3.55 所示。

六、思考题

　　(1) 水和潮气对本实验有何影响? 在仪器装置和操作中应注意哪些事项? 为什么要迅速称取无水三氯化铝?

　　(2) 反应完成后为什么要加入浓盐酸和冰水的混合液?

　　(3) 用酰氯和乙酸酐做酰化试剂,其三氯化铝的用量有何不同? 为什么?

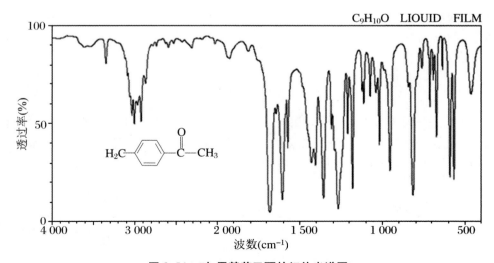

图 3.54　对-甲基苯乙酮的红外光谱图

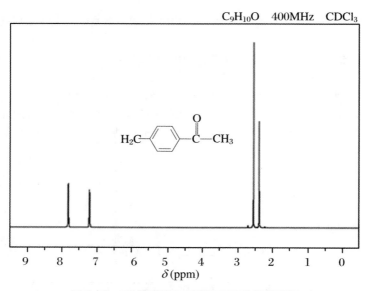

图 3.55　对-甲基苯乙酮的 ^{1}H 核磁共振谱图

实验二十六　Clasien-Schmidt 缩合反应制备二苄叉丙酮

一、实验目的

(1) 了解醇醛缩合反应制备 α,β-不饱和醛酮的原理和方法。
(2) 学习微型实验操作。

二、实验原理

醇醛缩合是一类极有用的反应。用一个芳香醛和一个脂肪族的醛酮进行交叉缩合反应，在氢氧化钠-乙醇-水溶液中进行，可以得到产率很高的 α,β-不饱和醛或酮。这一反应称为格莱森-斯密特(Clasien-Schmidt)反应，反应的方程式如下：

该反应条件下有利于二苄叉丙酮的形成，因为产物生成后就从反应介质中沉淀出来，而反应物和中间产物苄叉丙酮都溶于稀乙醇中，因此能够促使反应进行完全。

三、主要仪器和试剂

（1）仪器：圆底烧瓶、冷凝管、抽滤瓶、布氏漏斗和霍氏漏斗、循环水真空泵。
（2）试剂：2.65 g（2.55 mL）新蒸苯甲醛、2.5 g 氢氧化钠、20 mL 95%乙醇（95%）、丙酮。

四、实验步骤

在 100 mL 圆底烧瓶中放入搅拌子，将 2.5 g NaOH、25 mL 水和 20 mL 95%乙醇配成溶液，冷却至 20 ℃（必要时用水浴）（图 3.56(a)）。在剧烈搅拌下，将 2.65 g（2.55 mL）新蒸的苯甲醛[1][2]和 0.73 g 丙酮[2]（0.93 mL）配成的溶液滴加进烧瓶中，控制滴加速度，使反应液温度保持在 20～25 ℃，15 min 内加完。继续搅拌 45 min。抽滤出固体（用大抽滤瓶和布氏漏斗）（图 3.56(b)），将样品用水洗至中性，尽可能抽干。用 95%乙醇重结晶[3]。抽滤出产物（用小抽滤瓶和霍氏漏斗），红外灯下干燥后称重并计算产率。所得样品用 TLC 检验（SiO_2，乙酸乙酯/石油醚 1∶10 为展开剂）。

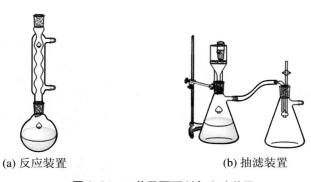

　　　　(a) 反应装置　　　　　　　　　　　(b) 抽滤装置

图 3.56　二苄叉丙酮制备实验装置

二苄叉丙酮的熔点为 104～107 ℃，测定二苄叉丙酮的红外光谱及 ^{1}H NMR 谱。

【注释】
[1] 苯甲醛使用前需要重新蒸馏。
[2] 试剂用量要准确，若苯甲醛过量，则生成二苄叉丙酮；若丙酮过量，则生成苄叉丙酮。
[3] 后处理时氢氧化钠必须除尽，否则难以重结晶。

五、思考题

（1）试写出苯甲醛与丙酮反应生成二苄叉丙酮的反应机理。
（2）为什么本实验的反应条件有利于二苄叉丙酮的生成？

实验二十七　Cannizzaro 反应制备苯甲酸和苯甲醇

一、实验目的

(1) 掌握 Cannizzaro 反应的原理和方法。

(2) 掌握蒸馏、萃取操作。

二、实验原理

芳醛和其他含 α-H 活泼的醛(如甲醛、三甲基乙醛等)与浓的强碱溶液作用时,发生自身氧化还原反应,一分子醛被还原为醇,另一分子醛被氧化为酸,此反应称为 Cannizzaro 反应。例如:

$$C_6H_5CHO \xrightarrow{\text{浓KOH溶液}} C_6H_5CH_2OH + C_6H_5CO_2K$$

Cannizzaro 反应的实质是羰基的亲核加成。反应涉及羟基负离子对一分子芳香醛的亲核加成、加成后的负氢向另一分子苯甲醛的转移和酸碱交换反应,其机理可表示如下:

$$C_6H_5CH=O + OH^- \underset{\text{亲核加成}}{\rightleftharpoons} C_6H_5-\overset{O^-}{\underset{H}{\overset{|}{C}}}-OH \xrightarrow[\text{负氢迁移}]{C_6H_5CH=O}$$

$$C_6H_5-\overset{O}{\overset{\|}{C}}-OH + {}^-OCH_2C_6H_5 \xrightarrow{\text{酸碱交换}} C_6H_5-\overset{O}{\overset{\|}{C}}-O^- + C_6H_5CH_2OH$$

苯甲醛在低温和过量碱存在下,产物中可分离出苯甲酸苄酯,这可能是由于苯甲醇在碱溶液中形成苄氧基负离子($C_6H_5CHO^-$)对苯甲醛发生亲核加成反应的结果。

$$C_6H_5CH_2OH + OH^- \rightleftharpoons C_6H_5CH_2O^- + H_2O$$

$$C_6H_5-\overset{O}{\overset{\|}{C}}-H + C_6H_5CH_2O^- \rightleftharpoons C_6H_5-\overset{O^-}{\underset{OCH_2C_6H_5}{\overset{|}{C}}}-H$$

$$C_6H_5-\overset{O^-}{\underset{OCH_2C_6H_5}{\overset{|}{C}}}-H + \overset{C_6H_5}{\underset{H}{\overset{|}{C}}}=O \rightleftharpoons C_6H_5\overset{O}{\overset{\|}{C}}-OCH_2C_6H_5 + C_6H_5CH_2O^-$$

在Cannizzaro反应中，通常使用50%的浓碱，其中碱的物质的量比醛的物质的量多一倍以上。否则反应不完全，未反应的醛与生成的醇混在一起，通过一般蒸馏很难分离。

芳醛与甲醛在浓碱作用下发生交叉的Cannizzaro反应，更活泼的甲醛作为氢的受体。当使用过量甲醛时，芳醛几乎可全部转化为芳醇，过量的甲醛被转化为甲酸盐和甲醇。

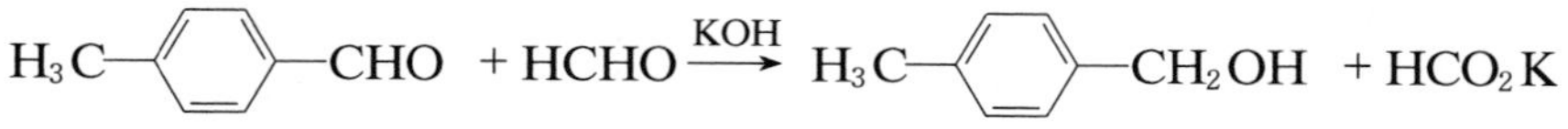

H3C
CHO
+ HCHO
KOH
H3C
CH2OH
+ HCO2K

本实验反应式：

CHO
con. KOH
CH2OH
+
CO2K
H+
CO2H

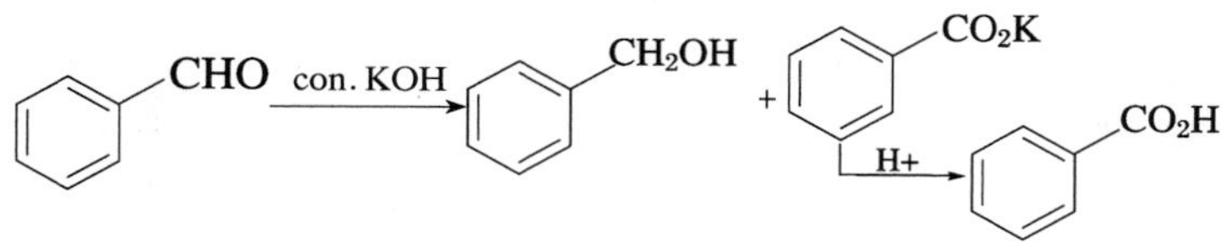

Cannizzaro反应制备苯甲酸和苯甲醇，乙醚萃取得醚层和水层。乙醚层干燥、蒸馏得到苯甲醇。水层酸化、冷却、抽滤得到苯甲酸。

三、主要仪器和试剂

(1) 仪器：磁力搅拌器、50 mL锥形瓶、分液漏斗、抽滤装置。

(2) 试剂：10.5 g(10 mL，0.1 mol)苯甲醛(新蒸)、14 g(0.32 mol)氢氧化钾、乙醚、10%碳酸钠溶液、浓盐酸。

四、实验步骤

在50 mL锥形瓶中配制9 g氢氧化钾和9 mL水的溶液，冷至室温后，加入10 mL新蒸过的苯甲醛(图3.57(a))。用橡皮塞塞紧瓶口，猛烈搅拌，使反应物充分混合，最后成为白色糊状物，放置24 h以上。

向反应混合物中逐渐加入足够量的水(约30 mL)，不断搅拌使其中的苯甲酸盐全部溶解[1]。将溶液倒入分液漏斗，每次用10 mL乙醚萃取三次。合并乙醚萃取液，依次用2.5 mL饱和亚硫酸氢钠溶液、5 mL 10%碳酸钠溶液、5 mL水洗涤，最后用无水硫酸镁或无水碳酸钾干燥。

干燥后的乙醚溶液，先蒸去乙醚，再蒸馏苯甲醇(图3.57(b))，收集204～206 ℃的馏分，产量约为4 g。纯粹苯甲醇的沸点为205.35 ℃，折光率 n_D^{20} 为1.539 60。

乙醚萃取后的水溶液用浓盐酸酸化至使刚果红试纸变蓝(图3.57(c))。充分冷却使苯甲酸析出完全，抽滤，粗产物用水重结晶，得苯甲酸4～4.5 g，熔点为121～122 ℃。

纯粹苯甲酸的熔点为122.4 ℃。

本实验约需8 h。

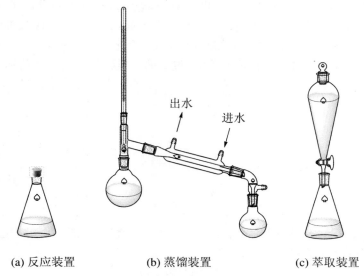

(a) 反应装置　　　　　(b) 蒸馏装置　　　　　(c) 萃取装置

图 3.57　苯甲醇制备实验装置

【注意事项】

[1] 充分搅拌是反应成功的关键。

五、实验操作流程

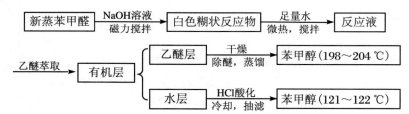

苯甲醇的红外光谱图、^{1}H 核磁共振谱图、^{13}C 核磁共振谱图见图 3.58、图 3.59、图 3.60。

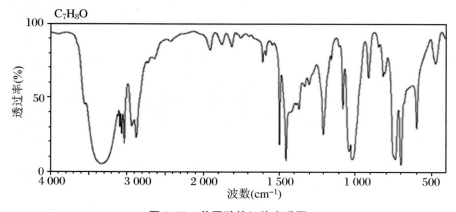

图 3.58　苯甲醇的红外光谱图

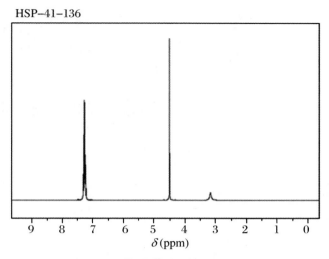

图 3.59　苯甲醇的^{1}H 核磁共振谱图

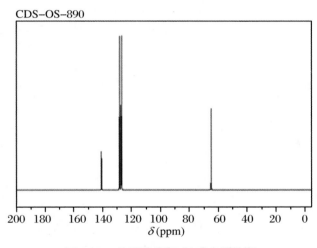

图 3.60　苯甲醇的^{13}C 核磁共振谱图

六、思考题

（1）试比较 Cannizzaro 反应与羟醛缩合反应在醛的结构上有何不同？

（2）本实验中两种产物是根据什么原理分离提纯的？用饱和的亚硫酸氢钠及 10% 碳酸钠溶液洗涤的目的何在？

（3）乙醚萃取后的水溶液，用浓盐酸酸化到中性是否最适当？为什么？不用试纸或试剂检验，怎样知道酸化已经恰当？

（4）写出下列化合物在浓碱存在下发生 Cannizzaro 反应的产物。

$$① \quad \underset{\text{CHO}}{\overset{\text{CHO}}{\bigcirc}} \qquad ② \ OHC—CHO \qquad ③ \ \underset{O}{\overset{\parallel}{\bigcirc-C}}—CHO$$

实验二十八　　Cannizzaro 反应制备呋喃甲醇与呋喃甲酸

一、实验原理

反应式：

$$2 \ \overset{\text{—CHO}}{\bigcirc} + NaOH \longrightarrow \begin{cases} \overset{\text{—CH}_2\text{OH}}{\bigcirc} \\ \overset{\text{—CO}_2\text{Na}}{\bigcirc} \xrightarrow{\text{H}^+} \overset{\text{—CO}_2\text{H}}{\bigcirc} \end{cases}$$

二、实验试剂

9.5 g(8.2 mL,0.1 mol)呋喃甲醛[1]（新蒸）、4 g(0.1 mol)氢氧化钠、乙醚、盐酸、无水碳酸钾。

三、实验步骤

在 100 mL 三颈瓶中（图 3.61），加入 8.2 mL 呋喃甲醛，置于冰水中冷却。另取 4 g 氢氧

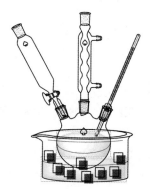

图 3.61　Cannizzaro 反应装置

化钠溶于6 mL水中。冷却后,在搅拌下,用滴液漏斗将氢氧化钠溶液滴加到呋喃甲醛中。滴加过程必须保持反应混合物温度在 8～12 ℃之间[2]。加完后,仍保持此温度继续搅拌 1 h,反应即可完成,得米黄色浆状物[3]。

在搅拌下向反应混合物中加入适量的水,使沉淀恰好完全溶解[4],此时溶液呈暗红色。溶液转入分液漏斗中,每次用 7 mL乙醚萃取 4 次。合并醚萃取液,用无水碳酸钾干燥后,在水浴上蒸去乙醚,然后加热蒸馏呋喃甲醇,收集 169～172 ℃馏分,产率约为 3 g。

纯粹呋喃甲醇为无色透明液体,沸点为 171 ℃,折光率 n_D^{20} 为 1.486 8。

乙醚提取后的水溶液在搅拌下慢慢加入浓盐酸,至刚果红试纸变蓝[5](约需 2.5 mL)。冷却、结晶、抽滤,产物用少量冷水洗涤,抽干后收集产品。粗产物用水重结晶[6],得白色针状呋喃甲酸,产量为 3～4 g,熔点为 133～134 ℃[7]。

纯粹呋喃甲酸熔点为 133～134 ℃。

本实验需 6～7 h。

【注释】

[1] 呋喃甲醛存放过久会变成棕褐色甚至黑色,同时往往含有水分,因此使用前需蒸馏提纯,收集 155～162 ℃馏分,最好在减压下蒸馏,收集 54～55 ℃/2.27 kPa(17 mmHg)馏分。新蒸的呋喃甲醛成为无色或淡黄色液体。

[2] 反应温度若高于 12 ℃,则反应物温度极易升高而难以控制,致使反应物变成深红色,若低于 8 ℃,则反应过慢,可能积累一些氢氧化钠,一旦发生反应,则过于猛烈,易使温度迅速升高,增加副反应,影响产量及纯度。自氧化还原反应是在两相间进行的,因此必须充分搅拌。呋喃甲醇和呋喃甲酸的制备也可在相同条件下,采取反加的方法,将呋喃甲醛滴加到氢氧化钠溶液中,反应较易控制,产率相仿。

[3] 加完氢氧化钠溶液后,若反应液已变成黏稠物而无法搅拌时,就不需继续搅拌即可往下进行。

[4] 加水过多会损失一部分产品。

[5] 酸要加够,以保证 pH 值在 3 左右,使呋喃甲酸充分游离出来,这一步是影响呋喃甲酸收率的关键。

[6] 重结晶呋喃甲酸粗品时,不要长时间加热回流。如长时间加热回流,部分呋喃甲酸会放分解,出现焦油状物。

[7] 测定熔点时,约于 125 ℃开始软化,完全熔融温度约为 132 ℃。

四、思考题

(1) 本实验根据什么原理来分离和提纯呋喃甲醇和呋喃甲酸这两种产物的?

(2) 用浓盐酸将乙醚萃取后的呋喃甲酸水溶液酸化至中性是否适当? 为什么? 若不用刚果红试纸,将如何判断酸化是否恰当?

实验二十九　酯化反应制备乙酰水杨酸

乙酰水杨酸,通常称为阿司匹林(Aspirin),是由水杨酸(邻羟基苯甲酸)和乙酸酐合成的。阿司匹林直到目前仍然是一种广泛使用的具有解热止痛、退热、抗风湿和治疗感冒的药。

一、实验目的

(1) 学习制备乙酰水杨酸的原理和方法。

(2) 掌握减压抽滤操作。

二、实验原理

水杨酸是一个具有酚羟基和羧基双官能团化合物,能进行两种不同的酯化反应。当与乙酸酐作用时,可以得到乙酰水杨酸,即阿司匹林。在生成乙酰水杨酸的同时,水杨酸分子之间发生缩合,生成少量的聚合物,乙酰水杨酸能与碳酸氢钠反应生成水溶性钠盐,而副产物聚合物不能溶于碳酸氢钠,这种性质上的差别可用于阿司匹林的纯化。

可能存在于最终产物中的杂质是水杨酸本身,这是由于乙酰化反应不完全或由于产物在分离步骤中发生水解造成的。它可以在各步纯化过程和产物的重结晶过程中被除去。与大多数酚类化合物一样,水杨酸酚羟基可与三氯化铁水溶液反应形成深紫色的溶液,阿司匹林因酚羟基已被酰化,不再与三氯化铁发生颜色反应,故阿司匹林中的杂质很容易被检出。

主反应:

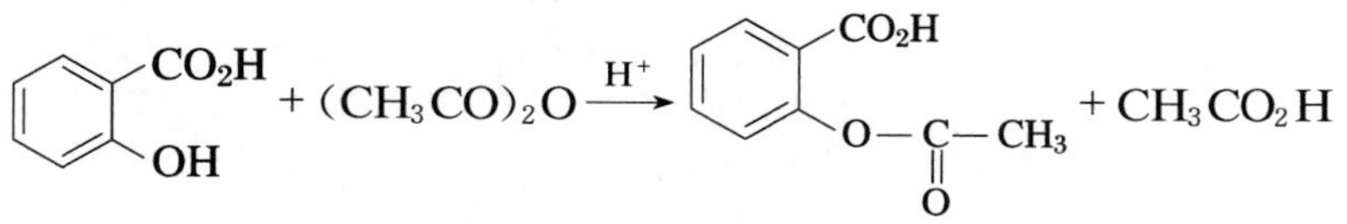

副反应:

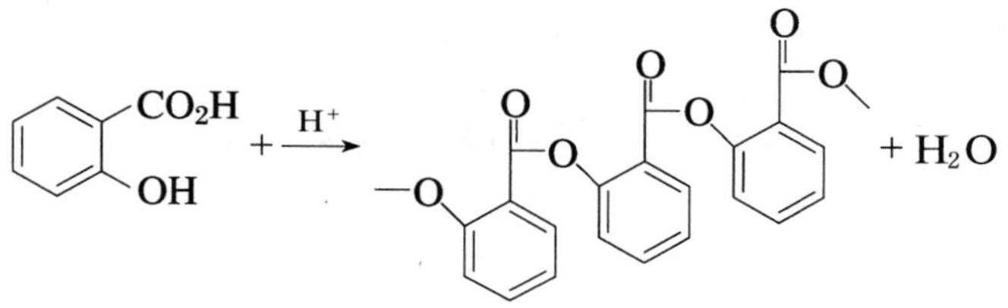

三、主要仪器和试剂

(1) 仪器:水浴装置、50 mL 圆底烧瓶、球形冷凝管、抽滤装置仪器。

(2) 试剂:1.5 g 水杨酸、3 mL 乙酸酐、25 mL 饱和碳酸氢钠水溶液、1%三氯化铁溶液、2～3 mL乙酸乙酯、浓磷酸、浓盐酸。

四、操作步骤

取 1.5 g 水杨酸加入 50 mL 圆底烧瓶中,加入 3 mL 乙酸酐和 5 滴磷酸,搅拌混匀。在圆底烧瓶上装上回流冷凝管,在 75～80 ℃[1] 的水浴中加热搅拌 15 min 后,加入 25 mL 冷水,再放入冰浴中使乙酰水杨酸结晶析出(图 3.62(a))。如不结晶或有油状物,可用玻璃棒摩擦瓶壁或摇动烧瓶。减压过滤,用滤液反复淋洗锥形瓶,直至所有晶体被收集到布氏漏斗。每次用少量冷水洗涤结晶几次,继续抽吸将溶剂尽量抽干(图 3.62(b))。

将粗产物移至 150 mL 烧杯中,在搅拌下慢慢加入 25 mL 饱和碳酸氢钠溶液,加完后搅拌几分钟,直至无二氧化碳气泡产生[2]。抽气过滤,副产物聚合物应被滤出,用冷水冲洗烧杯与漏斗,合并滤液至烧杯中,慢慢加入 4 mL 盐酸,至 pH 1～2 为止。搅拌均匀,即有乙酰水杨酸沉淀析出。将烧杯置于冰浴中冷却,使结晶完全。减压过滤,用洁净的玻璃塞挤压结晶,尽量抽去滤液,再用冷水洗涤2～3次,抽干水分,将结晶移至表面皿上干燥[3]。取约 10 mg 产物加

入盛有 5 mL 水的试管中,加入1~2滴 1% 三氯化
铁溶液,观察有无颜色反应。

为了得到更纯的产品,可将上述结晶溶于最少
量的乙酸乙酯中(需 4~6 mL),安装冷凝管稍加热
回流。如不析出结晶,可加少许石油醚摇匀,并将
溶液置于冰水中冷却,或用玻璃棒摩擦瓶内壁,减
压抽滤,干燥,收集产物。乙酰水杨酸为白色针状
晶体,熔点为 135~136 ℃。

本实验约需 4 h。

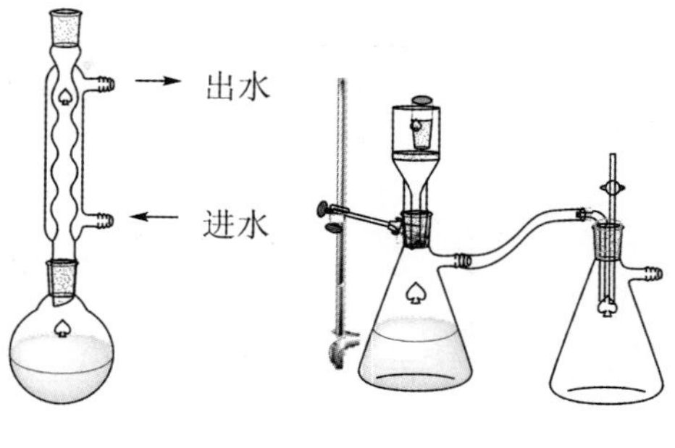

【注释】

[1] 反应温度应控制在 75~80 ℃,太高易产生较多副
产物,如水杨酰水杨酸酯、乙酰水杨酰水杨酸酯,太低反应不充分。

[2] 在加入饱和碳氢钠以及盐酸时,应边搅拌边慢慢加入饱和碳氢钠以及盐酸,以免产生的二氧化碳使
产物溢出烧杯。

[3] 乙酰水杨酸受热后易分解,其分解温度为 128~135 ℃,干燥时温度不要超过 80 ℃。测定熔点较难,
也无定值,可将加热台温度升至 120 ℃ 左右再放入样品测定。

右上图:
出水
进水
(a) 反应装置　　　(b) 抽滤装置
图 3.62　乙酰水杨酸制备装置

五、实验操作流程

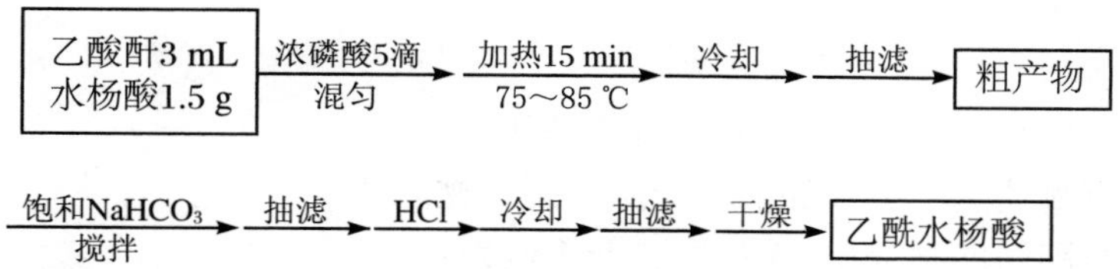

| 乙酸酐3 mL
水杨酸1.5 g | 浓磷酸5滴
混匀 → | 加热15 min
75~85 ℃ → | 冷却 → | 抽滤 → | 粗产物 |

饱和NaHCO₃ 搅拌 → 抽滤 → HCl → 冷却 → 抽滤 → 干燥 → 乙酰水杨酸

乙酰水杨酸的红外光谱图、^1H 核磁共振谱图分别见图 3.63、图 3.64。

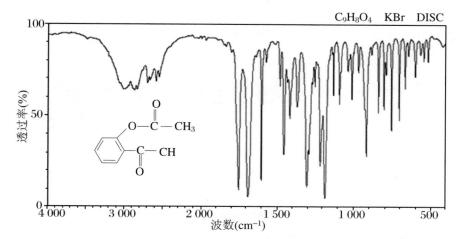

图 3.63　乙酰水杨酸的红外光谱图

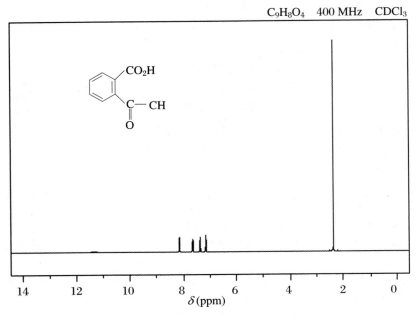

图 3.64　乙酰水杨酸的¹H核磁共振谱图

六、思 考 题

(1) 制备阿司匹林时,加入浓磷酸的目的是什么?

(2) 反应中有哪些副产物? 如何将产品与副产物分开?

(3) 如果一瓶阿司匹林变质,通过闻味能否鉴别?

(4) 阿司匹林在沸水中受热时,分解而得到一种溶液,后者对三氧化铁呈阳性试验,试解释之。

(5) 怎样用水杨酸制备冬青油水杨酸甲酯?

实验三十　酯化反应合成苯甲酸乙酯

一、实 验 目 的

(1) 了解掌握苯甲酸乙酯的制备原理与方法。

(2) 练习掌握分水器的操作方法。

二、实验原理

羧酸酯是一类在工业和商业上用途广泛的化合物,可由羧酸和醇在催化剂存在下直接酯化来进行制备,或采用酰氯、酸酐和腈的醇解,有时也可利用羧酸盐与卤代烷或硫酸酯的反应。

酸催化的直接酯化是工业和实验室制备羧酸酯最重要的方法,需用的催化剂有硫酸、盐酸和甲苯磺酸等。

$$\underset{R}{\overset{O}{\underset{OH}{\parallel}}}C\ + HOR^1 \underset{}{\overset{H^+}{\rightleftharpoons}} \underset{R}{\overset{O}{\underset{OR^1}{\parallel}}}C\ + H_2O$$

酸的作用是使羰基质子化从而提高羰基的反应活性。反应是可逆的,为了使反应向有利于生成酯的方向移动,通常采用过量的羧酸或醇,或者除去反应中生成的酯或水,或者二者同时采用。

根据质量作用定律,酯化反应平衡混合物的组成可表示为

$$K_E = \frac{[酯][水]}{[酸][醇]}$$

由于平衡常数 K_E 在一定温度下为定值,故增加羧酸和醇的用量无疑会增加酯的产量,但究竟使用过量的酸还是过量的醇,则取决于原料是否易得、价格及过量的原料与产物容易分离与否等因素。

理论上催化剂不影响平衡混合物的组成,但实验表明加入过量的酸,可以增大反应的平衡常数。因为过量酸的存在,改变了体系的环境,并通过水合作用除去了反应中生成的部分水。提高反应产率常用的方法是除去反应中形成的水,特别是大规模的工业制备中,在某些酯化反应中,醇、酯和水之间可以形成二元或三元最低恒沸物,也可以在反应体系中加入能与水、醇形成恒沸物的第三组分,如苯、环己烷、四氯化碳等,以除去反应中不断生成的水,达到提高酯产量的目的。这种酯化方法一般称为共沸酯化。

酯在工业和商业上被大量用作溶剂。低级酯一般是具有芳香气味或特定水果香味的液体,自然界许多水果和花草的芳香气味,就是由于酯存在的缘故。酯在自然界以混合物的形式存在。人工合成的一些香料就是模拟天然水果和植物提取液的香味经配制而成的。

反应式:

$$\underset{}{\bigcirc}\!\!-CO_2H\ + C_2H_5OH \xrightarrow{H_2SO_4} \underset{}{\bigcirc}\!\!-CO_2C_2H_5\ + H_2O$$

三、主要仪器和试剂

(1) 仪器:50 mL 圆底烧瓶、分水器、球形冷凝管。

(2) 试剂:4 g 苯甲酸、10 mL 95%乙醇、15 mL 环己烷、2 mL 浓硫酸、15 mL 乙醚、4 g 碳酸钠、无水氯化钙。

四、实验步骤

在 50 mL 圆底烧瓶中放入 4 g 苯甲酸、10 mL 95% 乙醇、15 mL 环己烷,然后加入 2 mL 浓硫酸摇匀后加入磁子,再装上分水器,事先从分水器上端小心加水至分水器支管处,然后再放去 6 mL 水,分水器上端装上回流冷凝管(图 3.65)。

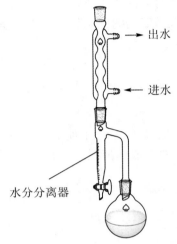

出水

进水

水分分离器

图 3.65　苯甲酸乙酯反应装置

将烧瓶放在保温套中搅拌加热回流,开始时回流速度不宜过快。随着回流的进行,分水器中出现了上、中、下三层液体,且中层越来越多。1.5～2 h 后,分水器中的中层液体已达 5～6 mL,即可停止加热,放出里面的液体。继续用水浴加热,使多余的乙醇和环己烷蒸至水分离器中,充满时可由活塞放出。

将烧瓶中的残留液倒入盛有 30 mL 冷水的烧杯中,用数毫升乙醇洗涤烧瓶,并与烧杯中的水溶液合并。在此溶液中,分批加入碳酸钠粉末并不断搅拌,直至二氧化碳不再逸出,溶液 pH = 7 为止,约需 4 g 碳酸钠。

将溶液转移至分液漏斗中,分出粗产物后用 15 mL 乙醚提取水层,合并粗产物和醚萃取液,用无水氯化钙干燥。先蒸去乙醚,再升高温度加热,收集 210～213 ℃的馏分,产量为 5～6 g。

纯粹苯甲酸乙酯的沸点为 213 ℃,折光率 n_D^{20} 为 1.500 1。理论量:4.95 g,实际量:3～4 g。测定折光率及 IR 谱。

本实验需 5～6 h。

【注意事项】

(1) 加浓硫酸之前先将其他反应物加入,再慢慢滴加,且边加边摇,以免局部浓硫酸过浓,而使反应物炭化。

(2) 分水器中先加水至支管处,再放去 5～6 mL 水(V～5～6 mL),然后安装到烧瓶上。

(3) 安装冷凝管时,应将其管端斜口正对分水器的侧管,这样可使滴下的液体距分水器的侧口最远,从而有效地分层。而不是滴在侧口附近,来不及分层使溢流到反应瓶中影响分水效果。

(4) 分水器分水原理:利用共沸物带水。共沸溶液蒸气经冷凝管冷却后滴入水分离器中,由于环己烷-乙醇-水是非均相三元共沸物,因而逐渐分为上、下两层并不断增多,上层含较多有机物的液层,下层则含有较多水的液层。当滴入分水器中的共沸物达到分水器支管口时,上层含较多有机物的液层又流回到烧瓶中参与反应并再次形成共沸物而带水,从而达到提高产量的目的。

三元共沸物的组成和沸点参考数据如下:

组分	水	乙醇	环己烷	共沸物
沸点(℃ 1 atm)	100	78.3	80.75	62.60
共沸物组分	水	乙醇	环己烷	
组成(重量百分比)	4.8	19.7	75.5	

从分水器分成两层其组成：

组分	环己烷	乙醇	水
上层	94.6（95.4）	5.2（4.52）	0.2
下层	71.4（73.4）	18.2（15.4）	10.4（11.0）

（5）刚开始回流时回流速度应慢些，使酸和醇先生成酯。

（6）回流时间的长短可根据中层体积是否达到 5～6 mL 而定，或当水分离器中的上层变得十分澄清，不再有小水珠落入下层时，可以结束反应。

（7）由分水器中放出下层溶液时，应防止有机蒸气遇明火燃烧。

（8）蒸出的溶剂回收。

（9）加碳酸钠粉末时，要分批，边加边搅拌。中和必须彻底，pH＝7。否则在蒸馏产物时，前馏分的量明显增加。

五、实验操作流程

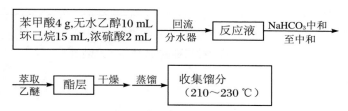

苯甲酸乙酯的红外光谱图、^{1}H 核磁共振谱图分别见图 3.66、图 3.67。

六、思考题

（1）本实验是应用什么原理和措施来提高该平衡反应的产率的？

（2）通过计算解释实验开始时分水器放去 5～6 mL 水的由来？

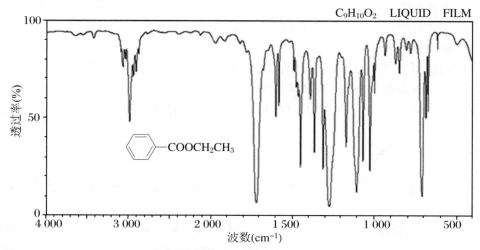

图 3.66 苯甲酸乙酯的红外光谱图

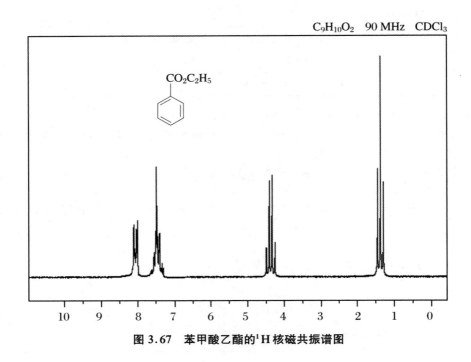

图 3.67　苯甲酸乙酯的^{1}H 核磁共振谱图

实验三十一　亲电取代反应制备乙酰二茂铁

一、实验目的

(1) 二茂铁和乙酰二茂铁的合成。

(2) 掌握无机制备中无水无氧实验操作的基本技能。

(3) 了解二茂铁的基本性质。

(4) 学习升华法、重结晶法纯化化合物的操作技能。

(5) 了解金属有机化合物的制备原理与方法。

(6) 练习半微量实验,掌握磁力搅拌器、旋转蒸发仪的操作方法。

二、实验原理

二茂铁是亚铁与环戊二烯的配合物,它的发现是有机化学的重要事件,开创了金属有机化学这门学科的先河。

二茂铁具有类似夹心面包似的夹层结构,即铁原子夹在两个环中间,依靠环中 π 电子成键,10 个碳原子等同地与中间的亚铁离子键合,后者的外电子层含有 18 个电子,达到惰性气体氢的电子结构,分子有一个对称中心,两个环是交错的。

二茂铁是橙色的固体,可用作火箭燃料的添加剂、汽油的抗爆剂和紫外光吸收剂等。它是由两个环戊二烯负离子与亚铁离子结合而成的,具有反常的稳定性,加热到 470 ℃ 以上才开始分解。

二茂铁具有类似于苯的一些芳香性,比苯更容易发生亲电取代反应,如磺化、烷基化、酰基化等。但二茂铁对氧化的敏感性限制了它在合成中的应用,二茂铁的反应通常需在隔绝空气下进行。

酰化时由于催化剂和反应条件不同,可得到一乙酰二茂铁或 1,1′-二乙酰二茂铁:

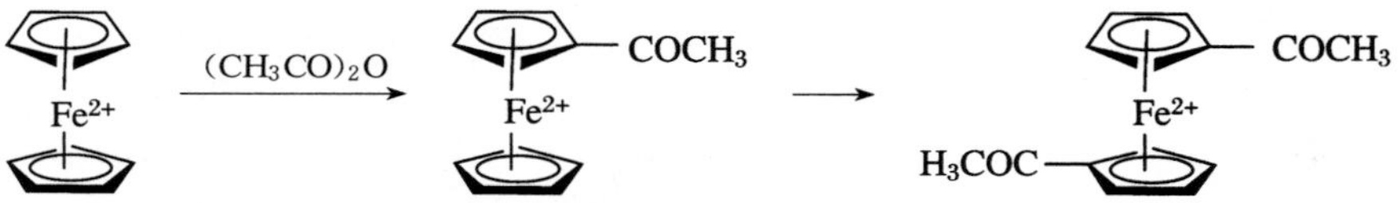

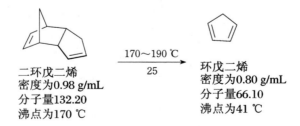

与苯的衍生物的反应相似,由于乙酰基的致钝化作用,使两个乙酰基并不在一个环上。虽然二茂铁的交叉构象是占优势的,但发现二乙酰基二茂铁只有一种,说明环戊二烯能够绕着与金属键合的轴旋转。

二茂铁的发现与合成对传统的价键理论提出了挑战,它标志着有机金属化合物一个新领域的开始,许多过渡金属都能形成同类型的化合物。

本实验是微型化学实验,它具有省试剂、少污染、安全、便携的特点。

(一) 二茂铁制备

1. 环戊二烯二聚体的裂解

环戊二烯单体不稳定[1],可自发发生狄尔斯阿尔德 Diels-Alder 加成反应生成二聚体或更高分子量的聚合物商品二环戊二烯,必须加热降解为环戊二烯,单体才可用于二茂铁的制备。

反应式:

二环戊二烯
密度为0.98 g/mL
分子量132.20
沸点为170 ℃

$\xrightarrow[25]{170\sim190\ ℃}$

环戊二烯
密度为0.80 g/mL
分子量66.10
沸点为41 ℃

如图 3.68 所示的实验装置,预先安装在通风橱内,在 25 mL 的圆底烧瓶中加入二环戊二烯 15 mL,将加热套与自耦变压器相连,然后打开冷凝器的冷凝水,检查所有接头是否密封,装置是否稳定紧固。将注射器针头插入接收瓶的隔膜,往系统中充氮 1 min,然后拔出作为气体出口的注射器针头。

加热蒸馏瓶　　自耦变压器设置为 80~90 V,裂解过程开始直至蒸馏瓶摸着发烫,然后降低加热温度,自耦变压器设置为 50 V 左右,以避免液体溢出维格罗分馏柱。其间,烧瓶中的液体将起泡,维格罗分馏柱中的塔板被冷凝物润湿,表示裂解已发生。蒸馏时分馏柱顶的温度应升至 39 ℃,蒸气开始在冷凝器中凝结,收集沸程为 39~41 ℃的环戊二烯单体。保持蒸馏的速度为单体从冷凝器滴到接收瓶的速度不超过 2~3 滴/s,这期间,裂解的速率可能降低。这种情况下需要对自耦变压器设定一个周期性的增大值,助教将用注射器分给每个学生 0.3 mL 环戊二烯单体环。戊二烯单体必须立即使用,否则需重新进行裂解和蒸馏处理。确保在获得环戊二烯单体前氯化亚铁和氢氧化钾溶液已准备好。

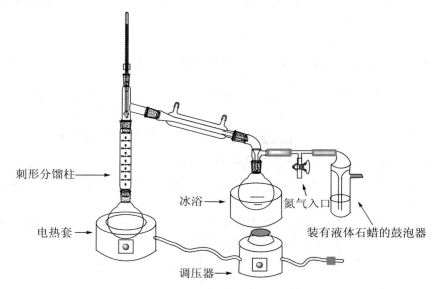

图 3.68　环戊二烯二聚体裂解装置

2. 二茂铁的制备

(1) 氢氧化钾溶液　　在 4 mL 锥形瓶中快速加入 0.75 g 磨细的氢氧化钾固体,接着加入 1.25 mL 二甲氧基乙烷,用隔膜盖紧瓶口,通过调节夹子的松紧来控制氮气的流量,以每 2~3 s 鼓一个气泡为佳,调节氮气的流量时,应在烧瓶隔膜上插入一个空注射器针头作为气体出口,然后插入引入氮气的针头,往瓶中通氮气约 1 min,以置换瓶中的氧气,并造成惰性气氛[2],拔去针头振摇烧瓶使瓶底的固体移动,并促使其溶解。

（2）氯化亚铁溶液　在 5 mL 的梨形烧瓶中加入 0.35 g 磨细的绿色的四水合氯化亚铁和 1.5 mL 二甲亚砜，用隔膜盖紧瓶口。在隔膜上插入一个空的注射器针头，然后插入引进氮气的针头，往瓶中通氮气约 1 min，以置换瓶中的氧气。拔去针头，用力振荡烧瓶促使氯化亚铁溶解。

用注射器取 0.30 mL 刚制备好的环戊二烯注入装有氢氧化钾溶液的小瓶中[3]（警告：不要用手紧握注射器的筒体，因为手的热量会使环戊二烯挥发）。剧烈搅拌混合物，等待 5 min 待阴离子形成后[4]，用空的注射器针头刺穿隔膜，以减小压力。在 10 min 内将梨形烧瓶中的氯化亚铁溶液分 6 次，每次 0.25 mL，注入小瓶。在注射的间隙要将针头从隔膜上拔除并用力摇动小瓶，待所有的氯化亚铁溶液加完，再用 0.25 mL 二甲亚砜清洗空的梨形瓶，并加入到小瓶中，持续振荡溶液 15 min 使反应完全。

将 4.5 mL 6 mol/L 的 HCl 与 5 g 冰在 30 mL 的烧杯中混合均匀，然后倾入深黑色浆状的二茂铁，充分搅拌所得的混合物使之溶解，使氢氧化钾中和。这是一个放热反应，所以在添加二茂铁和随后的搅拌过程中，保持体系的温度接近 0 ℃相当重要。如果温度开始升高，可减慢加入二茂铁的速度或加入更多的冰块，部分 Fe(Ⅱ)会被氧化为 Fe(Ⅲ)，从而生成蓝色、绿色、棕色的二茂铁盐。

在霍氏漏斗上收集所得的沉淀，用水洗涤沉淀 4 次，每次 1.5 mL。抽滤过程中将多余的水分压出，再将滤饼放在几张滤纸之间进一步挤干。将晶体摊在抽屉中的表面皿上，风干至下一次实验，滤液因溶解了二茂铁盐离子呈蓝色。

（3）二茂铁的提纯　二茂铁是一种抗磁性的晶体，在空气中，潮湿环境和光照下都很稳定。二茂铁可适量或大量地溶于几乎所有非极性或弱极性溶剂中。二茂铁可用升华法提纯。

提纯将干燥的二茂铁粗产物做熔点测定，注意所有熔点测试必须在用帕拉胶膜密封的熔点管中进行，二茂铁在其熔点以下就会升华，从未密封的熔点管中损失。

在如图 3.69 所示的 100 mm×15 mm 培养皿中进行二茂铁的升华，提纯将二茂铁转移至培养皿底盘中，在其中部铺成约 5 mm 厚的样品层，用另一半较大的培养皿盖上，然后将培养皿置于可控温的加热板上，缓慢升高温度至二茂铁升华到上半部分培养皿上，升华过程要缓慢进行。在培养皿的顶上放置一个盛有冰水的烧杯，用来冷却培养皿的盖子，从而促使升华进行（警告：从培养皿顶上取下烧杯时，应滑动取下，直接抬起烧杯可能会使培养皿的上盖被一起抬起，导致培养皿上盖跌落或破坏升华凝结在培养皿上的二茂铁，造成损失）。从加热板上取下培养皿让它冷却并回收升华的二茂铁。升华操作可重复数次，直至所有的二茂铁都被提纯[5]，升华过程中加热不得超过 100 ℃。

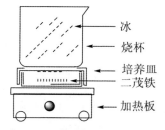

图 3.69　二茂铁的升华纯化

测定每一批升华所得二茂铁的熔点，将最终的产品放入一个已称重的称量瓶称量，确定产量后随同相应的熔点一起报告，计算并报告实际的产率熔点应等于或超过 171 ℃，文献值为 173～174 ℃。

【注释】

［1］在室温下 4 h 内，8%的环戊二烯将发生双聚合；而在 24 h 内，50%的环戊二烯将发生双聚合。

［2］环戊二烯阴离子在空气中会迅速分解。虽然氯化亚铁在固态时比较稳定，但在水溶液中很容易被氧化为三价铁。

［3］环戊二烯单体和氢氧化钾浆液的混合物应该是粉红色的，但后来会变为暗绿色或黑色出现暗色物质的原因是少量环戊二烯阴离子被氧化了，这不会对这个反应产生不利影响。纯的环戊二烯溶液是无色的，

在其他的有机金属化合物的制备中应尽量减少氧化。

[4] 在简单的碳氢化合物中,环戊二烯呈相对酸性,pKa=15.5。

[5] 通常用丙酮来清洗这个合成反应所使用的玻璃仪器,浓 KOH 水溶液可用来清洗升华用过的有盖培养皿。

(二) B 乙酰二茂铁制备

1. 主要仪器和试剂

(1) 仪器:10 mL 圆底烧瓶(14#)、空气冷凝管(14#)、干燥管(14#)、霍氏漏斗(14#)、抽滤瓶(14#),磁力搅拌器、搅拌磁子、旋转蒸发仪、红外灯。

(2) 试剂:0.1 g 二茂铁、2 mL 乙酸酐(新蒸)、浓磷酸、3 mol/L 氢氧化钠、5~6 mL 石油醚(60~90 ℃)。

2. 实验步骤

称取 0.1 g 二茂铁,放入圆底烧瓶中,加入 2 mL 乙酸酐和搅拌磁子,并装上空气冷凝管和干燥管,在 60~75 ℃水浴中用磁力搅拌器搅拌溶解(图 3.70)后,即打开圆底烧瓶口迅速加入 6~8 滴浓磷酸,使反应液成深红色,再插上空气冷凝管和干燥管。使反应在 60~75 ℃水浴中保持 10 min 后,在室温下再搅拌 1 h。将反应液转入盛有约 1 g 冰的烧杯中,用冷水刷洗烧瓶,合并到烧杯中,总体积约为 25 mL,滴加 3 mol/L 氢氧化钠至 pH 为 7~8,此时有大量橘红色固体析出。冷却后抽滤(图 3.71),并用少量冷水洗涤 2 次。在小于 60 ℃的红外灯下烘干后,刮下粗产物用石油醚(60~90 ℃)重结晶,热过滤到一只已知重量的 25 mL 圆底烧瓶中,用旋转蒸发仪蒸干后,得产物乙酰二茂铁,称出产品重量。原瓶保留产物。纯乙酰二茂铁的熔点为 85 ℃,1,1-二乙酰基二茂铁的熔点为 130 ℃。

本实验约需 4 h。

图 3.70 乙酰二茂铁制备装置

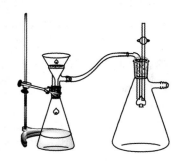

图 3.71 抽滤装置

【注意事项】

(1) 本实验为微型实验,主试剂用量小于 1 mmol,因此更要严格注意基本操作和收集产物。

(2) 反应仪器预先烘干:10 mL 圆底烧瓶、空气冷凝管、干燥管。

(3) 滴加浓磷酸时边滴边搅拌,且速度不宜慢。

(4) 控制水浴温度在 60~75 ℃。温度宜低不宜高,加热时间不能过长,以防止产物发黑。反应正常应析出橘红色结晶。

（5）在搅拌下调节 pH 至 7～8。pH 若调节不当，析出产物会减少。

（6）红外灯下烘干粗产物，温度要低于 60 ℃，否则产物易熔化。

3. 实验操作流程

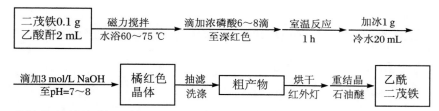

乙酰二茂铁的红外光谱图、¹H 核磁共振谱图见图 3.72、图 3.73。

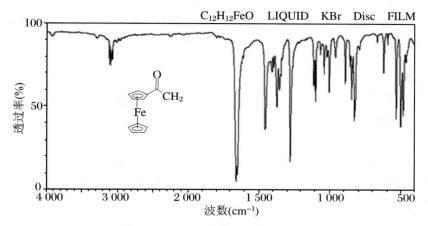

图 3.72　乙酰二茂铁的红外光谱图

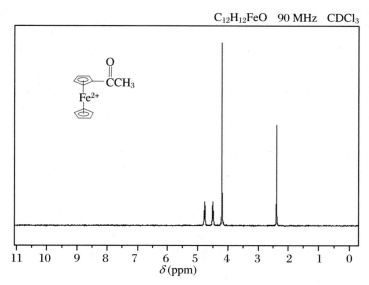

图 3.73　乙酰二茂铁的¹H 核磁共振谱图

三、思考题

(1) 二茂铁酰化形成二酰基二茂铁时,第二个酰基为什么不能进入第一个酰基所在的环上?

(2) 二茂铁比苯更容易发生亲电取代反应,为什么不能用混酸进行硝化?

附1　乙酰二茂铁薄层色谱鉴别与分离

(一) 试剂

3 g 硅胶、7 mL 0.5%羧甲基纤维素钠(CMC)水溶液。

点样试剂：① A:自制乙酰二茂铁(0.5%)乙醇溶液;② B:二茂铁(1%)乙醇溶液;③ C:标准混合物:乙酰二茂铁和二茂铁混合物(1%)乙醇溶液。

展开剂:石油醚：乙酸乙酯＝6：1。

(二) 实验步骤

1. 薄层板的制备

制备薄层板有平铺法与浸渍法等。

(1) 平铺法:用商品或自制的薄层涂布器进行制板,它适合于科研中数量较大、要求较高的需要。如无涂布器,可将调好的吸附剂平铺在载玻片上,也可得到厚度均匀的薄层板。

(2) 浸渍法:把两块干净的载玻片背靠背贴紧,浸入调制好的吸附剂中,取出后分开、晾干。

本实验采用简单平铺法制备薄层板。

取 7.5×2.5 cm 左右的干净载玻片三片,洗净晾干。然后称取 3 g 硅胶放入干净的研钵中,逐渐加入 0.5%羧甲基纤维钠(CMC)水溶液 7 mL,调成均匀糊状。用粗口滴管吸取此糊状物,涂于上述洁净的载玻片上,用手将带浆的载玻片在水平桌面上做上下轻微的颠动,并不时转动方向,制成薄层均匀、厚度在 0.25～1 mm 的表面光洁、平整的三块薄层板,一块备用。

这里要注意将吸附剂调得稍稀些,以便吸附剂能均匀涂布于载玻片上。薄层板制备的好坏会直接影响色谱的结果。要求薄层尽量均匀,而且厚度固定(不得开裂,否则在展开时前沿不齐,色谱结果也不易重复)。

涂好薄层的色谱板,在室温放置晾干后(约 0.5 h),放入烘箱,缓慢升温至 110 ℃,恒温 0.5 h后,取出稍冷后点样。

2. 点样

取两块用上述方法制好的薄层板,分别在距一端 1 cm 处用铅笔轻轻划一虚线作为起始线。取三支管口平整、内径小于 1 mm 的毛细管分别插入点样试剂 A、B、C。

在第一块板上点 A 与 B 两个样点,在第二块板上点 C 一个样点,同一块载玻片上两样点相距 1～1.5 cm,每个样点直径约为 2 mm。

点样时,要小心,使毛细管液面刚好接触薄层即可,切勿点样过重,刺破薄层。由于溶液稀或有的毛细管太细,一次点样可能不够。因样品太少时,斑点不清楚,难以观察。如需重复点样,应待前次点样干燥后方可重点,斑点直径一般不超过 2 mm,否则样点过大、过浓会造成拖尾、扩散等现象,以致不容易分开。

3. 展开及测定 R_f

薄层板的展开方式有下列几种:

(1) 上升法:用于含黏合剂的色谱板,将色谱板垂直于盛有展开剂的容器中。

(2) 倾斜上行法:色谱板倾斜 $15°$ 角,适用于无黏合剂的软板。含有黏合剂的色谱板可以倾斜 $45°\sim60°$ 角。

(3) 下降法:展开剂放在圆底烧瓶中,用滤纸或纱布等将展开剂吸到色谱板的上端,使展开剂沿板下行,这种连续展开的方法适用于 R_f 值小的化合物。

(4) 双向色谱法:使用方形玻璃板铺制薄层,样品点在角上,先向一个方向展开。然后转动 $90°$ 角的位置,再换另一种展开剂展开。这样,成分复杂的混合物可以得到较好的分离效果。

本实验采用倾斜上行法展开。

用石油醚:乙酸乙酯(6:1)作为展开剂,放入展开槽中,液面高约 0.5 cm,将点样干燥后的薄层板用镊子夹入展开槽中,使点样的一端浸入展开剂约 0.5 cm,角度为 $45\sim60$ ℃,盖好盖子,观察展开前沿上升到离薄层板的上端约 1 cm 处,尽快用铅笔在展开剂上升到的前沿处画一线,晾干后观察分离的情况。

4. 计算 R_f

用直尺测量原点至分离后主斑点中心及展开剂前沿的距离,以及展开剂前沿至原点中心的距离。

$$R_f = \frac{溶液的最高度中心至原点中心的距离(h')}{溶液(展)前沿至原点中心的距离(h)}$$

即: $R_{f1} = \dfrac{h_1}{h}$, $R_{f2} = \dfrac{h_2}{h}$。

【注意事项】

(1) 薄板涂层时硅胶要铺均匀,厚度要适当。否则分离效果不好。

(2) 薄板涂好后静置、晾干,然后活化。否则硅胶层易裂。

(3) 画起始线时,要轻,不要刺破薄层。

(4) 点样毛细管粗细要合适,直径约为 0.5 mm。斑点直径不应超过 2 mm,样点过大,会造成拖尾、扩散等现象,以致不容易分开。

(5) 薄层板放入展缸时,展开剂的液面不能超过点样线,否则样品不在薄板上分离而直接进入展开剂。

(6) 要分离的物质极性越大,吸附力越强,但 R_f 值却越小。展开剂极性越大,则洗脱力越大,R_f 值越大。

(7) 取出薄板后,马上用铅笔在展开剂上升前沿处画一记号,否则呈现的前沿很快消失,无法记录展开剂前沿至原点中心的距离,致使无法计算比移值。

(三)实验流程

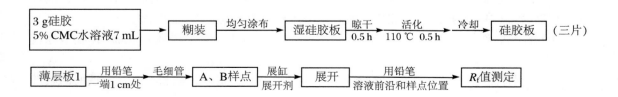

薄层板 2 同薄层板 1 操作。

（四）薄层色谱示意图

薄层色谱示意图见图 3.74。

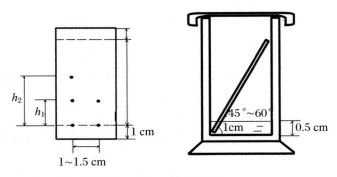

图 3.74　薄层色谱示意图

（五）思考题

（1）在一定的操作条件下为什么可利用 R_f 值来鉴定化合物？

（2）在混合物薄层谱中，如何判定各组分在薄层上的位置？

（3）展开剂的高度若超过了点样线，对薄层色谱有何影响？

附 2　乙酰二茂铁柱色谱分离

（一）试剂

5 g 氧化铝、自制乙酰二茂铁（溶于 1.5 mL 正己烷）、石英砂。洗脱剂：① 石油醚，② 石油醚：乙酸乙酯＝6∶1，③ 石油醚：乙酸乙酯＝1∶1，④ 石油醚：乙酸乙酯＝1∶6。

（二）实验步骤

（1）将 5 g 中性氧化铝装入干的色谱柱中，轻轻敲打柱子，使其填装紧密。再在中性氧化铝上方铺上一层约 0.5 cm 高的石英砂。中性氧化铝和石英砂的面均要保持水平。

（2）沿管壁慢慢加入石油醚使至高出石英砂面约 0.5 cm。

（3）将自制的乙酰二茂铁转入柱中，再用少量石油醚洗涤产物瓶，洗涤液全转入柱中。

（4）从柱顶加入石油醚洗脱剂，柱中得到黄色、橙色分离的色谱带。以每秒 1～2 滴的速度收集黄色溶液到一只已知重量的圆底烧瓶中。

（5）当黄色带完全洗脱下来时，改用石油醚：乙酸乙酯＝6∶1 洗脱剂洗脱，橙色的色谱带往下移动，并以同样的速度收集完橙色溶液到另一只已知重量的圆底烧瓶中。

（6）若有棕色色谱带，则需用石油醚：乙酸乙酯＝1∶1～1∶6 洗脱剂洗脱，并收集棕色溶液。

（7）分别将收集的洗脱液在旋转蒸发仪上蒸干后，称重，得二茂铁和乙酰二茂铁的回收产品(产品均在原瓶中保留至下一个薄层色谱实验)。

【注意事项】

(1) 色谱柱一定要干燥,若潮湿可用吹风机吹干或用无水有机溶剂(乙醇等)清洗。

(2) 装柱要紧密均匀,无裂缝,无气泡,是分离效果好坏的关键。但装填时过分敲击,则会造成过于紧密而使流速过慢。

(3) 加入石英砂的目的是在加料时不致把吸附剂冲起而影响分离效果。

(4) 在整个洗脱过程中,应使柱中洗脱剂液面始终保持不低于石英砂面,否则柱中溶剂流干时,就会使柱身开裂,影响分离。

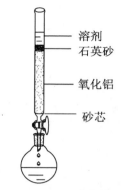

(三)装置图

柱色谱分离装置如图 3.75 所示。

(四)思考题

(1) 柱色谱中为什么极性大的组分要用极性较大的溶剂洗脱?

(2) 柱中留有空气或装填不匀,对分离效果有何影响? 如何避免?

图 3.75　柱色谱分离装置

实验三十二　Hantzsch 反应合成吡啶衍生物[①]

1,4-二氢吡啶及其衍生物在自然界中普遍存在,也广泛被用在一些抗肿瘤、抗突变、抗糖尿病的药物中。同时它也是治疗药剂中一类重要的钙通道阻滞剂。最近,1,4-二氢吡啶在有机化学领域也有了新的应用——作为氢源。它可代替氢气,将含有 C=C、C=N 和 C=O 双键的有机化合物还原(但有可能需要用合适的催化剂进行催化)。

以 1,4-二氢 1,4-二氢-2,6-二甲基吡啶-3,5-二羧酸二乙酯为代表的 Hantzsch 酯,是一个可方便地用市售试剂通过"一锅法"进行合成的化合物。在本实验中,根据下列方案合成 Hantzsch 酯。

一、实验目的

(1) 学习 Hantzsch 酯的合成原理及操作方法。

(2) 了解 Hantzsch 酯的用途和它的衍生物的合成设计。

(3) 学习绿色合成方法。

(4) 练习 Hantzsch 酯的纯化和鉴别。

① 查正根,郑媛,郑小琦,等.绿色化学导向的 Hantzsch 反应实验设计[J].实验室研究与探索,2011,30(2):16-20.

二、实验原理

反应式：

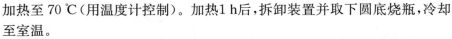

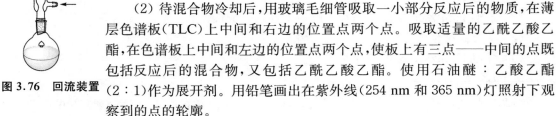

三、主要仪器和试剂

（1）仪器：圆底烧瓶（25 mL）、注射器（1 mL）、球形冷凝管、电磁搅拌器、加热套、温度计、TLC（薄层色谱板）、紫外灯（254 nm 和 365 nm）、霍氏漏斗、滤纸、玻璃毛细管、展缸、分液漏斗。

（2）试剂：碳酸铵、无水硫酸钠、1,4-二氢-2,6-二甲基吡啶-3,5-二羧酸二乙酯、石油醚、乙酸乙酯、乙酰乙酸乙酯、六亚甲基四胺（乌洛托品）。

四、实验步骤

（1）向 25 mL 圆底烧瓶中加入 0.26 mL 乙酰乙酸乙酯和 10 mL 水。在圆底烧瓶中加入 0.2 g 碳酸铵粉末，并加入磁力搅拌子，在室温下开始搅拌，直到乙酰乙酸乙酯完全溶解。加入 1.4 g 乌洛托品，然后安装好回流装置（图 3.76），搅拌并加热至 70 ℃（用温度计控制）。加热 1 h 后，拆卸装置并取下圆底烧瓶，冷却至室温。

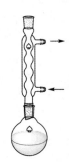

图 3.76　回流装置

（2）待混合物冷却后，用玻璃毛细管吸取一小部分反应后的物质，在薄层色谱板（TLC）上中间和右边的位置点两个点。吸取适量的乙酰乙酸乙酯，在色谱板上中间和左边的位置点两个点，使板上有三点——中间的点既包括反应后的混合物，又包括乙酰乙酸乙酯。使用石油醚：乙酸乙酯（2：1）作为展开剂。用铅笔画出在紫外线（254 nm 和 365 nm）灯照射下观察到的点的轮廓。

（3）当结晶产品已经从混合物中沉淀出来后，用霍氏漏斗减压抽滤。用少量水洗涤固体产物，之后干燥以便称重。用石油醚∶乙酸乙酯（2∶1）作为展开剂，将产品与纯正样品进行薄层色谱比对分析。必要时粗产品可用乙醇-水重结晶。

（4）将滤液转移到 60 mL 分液漏斗中进行萃取。在分液漏斗加入 2 mL 乙酸乙酯进行萃取，将萃取的上层有机相转移至 25 mL 锥形瓶中。重复提取两次，每次使用 1 mL 乙酸乙酯。合并有机相，最后加入 0.2 g 无水硫酸钠于锥形瓶中，以干燥有机相。用薄层色谱法检测有机层，确定其中是否仍含有 Hantzsch 酯。

五、思考题

（1）写出 Hantzsch 酯合成的反应机理。

（2）确定分离出的 Hantzsch 酯总产量（以 mg 为单位），给出 Hantzsch 酯的理论产量（以 mg 为单位），计算实际产率。

（3）确定 Hantzsch 酯和乙酰乙酸乙酯的 R_f 值。

（4）解释乙酰乙酸乙酯为什么可溶于碳酸铵水溶液中？

（5）确定 Hantzsch 酯中 4 号碳的来源。

（6）以乙酰乙酸乙酯、醛和铵盐为原料，采用绿色合成方法合成 Hantzsch 酯。

第四篇　有机化学综合性实验

偏重多步合成、纯化和表征，强调表征（如红外、色谱、核磁共振谱图解析），实验类型以综合实验为主。

实验三十三　Skraup 反应制备 8-羟基喹啉

Skraup 反应是合成杂环化合物喹啉及其衍生物最重要的方法。它是用芳胺与无水甘油、浓硫酸及弱氧化剂硝基化合物或砷酸等一起加热而得的。本实验是用邻氨基苯酚与无水甘油、浓硫酸及弱氧化剂邻硝基苯酚一起加热而得的。浓硫酸的作用是使甘油脱水成丙烯醛，并使邻氨基苯酚与丙烯醛的加成产物脱水成环。硝基化合物邻硝基苯酚则将 1,2-二氢-8-羟基喹啉氧化成 8-羟基喹啉，本身被还原成芳胺即邻氨基苯酚，也可参与缩合反应。

Skraup 反应中所用的硝基化合物要与芳胺的结构相对应，否则将导致产生混合产物，有时也可用碘做氧化剂，它可缩短反应周期并使反应平稳地进行。

8-羟基喹啉形成的可能过程如下：

$$\underset{\text{OH}}{H_2C}-\underset{\text{OH}}{CH}-\underset{\text{OH}}{CH_2} \xrightarrow{H_2SO_4} H_2C=CH-CHO + H_2O$$

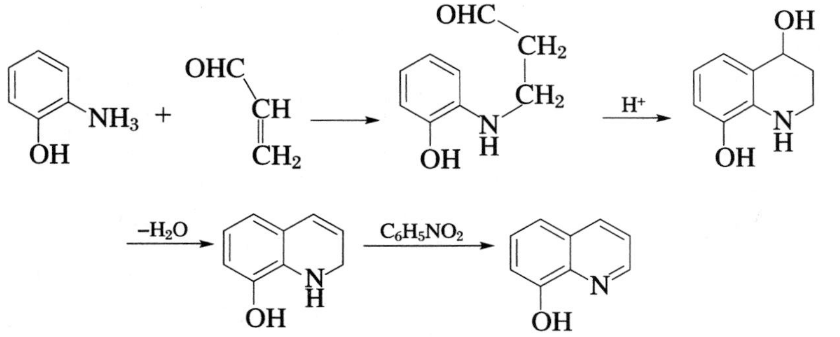

一、实验目的

（1）了解 Skraup 反应的原理与方法。

（2）进一步练习掌握水蒸气蒸馏的操作。

二、实验原理

反应式：

$$\text{（邻氨基苯酚）} + \text{（甘油）} \xrightarrow[\text{（邻硝基苯酚）}]{H_2SO_4} \text{（8-羟基喹啉）}$$

三、主要仪器和试剂

（1）仪器：水浴、磁力搅拌器、100 mL 三口瓶、球（直）形冷凝管、水蒸气发生器。

（2）试剂：4 mL 无水甘油、0.9 g 邻硝基苯酚、1.4 g 邻氨基苯酚、2.3 mL 浓硫酸、3 g 氢氧化钠、4∶1 乙醇-水、饱和碳酸氢钠。

四、实验步骤

在干燥的 100 mL 三口瓶中，移取 4 mL 无水甘油[1]，并加入 0.9 g 邻硝基苯酚和 1.4 g 邻氨基苯酚，磁力搅拌使其混合均匀。然后缓慢加入 2.3 mL 浓硫酸[2]，装上球形冷凝管，磁力搅拌加热。当溶液微沸时，立即移去热源[3]。反应大量放热，待作用缓和后，继续加热（图 4.1），保持反应物微沸 1.5～2 h。

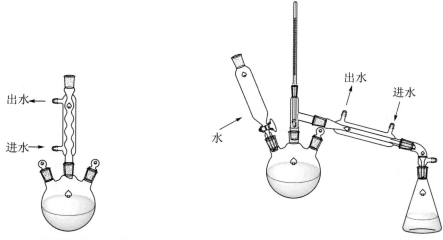

图 4.1 8-羟基喹啉制备装置　　　　　图 4.2 水蒸气蒸馏装置

稍冷后，进行水蒸气蒸馏（图 4.2），除去未作用的邻硝基苯酚。瓶内液体冷却后，加入 3 g 氢氧化钠溶于 3 mL 水中，然后小心滴入饱和碳酸氢钠溶液，使呈中性[4]，再进行水蒸气蒸馏[5]，蒸出 8-羟基喹啉（约收集馏液 100 mL）[6]。馏出液充分冷却后，抽滤收集析出物，洗涤干燥后得粗产物 2.5 g 左右。粗产物用 4∶1（体积比）乙醇-水混合溶剂重结晶，得 8-羟基喹啉白色针状结晶 1～1.25 g，理论量：1.31 g。熔点为 75～76 ℃，纯粹 8-羟基喹啉的熔点为 76 ℃。

本实验需 6～8 h。

【注释】

［1］无水甘油的制备，含水量<0.5%，在通风橱中于蒸发皿内加热至 180 ℃，冷至 100 ℃左右，放入盛有浓硫酸的干燥器中备用。由于无水甘油黏度较大，量取转移时注意损失可多取 1 mL 量。

［2］试剂按顺序加入，即无水甘油、邻硝基苯酚、邻氨基苯酚、浓硫酸（次序不要颠倒，浓硫酸不要过量）。

［3］反应是放热的，加热至微沸即灭火源，否则易引起暴沸；且易使低熔点的邻硝基苯酚（熔点：44～45 ℃）升华到冷凝管上。

［4］8-羟基喹啉既溶于酸又溶于碱而成盐，成盐后不易被水蒸气蒸馏出。故必须小心中和。第一步先用氢氧化钠调节 pH=5～6，再用饱和碳酸氢钠调节 pH=7～8。中和恰当，瓶内析出沉淀最多（黑色焦油状沉淀）。

［5］水蒸气蒸馏时，由于邻硝基苯酚及 8-羟基喹啉的熔点分别为 45 ℃、75 ℃左右，在有冷凝水时很易在冷凝管上形成结晶，黏附于管壁上，从而堵塞馏液通过。此时可以通过在水蒸气蒸馏过程中放掉冷凝水，使进入管中的热蒸气溶解结晶，然后再接通冷凝水。

［6］为确保产物蒸出，在水蒸气蒸馏后，对残液 pH 再进行一次检查，必要时再进行水蒸气蒸馏。

五、实验操作流程

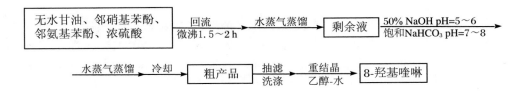

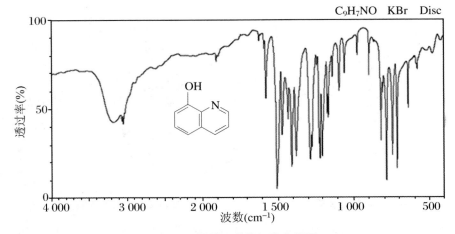

8-羟基喹啉的红外光谱图、[1]H 核磁共振谱图分别见图 4.3、图 4.4。

图 4.3　8-羟基喹啉的红外光谱图

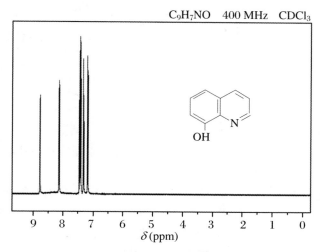

图 4.4　8-羟基喹啉的 ^{1}H 核磁共振谱图

六、思考题

（1）为什么第一次水蒸气蒸馏在酸性下进行，而第二次又要在中性下进行？

（2）为什么在第二次水蒸气蒸馏前，一定要很好地控制 pH 的范围？碱性过强时有何不利？若已发现碱性过强，应如何补救？

实验三十四　Perkin 反应制备香豆素-3-羧酸

一、实验目的

（1）学习 Perkin 反应。

（2）掌握回流完成反应和固体化合物的重结晶纯化。

二、实验原理

香豆素是顺式邻羟基肉桂酸内酯，又名 1,2-苯并吡喃酮，白色斜方晶体或晶体粉末，广泛存在于自然界中，1820 年从香豆的种子中发现，也含于薰衣草、桂皮的精油中。香豆素为香辣型，具有甜而香的茅草香气，是重要的香料，常用作定香剂，用于配制香水、花露水、香精，也可用于农药、杀鼠剂、医药等。

利用 Perkin 反应可一步合成香豆素。

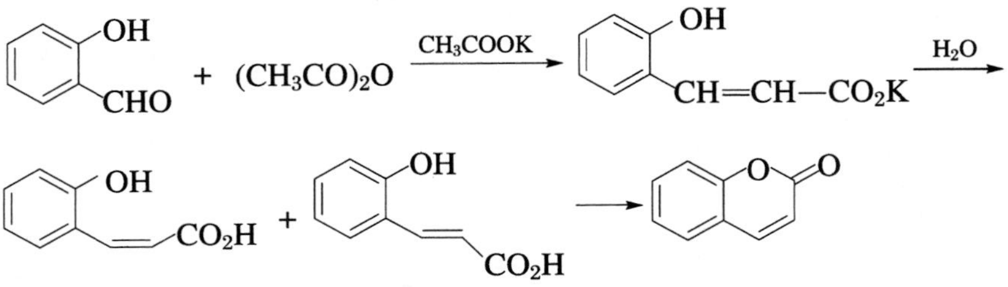

苦马酸　　　　　　　香豆酸　　　　　　　香豆素

水杨醛和醋酸酐首先在碱性条件下缩合,经酸化后生成邻羟基肉桂酸,接着在酸性条件下闭环成香豆素。

本实验采用改进的方法进行合成,用水杨醛和丙二酸酯在有机碱的催化下,可在较低的温度下合成香豆素的衍生物。这种合成方法称为 Knovenagel 反应。水杨醛与丙二酸酯在六氢吡啶的催化下,缩合生成中间体香豆素-3-甲酸乙酯。后者加碱水解,不但酯基而且内酯也被水解,然后酸化,再次闭环内酯化,即生成香豆素-3 羧酸。

反应式:

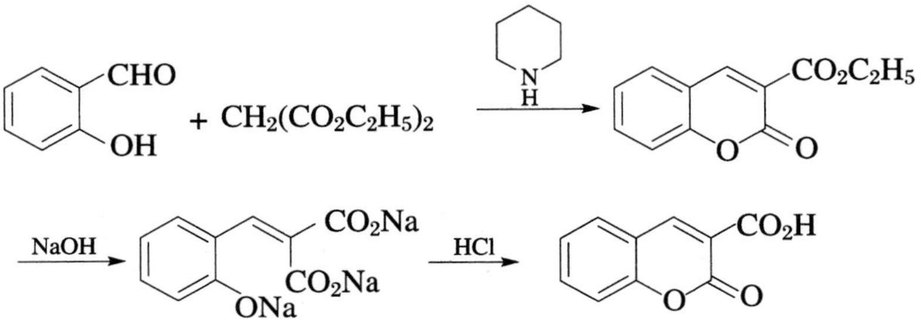

本实验属 Knovenagel 反应,先以回流完成反应,再用重结晶纯化产物。

三、主要仪器和试剂

(1) 仪器:50 mL 圆底烧瓶、球形冷凝管、干燥管。

(2) 试剂:4.2 mL 水杨醛(4.9 g,40 mmol)、6.8 mL 丙二酸二乙酯、无水乙醇、六氢吡啶、冰醋酸、氢氧化钠、浓盐酸、无水氯化钙。

四、实验步骤

1. 香豆素-3-甲酸乙酯的制备

在干燥的 50 mL 圆底烧瓶中放置 4.2 mL 水杨醛(4.9 g,40 mmol)、6.8 mL 丙二酸二乙酯(7.2 g、45 mmol)、25 mL 无水乙醇、0.5 mL 六氢吡啶[1]和 1~2 滴冰醋酸[2],装上回流冷凝管,冷凝管上口安装氯化钙干燥管。将混合物加热回流 2 h,移去热源,稍冷后拆去干燥管,自冷凝管顶注入 35 mL 水,放冷至接近室温后再以冰水浴冷却。待产品析出完全后抽滤,用冰冷的乙醇洗涤晶体 2 次,每次 3~4 mL。将所得晶体转移到表面皿中分散,置红外灯下烘干,称重,计算粗产品收率。该粗产品可不经纯化而直接用于后步反应。

如欲得纯品可用 25%乙醇重结晶。精制品熔点为 93 ℃。

2. 香豆素-3-羧酸的制备

在 100 mL 圆底烧瓶中放入上一步制得的香豆素-3-甲酸乙酯的干燥粗产品 4 g(约 0.018 mol)和氢氧化钠 3 g,注入 20 mL 乙醇和 10 mL 水,装好冷凝管加热回流(图 4.5)。待瓶中固体全部溶解后再继续回流 15 min。在 250 mL 烧杯中加入 10 mL 浓盐酸和 50 mL 水,搅拌后将上述反应液趁热倒入其中,立即有大量白色晶体析出。用冰水浴冷却使结晶完全。抽滤,用少量冷水洗涤晶体两次,抽干。收集晶体用红外灯干燥,称重并计算粗品收率。粗产品约为 3 g,熔点为 188 ℃。

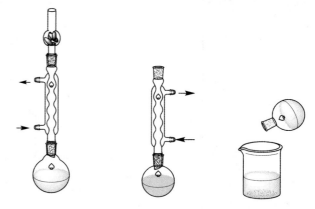

(a) 带干燥管的回流装置　(b) 回流装置　(c) 盐酸析晶

图 4.5　香豆素-3-羧酸制备实验装置

粗产品可用水重结晶。

本实验约需 6 h。

【注意事项】

(1) 氢吡啶为有机碱催化剂。

(2) 此步缩合需加少量醋酸,说明反应可能是水杨醛先与六氢吡啶在酸催化下形成亚氨基化合物,然后亚胺再与丙二酸酯的碳负离子发生加成反应。

香豆素-3-羧酸的红外光谱图、^{1}H 核磁共振谱图分别见图 4.6、图 4.7。

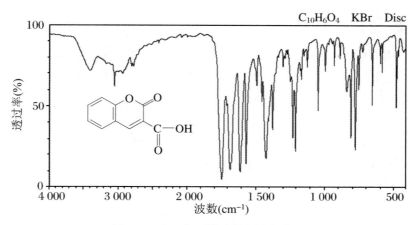

图 4.6　香豆素-3-羧酸的红外光谱图

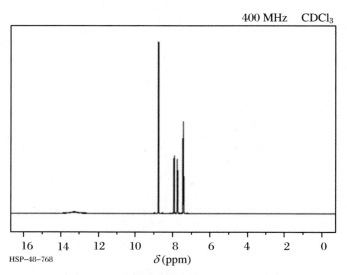

400 MHz　　CDCl₃

HSP–48–768

图 4.7　香豆素-3-羧酸的¹H 核磁共振谱图

实验三十五　　Grignard 反应合成三苯甲醇

醇在有机合成中很容易转化成卤代烷、烯、醚、醛、酮、羧酸和酯等化合物,是一类应用极广的、重要的化工原料。

实验室中醇的制备方法很多,除了烯烃的硼氢化-氧化和含羰基的醛、酮、羧酸及羧酸酯还原等方法外,利用 Grignard 反应是合成各种结构复杂的醇的主要方法。

卤代烷和溴代芳烃与金属镁在无水乙醚中反应生成烃基卤化镁,又称 Grignard 试剂。

Grignard 试剂为烃基卤化镁与二烃基镁和卤化镁的平衡混合物:

$$RX + Mg \xrightarrow{\text{无水乙醚}} RMgX$$

$$2RMgX \Longrightarrow R_2Mg + MgX$$

乙醚在 Grignard 试剂的制备中有重要作用,醚分子中氧上的非键电子可以和试剂中带部分正电荷的镁作用,生成配合物:

$$
\begin{array}{c}
C_2H_5\!-\!\overset{\cdot\cdot}{\underset{\cdot\cdot}{O}}\!-\!C_2H_5 \\
| \\
R\!-\!Mg\!-\!X \\
| \\
C_2H_5\!-\!\overset{\cdot\cdot}{\underset{\cdot\cdot}{O}}\!-\!C_2H_5
\end{array}
$$

乙醚的溶剂化作用使有机镁化合物更稳定,并能溶解于乙醚。此外,乙醚价格低廉,沸点低,反应结束后容易除去。芳香族氯化物和氯乙烯型的化合物,改用碱性稍强、沸点较高的四氢呋喃(沸点 66 ℃)做溶剂,才能生成 Grignard 试剂,操作比较安全。

卤代烷生成 Grignard 试剂的活性次序为：RI＞RBr＞RCl。实验室通常使用活性居中的溴化物，氯化物反应较难开始，碘化物价格较贵，且容易在金属表面发生偶合，产生副产物烃（R-R）。

Grignard 试剂的碳-金属键是极化的，带部分负电荷的碳具有显著的亲核性，与醛、酮、羧酸衍生物、环氧化合物、二氧化碳及腈等发生反应，生成相应的醇、羧酸和酮等化合物，是增长碳链的重要方法。

反应所产生的卤化镁络合物，通常由冷的无机酸水解，即可使有机化合物游离出来。对强酸敏感的醇类化合物可用氯化铵溶液进行水解。

Grignard 试剂的制备必须在无水条件下进行，所用仪器和试剂均需干燥，因为微量水分的存在抑制反应的引发，而且会分解形成 Grignard 试剂而影响产率。

$$RMgX + H_2O \longrightarrow RH + Mg(OH)X$$

此外，Grignard 试剂尚能与氧气、二氧化碳作用及发生偶合反应：

$$2RMgX + O_2 \longrightarrow 2ROMgX$$

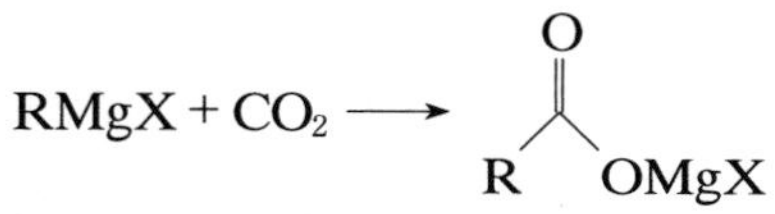

$$RMgX + CO_2 \longrightarrow \underset{R \quad OMgX}{\overset{O}{\vert\vert}}$$

$$RMgX + RX \longrightarrow R{-}R + MgX_2$$

故 Grignard 试剂不宜较长时间保存。研究工作中，有时需在惰性气体（氮、氦气）保护下进行反应。用乙醚做溶剂时，由于乙醚高的蒸气压可以排除反应器中的大部分空气。用活泼的卤代烃和碘化物制备 Grignard 试剂时，偶合反应是主要的副反应，可以采取搅拌、控制卤代烃的滴加速度和降低溶液浓度等措施减少副反应的发生。

Grignard 反应是一个放热反应，所以卤代烃的滴加速度不宜过快，必要时可用冷水冷却。当反应开始后，应调节滴加速度，使反应物保持微沸为宜。对活性较差的卤化物或反应不易发生时，可采用加入少许碘粒或事先已制好的 Grignard 试剂引发反应发生。

一、实验目的

（1）学习格氏试剂制备三苯甲醇的原理、方法。
（2）掌握无水条件下实验操作的要求和无水乙醚的制备。
（3）掌握水蒸气蒸馏的操作方法。
（4）掌握混合溶剂重结晶和熔点的测定。

二、实验原理

反应式：

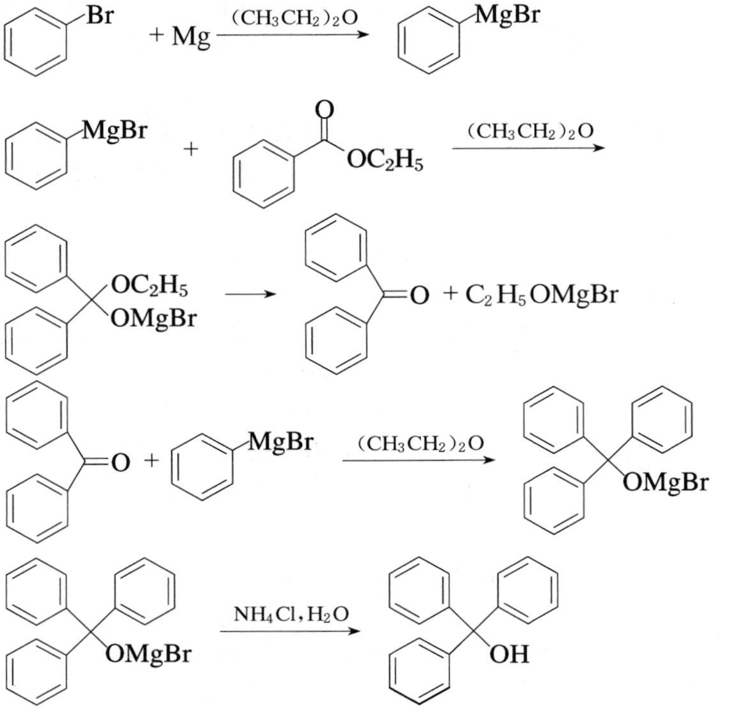

三、主要仪器和试剂

(1) 仪器:水浴套、磁力搅拌器、100 mL 三颈瓶、滴液漏斗、回流冷凝管、蒸馏头、直形冷凝管。

(2) 试剂:0.4 g 镁屑、2 mL 溴苯、1 mL 苯甲酸乙酯、(7+2) mL 乙醚(无水)、2 g 氯化铵、1~2 粒碘片、1 g 粗产品加 5~6 mL 95%(或 7~8 mL 80%)乙醇重结晶。

四、实验步骤

1. 苯基溴化镁(格氏试剂)的制备

在 100 mL 三颈瓶上分别装置磁力搅拌器、冷凝管及滴液漏斗,在冷凝管上口装置氯化钙干燥管(图 4.8)。瓶内放置 0.4 g 镁屑及一小粒碘片,在滴液漏斗中混合 2 g 溴苯及 7 mL 无水乙醚。先将 1/3 的混合液滴入烧瓶中,数分钟后即见镁屑表面有气泡产生,溶液轻微混浊,碘的颜色开始消失。若不发生反应,可用水浴或电吹风温热。反应开始后用磁力搅拌器搅拌,缓缓滴入其余的溴苯醚溶液,滴加速度保持溶液呈微沸状态,加毕后,在水浴上回流 0.5 h,使镁屑充分作用。

2. 三苯甲醇的制备

将已制好的苯基溴化镁试剂置于冷水浴中,在搅拌下由滴液漏斗滴加 1 mL 苯甲酸乙酯和 2 mL 无水乙醚的混合物,控制滴加速度保持反应平稳地进行。滴加完毕后,将反应混合物在水浴上搅拌回流 0.5 h,使反应进行完全。将反应物改为冷水浴冷却,在搅拌下由滴液漏斗慢慢滴加由 2 g 氯化铵配成的饱和水溶液(需 7~8 mL 水),分解加成产物。这时可以观察到反应物明显地分为两层。

将反应装置改为蒸馏装置,在水浴上蒸去乙醚,再将残余物进行水蒸气蒸馏(图 4.9),以除去未反应的溴苯及联苯等副产物。瓶中剩余物冷却后凝为树脂状淡黄色固体,抽滤收集。粗产物(1 g 湿的粗产品用约 7 mL 80% 或 6 mL 95% 的乙醇)进行重结晶,干燥后产量为 0.5~1.2 g,纯粹三苯甲醇为无色棱状晶体,测定熔点,熔点为 162.5 ℃。

本实验需 8~10 h。

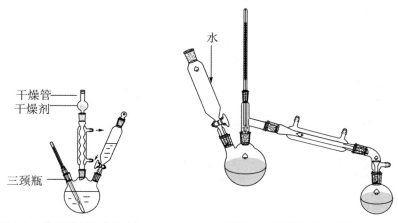

图 4.8　格氏试剂制备装置　　　　图 4.9　水蒸气馏装置

【注意事项】

(1) 使用仪器及试剂时必须进行干燥处理:三口瓶、滴液漏斗、球形冷凝管、干燥管、量杯等预先烘干;乙醚经金属钠处理放置一周成无水乙醚。

(2) 镁屑不宜长期放置。如长期放置,镁屑表面常有一层氧化膜,可采用才下方法除之:用 5% 盐酸溶液作用数分钟后,依次用水、乙醇、乙醚洗涤,抽干后置于干燥器内备用。也可用镁条代替镁屑,用时用细砂纸将其擦亮,剪成小段。

(3) Grignard 反应的仪器尽可能进行干燥,有时作为补救和进一步措施清除仪器所形成的水化膜,可将已加入镁屑和碘粒的三颈瓶用小火小心加热几分钟,使之彻底干燥。装置冷却时可通过氯化钙干燥管吸入干燥空气。在加入溴苯的乙醚溶液前,需将烧瓶冷至室温。

(4) 碘粒不能加多,否则碘颜色无法消失,得到产品为棕红色,也易产生副反应,即偶合反应。

(5) 由于制 Grignard 试剂时放热易产生偶合等副反应,故滴溴苯的乙醚混合液时需控制滴加速度,并不断搅拌。

(6) 所制好的 Grignard 试剂是呈混浊灰绿色溶液,若为澄清可能瓶中进水没制好格氏试剂。

(7) 滴入苯甲酸乙酯后,应注意反应液颜色变化:必须由灰绿色→玫瑰红→橙色→灰绿色。此步是关键。若无颜色变化,此实验很可能已失败,需重做。

(8) 饱和氯化铵溶液溶解三苯甲醇加成产物时,若产生氢氧化镁沉淀太多,可加几毫升稀盐酸以溶解产生的絮状氢氧化镁沉淀,或者在后面水蒸气蒸馏时,滴加几滴浓盐酸以溶解呈白色沉淀的氢氧化镁沉淀,否则混合液很难蒸至澄清。

(9) 水蒸气蒸馏是分离和纯化有机物的常用方法之一,尤其是在反应产物中有大量树脂状物质的情况下,效果较一般蒸馏或重结晶好。使用这种方法时,被提纯物质应该具备下列条件:不溶(或几乎不溶)于水,在沸腾下长时间与水共存而不起化学变化,在 100 ℃ 左右时必须具有一定的蒸气压(一般不小于 1.33 kPa)。

（10）根据道尔顿分压定律:整个体系的蒸气压力等于各组分蒸气压之和。因此,在常压下应用水蒸气蒸馏,就能在低于 100 ℃ 的情况下将高沸点组分与水一起蒸出来。此法特别适用于分离那些在其沸点附近易分解的物质,也适用于从不挥发物质或不需要的树脂物质中分离出所需要的组分。

（11）用水蒸气发生器蒸馏时注意安全玻璃管、导气管应插入瓶底,停止加热前先将连接两个导气管的橡胶管拆开,以防倒吸。

（12）混合溶剂重结晶见第二章第六节重结晶及滤纸的折叠方法。

五、实验操作流程

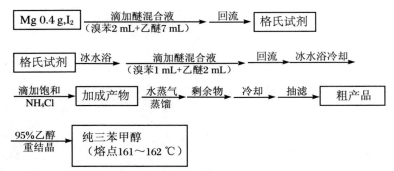

三苯甲醇的红外光谱图、^{13}C 核磁共振谱图见图 4.10、图 4.11。

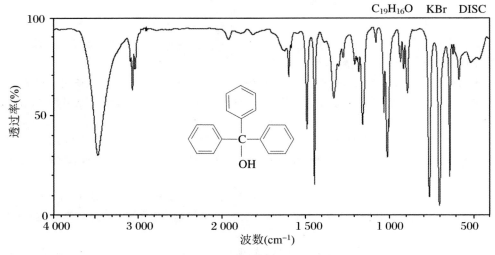

图 4.10　三苯甲醇的红外光谱图

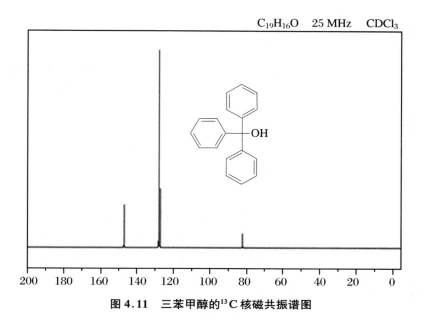

$C_{19}H_{16}O$　25 MHz　$CDCl_3$

图 4.11　三苯甲醇的^{13}C核磁共振谱图

六、思考题

（1）实验在将 Grignard 试剂加成物水解前的各步中，为什么使用的药品仪器均需绝对干燥？采取了什么措施？

（2）本实验中溴苯加入太快或一次性加入，有什么不好？

（3）如苯甲酸乙酯和乙醚中含有乙醇，对反应有何影响？

（4）用混合溶剂进行重结晶时，何时加入活性炭脱色？能否加入大量的不良溶剂，使产物全部析出？抽滤后的结晶应该用什么溶剂洗涤？

实验三十六　维生素 B_1 催化的安息香合成及转化

一、实验目的

（1）了解掌握辅酶合成安息香及安息香转化的原理和方法。

（2）了解掌握多步骤有机合成的方法。

二、实验原理

芳香醛在氰化钠（钾）催化下，分子间发生缩合生成二苯羟乙酮或安息香，称为安息香缩合。这是一个碳负离子对羰基的亲核加成反应。其他取代芳醛如甲基苯甲醛、对甲氧基苯甲醛和呋喃甲醛等也可发生类似的缩合，生成相应的对称性二芳基羟乙酮。

除氰离子外，噻唑生成的季铵盐也可对安息香缩合起催化作用。如用有生物活性的维生素 B_1 的盐酸盐代替氰化物催化安息香缩合反应，反应条件温和、无毒且产率高。绝大多数生化过程都是在特殊条件下进行的化学反应，酶的参与可以使反应更巧妙、更有效及在更温和的条件下进行。

维生素 B_1 又称硫胺素或噻胺，它是一种辅酶。其结构如下：

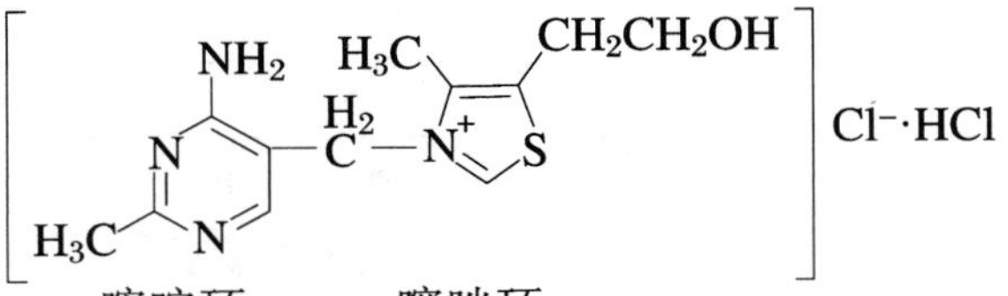

硫胺素分子中起作用的部分是噻唑环，噻唑环 C_2 上的质子由于受 N 和 S 原子的影响，具有明显的酸性，在碱的作用下，质子容易被除去，产生的负碳作为反应中心，形成苯偶姻。硫胺素在生化过程中，主要对 α-酮酸脱羧和形成苯偶姻（α-羟基酮）等三种酶促反应发挥辅酶的作用。其机理如下：

（1）在碱的作用下，产生的碳负离子和邻位带正电荷的氮原子形成稳定的两性离子即内镒盐或称叶立得（ylid）。

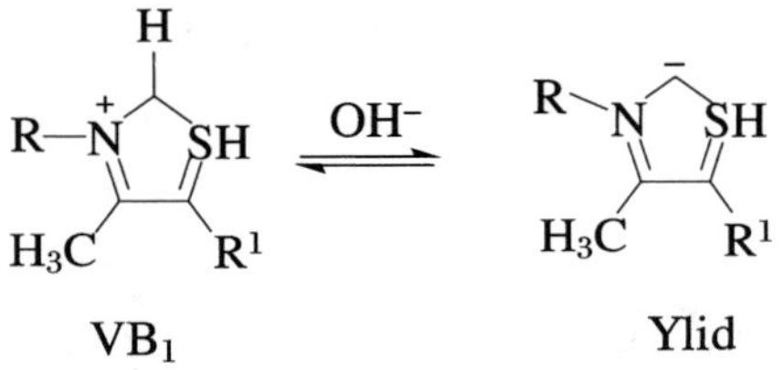

（2）噻唑环上的碳负离子与苯甲醛的羰基发生亲核加成，形成烯醇加合物，环上带正电荷的 N 起了调节电荷的作用。

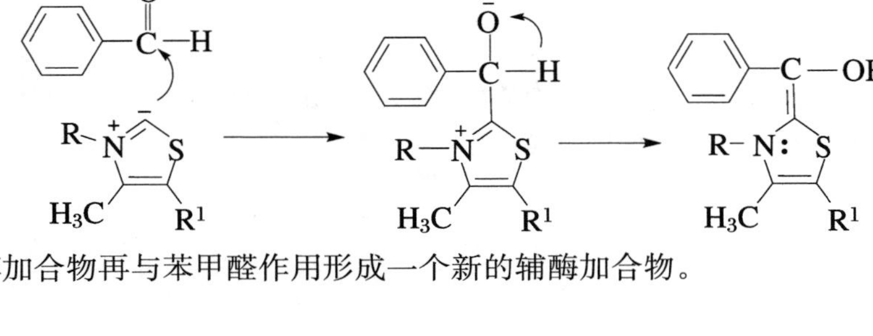

（3）烯醇加合物再与苯甲醛作用形成一个新的辅酶加合物。

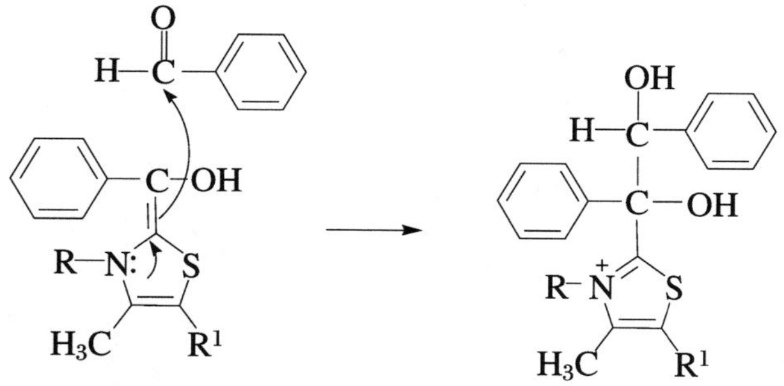

（4）辅酶加合物离解成安息香，辅酶复原。

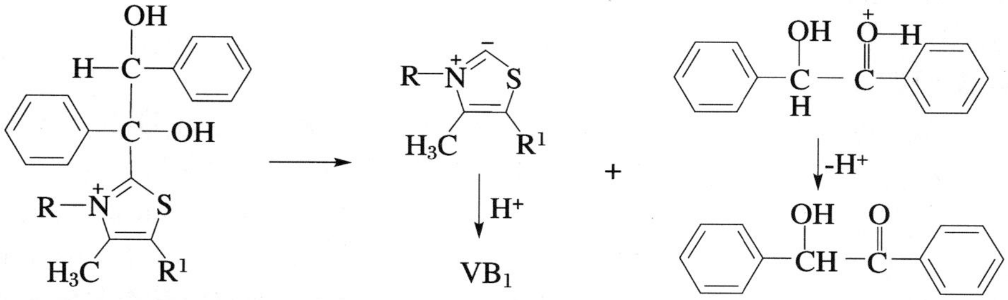

二苯羟乙酮（安息香）在有机合成中常常被用作中间体。它既可以被氧化成 α-二酮，又可以在各种条件下被还原生成二醇、烯、酮等各种类型的产物。本实验将在制备苯偶姻的基础上，进一步利用铜盐或硝酸将苯偶姻氧化为二苯基乙二酮，后者用浓碱处理，发生重排反应，生成二苯羟乙酸。

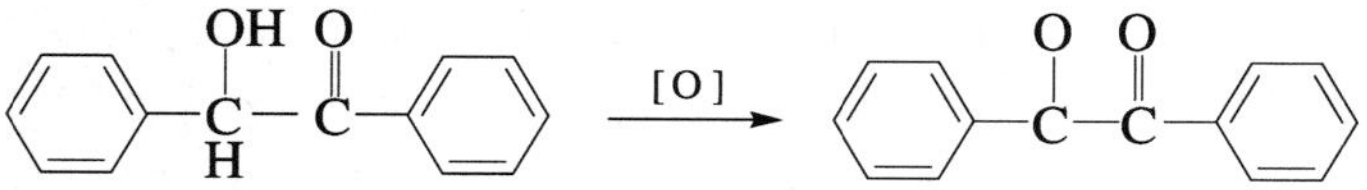

二苯乙二酮与氢氧化钾溶液回流，生成二苯乙醇酸钾盐，称为二苯乙醇酸重排。反应过程如下：

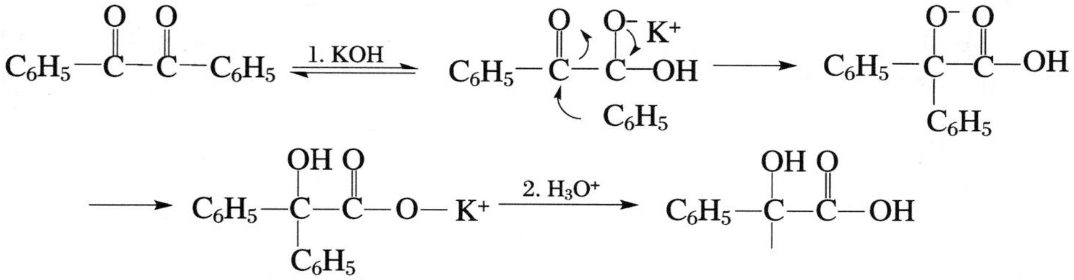

形成稳定的羧酸盐是反应的推动力。一旦生成羧酸盐，经酸化后即产生二苯乙醇酸。二苯乙醇酸也可直接由安息香与碱性溴酸钠溶液一步反应来制备，得到高纯度的产物。

（一）安息香辅酶的合成

1. 反应式

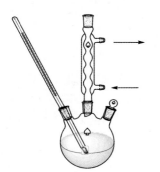

2. 主要仪器和试剂

（1）仪器：水浴、磁力搅拌器、100 mL 三口瓶、回流冷凝管。

（2）试剂：10 mL 苯甲醛（新蒸）[1]、1.7 g VB_1、3.5 mL 水、15 mL 乙醇、3.5 mL 3 mol/L 氢氧化钠。

3. 实验步骤

在 100 mL 三口瓶中，加入 1.7 g VB_1 和 3.5 mL 水，使其溶解。量取 10 mL 苯甲醛、15 mL 95%乙醇加入。在冰浴冷却下，边搅拌（或摇动）边逐滴加入 3.5 mL 3 mol/L 氢氧化钠[2-3]，约需 5 min，调节溶液 pH 在 9～10 之间[4]。当碱液加入一半时溶液呈黄色。随着碱液的加入，溶液的颜色也变深。然后装上回流冷凝管在 60～70 ℃水浴上加热 1～1.5 h（或用塞子把瓶口塞住，于室温放置 48 h 以上）（图 4.12）。在此过程用 3 mol/L 的氢氧化钠调节溶液 pH 在 9～10 之间（要求用精密 pH 试纸测试 pH 值）。反应混合物经冷却后即有白色晶体析出。抽滤，用 50 mL 冷水洗涤。粗产品用 95%乙醇重结晶[5]，每克产物约需乙醇 6 mL。纯化产物为白色针状结晶（如果后面接着进行氧化重排，重结晶此步可省略）。熔点为 134～136 ℃。理论量：10.6 g，实际量：5～6 g，产率：50%～55% 。

图 4.12　安息香辅酶合成装置

本实验约需 4 h。

【注释】

[1] 苯甲醛中不能含有苯甲酸，用前最好经 5%碳酸氢钠溶液洗涤，然后减压蒸馏，并避光保存。

[2] VB_1 在酸性条件下是稳定的，但易吸水，在水溶液中易被空气氧化失效，另外光及 Cu、Fe、Mn 等金属离子均可加速氧化，在氢氧化钠溶液中噻唑环易开环失效。

[3] 反应前 VB_1 溶液及氢氧化钠溶液必须用冷水浴冷透，否则易使 VB_1（不耐热）开环失效。

[4] 用精密 pH 试纸控制 pH 值，过碱易使噻唑环开环，VB_1 失效，不到一定的碱性又无法使质子离去产生负碳作为反应中心，形成苯偶姻。最好调至 pH=10。

[5] 安息香在沸腾的 95%乙醇中的溶解度为每 100 mL 12～14 g。

4．操作流程

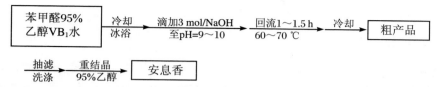

安息香的红外光谱图、^{1}H 核磁共振谱图见图 4.13、图 4.14。

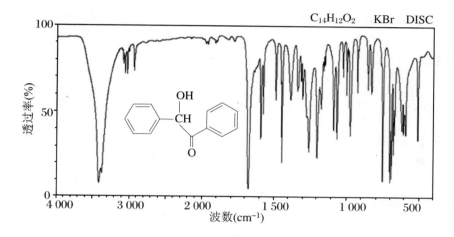

图 4.13　安息香的红外光谱图

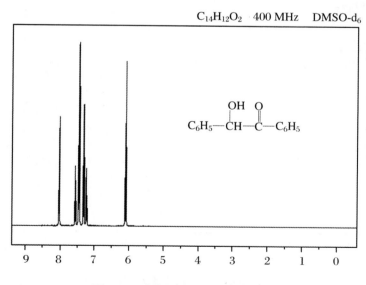

图 4.14　安息香的^{1}H 核磁共振谱图

5．思考题

（1）为什么加入苯甲醛后，反应混合物的 pH 要保持 9～10 之间？溶液 pH 过低有什么不好？

（2）苯甲醛为何要新蒸？如用没有新蒸的苯甲醛对实验有何影响？

（3）用新方法（如超声波、微波）设计合成安息香。

（二）二苯乙二酮

安息香在有机合成中常常被用作中间体。它可以被温和的氧化剂醋酸铜或浓硝酸氧化生成 α-二酮，即二苯乙二酮，再与氢氧化钾回流生成二苯乙醇酸钾盐，称为二苯乙醇酸的重排，经酸化即可生成下次实验的二苯乙醇酸。

醋酸铜价格较高，浓硝酸价格便宜，但反应释放出二氧化氮对环境产生污染，可以用气体吸收装置予以减缓。本实验采用浓硝酸氧化安息香。

1．反应式

$$C_6H_5-\underset{\underset{OH}{|}}{CH}-\underset{\underset{O}{\|}}{C}-C_6H_5 \xrightarrow[\text{or 浓 } HNO_3]{Cu(OAc)_2, NH_4NO_3} C_6H_5-\underset{\underset{H}{|}}{\overset{\overset{O}{\|}}{C}}-\underset{\overset{O}{\|}}{C}-C_6H_5$$

2．主要仪器和试剂

（1）仪器：水浴、磁力搅拌器、100 mL 三口瓶、回流冷凝管。

（2）试剂：3 g 安息香（自制）、8 mL 浓硝酸（70%，相对密度：1.42）、15 mL 冰醋酸、冰 60 g ＋ 水 60 g（加量按比例）。

3．实验步骤

在 100 mL 三口瓶上装带气体吸收装置的回流冷凝管和温度计，将 3 g 粗品安息香和 15 mL 冰醋酸及 8 mL 浓硝酸加入后混合均匀。将此反应混合物在水浴上搅拌加热至液体温度为 85～95 ℃。保持约 1 h（图 4.15）。

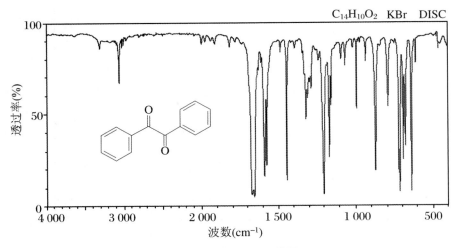

图 4.15　安息香氧化装置

当安息香已全部（或接近全部）转化为二苯基乙二酮后，将反应液冷却至 50～60 ℃后转入存有 60 mL 水和 60 g 冰的烧杯中，此时有黄色的二苯基乙二酮结晶出现。抽滤，并用少量冷水洗涤结晶固体。压干后称重，直接用湿的粗产物进行后一步的重排。干重≈湿重×70%。

如要制备纯品,可用 75% 的乙醇水溶液重结晶,熔点:94~95 ℃。

【注意事项】

(1) 水浴加热时,控制反应液温度在 85~95 ℃。

(2) 反应好后,要室温冷却到 50~60 ℃,再转入冰水中,否则析出的晶体太细,难以抽滤。将溶液静置使晶体沉淀后再抽滤,可提高抽滤速度。

(3) 制得的二苯乙二酮直接就进行后面的重排。

4. 操作流程

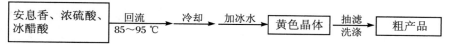

二苯乙二酮的红外光谱图见图 4.16。

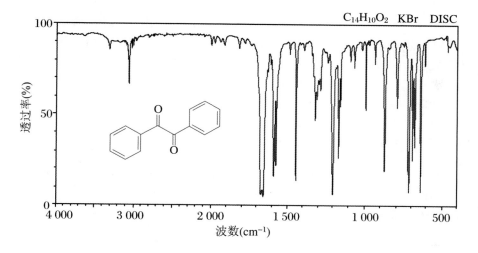

图 4.16 二苯乙二酮的红外光谱图

5. 思考题

除 Cu^{2+} 外,是否还有其他氧化剂?

(三) 二苯乙醇酸

1. 反应式

$$C_6H_5-\overset{O}{\underset{\parallel}{C}}-\overset{O}{\underset{\parallel}{C}}-C_6H_5 \xrightarrow[\text{EtOH-H}_2\text{O}]{1.\ KOH} (C_6H_5)_2-\underset{\underset{OH}{|}}{C}-CO_2K \xrightarrow{2.\ H_3O^+} (C_6H_5)_2-\underset{\underset{OH}{|}}{C}-CO_2H$$

2. 主要仪器和试剂

(1) 仪器:水浴、磁力搅拌器、50 mL 圆底烧瓶、回流冷凝管。

(2) 试剂:2.5 g 二苯乙二酮、7.5 mL 95% 乙醇、2.5 g 氢氧化钾 + 5 mL 水、5% 盐酸、15% 乙醇。

3. 实验步骤

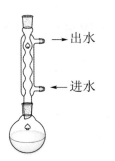

图4.17　二苯乙醇重排装置

在50 mL圆底烧瓶中加入7.5 mL 95%乙醇和2.5 g二苯乙二酮,不断搅拌(或摇动)使固体溶解。同时在另一小烧杯中将2.5 g氢氧化钾溶于5 mL水中。在搅拌(或振摇)下将此氢氧化钾水溶液加入圆底烧瓶中。装上回流冷凝管,如图4.17所示。在水浴上回流15 min,此期间反应液最初为黑色,后转为棕色,最后将反应液转移到小烧杯中,盖上表面皿放置过夜。

可见有大量二苯基乙醇酸钾盐结晶。抽滤并用2 mL 95%乙醇洗涤所得固体。将所得的二苯基乙醇酸钾盐溶在少于140 mL热水中(1 g粗湿品加35～40 mL水)。加活性炭脱色并趁热过滤。滤液用5%盐酸酸化至pH=2。当此反应混合物冷至室温后,用冰浴冷却。抽滤所得结晶固体,并用冷水充分洗涤。通过抽滤将大部分水分除去。然后称重。用15%乙醇水溶液重结晶。1 g粗湿品加30～35 mL 15%乙醇(或加35～40 mL H$_2$O),进行重结晶。得到白色或粉红色针状的二苯基乙醇酸结晶,熔点为150 ℃(要求测定熔点)。

本实验需5～6 h。

【注意事项】

(1) 重排反应时,反应液的颜色应先为黑色,后转为棕色。

(2) 用水洗涤,目的是洗去酸及包着的NaCl。洗涤时,每次用8 mL水先浸润产物后再抽滤。

(3) 第一步热水溶解较难,加水量逐步增加以不大于140 mL水为宜。溶解后加活性炭。最后一步重结晶加热温度不要超过90 ℃,因二苯乙醇酸易脱羧。

4. 实验操作流程

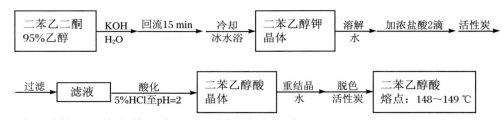

二苯乙醇酸的红外光谱图、^{1}H核磁共振谱图分别见图4.18、图4.19。

5. 思考题

(1) 如果二苯乙二酮用甲醇钠在甲醇溶液中处理,经酸化后应得到什么产物? 写出产物的结构式和反应机理。

(2) 如何由相应的原料经二苯乙醇酸重排合成下列化合物:

①　②

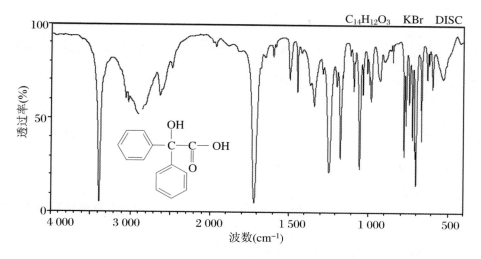

图 4.18　二苯乙醇酸的红外光谱图

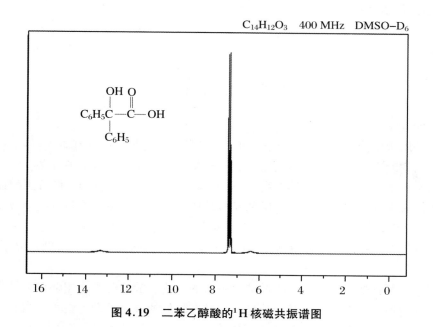

图 4.19　二苯乙醇酸的 ¹H 核磁共振谱图

实验三十七　　相转移催化的 7，7-二氯二环［4.1.0］庚烷合成

一、实验目的

（1）了解掌握环己烯制备的原理及方法。

（2）练习掌握分馏操作的方法。

（3）通过二氯卡宾与环己烯的反应，验证 CCl_2 的存在，同时认识相转移催化剂法的优越性。

（4）进一步练习掌握减压蒸馏、磁力搅拌器的操作方法。

二、实验原理

反应式：

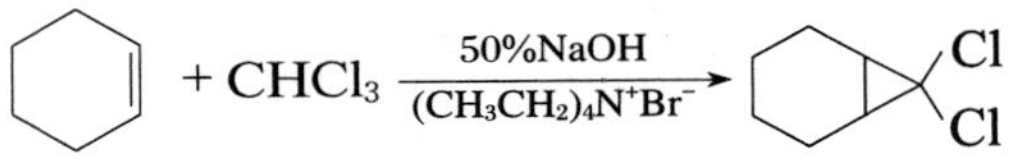

$$\text{环己烯} + CHCl_3 \xrightarrow[\text{(CH}_3\text{CH}_2)_4\text{N}^+\text{Br}^-]{50\%\text{NaOH}} \text{二氯二环庚烷}$$

（1）烯烃的制备

相对分子质量低的烯烃如乙烯、丙烯和丁二烯是合成材料工业的基本原料，由石油裂解分离提纯得到。实验室制备烯烃主要采用醇的脱水及卤代烷脱卤化氢两种方法。

醇的脱水可用氧化铝或分子筛在高温（350～400 ℃）进行催化脱水，也可用酸催化脱水的方法。常用的脱水剂有硫酸、磷酸、对甲苯磺酸及硫酸氢钾等。卤代烷与碱的溶液作用脱卤化氢，也是实验室用来制备烯烃的方法。常用的碱有氢氧化钠、氢氧化钾等。当有可能生成两种以上烯烃时，反应遵守 Zaytzeff 规则。由于存在与之竞争的取代反应，副产物分别为醇和醚等。

实验室小量制备烯烃通常采用醇酸催化脱水的方法。醇的脱水作用随醇的结果不同而有所不同。其反应速率为叔醇＞仲醇＞伯醇。叔醇在较低的温度下即可失水。当有可能生成两种以上的烯烃时，反应取向服从 Zaytzeff 规则。主要生成双键上连有较多取代基的烯烃。

整个反应是可逆的，为了促使反应完成，必须不断地把生成的沸点较低的烯烃蒸出。由于高浓度的酸会导致烯烃的聚合、醇分子间的失水及碳架的重排，因此，醇酸催化脱水反应中常有副产物——烯的聚合物和醚的生成。

（2）7,7-二氯二环［4.1.0］庚烷

二氯二环［4.1.0］庚烷实际上是二卤卡宾与环己烯上的双键发生加成而形成双环的。如下式：

$$\text{环己烯} + :CCl_2 \longrightarrow \text{环丙烷衍生物} \diagdown CCl_2$$

卡宾（Carbene）是通式为 R_2C，中性活性中间体的总称，有一对非键电子。二卤卡宾（$:CX_2$）是常见的取代卡宾，由于 C 原子周围只有六个外层电子，卡宾具有很强的亲电性。卡宾最典型的反应是与 $C = C$ 双键发生加成反应，生成环丙烷及其衍生物，也可以与碳氢键进行插入反应，但二卤卡宾一般不发生插入反应。

实验室常用的制备卡宾的方法有两种：一种是重氮化合物的光或热分解，另一种是通过 α-消去反应。三卤甲烷在强碱作用下，先生成三卤甲基碳负离子，接着脱去一个卤负离子，产生二卤卡宾。

反应式：

$$HCCl_3 + OH^- \rightleftharpoons {}:^-CCl_3 + H_2O$$

$$:^-CCl_3 \rightleftharpoons {}:CCl_2 + Cl^-$$

上述这些方法，不是操作条件比较严格，就是对无水的要求比较严，或者需使用剧毒的试剂。例如，二卤卡宾产生后停留在水相中，就会与水作用生成如下副产物：

$$:CCl_2 \xrightarrow[\text{2H}_2\text{O}]{\text{H}_2\text{O}} \begin{array}{l} CO + 2Cl^- + 2H^+ \\ HCO_2^- + 2Cl + 3H^+ \end{array}$$

二氯卡宾是反应中间体，由于它非常活泼，因此在这种水溶液中产生出来的 $:CCl_2$ 不能有效地被环己烯所捕获，最后得到的加成物产率很低，仅为 5%。

若在相转移催化剂存在下，由于氯仿在 50% NaOH 作用下，在水相生成的 $:CCl_3^-$ 阴离子很快地转入有机相，并分解为 $:CCl_2$，此物在有机溶剂中立即与环己烯发生加成，产率较高，操作也简便。

相转移催化剂也称 PT，是 20 世纪 60 年代以来在有机合成中应用日趋广泛的一种新的合成方法。在有机合成中，常遇到水溶性的无机负离子和不溶于水的有机化合物之间的反应，这种非均相反应在通常条件下，速度慢，产率低，甚至有时很难发生。但如果用水溶解无机盐，用极性小的有机溶剂溶解有机物，并加入少量（通常为 0.05 mol 以下）的季铵盐或季鏻盐，反应则很容易进行。这些能促使提高反应速度并在两相之间转移负离子的鎓盐，称为相转移催化剂。常见有苄基三乙基氯化铵（TEBA）、四丁基硫酸氢铵（TBAB）和三辛基甲基氯化铵等。

$$C_6H_5CH_2N^+(CH_2CH_3)_3Cl^- \qquad (CH_3CH_2CH_2CH_2)_4\overset{+}{N}HSO_4^-$$
$$(\text{TEBA}) \qquad\qquad\qquad (\text{TBAB})$$

$$[CH_3(CH_2)_6CH_2]_3\overset{+}{N}CH_3Cl^-$$

这些化合物具有同时在水相和有机相溶解的能力，其中烃基是油溶性基，带正电荷的氮是水溶性基。烃基的碳原子总数一般不少于 13，以保证具有足够的油溶性。季铵盐中的正与负离子在水相形成离子对，可以将负离子从水相转移至有机相，而在有机相中，负离子无溶剂化作用，而且由于正离子体积大，正负离子之间的距离也大，彼此间作用弱，负离子可以看作是裸露的，因而反应活性大大提高。相转移催化剂转移离子的过程可表示如下：

$$R-L + Q^+Nu^- \longrightarrow RNu + Q^+L^-$$

$$L^- + Q^+Nu^- \longrightarrow Nu^- + Q^+L^-$$

其中,Q^+ 代表季铵盐或季鏻盐离子。

相转移催化剂能有效地加速许多反应,这些反应比非催化反应操作简便,时间缩短,而且避免了使用价格较贵的非质子性溶剂。

三、主要仪器和试剂

(1) 仪器:水浴、磁力搅拌器、100 mL 三颈瓶、回流冷凝管。

(2) 试剂:4 mL 环己烯、20 mL 氯仿、0.5 g 四乙基溴化铵、9 g 氢氧化钠 + 9 mL 水、30 mL 石油醚、5 g 氢氧化钠、2 g 无水氯化钙、40 mL 水。

四、实验步骤

在 100 mL 锥形瓶中,将 9 g 氢氧化钠溶于 9 mL 水,在冰浴中冷至室温。

在装有磁力搅拌子、回流冷凝管和温度计的 100 mL 三口瓶中加入 4 mL 自制的环己烯、0.5 g 四乙基溴化铵和 20 mL 氯仿。开动搅拌器,由冷凝管上口以较慢的速度滴加配制好的 50%氢氧化钠溶液,约 15 min 滴完。放热反应使瓶内温度逐渐上升,反应液的颜色逐渐变为橙黄色。滴加完毕后,电热套加热至 60 ℃,继续搅拌回流 60 min(图 4.20)。

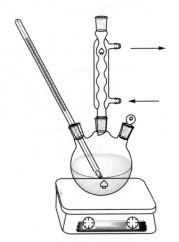

图 4.20 二氯卡宾与环己烯反应装置

反应结束后,以冷水冷却至室温,加入约 40 mL 水搅拌后转入分液漏斗,分出有机层(如两层界面上有较多的乳化物,可过滤),水层用 30 mL 石油醚(30～60 ℃)提取一次。将提取溶液与有机层合并,用 5 g 片状氢氧化钠干燥,继用 2 g 无水氯化钙干燥之,滤入蒸馏瓶中,在水浴中蒸出石油醚,进行减压蒸馏收集 94～96 ℃/35 mmHg 或 78～79 ℃/15 mmHg 的馏分。

纯 7,7-二氯二环[4.1.0]庚烷的沸点为 197～198 ℃,折光率 n_D^{23} 为 1.501 4,无色液体。理论量:6.44 g,实际量:4～4.5 g。

本实验需 6～8 h。

【注意事项】

(1) 氯仿有毒,注意室内通风。

(2) 浓碱对玻璃有腐蚀性,加料时要小心,不要碰到磨口处,以免塞子或冷凝管黏上打不开。

(3) 越到后面黏度越大,使得搅拌器无法转动。可以在开始反应前多加溶剂氯仿降低黏度。同时宜控制温度在 50～60 ℃,产品不易发黑。

(4) 反应液的颜色应为橙黄色,或浅棕色。若发褐或发黑,可能反应温度太高。

（5）在转入水中搅拌溶解后可以放置一段时间,否则易产生不易消除的乳化层。并且在转入分液漏斗时,不要振摇,以免产生乳化层。若有絮状的乳化层最好不用滤纸过滤,采用少量棉花过滤为好。

（6）合并后的有机层直接用① 5 g NaOH,② 2 g CaCl$_2$分步干燥。

（7）可用乙醚代替石油醚(30～60 ℃)萃取。

五、实验操作流程

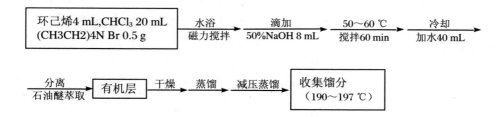

六、思考题

（1）本实验反应过程中为什么要激烈搅拌反应混合物？

（2）本实验中为什么要使用过量的氯仿？

（3）举出产生卡宾的方法及其在合成扁桃酸中的应用。

实验三十八　丙二酸二乙酯应用于正己酸的合成

一、实验目的

（1）了解制备正己酸的原理和方法,学习丙二酸二乙酯在有机合成中的应用。

（2）进一步练习掌握无水以及多步骤的有机合成操作。

二、实验原理

反应式：

（1）乙醇钠的制备

$$C_2H_5OH + Na \longrightarrow C_2H_5ONa + H_2 \uparrow$$

（2）亲核试剂制备(α-H 具有酸性,生成丙二酸二乙酯钠盐)

$$CH_2(COOC_2H_5)_2 + C_2H_5ONa \longrightarrow Na^+ [CH(COOC_2H_5)_2]^- + C_2H_5OH$$

（3）碳链增长(亲核取代反应生成正丁基丙二酸酯)

$$\begin{matrix} \text{COOC}_2\text{H}_5 \\ | \\ \text{CH}^- \text{Na}^+ \\ | \\ \text{COOC}_2\text{H}_5 \end{matrix} \quad + \quad n\text{—C}_4\text{H}_9\text{Br} \longrightarrow \text{CH}_3(\text{CH}_2)_3\text{CH}(\text{COOC}_2\text{H}_5)_2 + \text{NaBr}\downarrow$$

（4）皂化水解成正丁基丙二酸钠盐

$$\text{CH}_3(\text{CH}_2)_3\underset{\underset{\text{COOC}_2\text{H}_5}{|}}{\overset{\overset{\text{COOC}_2\text{H}_5}{|}}{\text{CH}}} \xrightarrow{\text{NaOH}} \text{CH}_3(\text{CH}_2)_3\text{CH}(\text{COONa})_2 + 2\text{C}_2\text{H}_5\text{OH}$$

（5）酸化水解成正丁基丙二酸

$$\text{H}_3\text{C}(\text{H}_2\text{C})_3\underset{\underset{\text{COONa}}{|}}{\overset{\overset{\text{COONa}}{|}}{\text{CH}}} \xrightarrow{\text{HCl}} \text{CH}_3(\text{CH}_2)_3\text{CH}(\text{COOH})_2 + 2\text{NaCl}$$

（6）脱羧成正己酸

$$\text{H}_3\text{C}(\text{H}_2\text{C})_3\underset{\underset{\text{COOH}}{|}}{\overset{\overset{\text{COOH}}{|}}{\text{CH}}} \xrightarrow{\Delta} \text{CH}_3(\text{CH}_2)_3\text{CH}_2\text{COOH} + \text{CO}_2\uparrow$$

三、主要仪器和试剂

（1）仪器：油浴、磁力搅拌器、100 mL 三颈瓶、滴液漏斗、回流冷凝管、蒸馏头、空气冷凝管。

（2）试剂：1.6 g 钠、27 mL 99.95% 乙醇、10 mL 丙二酸二乙酯、8 mL 正溴丁烷、10 mL 甲苯、10 g 氢氧化钠、45 mL 乙醚、浓盐酸、氯化钙、无水硫酸钠、无水硫酸镁。

四、实验步骤

1. 正丁基丙二酸酯的制备

在干燥的 100 mL 三口瓶上,装置干燥的冷凝管、滴液漏斗[1],在冷凝管上端装一氯化钙干燥管,放入磁子。在瓶中加入 1.6 g 切成细条的金属钠[2],用滴液漏斗滴加 27 mL 绝对乙醇[3]。加入速度恰好使乙醇保持沸腾[4]并不断搅拌。待金属钠全部作用完后,用滴液漏斗缓缓加入 10 mL 丙二酸二乙酯[5]。电热套加热 5 min,即得丙二酸二乙酯的钠盐溶液。然后慢慢滴加 8 mL 正溴丁烷[6-7],电热套搅拌加热回流 15 min。冷却后,有机相先转入分液漏斗,烧瓶中固体加入 70 mL 水振摇溶解,溶解后转入分液漏斗,分出上面酯层[8]。水溶液用 10 mL 60～90 ℃石油醚(甲苯)萃取,合并酯层与石油醚萃取液。用无水硫酸钠干燥后[9],先蒸去石油醚,再加热蒸馏,收集 215～240 ℃的馏分,产量约为 10 g(产率约为 69%)(图 4.21)。

纯粹正丁基丙二酸酯的沸点为 235～240 ℃。

【注释】

[1] 无水操作时所用仪器均要预先干燥,如三颈瓶、球形冷凝管、滴液漏斗、干燥管、空心塞、量筒。

[2] 金属钠遇水即爆炸燃烧,故使用时应严防与水、手接触。在称量或切碎过程中动作应迅速,以免空气中水汽侵蚀或氧化。与钠接触过的剪刀与称量纸,必须浸入乙醇中一段时间,以便将沾在上面的钠作用完。

[3] 绝对乙醇一定要做好,否则正溴丁烷不能加成上去。因为水有较强的酸性,使 $CH_3CH_2ONa + H_2O \rightarrow CH_3CH_2OH + NaOH$,NaOH 的碱性比醇钠小,不能从丙二酸二乙酯中夺取 α-H,C^- 不能形成,$CH_3CH_2CH_2CH_2{}^+$ 则不能上去。

[4] 加钠刚开始反应时不能加热,整个反应均可以用油浴低温加热。

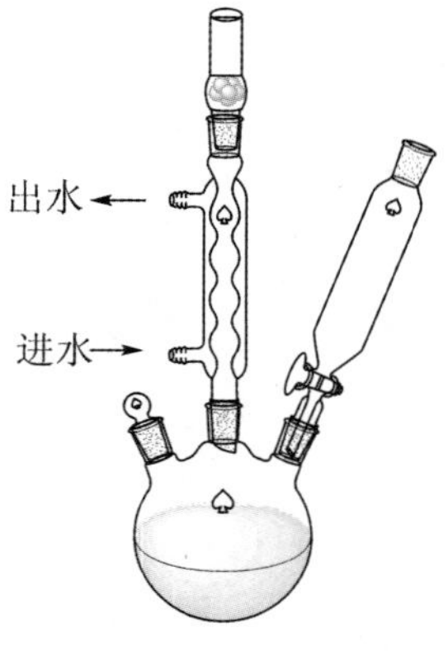

[5] 待钠作用完后,缓滴丙二酸二乙酯(10 min 内滴完),溶液呈白色混浊液。反应要求不断振摇或搅拌。

[6] 在滴入正溴丁烷时,注意搅拌以免暴沸(因反应生成 NaBr 沉淀)。

[7] 若绝对乙醇、仪器或试剂含水,加入正溴丁烷无牛奶状溶液出现。

[8] 分酯时,若它出现在水层下面属反常(因酯的相对密度为 0.98)。可能是没反应的正溴丁烷(相对密度为 1.276)较多,把酯包起来而到下层。

[9] 由于产物沸点很高,在它前面就能将水蒸出,故可以不用加无水硫酸钠进行干燥。可以将分出的酯和甲苯的萃取液直接转入烧瓶进行蒸馏。

图 4.21　正丁基丙二酸酯的制备

2. 正丁基丙二酸酯的水解

在 100 mL 三口瓶中装置滴液漏斗和冷凝管,放入 10 g 水,然后加入 10 g 氢氧化钠搅拌溶解。加热搅拌使氢氧化钠全溶后,用滴液漏斗滴加上一步制得的正丁基丙二酸二乙酯[1]。反应迅速发生,并有正丁基丙二酸钠盐的白色固体沉淀生成。待所有的酯加完后,再微沸回流 0.5 h,并不断搅拌,使水解反应完全。向瓶内加入 35 mL 水,加热几分钟,即得正丁基丙二酸钠盐溶液。将此溶液冷却,用浓盐酸酸化至 pH = 2~3.5[2]。每次用 15 mL 乙醚萃取此酸性溶液三次[3]。合并乙醚萃取液,用无水硫酸镁干燥后[4],有机相转移到圆底烧瓶中,蒸去乙醚。瓶中残液即为正丁基丙二酸,转移到 25 mL 圆底烧瓶中[5],进行脱羧反应制备正己酸。用滴管取 1~2 滴于表面皿上,残余乙醚挥发后结成晶体,测其熔点(图 4.22)。

纯的正丁基丙二酸熔点为 104~105 ℃。

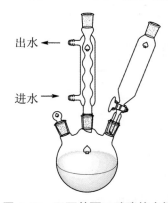

图 4.22　正丁基丙二酸酯的水解

【注释】

[1] 滴加正丁基丙二酸酯时,必须边搅拌边滴加。同时会产生较多的白色沉淀,可以加少量的水(约 2~5 mL 水)使反应物搅动起来。水解时一定要充分搅拌,约 30 min。至回流结束时可以加 10 mL 水,以便于搅拌。但水若过多,水解会不完全。

[2] 调节 pH 时最好控制在 pH = 2,pH 太高在乙醚萃取时,易产生白色絮状沉淀。

[3] 乙醚萃取时产生的絮状物,可加水溶解或调 pH = 2。

[4] 用无水硫酸镁干燥,此步省略。

[5] 蒸出的乙醚回收,残液迅速转入 25 mL 烧瓶中,用纸片垫上后塞上塞子。

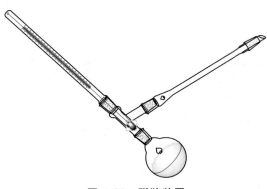

图 4.23　脱羧装置

3. 正己酸的制备

将上面装有正丁基丙二酸浓缩液的圆底烧瓶支管上接一支空气冷凝管,斜置于电热套内加热,使冷凝管向上,不久即有二氧化碳气体迅速逸出[1]。将反应物于 180 ℃保持 10 min,其间可用润湿的 pH 试纸检验冷凝管口排出的二氧化碳(图 4.23)。脱羧反应完成后改成蒸馏装置进行蒸馏,收集 196～206 ℃的馏分,产量为 3～4 g。产率为 62%～75%(以正丁基丙二酸二乙酯计算)。

纯正己酸的沸点为 199.3 ℃,折光率 n_D^{20} 为 1.416 3。正己酸的全程产率为 43%～52%,正己酸产量约为 4 g。(要求测折光率)

正己酸的合成实验需 10～12 h。

【注释】

[1] 脱羧最好在通风处进行。

五、实验操作流程

1. 正丁基丙二酸酯的制备流程

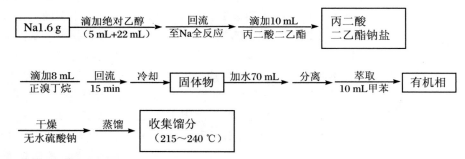

2. 正丁基丙二酸酯的水解流程

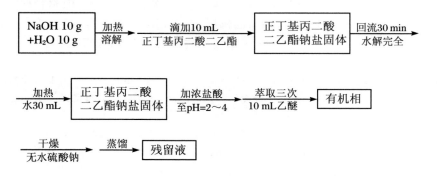

3．正己酸的制备流程

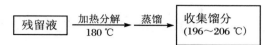

正己酸的红外光谱图、^{1}H 核磁共振谱图分别见图 4.24、图 4.25。

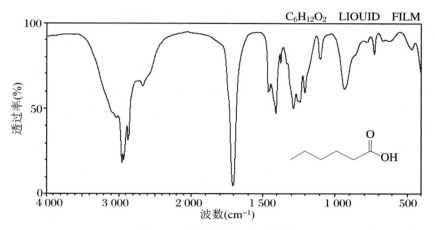

图 4.24　正己酸的红外光谱图

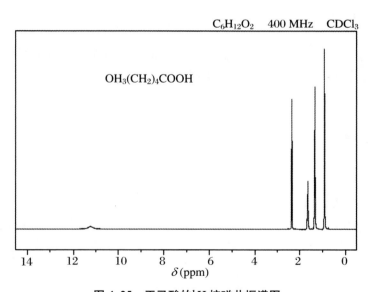

图 4.25　正己酸的^{1}H 核磁共振谱图

实验三十九　镇静催眠药巴比妥酸的合成

巴比妥酸及其衍生物是一类广泛应用于镇静、催眠的药物,由 Adolph von Baeyer 在 1864 年首先用丙二酸和尿素合成的。如二乙基巴比妥酸是镇静药,当用量增加到 3～4 倍时成为催眠药,药量再增加就成为麻醉剂,过量服用就会中毒甚至引起死亡。这类药物的合成是利用丙二酸酯亚甲基上的活泼氢,与醇钠作用形成丙二酸酯碳负离子,再与卤代烃进行亲核取代,生成二取代丙二酸酯,随后与尿素进行氨解,得到巴比妥药物。并不是所有的烃基取代的巴比妥酸都具有镇静安眠功效,如 5-丁基巴比妥酸进入人体很快分解,因此不能作为镇静安眠药物。

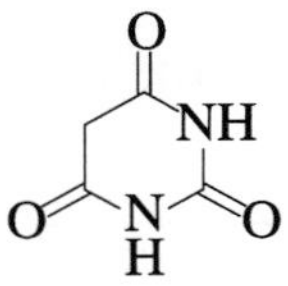

| 巴比妥酸 | 硫代巴比妥酸 | 二乙基巴比妥酸 | 正丁基巴比妥酸 |

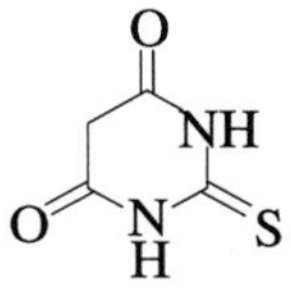

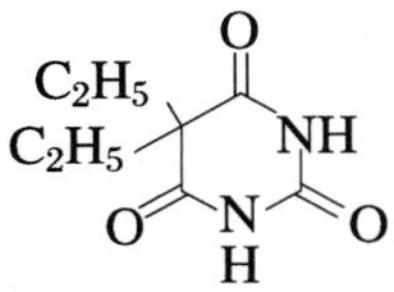

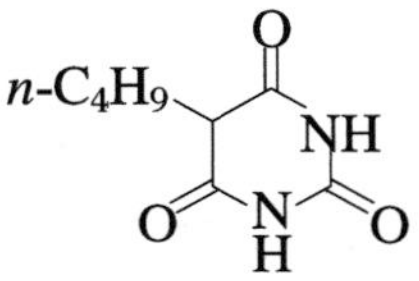

一、实验目的

(1) 掌握由尿素和丙二酸二乙酯缩合合成六元杂环化合物巴比妥酸的方法。
(2) 进一步熟悉回流、结晶、熔点测定等技术。
(3) 熟练掌握无水操作技术。

二、实验原理

反应式:

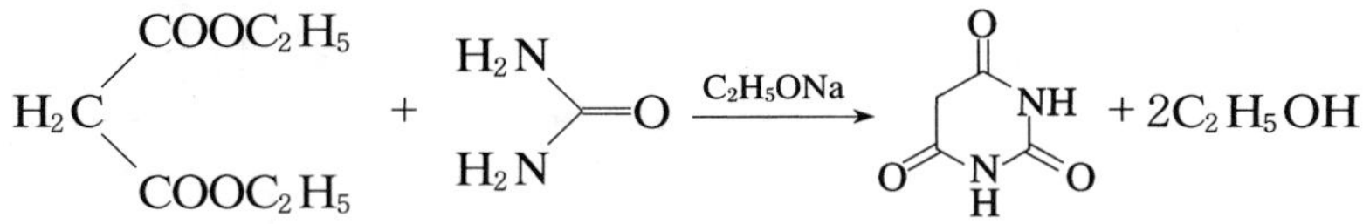

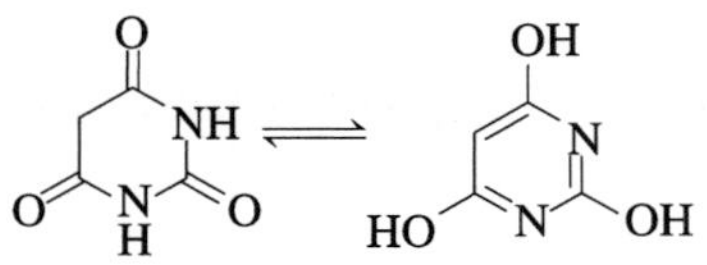

三、主要仪器和试剂

(1) 仪器:水浴、磁力搅拌器、100 mL 三口瓶、滴液漏斗、回流冷凝管、干燥管。

（2）试剂：丙二酸二乙酯 6.5 mL、金属钠 1.0 g、尿素 2.40 g。

四、实验步骤[1]

在 100 mL 干燥的三口瓶中，加入 20 mL 绝对乙醇，装好冷凝管，冷凝管上端装上干燥管
（图 4.26）。从侧口分数次加入 1 g 切成小块的金属钠[2]，金属钠
完全溶解后，加入 6.5 mL 丙二酸二乙酯[3]，磁力搅拌混合均匀。
然后慢慢滴加 2.4 g 干燥的尿素[4] 和 12 mL 绝对无水乙醇配成的
溶液，搅拌回流反应 1.5 h，有固体生成。冷却后加入 30 mL 热水
使固体溶解，再加入 2 mL 浓盐酸酸化（pH = 3），得一澄清溶液。
过滤除去少量杂质。滤液用冰水冷却使其结晶，过滤，用少量冰水
洗涤数次，得白色棱柱状晶体。干燥后，产量为 2～3 g，熔点为
244～245 ℃。测定 IR 谱。

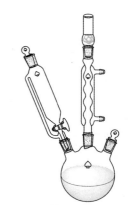

图 4.26 巴比妥酸合成装置

【注释】

[1] 使用的仪器和试剂必须是干燥的。

[2] 金属钠可与醇顺利反应，故无须切得太小，以免暴露太多的表面，在
空气中迅速吸水转化为氢氧化钠而使丙二酸二乙酯皂化。

[3] 若丙二酸二乙酯的质量不够好，可减压蒸馏纯化，收集 82～84 ℃/1.07 kPa（8 mmHg）或 90～91 ℃/
2.00 kPa（15 mmHg）的馏分。

[4] 尿素须在 110 ℃烘箱中烘烤 45 min 后才可用。

[5] 硫代巴比妥酸的合成：用硫脲代替尿素，步骤同上。

用量：丙二酸二乙酯 6.5 mL（0.04 mol），金属钠 0.99 g（0.043 mol），干燥硫脲 4.00 g（0.05 mol），绝对无
水乙醇 20 + 25 mL，浓盐酸。产量约为 4 g，熔点为 234～235 ℃。

巴比妥酸的红外光谱图、^{1}H 核磁共振谱图、^{13}C 核磁共振谱图见图 4.27、图 4.28、图 4.29。

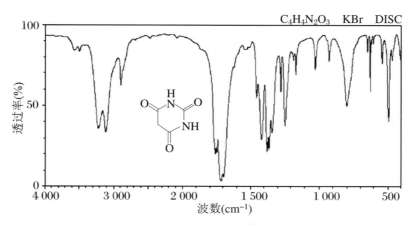

图 4.27 巴比妥酸的红外光谱图

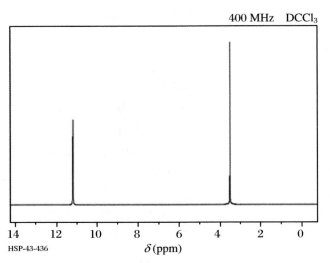

HSP-43-436

图 4.28　巴比妥酸的[1]H 核磁共振谱图

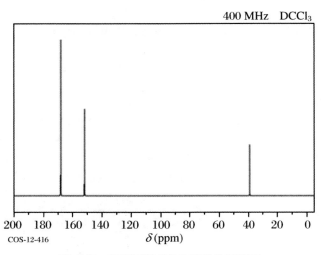

COS-12-416

图 4.29　巴比妥酸的[13]C 核磁共振谱图

五、实验拓展 5-丁基巴比妥酸的合成

（一）正丁基丙二酸二乙酯的制备

1. 主要仪器和试剂

（1）仪器：水浴、磁力搅拌器、100 mL 三口瓶、滴液漏斗、干燥管。

（2）试剂：丙二酸二乙酯 7.5 mL（11.5 g），正溴丁烷 5.5 mL（6.9 g），金属钠 1.4 g，绝对无水乙醇 20 mL，无水碘化钾 0.7 g，无水硫酸镁，乙酸乙酯。

2. 实验步骤

参照图 4.30 安装搅拌装置[1]，并在回流冷凝管上口接一无水氯化钙干燥管。在 100 mL

三口瓶中加入 20 mL 绝对无水乙醇,将 1.4 g 金属钠切成小片,投入反应瓶中以控制反应不间断。金属钠完全反应后,加入 0.7 g 干燥的碘化钾粉末[2],搅拌并低温加热至沸后,慢慢滴加 7.5 mL 新蒸馏的丙二酸二乙酯[3],滴加完后继续回流 10 min,然后滴加新蒸馏的 5.5 mL 正溴丁烷[4],加完后继续搅拌回流 40 min,固体物逐渐增多。待冷却至室温后,加入 50 mL 水使固体溶解。反应物转移到分液漏斗中,分出酯层,用乙酸乙酯萃取水层两次,每次 20 mL。萃取液与酯层合并,用无水硫酸镁干燥。常压蒸馏回收乙酸乙酯,减压蒸出正丁基丙二酸二乙酯,收集 125~135 ℃(2.666 kPa/20 mmHg)馏分。

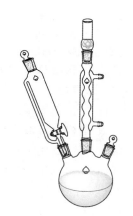

图 4.30　5-丁基巴比妥酸合成装置

产量:约 9 g[5]。

正丁基丙二酸二乙酯为无色透明液体,沸点为 235~240 ℃,折光率 n_D^{23} 为 1.425。

实验需 2~3 h。

【注释】

[1] 实验所用仪器必须是干燥的。

[2] 无水碘化钾最好在 110 ℃ 的烘箱中烘 2 h 后使用。

[3] 试剂丙二酸二乙酯要更新蒸馏,去掉前馏分后再用。

[4] 正溴丁烷用无水硫酸镁干燥、蒸馏后再用。

[5] 此实验的各种物料减半后,所得的产物足够用于下步反应。

3.思考题

本实验为什么加无水碘化钾粉末,是否可以不加碘化钾粉末?

(二)5-丁基巴比妥酸的制备

1.主要仪器和试剂

(1) 仪器:水浴、磁力搅拌器、100 mL 三口瓶、滴液漏斗、干燥管。

(2) 试剂:正丁基丙二酸二乙酯(已制备)4.4 mL(4.3 g),金属钠 0.5 g,尿素 1.2 g,绝对乙醇 44 mL,浓盐酸,石油醚(60~90 ℃)。

2.实验步骤

按实验安装搅拌反应装置[1]。在 100 mL 三口瓶中加入由实验制备的 44 mL 绝对乙醇,将 0.5 g 金属钠切成小片,逐片加入三口瓶中以保持反应不间断。金属钠完全反应后[2],慢慢滴加 4.3 g 正丁基丙二酸二乙酯,搅拌混合均匀。加入 1.2 g 干燥的尿素[3],搅拌回流反应 1.5 h,有固体生成。冷却后加入 15 mL 水位固体溶解,然后加入 2 mL 浓盐酸酸化(pH=2~3)。蒸馏回收乙醇。当烧瓶中反应液浓缩为约 20 mL 时停止蒸馏。用冰水浴冷却,产物呈无色晶体析出。抽滤,用少量乙醇洗涤,干燥。产物用水重结晶,测定熔点。用 TLC 检查 5-丁基巴比妥酸的纯度。测定 IR 谱。

产量:约 2 g,熔点 209~210 ℃。

实验约需 4 h。

【注释】

[1] 使用的仪器必须是干燥的。

[2] 金属钠与乙醇反应生成醇钠,作为缩合反应的催化剂。

[3] 尿素须在 110 ℃烘箱中烘烤 45 min 以上,放到干燥器中冷却备用。

3. 思考题

(1) 制备正丁基丙二酸二酯的实验会产生什么副产物?如何减少副产物?

(2) 最终反应液为什么要酸化后才浓缩?

(3) 粗产物用水重结晶除去什么杂质?

(4) 实验都用金属钠,它在这两个反应中都起什么作用?

实验四十 乙酰乙酸乙酯应用于 4-苯基-2-丁酮合成

一、实 验 目 的

(1) 了解乙酰乙酸乙酯的制备原理和方法。

(2) 练习无水操作及减压蒸馏等操作。

(3) 熟悉在酯缩合反应中金属钠的应用和操作。

(4) 学习由乙酰乙酸乙酯烃基化制备酮的原理和方法。

二、实 验 原 理

利用 Claisen 缩合反应,将两分子具有 α-氢的酯在醇钠的催化作用下制得 β-酮酸酯。

$$CH_3CO_2C_2H_5 \xrightarrow{NaOC_2H_5} Na^+[CH_3COCHCO_2C_2H_5]^-$$
$$\xrightarrow{HOAc} CH_3COCH_2CO_2C_2H_5 + NaOAc$$

通常以酯及金属钠为原料,并以过量的酯作为溶剂,利用酯中含有的微量醇与金属钠反应来生成醇钠,随着反应的进行,由于醇的不断生成,反应就能不断地进行下去,直至金属钠消耗完毕。

但作为原料的酯中若含醇量过高又会影响产品的得率,故一般要求酯中醇含量在 1%～3%。

乙酰乙酸乙酯是一个多官能团化合物,它的亚甲基上的氢的 pKa 值为 10.7,在醇钠的存在下,可被其他基团取代;另一方面,乙酰乙酸乙酯在稀碱的作用下能进行酮式分解。基于这两点,使乙酰乙酸乙酯成为有机合成的重要试剂。

$$CH_3COCH_2COOC_2H_5 \xrightarrow[C_2H_5OH]{NaOC_2H_5} \left[CH_3COC^-HCOOC_2H_5\right]Na^+$$

$$\xrightarrow{RX} CH_3COCHCOOC_2H_5 \; (R)$$

$$CH_3COCHCOOC_2H_5 \; (R) \xrightarrow[(2)H_3O^+]{(1)NaOH} CH_3COCH_2R$$

（一）乙酰乙酸乙酯的制备

1．主要仪器和试剂

（1）仪器：50 mL 圆底烧瓶、球形冷凝管、分液漏斗、30 mL 克氏烧瓶、蒸馏头、锥形瓶、10 mL 量筒。

（2）试剂：金属钠 0.9 g(0.04 mol)、乙酸乙酯 9 mL(0.09 mol)、饱和氯化钠溶液、醋酸、无水硫酸钠。

2．实验步骤

在 50 mL 圆底烧瓶中加入 9 mL(8.3 g 约 0.09 mol)精制过的乙酸乙酯[1]和 0.9 g(约 0.04 mol)新切成小薄片的金属钠[2]，迅速装上一带有氯化钙干燥管的回流冷凝管。反应立即开始，反应液处于微沸状态。若反应过于剧烈则用冷水稍微冷却一下；若反应不立即开始，可用电热套(或油浴)直接加热，促进反应开始后即移去热源。

待剧烈反应阶段过后，利用热水浴保持反应体系一直处于微沸状态，至金属钠全部作用完毕[3]。反应结束时整个体系为一棕红色的透明溶液(但有时也可能夹带有少量黄白色沉淀[4])。

待反应物稍冷后，将圆底烧瓶取下，然后一边振摇一边不断地加入 50% 的醋酸。直至整个反应液呈弱酸性为止[5]。将反应液移入分液漏斗中，加入等体积饱和食盐水，用力振荡后放置，分层，分出酯层用无水硫酸钠干燥，将干燥过的酯层转移入蒸馏烧瓶中，先在热水浴上蒸去未作用的乙酸乙酯，当馏出液的温度升至 95 ℃ 时停止蒸馏。

将瓶内的剩余液体转移入 30 mL 克氏烧瓶中，进行减压蒸馏[6]。收集某一真空度下的相应馏分即为产品，产率约为 45%[7]。

纯乙酸乙酸乙酯的沸点为 180.4 ℃(同时分解)，折光率 n_D^{20} 为 1.419 2。

【注释】

[1] 乙酸乙酯的精制。在分液漏斗中将普通乙酸乙酯与等体积饱和氯化钙溶液混合并剧烈振荡，洗去其中所含的部分乙醇，经这样 2～3 次洗涤后的酯层用高温烘焙过的无水碳酸钾干燥，最后经蒸馏收集 76～78 ℃ 的馏分即能符合要求(含醇量 1%～3%)。如果用分析纯的乙酸乙酯则可直接使用。

[2] 为提高产品的得率，常采用钠珠来代替切割成小片的金属钠，钠珠的制法如下：

将 0.9 g 清除掉表皮的金属钠放入一装有回流冷凝管的 100 mL 圆底烧瓶中，立即加入 13 mL 预先用金属钠干燥过的二甲苯，将混合物加热直至金属钠全部熔融，停止加热拆下烧瓶，立即用塞子塞紧后包在毛巾中用力振荡，使钠分散成尽可能小而均匀的小珠，随着二甲苯逐步冷却，钠珠迅速固化。待二甲苯冷至室温后，将二甲苯倾去并立即加入精制过的乙酸乙酯，反应立即开始，用此法既能提高产品的得率，又能缩短反应时间。

若有压钠机,亦可将 0.9 g 金属钠用压钠机直接压成钠丝后立即使用。

[3] 一般要求金属钠全部消耗掉,但极少量未反应的金属钠并不妨碍进一步操作。

[4] 这种黄色固体即是饱和析出的乙酰乙酸乙酯钠盐。

[5] 由于乙酰乙酸乙酯中亚甲基上的氢活性很强(pka=11),即相应的酸性比醇的要大。故在醇钠存在时,乙酰乙酸乙酯将转化成钠盐,这也就是反应结束时实际制得的产物。当用 50% 醋酸处理这钠盐时,就能使其转化为乙酰乙酸乙酯。一般需加入 50% 醋酸 8 mL 左右。

当溶液已呈微酸性,而尚有少量固体未完全溶解时,可加入少量水使其溶解。要避免加入过量的醋酸,否则会增加酯在水相中的溶解度而降低产率。另外当酸度过高时,会促进副产物去水乙酸的生成,因而降低产品的得率。

[6] 乙酰乙酸乙酯在常压蒸馏时易分解,其分解产物为去水乙酸,这样就会影响产率,故应采用减压蒸馏的方法。根据其沸点与压力之间的关系,在一定的真空度下收集其沸点前后 2~3 ℃ 的馏分即为产品。

乙酰乙酸乙酯的沸点与压力的关系如下:

压力(mmHg*)	760	80	60	40	30	20	18	14	12
沸点(℃)	181	100	97	92	88	82	78	74	71

　＊ 1 mmHg≈133.322 4 Pa。

[7] 本实验中酯的产率通常根据金属钠的用量来计算。值得注意的是本实验从头到尾需尽可能在 1~2 天内完成。任何两步操作之间的间隔太长都会促使去水乙酸的生成。

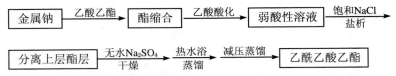

　　烯醇式　　　　　　酮式　　　　　　　　　　　　去水乙酸

去水乙酸通常溶解于酯层内,随着过量的乙酸乙酯的蒸出,特别是最后减压蒸馏时随着部分乙酰乙酸乙酯的蒸出,去水乙酸就是棕黄色固体析出。

3. 实验流程

金属钠 --乙酸乙酯→ 酯缩合 --乙酸酸化→ 弱酸性溶液 --饱和NaCl 盐析→

分离上层酯层 --无水Na₂SO₄ 干燥→ 热水浴 蒸馏 --减压蒸馏→ 乙酰乙酸乙酯

乙酰乙酸乙酯的红外光谱图、¹H 核磁共振谱图、¹³C 核磁共振谱图见图 4.31、图 4.32、图 4.33。

4. 思考题

(1) 什么是 Claisen 缩合反应中的催化剂? 本实验为什么可以用金属钠代替?

(2) 本实验中加入 50% 醋酸和饱和氯化钠溶液有何作用?

(3) 如何实验证明常温下得到的乙酰乙酸乙酯是有两种互变异构体的平衡混合物?

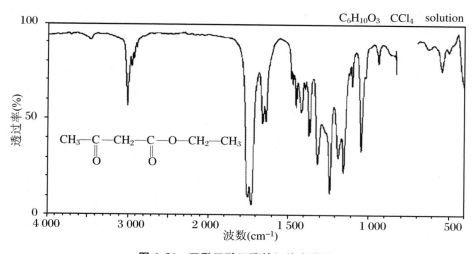

图4.31　乙酰乙酸乙酯的红外光谱图

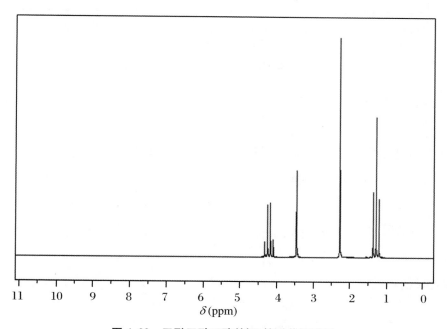

图4.32　乙酰乙酸乙酯的¹H核磁共振谱图

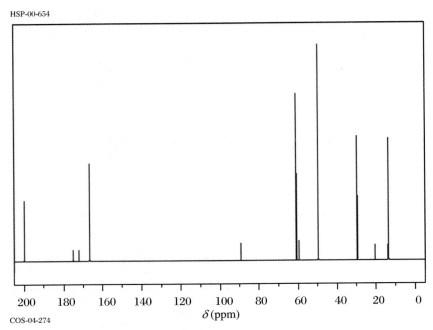

HSP-00-654

COS-04-274

图 4.33 乙酰乙酸乙酯的¹³C核磁共振谱图

（二）4-苯基-2-丁酮的制备

1. 反应式

本实验以氯化苄为烃基化试剂,通过反应制备 4-苯基-2-丁酮。

$$[CH_3COCHCHOOC_2H_5]^-Na^+ \xrightarrow{C_6H_5CH_2Cl} CH_3COCHCO_2^-C_2^+H_5$$
$$\qquad\qquad\qquad\qquad\qquad\qquad\qquad\qquad |$$
$$\qquad\qquad\qquad\qquad\qquad\qquad\qquad CH_2C_6H_5$$

$$\xrightarrow[H_2O]{NaOH} CH_3COCHCO_2^-Na^+ \xrightarrow[-CO_2]{HCl} CH_3COCH_2CH_2C_6H_5$$
$$\qquad\qquad\quad |$$
$$\qquad\qquad CH_2C_6H_5$$

2. 主要仪器和试剂

（1）仪器:50 mL 三颈烧瓶、干燥管、回流冷凝管、滴液漏斗。

（2）试剂:金属钠、乙酰乙酸乙酯、氯化苄。

3. 实验步骤

在 50 mL 干燥的三颈烧瓶中,装上温度计及带有氯化钙干燥管的回流冷凝管,并将其安装在一集热式磁搅拌器上。

在反应瓶中加入 1 g(43.5 mmol)切成小片的金属钠,缓慢滴加 20 mL 无水乙醇,加入速度以维持溶液微沸为宜。待全部金属钠作用完后,在搅拌下加入 5.5 mL(0.435 mol)乙酰乙酸乙酯[1],继续搅拌 10 min,再慢慢加入 5.3 mL(0.046 mol)新蒸馏过的氯化苄,这时即有大量白色沉淀产生。然后加热使反应物微沸回流直至反应物几乎呈中性(约 1.5 h)。

将上述装置改为蒸馏装置,油(水)浴蒸去大部分乙醇。冷却后向反应液中加入 20 mL 冰水,使析出的盐溶解,混合物转移到分液漏斗中,分出有机层,水层用乙醚提取(15 mL×2)。有机层与乙醚提取液合并后,用水浴蒸去乙醚,在剩余液体中加入 15 mL10%的氢氧化钠溶液,在搅拌下加热回流 1.5 h,再滴加 20%盐酸溶液调节 pH 为 2~3[2],再加热搅拌至无 CO_2 气泡逸出为止。反应混合物冷至室温,用稀氢氧化钠溶液调节至中性,用乙醚萃取(15 mL×3),合并乙醚提取液。用水洗涤一次,然后用无水氯化钙干燥。干燥后的溶液在水浴上蒸去乙醚,剩余物转移到克氏烧瓶中进行减压蒸馏,收集 87~88 ℃/667 Pa(5 mmHg)馏分。产品为 3.6~3.7 g,产率为 55%~57%。纯 4-苯基-2-丁酮为无色透明液体,沸点为 233~234 ℃,115 ℃/1 733 Pa(13 mmHg),折光率 n_D^{22} 为 1.511 0。

【注释】

[1] 市售的乙酰乙酸乙酯储存时间较长,会出现部分分解物,用时须重新蒸馏。

[2] 滴加速度不要太快,以防止酸分解时放出 CO_2 而冲出。

4. 思考题

设计合成 4,4-二苯基-3-丁烯-2-酮。

实验四十一　乙酰乙酸乙酯应用于 4,4-二苯基-3-丁烯-2-酮合成

一、实验目的

(1) 练习无水操作及减压蒸馏等操作。

(2) 学习基团保护与去保护的合成策略。

(3) 学习由乙酰乙酸乙酯烃基化制备酮的原理和方法。

二、实验原理

乙酰乙酸乙酯是典型的 β-酮酸酯,同时具有羰基、酯基和活性亚甲基的反应特性,从而可转变为多种类型的化合物,在合成上有重要应用。本实验使乙酰乙酸乙酯中的酯基与格氏试剂反应生成叔醇,再使叔醇起消去反应生成 α,β-不饱和酮,即 4,4-二苯基-3-丁烯-2-酮。为使酮羰基不受干扰,必须加以保护。故本实验中采用羰基的典型保护基团环状缩酮使酮羰基在与格氏试剂反应中免受干扰,至该反应完成后除去保护基团得到所需的目标化合物。各步反应式如下:

(1) 乙酰乙酸乙酯在酸催化下与乙二醇反应,生成环状缩酮和水:

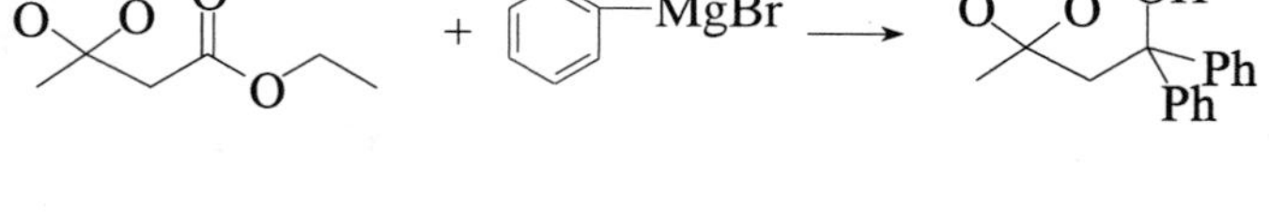

（2）制备苯基溴化镁（格氏试剂），然后与环状缩酮酯反应生成叔醇缩酮：

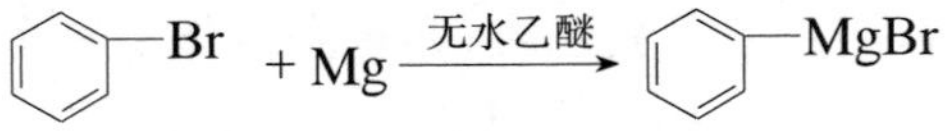

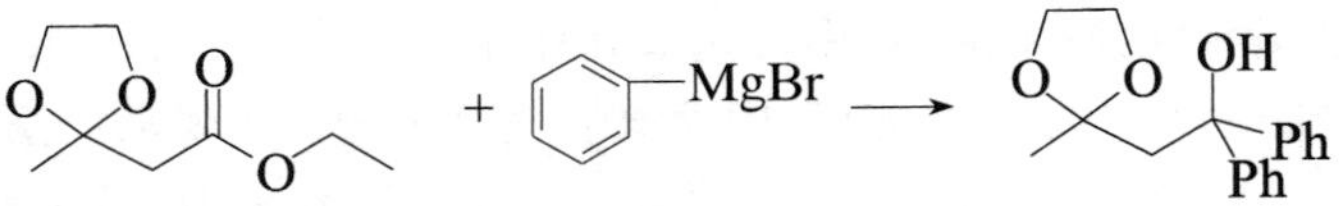

（3）脱除保护基与脱水，生成目标分子：

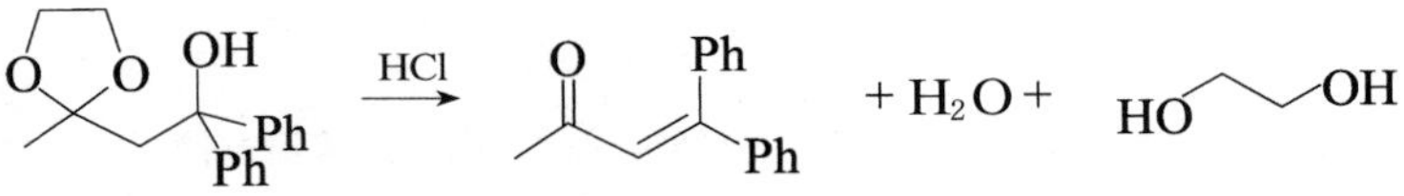

三、主要仪器和试剂

（1）仪器：50 mL 圆底烧瓶、分水器、回流冷凝管、分液漏斗、50 mL 三口圆底烧瓶、恒压滴液漏斗。

（2）试剂：乙酰乙酸乙酯、乙二醇、甲苯、一水合对甲苯磺酸、镁屑、浣苯、无水乙醚。

四、实验步骤

1. 乙酰乙酸乙酯乙二醇缩酮的制备

在放有搅拌磁子的 50 mL 圆底烧瓶中放入 150 mg（0.9 mmol）一水合对甲苯磺酸催化剂、3.0 mL 乙酰乙酸乙酯、3.0 mL 乙二醇和 20 mL 无水甲苯，装上水分离器和回流冷凝管，再在分水器中加满无水甲苯，开动电磁搅拌，用油浴加热，剧烈回流约 2 h，随着反应进行，生成的水随甲苯共沸蒸出至水分离器中，使其中的甲苯变得浑浊，并逐渐有小水珠析出，沉积在分水器的下端，至水层不再增加，分水器中的甲苯层从浑浊变为清澈，冷至室温，反应液先用 10 mL 5%NaOH 溶液洗涤，再用 20 mL 水两次洗涤，仔细分出甲苯层并用无水硫酸镁干燥，将干燥后的甲苯过滤到 50 mL 圆底烧瓶中，用少量无水甲苯洗涤漏斗中的干燥剂，装上蒸馏装置，常压蒸馏除去甲苯溶剂。烧瓶中留下粗产物乙酰乙酸乙酯乙二醇缩酮，为浅黄色液体，升高油浴温度，减压蒸馏，收集 110～116 ℃/3 332 Pa 馏分（文献值 109 ℃/2 266 Pa）。

2. 格氏试剂的制备与反应

在 50 mL 三口圆底烧瓶中放入搅拌子，加 0.3 g 镁屑、一小粒碘晶体和 5 mL 无水乙醚，立即装上滴液漏斗和带干燥管的球形冷凝管，1.3 mL 溴苯溶液与 5 mL 无水乙醚混合，通过滴液漏斗加入反应瓶中，片刻后，碘的紫色消失，溶液由黄色至乳白色时，说明格氏反应已引发，可逐滴加入溴苯溶液至乙醚沸腾，使反应液处于回流状态，并开启电磁搅拌使加料均匀，溴苯溶液加完后，用少量无水乙醚淋洗滴液漏斗后将其注入反应液中，在搅拌下继续用油浴加热 1 h 后，此时反应液呈棕黄色。

称取 1.0 g 乙酰乙酸乙酯乙二醇缩酮（简称缩酮酯，将其溶于 3.0 mL 无水乙醚中，用同一支滴液漏斗将此溶液在搅拌下滴入上述温热的格氏试剂溴化苯基镁反应液中，滴加完毕继续回流 30 min 后,冷至室温,在冰水浴冷却并搅拌下通过滴液漏斗加入 12 mL 饱和 NH₄Cl 溶液使反应物水解,至无气体逸出时静置分层,转入分液漏斗,分出醚层,水层用乙醚萃取,合并乙醚层,再用饱和 NH₄Cl 溶液洗涤,每次 3 mL,直至水层不对石蕊试纸呈碱性为止,乙醚层用无水 MgSO₄ 干燥,过滤掉干燥剂,盛乙醚的容器和干燥剂再用 2 mL 乙醚淋洗,合并溶液,收集在称过重的圆底烧瓶中蒸馏除去大部分乙醚,再用温水浴加热进一步蒸除乙醚,瓶中残留的黄色油状物即粗产物 1,1-二苯基-1-羟基-3-丁酮乙二醇缩酮;加入石油醚 1~1.5 mL,用冰浴冷却得浅黄色立方晶体(文献报道熔点:90~91 ℃)。

3. 4,4-二苯基-3-丁烯-2-酮的制备

称取上步反应产物 1,1-二苯基-1-羟基-3-丁酮乙二醇缩酮,将其置于 25 mL 圆底烧瓶中,加入 1 mL 4N HCl、10 mL 丙酮和搅拌子,装上回流冷凝管,在搅拌下将反应混合物用油浴温和回流 1 h,降至室温,加入 10 mL 水稀释,用 10 mL 乙醚分两次提取,分出乙醚提取液,依次用等体积饱和 NaHCO₃ 和水洗涤,乙醚液用无水 Na₂SO₄ 干燥,将干燥后的乙醚液转移到 50 mL 圆底烧瓶中,干燥剂用 5 mL 乙醚淋洗后合并到烧瓶中,用旋转蒸发仪蒸出乙醚,瓶中残留物即为 4,4-二苯基-3-丁烯-2-酮粗产物。称取重量。

将粗产物用柱层析纯化:以不同比例的石油醚与乙酸乙酯做展开剂,用硅胶薄板层析法确定柱层析洗脱液的组成,用 50 倍粗产品重的硅胶装柱,上样后以配好的洗脱液淋洗,收集各组分,其中主要的两个组分分别浓缩,并用波谱法测定其结构。

实验四十二　有机锂试剂合成(E)-3-甲基-1-苯基-庚烯-3-醇

一、实验目的

(1) 学习在有机合成反应中的无水无氧操作。
(2) 学习准确控制反应温度。
(3) 学习有机锂试剂的制备与反应。

二、实验原理

本实验中所用方法对羰基化合物醛、酮或酯是普遍适用的。同样,卤代烃可以是氯化物、溴化物或碘化物,不过用碘化物一般产率要低一些。卤代烷和卤代芳烃反应同样有效,卤代烷可以是一级、二级或三级的。

要实现高产率,就要小心控制试剂加入速度,使之不过量。如果过量,有机锂试剂在很多未反应的卤代烃中生成,就会发生 Wurtz 缩合。有机锂生成的速度正比于金属锂的表面积,所以,在恒定的滴加速度下,锂表面增大可以减少 Wurtz 缩合的可能性。卤代烃需要过量一些,以补偿这些副反应带来的消耗,通常只需过量 10%~20%,本方法则过量 50%。

这个方法比常规的 Grignard 反应效率更高,原因是:① 锂试剂活性更高;② 通常产率更高;③ 目标产物的分离更干净,更方便。

反应式:

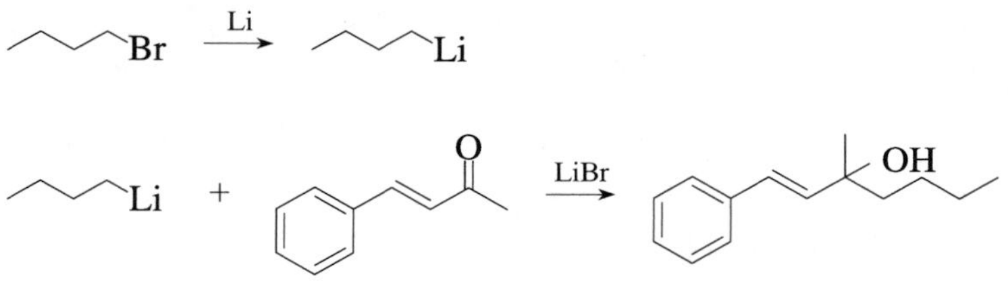

三、主要仪器和试剂

(1)仪器:油浴、磁搅拌子、磁力搅拌器、冰盐浴、Schlenk 线、恒压滴液漏斗、三口瓶、注射器、温度计、分液漏斗。

(2)试剂:绝对无水乙醚、金属锂、LiBr(无水)、乙酸乙酯、氯化铵、溴代正丁烷、苄叉丙酮、无水 Na_2SO_4、NaCl。

四、实验步骤

1. 正丁基锂的制备

50 mL 三口瓶、磁搅拌子、回流冷凝管、恒压滴液漏斗在 150 ℃下烘 3 h 以上,趁热组装起来,安上温度计,通氮气,玻璃仪器温度降至室温,加入 10 mL 干燥的乙醚[1] 作为溶剂,4.0 mmol金属锂[2],冰盐浴冷却至 −15 ℃,向其中滴加 3.5 mmol 的溴代正丁烷[3],控制温度在 −10 ℃以下,保持在 1 h 内加完料后,升温到 0 ℃,继续搅拌 2 h,在氮气保护下静置后将上层清液(即为丁基锂溶液)用注射器抽取用于下一步反应。

2. (E)-3-甲基-1-苯基-庚烯-3-醇的合成

向三口瓶中加入 5 mL 新制干燥乙醚后,继续加入苄叉丙酮(2.00 mmol)和 LiBr(3.00 mmol),使用冰盐浴,并逐滴向混合物中滴加制备好的正丁基锂(3.00 mmol)。滴加完成后继续保持冰盐浴搅拌 2 h。

使用 5 mL 饱和氯化铵溶液淬灭反应后,用 20 mL 乙酸乙酯分两次萃取,合并得到有机层,硫酸钠干燥后减压蒸馏除去溶剂,可得粗产物,用硅胶柱色谱纯化后得到(E)-3-甲基-1-苯基-庚烯-3-醇的物理化学数据:

^{1}H NMR (250 MHz, CDCl$_3$):δ (ppm) = 0.95 (t, J = 7.2 Hz, 3H), 1.36-1.40 (m, 4H), 1.43 (s,3H), 1.64 (m, 2H), 1.96 (br s, 1H), 6.33 (d, J = 16.1 Hz, 1H), 6.63 (d, J = 16.1 Hz, 1H), 7.24-7.46 (m, 5H)。

^{13}C NMR (62.5 MHz, CDCl$_3$):d (ppm) = 13.1, 22.1, 25.2, 27.1, 41.6, 72.2, 125.3, 125.4, 125.8, 126.3,126.4, 127.4, 135.8, 136.0。

【注释】

[1]乙醚必须是新制的干燥溶剂。

[2] 金属锂的使用准备工作步骤:称量,用石油醚(沸点:30~60 ℃)洗涤,剪成每段长 0.2 cm、均重约为 0.03 g 的小段加入反应瓶。这个反应中锂是过量的,所以不必称量得很精确。

[3] 溴代正丁烷用分子筛干燥。

五、实验操作流程

1. 正丁基锂的制备

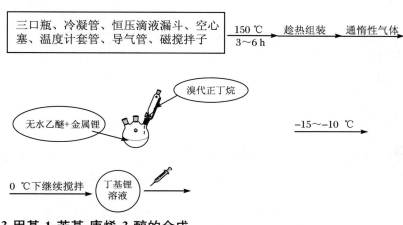

2. (E)-3-甲基-1-苯基-庚烯-3-醇的合成

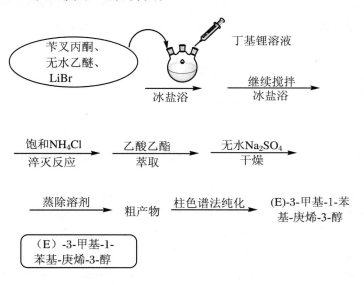

实验四十三　α-苯乙胺制备与拆分[①]

一、实验目的

(1) 通过外消旋体 α-苯乙胺的制备,掌握萃取、分馏等基本操作。
(2) 学会将外消旋体转变为非对映异构体后运用分步结晶的分离方法。
(3) 学习使用旋光仪测定物质旋光度的方法。

二、实验原理

醛或酮在高温下与甲酸铵反应得到伯胺的反应称为 R. Leuchart 反应。例如:

$$C_6H_5-\overset{\overset{\displaystyle O}{\|}}{C}-CH_3 \xrightarrow[185\,℃]{H-\overset{\overset{\displaystyle O}{\|}}{C}-ONH_4} C_6H_5-\overset{\overset{\displaystyle NH_2}{|}}{\underset{\underset{\displaystyle H}{|}}{C}}-CH_3$$

反应中氨首先与羰基发生亲核加成,接着脱水生成亚胺,亚胺随后被还原生成胺。与还原胺化不同,这里不是用催化氢化,而是用甲酸作为还原剂。反应过程如下,

$$HC\overset{\overset{\displaystyle O}{\|}}{-}ONH_4 \Longrightarrow HCO_2H + NH_3$$

$$\diagup\!\!\diagdown C=O \ + NH_3 \xrightarrow{-H_2O} \diagup\!\!\diagdown C=NH \xrightarrow{NH_4^+} \diagup\!\!\diagdown C=N^+H_2$$

$$^-O-\overset{\overset{\displaystyle O}{\|}}{C}-H \quad \diagup\!\!\diagdown C=N^+H_2 \longrightarrow CO_2 + \ \ H-\overset{|}{\underset{|}{C}}-NH_2$$

在非手性条件下,由一般合成反应所得的手性化合物为等量的对映体组成的外消旋体,故无旋光性。利用拆分的方法,把外消旋体的一对对映体分成纯的左旋体和右旋体,即所谓外消旋体的拆分。早在 1848 年,Louis Pasteur 首次利用物理的方法拆开了一对光学活性酒石酸盐的晶体,从而导致了对映异构现象的发现。但这种方法不适用于大多数外消旋体化合物的拆分。拆分外消旋体最常用的方法是利用化学反应把对映体变为非对映体。如果手性化合物的分子中含有一个易于反应的拆分基团,如羧基或氨基等,就可以使它与一个纯的旋光化合物(拆解剂)反应,从而把一对对映体变成两种非对映体。由于非对映体具有不同的物理性质,如溶解性、结晶性等,利用结晶等方法将它们分离、精制,然后再除去拆解剂,就可以得到纯的旋光化合物,达到拆分的目的。实际工作中,要得到单个旋光纯的对映体,并不是件容易的事情,

----

① 林国强,陈耀全,陈新滋,等. 手性合成:不对称反应及其应用[M]. 北京:科学出版社,2000.

往往需要冗长的拆分操作和反复的重结晶才能完成。常用的拆解剂有马钱子碱、奎宁和麻黄素等旋光纯的生物碱(拆分外消旋的有机酸)及酒石酸、樟脑磺酸等旋光纯的有机酸(拆分外消旋的有机碱)。

外消旋的醇通常先与丁二酸酐或邻苯二甲酸酐形成单酯,用旋光醇的碱把酸拆分,再经碱性水解得到单个的旋光性的醇。

此外,还可利用酶对它的底物有非常严格的空间专一性的反应性能,即生化的方法或利用具有光学活性的吸附剂即直接层历法等,把一对光学异构体分开。

对映体的完全分离当然是最理想的,但在实际工作中很难做到这一点,常用光学纯度表示被拆分后对映体的纯净程度,它等于样品的比旋光除以纯对映体的比旋光。

$$光学纯度(op) = \frac{样品的比旋光[\alpha]}{纯对映体的比旋光[\alpha]}$$

本实验用(＋)-酒石酸为拆解剂,它与外消旋 α-苯乙胺形成非对映异构体的盐,其反应如下:

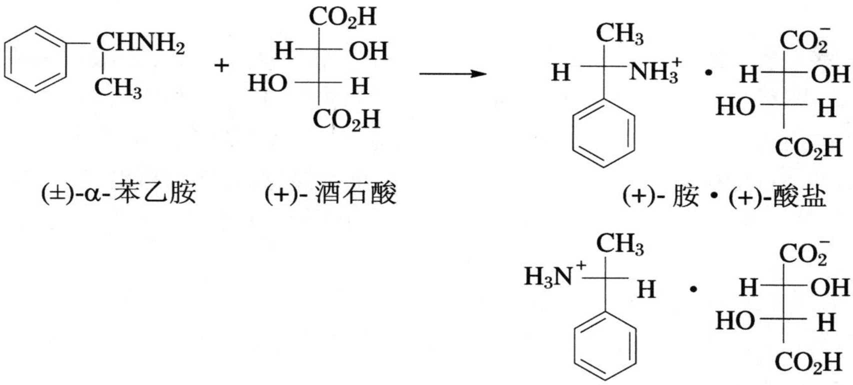

(±)-α-苯乙胺　　　(+)-酒石酸　　　　　　　(+)-胺·(+)-酸盐

(−)-胺·(+)-酸盐

旋光纯的酒石酸在自然界颇为丰富,它是酿酒过程中的副产物。由于(−)-胺·(＋)-酸非对映体的盐比另一种非对映体的盐在甲醇中的溶解度小,故易从溶液中呈结晶析出,经稀碱处理,使(−)-α-苯乙胺游离出来。母液中含有(＋)-胺·(＋)-酸盐,原则上经提纯后可以得到另一个非对映体的盐,经稀碱处理后得到(＋)-胺。本实验只分离对映异构体之一,即左旋异构体,因右旋异构体的分离对学生来说显得困难。

（一）α-苯乙胺制备

1. 反应式

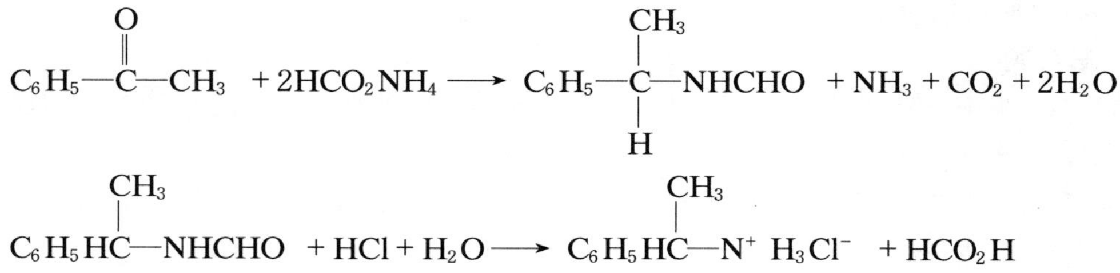

$$\underset{\overset{|}{C_6H_5HC}}{\overset{CH_3}{|}}-N^+H_3Cl^- + NaOH \longrightarrow \underset{\overset{|}{C_6H_5HC}}{\overset{CH_3}{|}}-NH_2 + NaCl + H_2O$$

2. 主要仪器和试剂

（1）仪器：100 mL 圆底烧瓶、蒸馏头、直形冷凝管、尾接管分液漏斗。

（2）试剂：12 g(11.8 mL,0.1 mol)苯乙酮、20 g(0.32 mol)甲酸铵、氯仿、浓盐酸、氢氧化钠、甲苯。

3. 实验步骤

在 100 mL 蒸馏瓶中，加入 11.8 mL 苯乙酮、20 g 甲酸铵和磁子，蒸馏头上口装上插入瓶底的温度计，侧口连接冷凝管配成简单蒸馏装置。缓慢加热反应混合物至 150～155 ℃，甲酸铵开始缩化并分为两相，并逐渐变为均相。反应物剧烈沸腾，并有水和苯乙酮蒸出，同时不断产生泡沫放出氨气。继续经加热至温度到达 185 ℃，停止加热，通常约需 1.5 h。反应过程中可能会在冷凝管上生成一些固体碳酸铵，需暂时关闭冷凝水使固体溶解，避免堵塞冷凝管。将馏出物转入分液漏斗，分出苯乙酮层，重新倒回反应瓶，再继续加热 1.5 h，控制反应温度不超过 185 ℃。

将反应物冷至室温，转入分液漏斗中，用 15 mL 水洗涤，以除去甲酸铵和甲酰胺，分出 N-甲酰-α-苯乙胺粗品，将其倒回原反应瓶。水层每次用 6 mL 氯仿萃取两次，合并萃取液也倒回反应瓶，弃去水层。向反应瓶中加入 12 mL 浓盐酸，蒸出所有氯仿，再继续保持微沸回流 30～45 min，使 N-甲酰-α-苯乙胺水解。将反应物冷至室温，如有结晶析出，加入最少量的水使之溶解。然后每次用 6 mL 氯仿萃取 3 次，合并萃取液倒入指定容器回收氯仿，水层转入 100 mL 三颈瓶。

将三颈瓶置于冰浴中冷却，慢慢加入 10 g 氢氧化钠溶于 20 mL 水的溶液并加以振摇，然后进行水气蒸馏[1]。用 pH 试纸检查馏出液，开始为碱性，至馏出液 pH = 7 为止（为什么？）。收集馏出液 65～80 mL。

将含游离胺的馏出液每次用 10 mL 甲苯萃取 3 次，合并甲苯萃取液，加入粒状氢氧化钠干燥并塞住瓶口[2]。将干燥后的甲苯溶液用滴液漏斗分批加入 25 mL 蒸馏瓶，先蒸去甲苯，然后改用空气冷凝管蒸馏收集 180～190 ℃ 馏分，产量为 5～6 g。塞好瓶口准备进行拆分实验。

纯 α-苯乙胺的沸点为 187.4 ℃，折光率 n_D^{20} 为 1.523 8[3]。

本实验约需 8 h。

【注释】

[1] 水蒸气蒸馏时，玻璃磨口接头应涂上润滑脂以防接口因受碱性溶液作用而被黏住。

[2] 游离胺易吸收空气中的二氧化碳形成碳酸盐，故应塞好瓶口隔绝空气保存。

[3] α-苯乙胺具有较强的腐蚀性，为保护折光仪，产品不必测折光率。

4. 思考题

（1）本实验中，还原胺化反应结束后，用水萃取的目的何在？后面的实验中，先后两次用氯仿萃取的目的是什么？

（2）本实验为何在水气蒸馏前要将溶液碱化？如不用水气蒸馏，还可采取什么方法分离出游离的胺？

（二）外消旋 α-苯乙胺的拆分

1．主要仪器和试剂

（1）仪器：抽滤装置、圆底烧瓶。

（2）试剂：3.81 g（0.025 mol）（＋）-酒石酸、3.0 g（0.025 mol）α-苯乙胺、甲醇、乙醚、50% NaOH。

2．实验步骤

（1）S-（－）-α-苯乙胺的分离

在 125 mL 锥形瓶中，加入 3.8 g（＋）-酒石酸和 90 mL 甲醇，在水浴上加热至接近沸腾（约 50 ℃），搅拌使酒石酸溶解。然后在搅拌下慢慢加入 3.0 g α-苯乙胺。须小心操作，以免混合物沸腾或起泡逸出。冷至室温后，将烧瓶塞住，放置 24 h 以上，应析出白色棱状晶体。假如析出针状结晶，应重新加热溶解并冷却至完全析出棱状结晶[1]。抽气过滤，并用少量冷甲醇洗涤，干燥后得（－）-胺·（＋）-酒石酸盐约 2.0 g。以下步骤为减少操作的困难，可由两个学生将各自的产品合并起来，约为 4 g 盐的晶体。将 4 g（－）-胺·（＋）-酒石酸盐置于 125 mL 锥形瓶中，加入 15 mL 水，搅拌使部分结晶溶解。接着加入 2.5 mL 50%氢氧化钠，搅拌混合物至固体完全溶解。将溶液转入分液漏斗，每次用 7.5 mL 乙醚萃取两次。合并醚萃取液，用无水硫酸钠干燥；水层倒入指定容器中回收（＋）-酒石酸。

将干燥后的乙醚溶液用分液漏斗分批转入 25 mL 圆底烧瓶，在水浴上蒸去乙醚，然后蒸馏收集 180～190 ℃馏分[2]于一已称重的锥形瓶中，产量一般为 1～1.2 g，用塞子塞住锥形瓶准备测定比旋光度。

（2）比旋光度的测定

受制备规模限制，产生的纯胺量不足以充满旋光管，故必须用甲醇加以稀释。用移液管量取 10 mL 甲醇于盛胺的锥形瓶中，振荡使胺溶解。溶液的总体积非常接近 10 mL，加上胺的体积，或者是后者的质量除以其密度（$d = 0.939\,5$），两个体积的加合值在本步骤中引起的误差可忽略不计。根据胺的质量和总体积，计算出胺的浓度（g/mL）。将溶液置于 2 cm 的样品管中，测定旋光度及比旋光度，并计算拆分后胺的光学纯度。纯 S-（－）-α-苯乙胺的$[\alpha]_D^{25} = -39.5°$。

本实验需 4～6 h。

【注释】

[1] 必须得到棱状晶体，这是实验成功的关键。如溶液中析出针状晶体，可采取如下步骤：

① 由于针状晶体易溶解，可加热反应混合物到恰好针状结晶完全溶解而棱状结晶尚未开始溶解为止，重新放置过夜。

② 分出少量棱状结晶，加热反应混合物至其余结晶全部溶解，稍冷后用取出的棱状晶体种晶。如析出的针状晶体较多时，此方法更为适宜；如有现成的棱状结晶，在放置过夜前接种更好。

[2] 蒸馏 α-苯乙胺时，容易起泡，可加入 1～2 滴消泡剂（聚二甲基硅烷 10－3 的己烷溶液）。

作为一种简化处理，可将干燥后的醚溶液直接过滤到已事先称重的圆底烧瓶中，先在水浴上尽可能蒸去乙醚，再用水泵抽去残留的乙醚。称量烧瓶即可计算出（－）-α-苯乙胺的质量。省去了进一步蒸馏的操作。

3．思考题

你认为本实验中关键步骤是什么？如何控制反应条件才能分离出纯的旋光异构体？

实验四十四　外消旋体 1,1′-联-2-萘酚的合成及其拆分

手性是构成生命世界的重要基础,许多手性医药、农药、香料、液晶等已成为有功能价值的物质,因此手性合成已经成为当前有机化学研究中的热点和前沿领域之一。在各种手性合成方法中,不对称催化是获得光学物质最有效的手段之一,因为使用很少量的光学纯催化剂就可以产生大量的所需要的手性物质,并且可以避免无用对映异构体的生成,因此它又符合绿色化学的要求。在众多类型的手性催化剂中,以光学纯 1,1′-联-2-萘酚(BINOL)及其衍生物为配体的金属络合物是应用最为广泛和成功的一例。但是商品化的光学纯 BINOL 价格昂贵,随着分子识别原理的发展与应用,通过较简单的合成方法就可以获得光学纯的 BINOL:

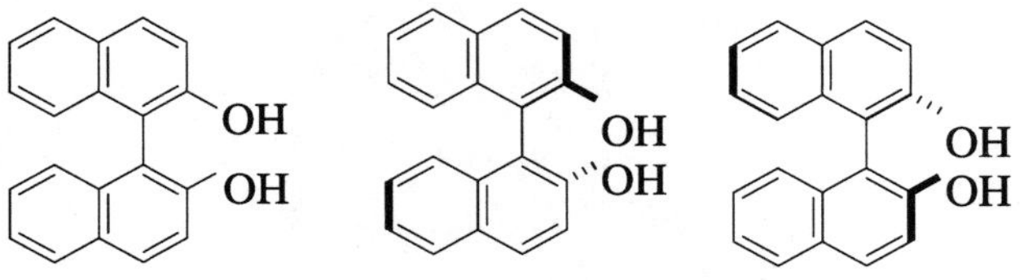

（±)-BINOL　　　　(R)-BINOL　　　　(S)-BINOL

一、实验目的

(1) 了解氧化偶联的实验原理。
(2) 了解分子识别原理及其在手性拆分中的应用。
(3) 掌握重结晶基本操作。
(4) 学习用手性 HPLC 技术分析手性化合物的纯度。

二、实验原理

（一）（±)-BINOL 的合成

外消旋 BINOL 的合成主要通过 2-萘酚的氧化偶联获得,常用的氧化剂有 Fe^{3+}、Cu^{2+}、Mn^{3+} 等,反应介质大致包括有机溶剂、水或无溶剂三种情况。我们推荐以 $FeCl_3 \cdot 6H_2O$ 为氧化剂,水作为反应介质,主要原因是 $FeCl_3 \cdot 6H_2O$ 和水价廉易得、反应产物分离回收操作简单(冷却、过滤、水洗)、无污染,当然在无溶剂条件下也具备上述优点,但让所有同学都完成在固态下对反应混合物的研磨和加热比较困难。而利用 $FeCl_3 \cdot 6H_2O$ 作为氧化剂,使 2-萘酚固体粉末悬浮在盛有 Fe^{3+} 水溶液的三角瓶中,在 50~60 ℃下搅拌 2 h,收率可达 90% 以上。此反应不需要特殊装置,且比在有机溶剂中均相反应时速度更快、效率更高。

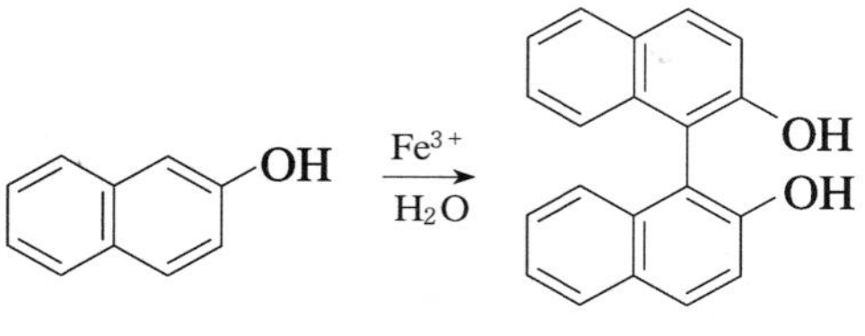

(±)-BINOL

考虑到 2-萘酚不溶于水,反应可能通过固-液过程发生在 2-萘酚的晶体表面上。2-萘酚被水溶液中的 Fe^{3+} 氧化为自由基后与其另一中性分子形成新的 C—C 键,然后消去一个 H· 恢复芳环结构,H· 可被氧化为 H^+。由于水中的 Fe^{3+} 可以充分接触高浓度的 2-萘酚的晶体表面,所以在水中反应比在均相溶液中效率更高、速度更快。

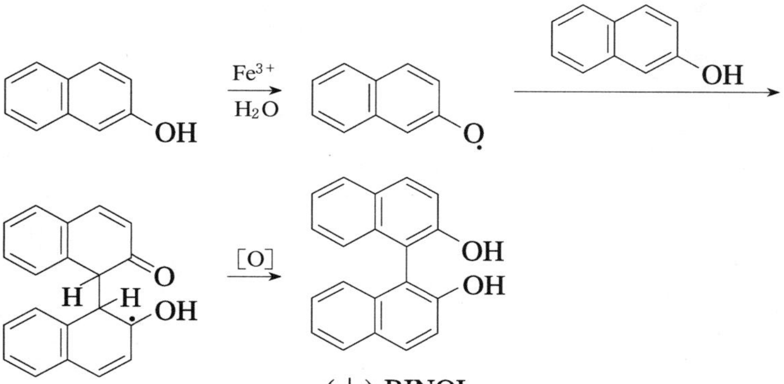

(±)-BINOL

(二)(±)-BINOL 的拆分

传统的二联-2-萘酚的拆分方法主要有:① 制成一种联萘酚的环状磷酸酯,拆分并接着进行还原,释放出手性纯联萘酚;② 联萘酚二酯的酶水解;③ 与适当的化合物形成包合物。

这里介绍的是氯化 N-苄基辛可尼定季铵盐与联萘酚形成包合物的方法。手性氯化 N-苄基辛可尼定季铵盐与联萘酚相应对映异构体识别并形成包合物,造成母液中剩余另一种对映体。该包合物在乙腈溶剂中溶解度很小,用乙腈做溶剂可以以高对映纯度分离得到这两种对映异构体。

N-苄基氯化辛可尼定与(R)-BINOL 的分子识别模式如下,二者间主要通过分子间氢键作用以及氯负离子与季铵正离子的静电作用结合,包括氯负离子与一个(R)-BINOL 分子的羟基氢和临近的另一个(R)-BINOL 分子的羟基氢键作用,氯负离子在两个(R)-BINOL 分子间起桥梁作用,同时氯负离子与 N-苄基辛可尼定正离子的静电作用以及 N-基辛可尼定分子中羟基氢的氢键作用,使 BINOL 与 N-苄基辛可尼定结合起来。

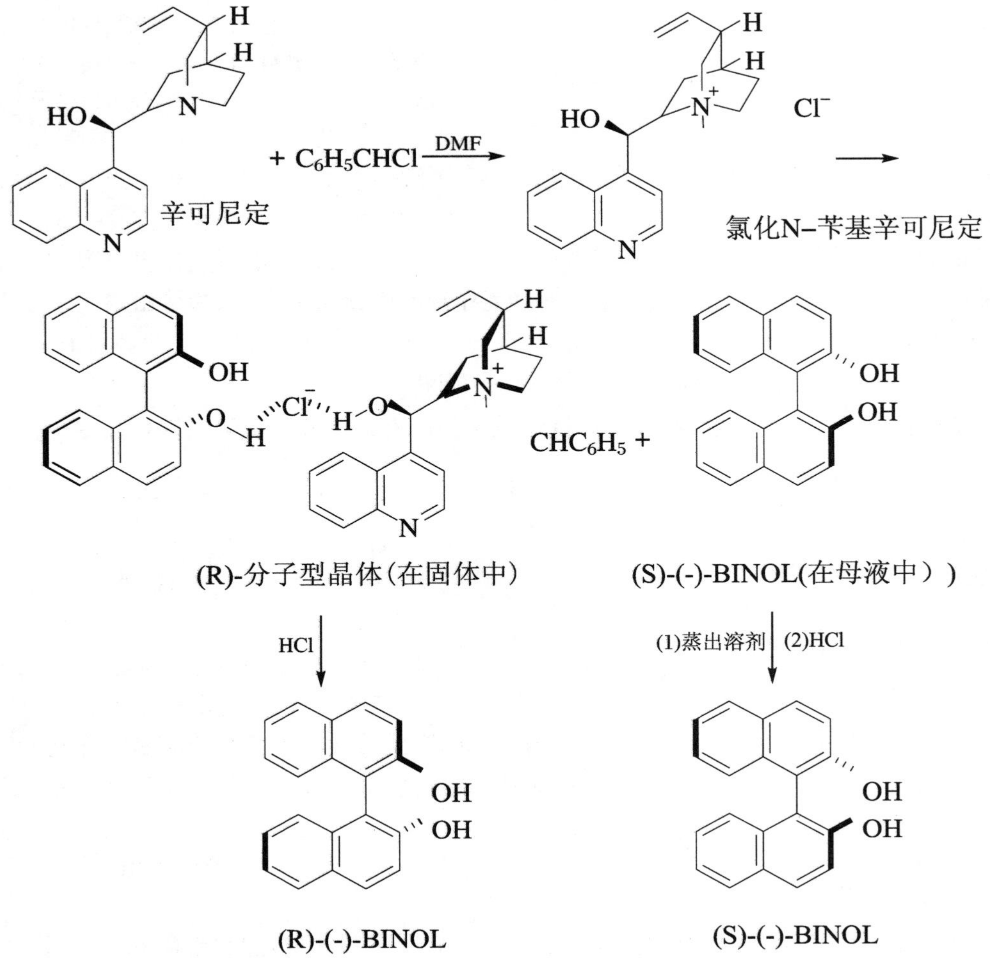

三、主要仪器和试剂

（1）仪器：旋光仪、高效液相色谱仪、Chiralcel 手性柱、磁力搅拌器、控温加热装置、圆底烧瓶、回流冷凝管、抽滤漏斗、抽滤瓶、三角漏斗。

（2）试剂：$FeCl_3 \cdot 6H_2O$ 3.8 g（14 mmol）、2-萘酚 1.0 g（7 mmol）、苄基氯（BzCl）（0.95 g，7.5 mmol）、辛可尼定 1.47 g（5.0 mmol）、乙酸乙酯、甲苯、乙腈、甲醇、稀盐酸（1 mol/L）、饱和食盐水、无水硫酸镁、碳酸氢钠。

四、实验操作

（一）（±）-BINOL 的合成

在 50 mL 三角瓶中，将 3.8 g FeCl$_3$·6H$_2$O(14 mmol)溶解于 20 mL 水中，然后加入 1.0 g 粉末状的 2-萘酚(7 mmol)，磁力搅拌加热悬浮液至 50～60 ℃反应 1 h[1]。冷却至室温后过滤得到粗产品[2]，用蒸馏水洗涤以除去 Fe^{3+}和 Fe^{2+}。用 10 mL 甲苯重结晶，得到白色针状晶体 0.95 g，收率 95%，熔点为 216～218 ℃[3]。本部分实验需 2～3 h。

【注释】

[1] 用 TLC 跟踪反应，观察反应过程中组成的变化，确定反应时间。

[2] 粗产物的定性分析(薄层色谱，展开剂乙酸乙酯/庚烷体积比为 1/4，HPLC 等)。

[3] 用 NMR 谱、IR 谱表征产物结构。

【注意事项】

(1) 固相反应制备(±)-BINOL：将 3.8 g FeCl$_3$·6H$_2$O 和 1 g 2-萘酚放入研钵中研细，混合均匀，转移至试管中。将试管放到 60 ℃水浴中加热 3 h。反应产物用水打浆，过滤。水洗滤饼中的 Fe^{3+}和 Fe^{2+}。干燥后用 10 mL 甲苯重结晶，得到无色晶体 0.93 g。测熔点。

(2) 微波加速固相反应制备(±)-BINOL：在研钵中将 3.8 g FeCl$_3$·6H$_2$O 和 1 g 2-萘酚研稠，混合均匀，转移至小烧杯中，盖上表面皿，放到微波炉中，小火档加热。每加热 0.5 min 后取出烧杯搅拌反应物。共加热 1.5 min 后加入少许水，混合，过滤。洗涤滤饼中 Fe^{3+}和 Fe^{2+}。干燥后用 10 mL 甲苯重结晶，得无色晶体 0.91 g。测熔点。

(3) 2-萘酚吸入或食入是有害的；对眼睛、皮肤和呼吸系统有强烈刺激作用。

（二）氯化 N-苄基辛可尼定季铵盐的制备

在溶有苄基氯(BzCl)(0.95 g，7.5 mmol)[4]的 10 mL N,N-二甲基甲酰胺(DMF)溶液中加入辛可尼定(1.47 g，5.0 mmol)。随后将该混合物在 110 ℃下加热搅拌 3 h 后停止反应。水泵减压，在 70 ℃下旋转蒸发除去溶剂 N,N-二甲基甲酰胺(DMF)，冷却后加入 5 mL 乙酸乙酯，析出固体，抽滤收集晶体，并用丙酮洗涤该晶体（2×3 mL），得到氯化 N-苄基辛可尼定季铵盐。熔点 210 ℃，$[\alpha]_D^{20} = -180$(c = 0.50，H$_2$O)。

【注释】

[4] 苄基氯是催泪剂，并被用作化学武器，对皮肤有强烈刺激作用。d$_4^{25}$ = 1.100。

（三）（±）-BINOL 的拆分

将氯化 N-苄基辛可尼定季铵盐(1 g，2.4 mmol)加入到 15 mL 消旋的 1,1′-二联-2-萘酚(1.15 g，4.0 mmol)乙腈溶液中，随后该混合物回流 4 h，然后冷却至室温会有白色沉淀析出。所得白色固体抽滤收集，并用乙腈洗涤(3×2 mL)。纯化后的固体是（R）-（＋）-1,1′-二联′2-萘酚与氯化 N-苄基辛可尼定季铵盐形成的双组分分子晶体，摩尔比率为 1∶1。母液中的是富集的(S)-(－)-1,1′-二联-2-萘酚。

将分子晶体分散在稀盐酸(10 mL 1 mol/L 和 40 mL 水配制而成)和 15 mL 乙酸乙酯的混

合溶剂中并搅拌 30 min，直到白色固体消失。分出有机层，用盐水洗涤，无水硫酸镁（$MgSO_4$）干燥。蒸除溶剂后，残留物用甲苯重结晶给出白色棱状（R）-（＋）-1,1'-二联-2-萘酚，用手性 HPLC 法检验其纯度[5]。熔点 208～210 ℃（文献报导 208～210 ℃）；$[\alpha]_D^{27} = +32.1$（c＝1.0，THF）（文献报导 $[\alpha]_D^{21} = +34.3$（c＝1.0，THF））；^{1}H NMR（300 MHz，$CDCl_3$）：d 5.05（s，2H），7.15（d，J＝8.11 Hz，2H），7.29～7.41（m，6H），7.88（d，J＝8.40 Hz，2H），7.96（d，J＝8.92 Hz，2H）。^{13}C NMR（100.61 MHz，$CDCl_3$）：d 110.9，117.8，124.1，124.3，128.5，129.5，131.5，133.5，152.8。

母液浓缩至干，然后重新溶解于 15 mL 乙酸乙酯，并用盐酸（1 mol/L 5 mL）和 5 mL 饱和食盐水洗涤。有机层用无水 $MgSO_4$ 干燥。采用与（R）-（＋）-1,1'-二联-2-萘酚相同的重结晶操作流程，得到（S）-（－）-1,1'-二联-2-萘酚，用手性 HPLC 法检验其纯度[5]。熔点 208～210 ℃（文献报导 207～210 ℃），$[\alpha]_D^{27} = -33.5$（c＝1.0，THF）（lit. $[\alpha]_D^{21} = -34$（c＝1.0，THF））。

合并盐酸提取物，用碳酸氢钠（$NaHCO_3$）中和，得到白色沉淀，抽滤收集。用甲醇与水混合溶剂重结晶给出 N-苄基辛可尼定季铵盐晶体，可以用于下次拆分。

【注释】

[5] Chiralcel 手性柱，流速：0.8 mmol/min，S 构型保留时间：12.43 min；R 构型保留时间：16.06 min。

【注意事项】

（4）本实验第一步（±）-BINOL 的合成可每人做一份，第二步拆分可两人合做一份，拆分完毕得到的（R）-（＋）-BINOL 和（S）-（－）- BINOL 的进一步纯化分别由两位同学完成。

（5）外消旋 BINOL 与光学纯 BINOL 的熔点有明显的区别，晶体外形也明显不同，外消旋 BINOL 为针状晶体，而光学纯 BINOL 容易形成较大的块状晶体。

（6）如果实验室中无辛可尼定，可用环硼酸酯的拆分方法进行拆分：

(7) 关于手性 1,1′-联-2-萘酚的立体异构体的标记：把不对称轴相连的四个原子 a、b、c、d（黑点的原子）相连的原于标出，a、b 离观察者近，c、d 远离观察者，且 a 优于 b，c 优于 d。用四面体表示 a、b、c、d 原子的立体关系，d 顶角远离观察者，若 a→b→c 为逆时针转时，为(S)-型；若 a→b→c 为顺时针转时，为(R)-型。

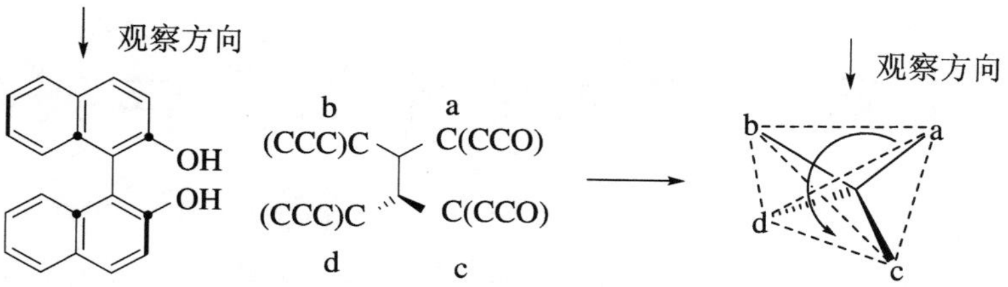

逆时针转为(S)-构型

（8）由于有机化合物是分子晶体，在不同条件下结晶测得的熔点会相差很大，有的可相差 15 ℃之多。

五、思考题

（1）外消旋体的拆分主要有哪几种方法？
（2）本实验采用的外消旋体的拆分方法，其拆分原理是什么？
（3）怎样判断反应是否发生？

第五篇 有机化学设计性实验

本篇偏重科研中的方法学(不同类型催化剂催化的化学方法、微波法和超声波法)、自主设计和学科交叉(纳米科学、绿色化学和仪器分析),实验类型以文献实验为主,增加设计性、探索性实验。以下提供设计性实验范例。

实验四十五 水相 Barbier-Grignard 反应制备 1-苯基-3-丁烯-1-醇

有机化学实验内容改革和实践是有机化学教学中最基本的任务,如何将有机化学基础研究转化为学生实验,是培养学生创新能力和动手能力的重要环节。水相中进行的 Barbier-Grignard 反应实验设计是一个很好的范例。

Barbier-Grignard 反应是指醛酮的羰基与现场产生的金属试剂(Barbier)或有机金属试剂(Grignard)的反应,是生成新碳-碳键最重要的反应之一,但它通常对水和空气高度敏感,需在无水无氧条件下操作,使用易燃的非极性溶剂,若底物有活泼氢还需先行保护,这使它们的应用受到很大的限制。

与经典的 Barbier-Grignard 反应相比,在水介质中进行反应具有很多优点:如经济(水是最便宜的溶剂),安全,不需要无水、无氧操作,不需处理易燃的有机溶剂,不需保护底物或反应物上的活泼氢,提高反应速度和反应的选择性,减少溶剂对环境的污染等。此类反应,也极大地扩展了其在工业化生产上的应用范围。

人们已熟知生物体内酶催化的反应都是在水介质中高效地进行。20 世纪 80 年代以来,不少科学工作者致力于研究发展在水中进行的有机反应,已研究的金属试剂有锌、锡、铟、铋等,并取得了重大的进展。近年来,该反应研究集中在纳米金属、$SnCl_2$ 与催化剂或超声波或电化学方法协同促进的水相 Barbier-Grignard 反应。开展在水介质中进行的有机反应的研究,将是有机合成化学和有机化学工业的重要课题,为基础有机化学实验提供丰富的内容。

一、实验目的

(1) 通过苯甲醛的烯丙基化反应,得到相应的醇,从而了解水相 Barbier-Grignard 的有机反应。

(2) 进一步学习微量反应的基本操作。

（3）利用 ^1H NMR 谱图近似计算反应转化率。

二、实验原理

反应式：

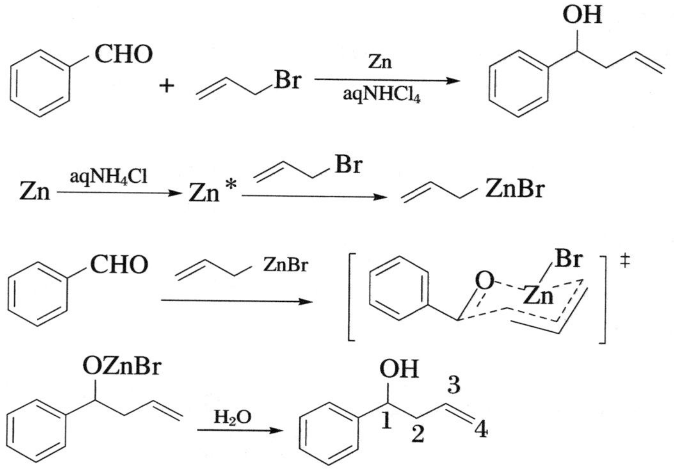

Zn^*：用 aqNH$_4$Cl 除去 Zn 表面氧化物，得到的活化 Zn

三、主要仪器和试剂

（1）仪器：10 mL 圆底烧瓶（14$^\#$）、磁力搅拌器、搅拌磁子、30 mL 分液漏斗、色谱柱、旋转蒸发仪。

（2）试剂：苯甲醛（新蒸馏）、烯丙基溴、锌粉、饱和氯化铵溶液、乙酸乙酯、无水硫酸镁、饱和碳酸氢钠溶液、饱和氯化钠溶液。硅胶 G，淋洗剂为石油醚：乙酸乙酯＝6：1，硅胶板，薄层色谱展开剂为石油醚：乙酸乙酯＝5：1。

四、实验步骤

在 10 mL 圆底烧瓶中加入苯甲醛 0.10 mL（1 mmol），烯丙基溴 0.18 mL，锌粉 0.13 g，饱和氯化铵溶液 2～4 mL，搅拌磁子，并在烧瓶口上用 Parafilm 封口。然后在室温下搅拌反应，薄层色谱跟踪反应至反应完全（1～2 h）。

反应结束后，加入 2 mL 1 mol/L 盐酸使反应中止。混合物转入分液漏斗，每次用 8 mL 乙酸乙酯萃取粗产物，共三次，合并有机相，分别用 8 mL 饱和碳酸氢钠溶液、8 mL 饱和氯化钠溶液洗涤一次后，盛于 50 mL 磨口锥形瓶中，用无水硫酸镁干燥约 0.5 h。将硫酸镁滤出并用少量溶剂洗涤，滤液盛于圆底烧瓶中，用旋转蒸发仪蒸掉溶剂，得到液体产品。

柱色谱：（装柱）用石油醚将 7 g 硅胶调成流动的糊状，装入直径为 1.5 cm 的色谱柱中，用加压球将硅胶压均匀并使硅胶面平整，加少量石英砂保护胶面并保持溶剂不低于硅胶面。（上样)加少量溶剂溶解初产品,将溶液用滴管加入柱上层并转移完全。(淋洗)用淋洗剂洗脱分离,淋洗剂为石油醚/乙酸乙酯＝6∶1。(收集)用薄层色谱跟踪分离进程,薄层色谱展开剂为石油醚/乙酸乙酯＝5∶1,收集相同的组分。

　　将收集的产物转移到50 mL圆底烧瓶中,用旋转蒸发仪蒸出溶剂,到液体体积为3～5 mL时转移到一只干燥的已知重量的10 mL圆底烧瓶中,为了转移完全,用少量溶剂洗涤原烧瓶并转移到10 mL烧瓶中,然后再用旋转蒸发仪减压蒸馏除去溶剂,得到1-苯基-3-丁烯-1-醇。

　　称出产物的重量。通过^{1}H NMR鉴定产品。

$$\frac{核磁上化位移近 6\,ppm\,的多重峰面 \times 100\%}{核磁上化位移近 6\,ppm\,的多重峰面 + 核磁上化位移近 10\,ppm\,的峰面}$$

本实验需6～8 h。

【注意事项】

(1) 烯丙基溴挥发性很大,量取时动作要迅速,且应在通风橱内进行。

(2) 在非均相中反应,搅拌要充分,特别是锌粉不要沉在下边。

(3) 本实验为微量实验,因此要尽量减少各步的损失。

五、实验操作流程

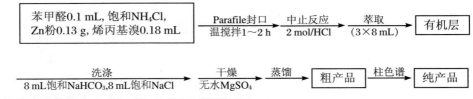

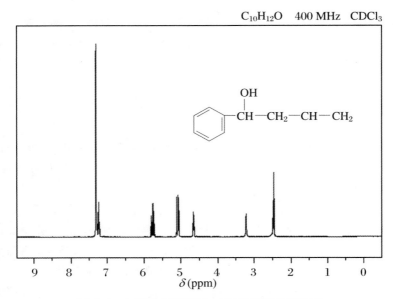

1-苯基-3-丁烯基-1-醇^{1}H核磁共振谱图见图5.1。

图 5.1　1-苯基-3-丁烯基-1-醇^{1}H核磁共振谱图

六、思考题

（1）此类反应是否还可以用其他金属？

（2）目前水相中 Barbier-Grignard 反应的局限性有哪些？

（3）核磁谱上化学位移近 6 ppm 处的多重峰是产物中哪一个碳原子上氢的吸收峰？

七、知识拓展

1912 年（法）格利雅（图 5.2）发明了格氏试剂，促进了有机化学的发展。同年，（法）保罗·萨巴蒂埃发明了有机化合物的催化加氢的方法，也促进了有机化学的发展。

图 5.2　格利雅

实验四十六　Pinacol Coupling 反应制备频哪醇[①]

水相频哪醇偶联反应[②③]

一、实验目的

（1）了解水相制备频哪醇的原理和方法。

---

① 查正根,郑小琦,张丽,等.金属促进的水相 C═C 键偶联反应实验设计[J].实验室研究与探索,2010,29(4):5-7.

② 查正根,郑小琦,汪志勇.水相 Barbier-Grignard 反应实验设计[J].大学化学,2009,24(4):40-42.

③ 查正根,周玉青,汪志勇.纳米金属促进的水相 Barbier-Grignard 型反应实验设计[J].实验室研究与探索,2012,31(8):4-9.

（2）理解 TLC 跟踪、柱层析纯化，掌握水相反应操作和柱色谱操作。

二、实验原理

反应式：

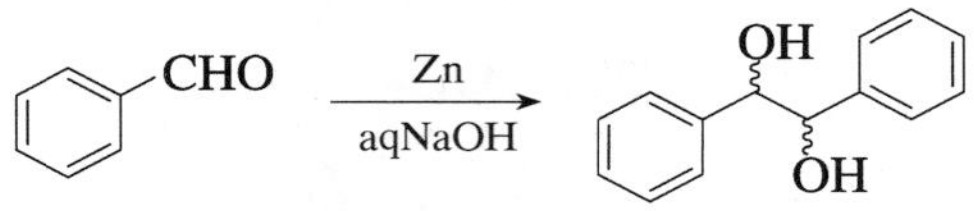

三、主要仪器和试剂

（1）仪器：磁力搅拌器、柱色谱分离仪器。
（2）试剂：0.212 g（2 mmol）苯甲醛、1.0 g 锌粉、10%NaOH。

四、实验步骤

　　25 mL 圆底烧瓶中加入 10 mL 10%NaOH 溶液，搅拌下加入 2 mmol（0.2 mL）苯甲醛和 1.0 g 锌粉。溶液出现灰色浑浊，快速均匀搅拌使其充分反应大约 1 h，TLC 跟踪反应至反应完全，用稀 HCl 中和至中性。再用 3×6 mL 乙酸乙酯萃取，合并上层有机层，收集到磨口锥形瓶中，用无水 MgSO₄ 干燥约 0.5 h。将 MgSO₄ 滤出并用少量溶剂洗涤，滤液盛于圆底烧瓶中，用旋转蒸发仪蒸掉溶剂，得到白色固体。

　　柱色谱：加少量溶剂溶解初产品，将溶液用滴管加入柱上层，用配比为 3∶1 的石油醚、乙酸乙酯淋洗剂淋洗。用试管收集淋洗液适量，同时用薄层色谱检测是否有产物。

　　将检测到有产物的试管淋洗液转移到圆底烧瓶中，用旋转蒸发仪蒸掉溶剂。蒸干得产品（白色固体）。

五、实验操作流程

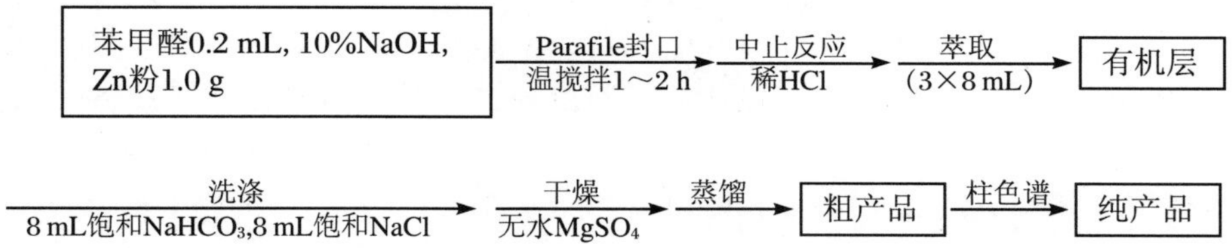

六、思考题

　　该反应是否发生副反应？若发生副反应，写出反应式。

苯频哪醇和苯频哪酮

二苯酮的光化学还原是研究得较清楚的光化学反应之一。若将二苯酮溶于一种"质子给质子"的溶剂中,如异丙醇,并将其表露于紫外光中时,会形成一种不溶性的二聚体——苯频哪醇。

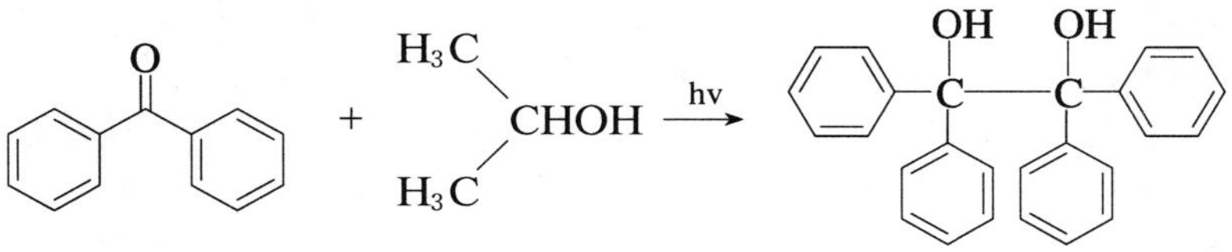

还原过程是一个包含自由基的单电子转移反应:

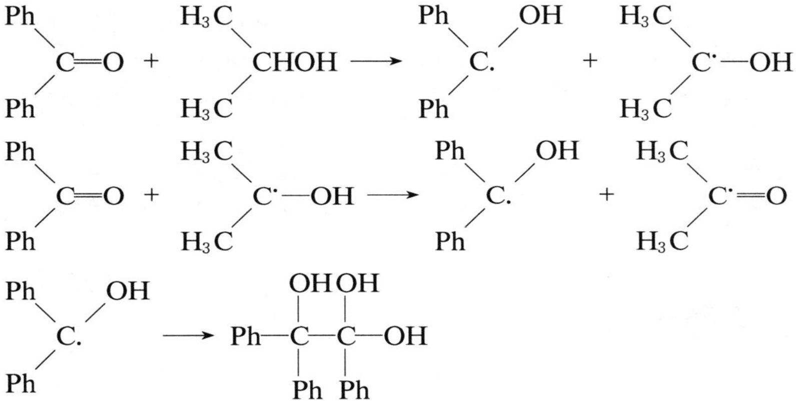

苯频哪醇也可由二苯酮在镁汞齐或金屑镁与碘的混合物(二碘化镁)作用下发生双还原来进行制备。

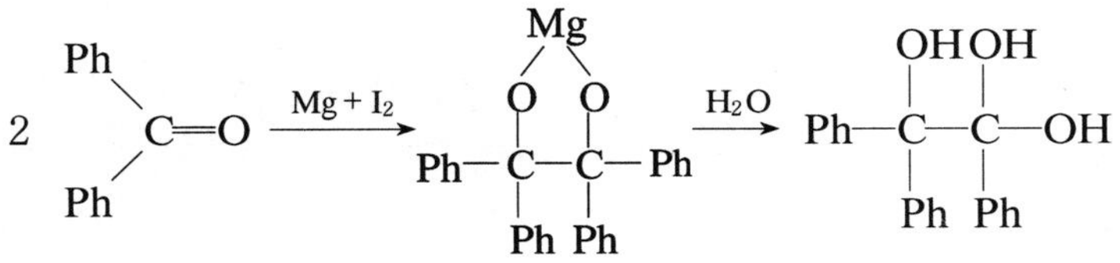

苯频哪醇与强酸共热或用碘做催化剂在冰醋酸中反应,发生 pinacol 重排,生成苯酚呐酮:

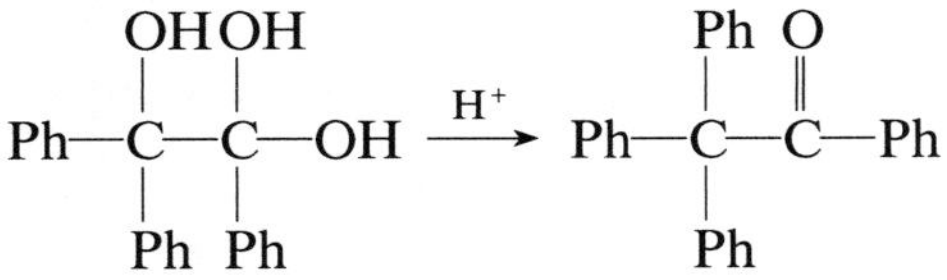

一、二苯酮的光化学还原

1. 试剂

2.8 g(0.015 mol) 二苯酮,异丙醇。

2. 实验步骤

在 25 mL 圆底烧瓶[1]（或大试管）中，加入 2.8 g 二苯酮溶解。向溶液中加入 1 滴冰醋酸[2]。再用异丙醇将烧瓶充满，用磨口塞或干净的橡皮塞将瓶塞紧，尽可能排除瓶内的空气，必要时可补充少量异丙醇，用细棉绳或橡皮筋将塞子固定扎牢。将烧瓶列置于烧杯中，写上自己的姓名，放在向阳的阳台或平台上，光照 1～2 周[3]。由于生成的苯频哪醇在溶剂中溶解度很小，随着反应进行，苯频哪醇晶体从溶液中析出。待反应完成后，在冰浴中冷却使晶体完全析出。真空抽滤，并用少量异丙醇洗涤晶体。干燥后得到漂亮的小的白色晶体，产品为 2～2.5 g，熔点为 187～189 ℃。产物已足够纯净，可直接用于下一步合成。纯粹苯频哪醇的熔点为 189 ℃。

本实验约需 2 h。

【注释】

［1］光化学反应一般需在石英器皿上进行，因为需要比透过普通玻璃波长更短的紫外光的照射。而二苯酮激发的 n-π 跃迁所需要的照射约为 350 nm，这是易透过普通玻璃的波长。

［2］加入冰醋酸的目的是中和玻璃器皿中微量的酸。碱性条件下苯频哪醇易裂解生成二苯甲酮和二苯甲醇，对反应不利。

［3］反应进行的程度取决于光照情况。如阳光充足直射下 4 天即可完成反应；如阴冷天气，则需一星期或更长的时间，但时间长短并不影响反应的最终结果；若用日光灯照射，反应时间可明显缩短，3～4 天即可完成。

二、二苯酮用碘化镁还原

1. 试剂

2.8 g（0.015 mol）二苯酮，0.8 g（0.033 moI）镁屑，2.5 g（0.01 mol）碘，无水苯，亚硫酸钠，盐酸，95%乙醇。

2. 实验步骤

本实验所用仪器和试剂必须干燥。在 100 mL 圆底烧瓶中放投 0.8 g 镁屑、8 mL 无水乙醚和 10 mL 无水苯，装上回流冷凝管，在水浴上稍加湿热后，自冷凝管顶端分批加入 2.5 g 碘的晶体。加入速度保持溶液剧烈沸腾。大约一半镁屑消失后，上层溶液几乎是无色的。

将反应物冷至室温，拆下冷凝管，加入 2.8 g 二苯酮溶于 8 mL 苯的溶液，立即产生大量白色沉淀。塞紧烧瓶，充分振摇直至沉淀溶解并形成深红色的溶液，约需要 10 min，此时尚有少量沉积于剩余镁屑表面的苯频哪醇镁盐很难溶解。

待过量的镁屑沉降后，将溶液通过折叠滤纸倾倒于 125 mL 锥形瓶中，并用 5 mL 乙醚和 10 mL 苯的混合液洗涤剩余的镁屑后滤入锥形瓶。向溶液中加入 4 mL 浓盐酸和 10 mL 水配成的溶液及少许亚硫酸氢钠（除去游离的碘），充分振摇分解苯频哪醇中的镁盐。将溶液转入分液漏斗，弃去水层，有机层每次用 10 mL 水洗涤后转入蒸馏瓶，在水浴上蒸去约四分之三的溶剂。残液转入小烧杯，并用 4～5 mL 乙醇洗涤蒸馏瓶。将烧杯置于冰浴中冷却，析出苯频哪醇晶体。抽滤，用少量冷乙醇洗涤，干燥后产品约为 2 g，熔点为 177～188 ℃。

本实验约需 4 h。

苯频哪酮的制备[①]

一、试剂

1.5 g（0.04 mol）苯频哪醇（自制）、8 mL 冰醋酸、碘、95%乙醇。

二、实验步骤

在 50 mL 圆底烧瓶中加入 1.5 g 苯频哪醇、8 mL 冰醋酸和一小粒碘片，装上回流冷凝管，回流 10 min。稍冷后加入 8 mL 95%乙醇，充分振摇后让其自然冷却结晶，用少量冷乙酸洗除吸附的游离碘，干燥后称重，产物约为 1.2 g，熔点为 180～181 ℃。

纯苯频哪醇熔点为 182.5 ℃。

本实验约需 2 h。

苯频哪酮的红外光谱图、^{1}H 核磁共振谱图、^{13}C 核磁共振谱图见图 5.3、图 5.4、图 5.5。

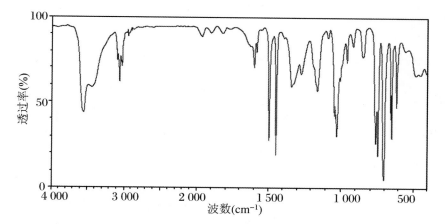

图 5.3　苯频哪酮的红外光谱图

---

① 查正根，郑小琦，张丽，等. 金属促进的水相 C═C 键偶联反应实验设计[J]. 实验室研究与探索，2010，29(4)：5-7.

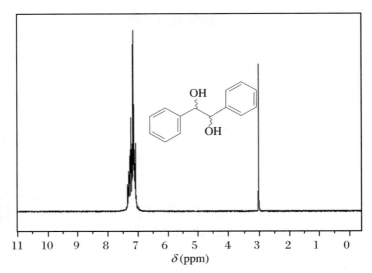

图 5.4　苯频哪酮的 ^{1}H 核磁共振谱图

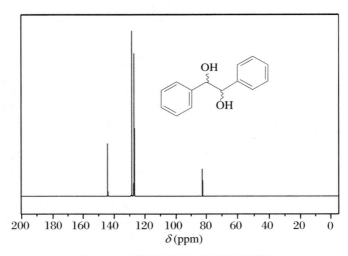

图 5.5　苯频哪酮的 ^{13}C 核磁共振谱图

三、思考题

（1）二苯酮和二苯甲醇的混合物在紫外光照射下能否生成苯频哪醇？写出其反应机理。

（2）试写出在氢氧化钠存在下，苯频哪醇分解为二苯酮和二苯甲醇的反应机理。

（3）写出苯频哪醇在酸催化下重排为苯叶呐酮的反应机理。

四、实验拓展

水相羰基化合物频哪醇偶联和烯丙基化竞争反应：

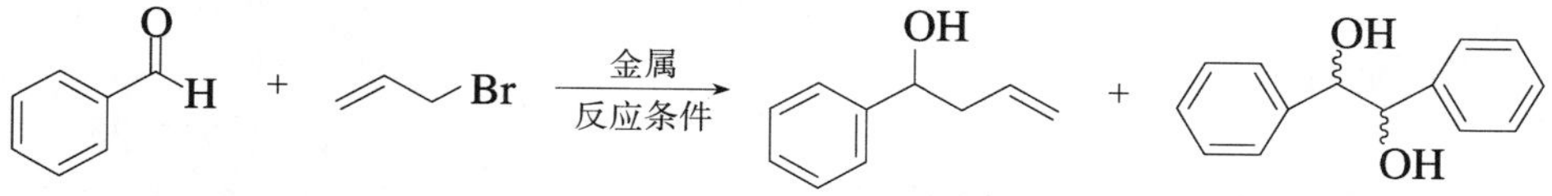

水相 C—C 键偶联反应的底物和促进剂如表 5.1 所示：

表 5.1　水相 C—C 键偶联反应的底物和促进剂

羰基化合物	烯丙基卤化物或烯丙基醇	反应类型	促进体系
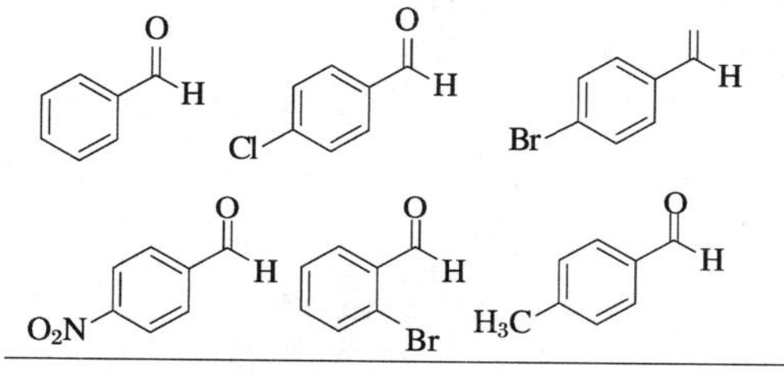	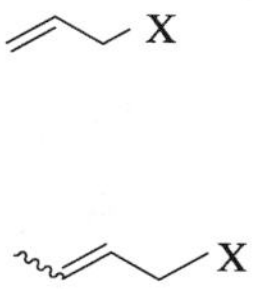	羰基化合物的烯丙基化反应	Zn，In，Mg，Mn，Sm，Ga，不同形态 Sn，Bi，SnX$_2$/MX$_n$，
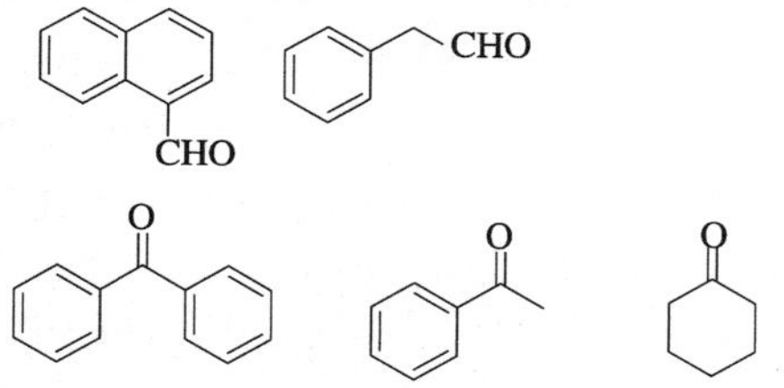	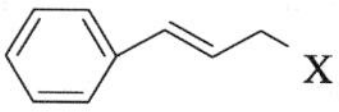 X=Cl, Br, I, OH	羰基化合物的频哪醇偶联反应	Zn，Zn-Cu，Mg，Mn，In，Sm，Al/NaOH（或 KOH），AL/FX，Ga，Cd

实验四十七　水相 Heck 反应制备 3-苯基丙烯酸[1][2][3]

　　Heck 反应是在 20 世纪 70 年代由 Heck 等人发现的，是一类重要的形成与不饱和双键相

---

　　[1]　查正根，张振雷，郑小琦，等. 水相 Heck 反应在有机化学实验中的应用[J]. 大学化学，2012，27（6）：51-53.

　　[2]　Edwards G A，Trafford M A，Hamilton，A. E.，et al. Melamine and Melamine-Formaldehyde Polymers as Ligands for Palladium and Application to Suzuki-Miyaura Cross-Coupling Reactions in Sustainable Solvents[J]. J. Org. Chem，2014，79（5）：2094-2104.

　　[3]　Hamilton A E，Buxton A M，Peeples C J.，et al. An Operationally Simple Aqueous Suzuki-Miyaura Cross-Coupling Reaction for an Undergraduate Organic Chemistry Laboratory[J]. J. Chem. Education，2013，90（11）：1509-1513.

连的新 C—C 键的反应。在过去的 40 年中，Heck 反应逐渐发展成为一种应用日益广泛的有机合成方法，已经成为现代有机合成的重要手段之一，在天然产物合成、医药以及新型高分子材料制备等领域有着重要的应用价值。因此，在 2010 年，Richard F. Heck 因对该反应的开创性研究而实至名归地获得诺贝尔化学奖。

一、实验目的

(1) 学习 $PdCl_2$ 催化的水相 Heck 反应实验设计。
(2) 练习微型实验操作和纯化方法。
(3) 学习微波、超声波技术在有机化学实验中的应用。

二、反应式

反应式：

三、主要仪器和试剂

(1) 仪器：Discover SP 微波反应器（CEM）、超声波清洗器（40 KHz）、400 MHz Bruker FT-NMR 核磁共振仪。
(2) 试剂：碘苯、丙烯酸均为国药分析纯试剂，无机碱均为市售分析纯，柱层析使用 200～300 目硅胶，氘代氯仿为溶剂，三甲基硅（TMS）为内标。

四、实验步骤

在通风橱中，将碘代苯（2 mmol，250 μL）、碳酸钠（318 mg）、丙烯酸（2 mmol，150 μL）、水 5 mL 加入 25 mL 圆底烧瓶中搅拌。往盛有 1.8 mg $PdCl_2$ 的 1.5 mL PE 管中加入约 1 mL 的水，使 $PdCl_2$ 成悬浮状态。将 $PdCl_2$ 的悬浮液加入反应混合液中，再用约 1 mL 水冲洗管壁，连洗液一起加入。装冷凝回流装置，搅拌、加热回流约 60 min（TLC 跟踪反应）。待反应完全后，除去热源，将反应液冷却至室温，然后将催化剂过滤除去。加 1 mol/L HCl 至滤液中，酸化至使蓝色石蕊试纸变红，使晶体析出，再减压过滤收集固体粗产品。

粗产品用乙醇和水的混合液（$V_{乙醇} : V_水 = 1 : 1$）重结晶纯化。烘干纯化后的产品称重，鉴定并计算产率。

微波条件下 $PdCl_2$ 催化的 Heck 反应：

反应在微波反应瓶中进行，在微波反应管中先后称入 PdCl₂（1 mg）、碳酸钠、丙烯酸、碘苯（1 mmol，125 μL）、水（2 mL），搅拌均匀后，放入微波反应器中，在 125 ℃下反应 15 min。反应结束后，向反应液中加入稀盐酸，酸化至使蓝色石蕊试纸先变红后褪去，用乙酸乙酯萃取 3 次，无水硫酸钠干燥 1 h，然后通过减压蒸馏除去溶剂，即得到固体粗产品，进一步纯化可通过硅胶柱层析分离。产率可达到 87%。

在常规条件下 PdCl₂催化的水相 Heck 反应可能的机理如图 5.6 所示。通过氧化加成、配位、插入和消除实现 Pd 的循环催化，完成 Heck 反应。超声波条件下，原位生成 Pd 纳米粒子，增加了 Pd 的催化活性，由于是异相反应体系，Pd 分离后能循环使用[8]。

谱图数据：

3-苯基丙烯酸¹H NMR（400 MHz，CDCl₃）：δ（ppm）＝6.47（d，J＝16.0 Hz，1H），7.42（t，J＝3.2 Hz，3H），7.56－7.58（m，2H），7.80（d，J＝16.0 Hz，1H）。

¹³C NMR（400 MHz，CDCl₃）：δ＝171.2，146.1，133.0，129.7，127.9，127.4，116.2。IR（neat）ν：3071，3036，1684，1627，1584，1498，1452 cm⁻¹。

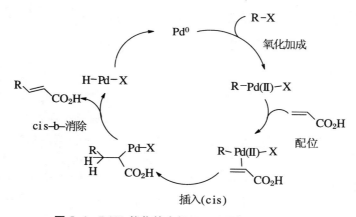

图 5.6　PdCl₂催化的水相 Heck 反应可能的机理

五、实验拓展

硅藻土负载的钯纳米颗粒催化 Heck 反应

硅藻土广泛存在于自然界中，而且在显微镜下可观察到天然硅藻土的特殊多孔性构造，这种微孔结构是硅藻土具有特征理化性质的原因。硅藻土由无定形的 SiO₂组成，并含有少量 Fe₂O₃、CaO、MgO、Al₂O₃及有机杂质。硅藻土具有的这些特殊的性质，特别是其多孔性以及大的比表面积，使它成为一种很好的负载催化剂的模板。在这里，我们尝试了制备硅藻土负载的纳米钯颗粒并研究了其在催化 Heck 反应和 Suzuki 反应中的应用。

1. 硅藻土负载钯纳米颗粒的合成

向 10 mL H_2O 中加入 200 mg 硅藻土、10 mmol $Sn_2Cl_2 \cdot 2H_2O$，以及 30 mmol CF_3COOH。搅拌 1 h 后，向溶液中加入 100 mL H_2PdCl_4（2 mmol/L）及 200 mg PVP，加热至 110 ℃，搅拌 2 h，冷却至室温后过滤。在真空干燥箱中 50 ℃ 真空干燥 12 h 可得硅藻土负载钯纳米颗粒。

2. 硅藻土负载的钯纳米颗粒催化 Heck 反应

在 10 mL 的玻璃烧瓶中，放入碘苯（1 mmol）、丙烯酸甲酯（2 mmol）、三乙胺（2 mmol）以及硅藻土负载的钯纳米颗粒（3 mg，0.1 mol%）、3 mL 的 NMP 溶剂，加热至 120 ℃ 反应 25 min。反应后溶液用 30 mL 乙酸乙酯分 3 次萃取，收集有机层，用无水 $MgSO_4$ 干燥。产品过柱后可得高纯度产物，产率约为 95%。

【注意事项】

(1) 碘苯具有低毒性，遇光、空气易变黄，操作时应尽量避免长时间接触空气。

(2) 丙烯酸甲酯具有特殊的辛辣气味，有催泪作用，应在通风橱中取用。

实验四十八　水相 Suzuki-Miyaura 交叉偶联反应制备 4-苯基苯甲酸

铃木-宫浦（Suzuki-Miyaura）交叉偶联反应是现代有机合成的基石，被广泛应用于药物、农用化学品、聚合物及其他功能材料的合成中。随着这一经典反应在工业合成中的普及，其应用应遵循绿色化学原则的观点也被化学工作者广为接受。在可持续溶剂中有效地交叉偶联催化剂的引入就是一个重要的尝试。本实验将三聚氰胺-钯配合物作为一种多用途的催化剂引入到铃木-宫浦交叉偶联反应中。这种催化剂在水及可回收溶剂乳酸乙酯中都是可溶和有效的，与甲醛反应交叉连接后还可生成一种可回收的不溶聚合催化剂。三聚氰胺-钯络合物具有价廉、易操作、稳定的优点，而且在多种不纯物存在时也可高效催化（未过滤河水）。

一、实验目的

(1) 理解三聚氰胺-钯配合物催化的 Suzuki-Miyaura 交叉偶联反应。

(2) 学习 4-苯基苯甲酸的制备原理与操作方法。

二、实验原理

反应式 A：

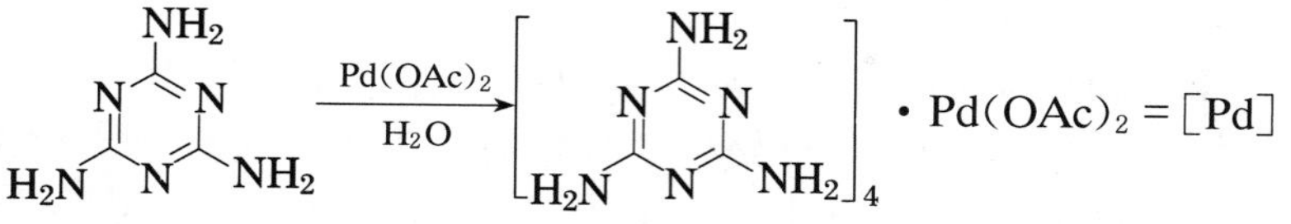

三聚氰胺　　　　　　　三聚氰胺-钯催化剂

反应式 B：

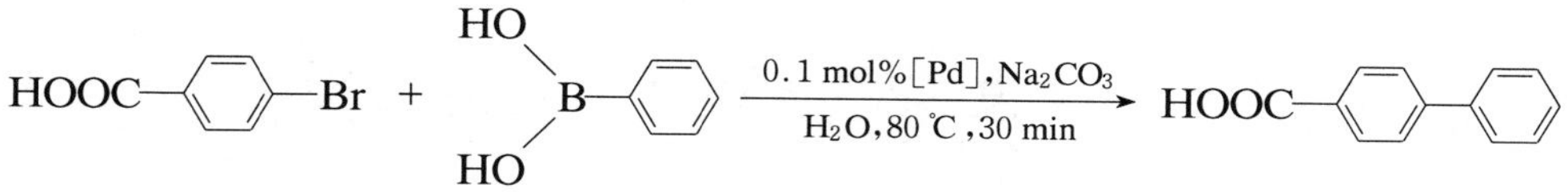

三、主要仪器和试剂

（1）仪器：250 mL 圆底烧瓶、分液漏斗、抽滤装置。
（2）试剂：醋酸钯、三聚氰胺、对溴苯甲酸、苯硼酸。

四、实验步骤

1．三聚氰胺-钯催化剂的制备

（1）方法一：在 10 mL 容量瓶中加入 2.2 mg 醋酸钯（0.010 mmol）和 5.5 mg 三聚氰胺（0.044 mmol），再加入 9.0 mL 去离子水。混合物在 80 ℃下搅拌 2 h 直至醋酸钯完全溶解。取出磁子，溶液用去离子水稀释至 10.0 mL，得到钯浓度为 1 mmol/L 的催化剂溶液。催化剂溶液置于密封小瓶中，室温下存放几个月，活性无明显改变。

（2）方法二：在 10 mL 容量瓶中加入 2.2 mg 醋酸钯（0.010 mmol）和 5.5 mg 三聚氰胺（0.044 mmol），再加入 9.0 mL 去离子水。悬浮液置于超声波浴中，60 ℃下超声 1 h。溶液冷却至室温，用去离子水稀释至 10.0 mL，得到钯浓度为 1 mmol/L 的催化剂溶液。催化剂溶液置于密封小瓶中，室温下存放几个月，活性无明显改变。

2．4-苯基苯甲酸(1)的制备

25 mL 圆底瓶中加入 200 mg 对溴苯甲酸（1.0 mmol）、146 mg 苯硼酸（1.2 mmol）及 212 mg 碳酸钠（2.0 mmol），再加入 4 mL 去离子水溶解。室温下加入 1 mL 三聚氰胺-钯催化剂溶液（1 mL 水溶液，0.001 mmol Pd）。溶液的 pH 为 9.21（pH 计测量）。反应体系空气中敞开，油浴加热，80 ℃下搅拌 30 min，白色固体产物析出。反应液冷却至室温，转移至分液漏斗，加入 50 mL 乙酸乙酯及 50 mL 1 mol/L 盐酸。分出有机相，无水硫酸镁干燥，过滤，滤液减压浓缩得到固体。粗品用乙醇/1 mol/L 盐酸重结晶，得到 192 mg 交叉偶联产物白色晶体（收率为 92%）。

3．4-苯基苯甲酸(1)的表征

Mp：222～225 ℃。

IR（υ_{max} KBr，cm^{-1}）：3000，2550，1680，1650，1608，1560，1420，1317，1287，1192，

1129，1007，938，861，751，696 cm^{-1}。

^{1}H NMR（400 MHz,CDCl$_3$）：δ = 7.42（1H，t，J = 7.3）7.51（2H，t，J = 7.3），7.73（2H，d，J = 7.3），7.80（2H，d，J = 8.8），8.02（2H，d，J = 8.8），12.97（1H，s，OH）。

^{13}C NMR（100 MHz,CDCl$_3$）：δ = 127.2，127.4，128.7，129.5（4×CH$_{Ar}$），130.0（4$^o_{Ar}$），130.4（CH$_{Ar}$），139.4，144.7（2×4$^o_{Ar}$），167.6（C=O）。

HRMS m/z（ESI$^-$）：found 197.0606［M - H］$^-$；C$_{13}$H$_9$O$_2$ requires。

实验四十九　噁唑环衍生物的合成①

2,3,5-三取代噁唑环的合成

噁唑环广泛存在于天然产物和药物当中，例如 Leucamide A 和它的类似物（图 5.7）。传统制备噁唑环的方法包括 Robinson-Gabriel 反应，[1]最近发展了很多新的方法，例如金属催化的噁唑母体和金属试剂的偶联等。该实验在前人的基础上发展了一条温和、经济的合成多取代噁唑环衍生物的路线，具体操作如下：

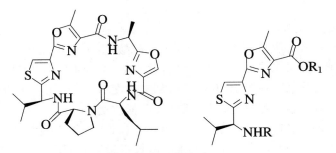

图 5.7　含噁唑环的天然化合物

一、实验目的

（1）学习杂环化合物的制备原理和方法。
（2）学习试剂和溶剂的处理方法。

二、实验原理

反应式：

---

① 查正根，兰泉，郑媛，等. 绿色创新型有机化学实验教学模式构建与实践[J]. 实验室研究与探索，2014，33：136-141.

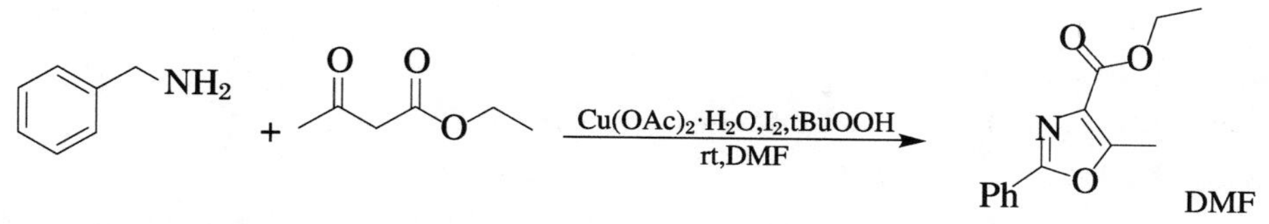

反应机理如下：

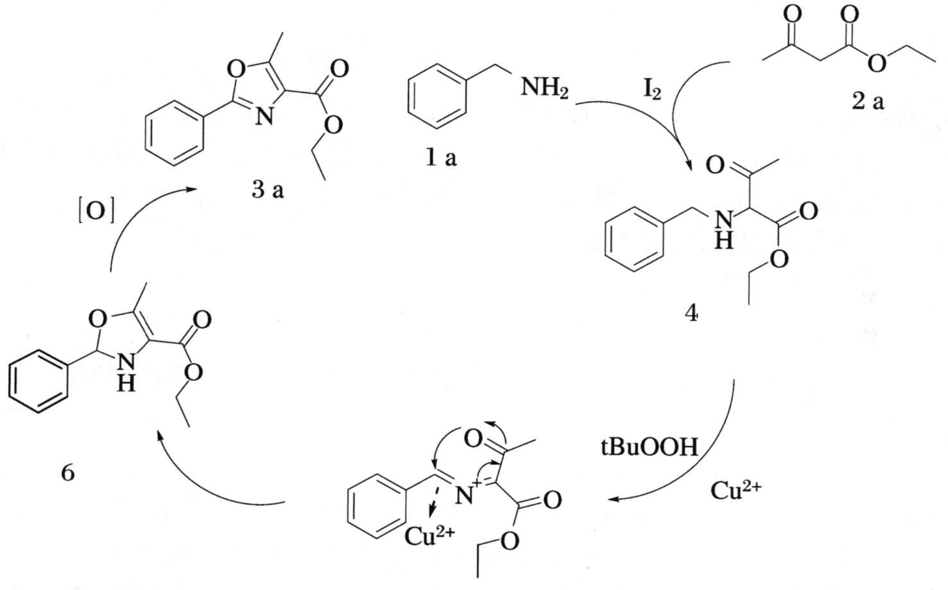

三、主要仪器和试剂

(1) 仪器：10 mL 圆底烧瓶、分液漏斗。
(2) 试剂：苄胺、过氧叔丁醇、醋酸铜、碘。

四、实验步骤

将称好的乙酰乙酸乙酯用 DMF[1]（3 mL）稀释后，然后依次加入 2 mmol（214 mg）苄胺[2]，0.1 mmol（20 mg）铜盐，1.2 mmol（305 mg）碘和 2 mmol TBHP[3]，反应体系在室温下搅拌 7 h 后，然后用水淬灭，用乙酸乙酯萃取三遍，水反洗两次，然后用饱和 NaCl 水溶液再洗一次，有机层用无水硫酸钠干燥，干燥后体系用（P：E＝40：1 至 20：1 至 10：1）梯度柱色谱分离得最终产品。

^{1}H NMR（300 MHz，CDCl$_3$）：δ＝8.13－8.09（m，2H），7.50－7.48（m，3H），4.46（q，2H，J ＝ 7.2 Hz），2.74（s，3H），1.46（t，3H，J ＝ 7.2 Hz）。

^{13}C NMR（75 MHz，CDCl$_3$）：δ＝162.4，159.6，156.1，130.7，128.3，128.2，126.5，

126.2，60.9，14.3，12.2。

【注释】

[1] DMF 干燥（事先将分子筛于 150 ℃烘一晚上，然后加入到 DMF 中）。

[2] 试剂要求：苄胺色泽要做到无色。

[3] TBHP 应该是有机溶剂溶解的，使用前应干燥。（操作：将买来的 TBHP 水溶液取出一定体积，然后用等体积的正己烷萃取两次，然后用分子筛干燥，干燥过后的 TBHP 取出一点用 CDCl₃ 打谱，并根据氢谱上的氢的个数比算出 TBHP 的含量）。

2,5-二取代噁唑环的合成

实验步骤：将称好的乙酰乙酸乙酯用 DMF（3 mL）稀释后，然后依次加入苄胺、铜盐、碘和 TBHP。反应体系在室温下搅拌 7 h 后，然后用水淬灭，用乙酸乙酯萃取三遍，水反洗两次，然后用饱和 NaCl 水溶液再洗一次，有机层用无水硫酸钠干燥，干燥后体系用（P：E ＝ 40：1 至 20：1 至 10：1）梯度过柱得最终产品。

1. α-氨基苯乙酮盐酸盐的制备

10 mmol　　　　　　　12 mmol

步骤：将 10 mmol 的溴代苯乙酮溶解到 30 mL 的氯仿中，然后加入 12 mmol 的乌洛托品，体系回流 4 h 后，冷却反应，然后抽滤，所得到的固体加入到 100 mL 圆底烧瓶中。加入 25 mL 的无水乙醇，然后缓慢滴加 4 mL 的浓盐酸，加完后搅拌 0.5 h，如果固体还没有完全消失，可再加入 1 mL 的浓盐酸，直到固体消失，随着反应时间的进行，会有固体重新析出，反应体系室温搅拌 16 h 后，抽滤，得固体，干燥固体，得最后产品。

2. 2,5-二取代噁唑环的制备

实验步骤：向 0.2 mmol 苯甲醛的 DMF（1 mL）溶液中依次加入 0.8 mmol α-氨基苯乙酮盐酸盐、0.0＋ mmol 碘、0.3 mmol TBHP 和 1 mmol 碱，反应体系在 70 ℃ 条件下反应 3 h。然后停止反应，待冷却至室温后，向反应体系加入 0.2 mmol 的 NaBH₄，搅拌 10 min 后，然后用水淬灭，用乙酸乙酯萃取三遍，水反洗两次，然后用饱和 NaCl 水溶液再洗一次，有机层用无水硫酸钠干燥，干燥后体系过柱得最终产品。

熔点：70～71 ℃，^{1}H NMR（300 MHz，CDCl₃）：δ＝8.14（dd，J ＝ 7.8，2.4 Hz，2H），7.74（d，J ＝ 7.5 Hz，2H），7.54－7.44（m，5H），7.36（t，J ＝ 7.2 Hz，1H）。

^{13}C NMR（75 MHz，CDCl₃）：δ＝151.30，130.35，128.96，128.85，128.47，128.06，127.50，126.32，124.23，123.49。

五、知识拓展

2005 年,法国科学家伊夫·肖万(图 5.8)、美国科学家罗伯特·格拉布(图 5.9)和理查德·施罗克(图 5.10)在烯烃复分解反应研究领域做出贡献而获诺贝尔奖。

图 5.8　Yves Chauvin　　　　图 5.9　Robert H. Grubbs　　　　图 5.10　Richard R. Schrock

实验五十　烯胺催化在 Aldol 反应中的应用

有机小分子催化(organocatalysis)是指只含碳、氢、硫和其他非金属元素的"有机催化剂"对化学反应的催化作用。有机小分子催化具有反应条件温和、环境友好、催化剂易于回收利用等优点,符合绿色化学的要求,这是目前有机合成中最热门的领域之一。它又可按照催化机理分为烯胺活化、亚胺离子活化、SOMO 活化、氢键活化(硫脲催化、手性质子酸催化、寡肽催化、金鸡纳生物碱催化)、手性相转移催化剂活化和氮杂环卡宾活化等。

有机催化反应实际上很早就有报道。20 世纪 70 年代发现的 Hajos-Parrish-Eder-Sauer-Wiechert 反应就是脯氨酸催化的分子内羟醛反应。2000 年,List 等人将此反应用于不对称的分子间羟醛反应在 JACS 上发表题为《脯氨酸催化的直接不对称羟醛反应》的文章,标志着有机催化的复兴。同年 MacMillan 创制出"有机催化"一词,并提出一种全新的有机催化机理——亚胺活化。

一、实验目的

(1) 了解 Aldol 反应的原理和应用。
(2) 学习有机小分子催化的原理。

二、实验原理

Aldol 反应(Aldol Reaction)也称羟醛缩合/醇醛缩合反应,Aldol 缩合反应是形成碳—碳键最常用的方法之一。Aldol 反应是指含有活性 α 氢原子的化合物（如醛、酮、羧酸和酯等），在催化剂的作用下与羰基化合物发生亲核加成反应，反应产物为 β-羟基羰基化合物，如反应式（1）。有 α 氢原子的化合物如醛、酮、羧酸和酯等，由于羰基的吸电子诱导作用以及碳—氧双键和 α 碳上碳氢 σ 键之间的 σ-π 超共轭效应，使得 α 碳上氢原子的电子云密度降低，具有较强的酸性和活性。

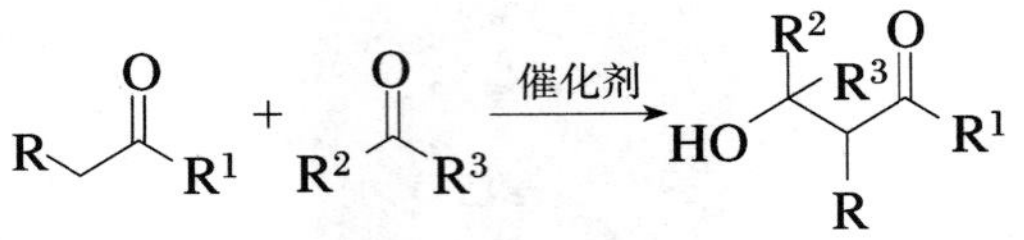

$$(1)$$

Aldol 反应既可以在酸催化下反应，也可以在碱催化下反应。

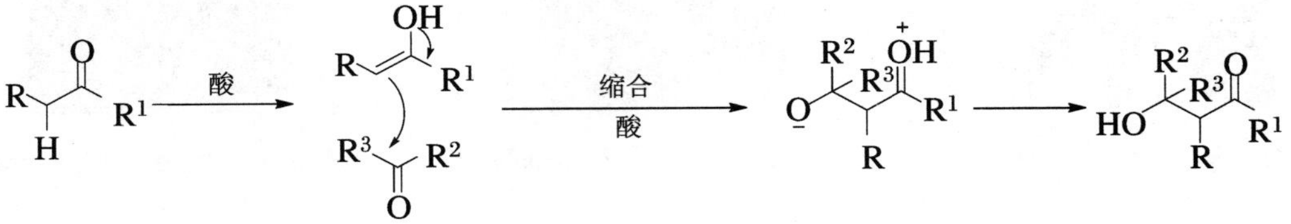

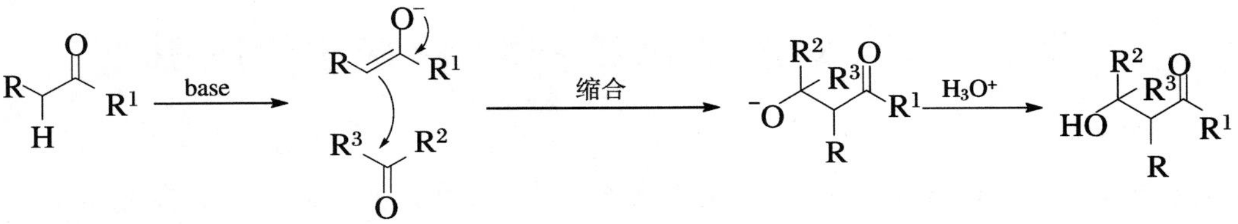

在酸催化下，羰基转变成烯醇式，然后烯醇对质子化的羰基进行亲核加成，得到质子化的 β-羟基化合物。由于 α 氢同时受两个官能团的影响，其化学性质活泼，在经质子转移、消除后可得 α,β-不饱和醛酮或酸酯。在碱性催化剂下，首先生成烯醇负离子，然后烯醇负离子再对羰基发生亲核加成，加成产物再从溶剂中夺取一个质子生成 β-羟基化合物。得到的 β-羟基化合物在碱作用下可失水生成 α,β-不饱和醛酮或酸酯。

烯胺催化是指利用胺和羰基化合物形成烯胺化合物，进而活化羰基化合物的 α 位。反应机理如下：

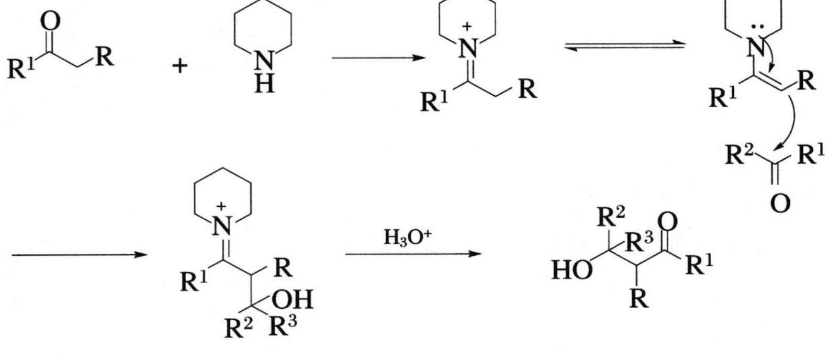

三、主要仪器和试剂

（1）仪器：反应试管、磁力搅拌器。
（2）试剂：对硝基苯甲醛、丙酮、二甲亚砜、脯氨酸。
本实验机理：

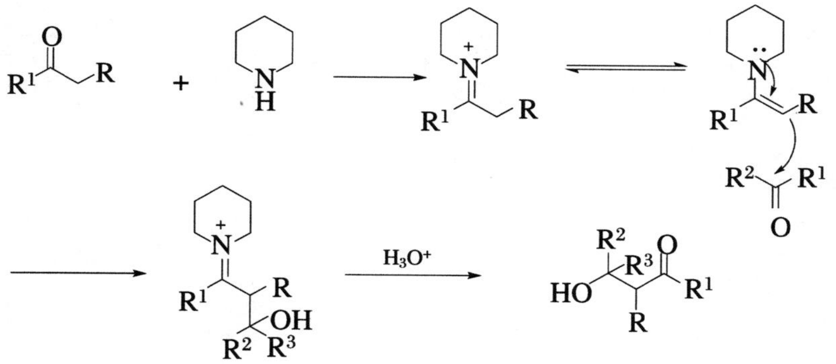

四、实验步骤

取 75 mg 对硝基苯甲醛（0.5 mmol）和 23 mg 脯氨酸（0.2 mmol）加入到 10 mol 反应试管中，然后加入 0.5 mL 丙酮和 0.5 mL 二甲亚砜，室温搅拌反应 1 h。待反应完成后，将反应液转移到分液漏斗中，并加入 20 mL 乙酸乙酯。用 5 mL 水洗两次，再用 5 mL 饱和食盐水洗一次有机相。然后有机相用无水硫酸钠干燥 10 min。用旋转蒸发仪蒸干溶剂得红色油状物。反应液 TLC 示意图如图 5.11 所示。

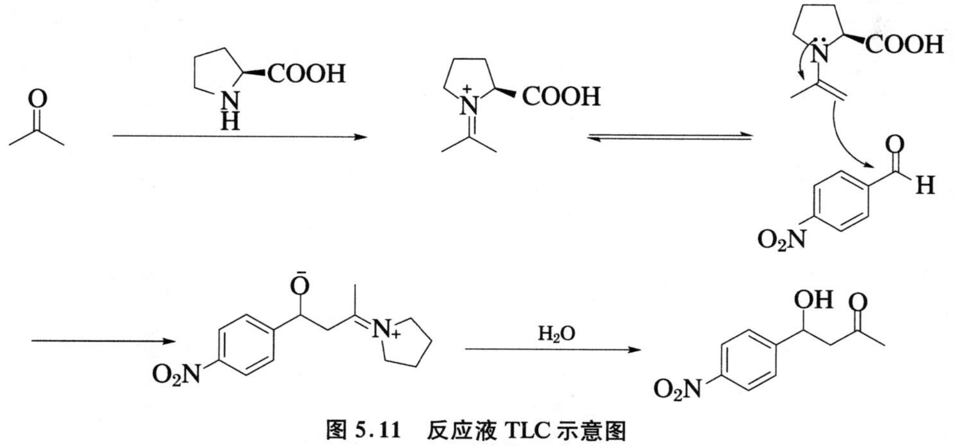

图 5.11　反应液 TLC 示意图
A 侧为反应液，B 侧为对硝基苯甲醛，展开剂为石油醚∶乙酸乙酯＝2∶1

将红色油状物用 1 mL 二氯甲烷溶解，然后用滴管将其转移到装有 15 cm 高的柱子上，先用 10 mL 石油醚冲洗，然后用 100 mL 洗脱剂（石油醚∶乙酸乙酯＝3∶1）冲洗出第一个杂质点，然后用 100 mL 洗脱剂（石油醚∶乙酸乙酯＝2∶1）冲洗出产物。将试管中的有机溶剂旋干即可得到目标产物，理论产率为 82%。将所得产物用色谱检测纯度。

五、产物参数

1. 分子式为 $C_{10}H_{11}NO_4$，相对分子量为 209.198 6。
2. 产物的核磁图谱如图 5.12、图 5.13 所示。

^{1}H NMR

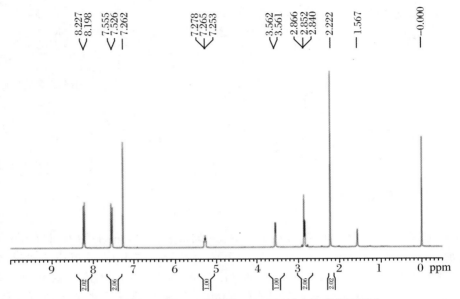

图 5.12　4-羟基-4-(4-硝芩苯基)-2-丁酮的^{1}H 核磁共振图谱

^{13}C NMR

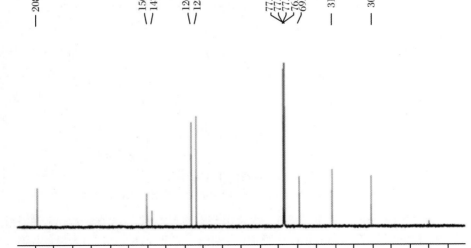

图 5.13　4-羟基-4-(4-硝芩苯基)-2-丁酮的^{13}C 核磁共振图谱

六、知识拓展

2016 年诺贝尔化学奖授予让-皮埃尔·索瓦日、弗雷泽·斯托达特、伯纳德·费林加这三位科学家(图 5.14),以表彰他们在分子机器设计与合成领域的贡献。

图 5.14　2016 年获得诺贝尔化学奖的三位科学家

实验五十一　　果糖衍生出的酮催化的不对称环氧化反应

一、实验目的

(1) 学习有机分子催化的不对称反应。
(2) 学习控制反应条件得到目标化合物的方法。
(3) 认识反应机理对反应条件和实验操作方案的影响。

二、实验原理

环双氧烷类化合物是有多种用途的氧化试剂,在不对称合成,特别是不对称环氧化反应中给出了很好的结果。环双氧烷可以用过硫酸氢钾与酮原位生成。理论上只需催化量的酮,所以有可能用手性酮进行催化的不对称环氧化反应。自从 Curci 于 1984 年报道了首例手性环双氧烷对烯烃的不对称环氧化反应,这一领域受到广泛关注并取得了极大进展。

反应式：

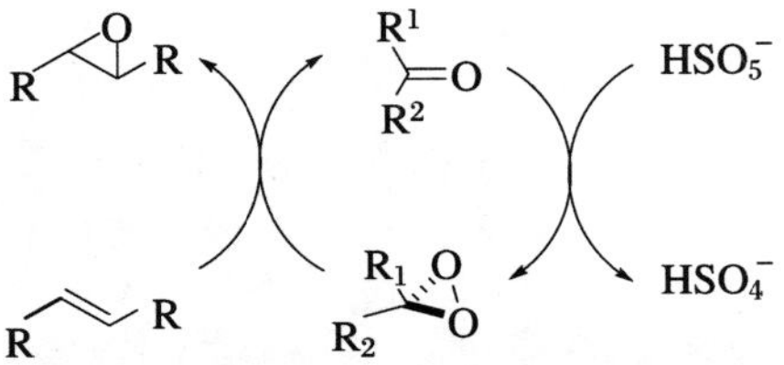

本实验中果糖衍生的酮具有如下特征：① 手性中心靠近反应中心，所以催化剂的立体化学特性可以有效地传递给反应物。② 稠环或季碳与羰基相连减少了手性中心异构化的可能。③ C2 或准 C2 对称元素阻挡烯烃一个面靠近环双氧烷反应，所以受到立体控制。④ 连接吸电子取代基活化了羰基。这种酮对各种反式二取代烯和三取代烯都显示了很高的对映选择性。此酮催化剂可用很廉价的 D-果糖很容易地合成：先用丙酮反应得到缩酮，再氧化剩余的羟基得到酮。

缩酮反应中其他的酸，例如高氯酸也可以用。尽管这个实验中用 PCC 来氧化，其他氧化剂如 PDC-Ac$_2$O，DMSO-Ac$_2$O，DMSO-DCC，DMSO-(COCl$_2$)，RuCl$_3$-NaIO$_4$，Ru-TBHP 等也行。这个催化剂的对映体可用 L-果糖按相同方式制备出来，而 L-果糖可用易得的 L-山梨糖制备出来。显然，对映体催化剂在环氧化反应中对映选择性是相同的。

三、实验原理

反应式：

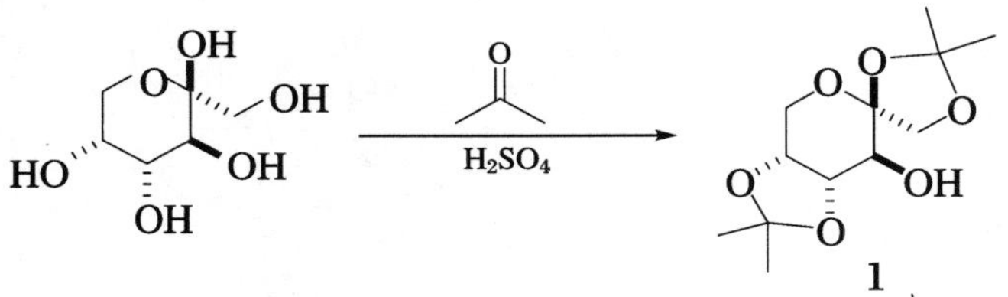

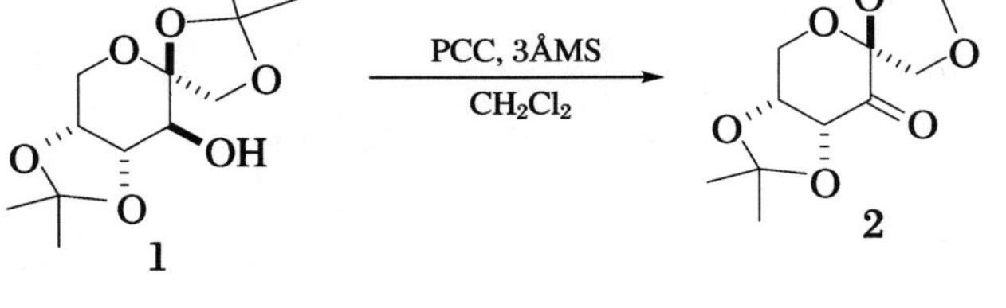

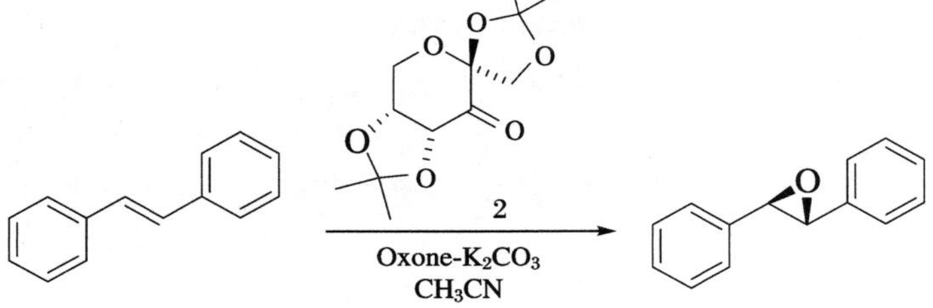

四、主要仪器和试剂

（1）仪器：控温装置、磁力搅拌器、磁搅拌子、旋转蒸发仪、圆底烧瓶、抽滤装置、分液漏斗、层析柱。

（2）试剂：D-果糖、丙酮、浓硫酸、浓氨水、二氯甲烷、NaCl、无水 Na_2SO_4、乙醚、石油醚、氯铬酸吡啶、3Å 分子筛、硅藻土、200～300 目硅胶、反-1,2-二苯乙烯、过硫酸氢钾、乙腈、四丁基硫酸氢铵、缓冲溶液（硼砂）、EDTA、K_2CO_3。

五、实验步骤

1. 1,2:4,5-双-O-异丙叉-β-D-吡喃果糖

将 D-果糖（0.9 g，5 mmol）和 20 mL 丙酮加入到 50 mL 圆底烧瓶中，然后再加入一个带特氟龙涂层的搅拌磁子。将烧瓶在冰浴中冷却 15 min，然后一次性加入 0.1 mL 浓硫酸[1]，所得悬浮物在室温下[2]搅拌 2 h。然后加入 0.25 mL 浓氨水将酸中和，使用旋转蒸发仪于 25 ℃下旋转除去溶剂，即可得到白色固体。将固体溶在 10 mL 二氯甲烷中，并用饱和氯化钠溶液洗涤（3 mL×2），所得有机相加无水 Na_2SO_4 干燥，过滤，再旋转蒸发（25 ℃）除掉溶剂。残留物用乙醚、石油醚混合溶剂重结晶，可以得到白色针状晶体。

2. 1,2:4,5-双-O-异丙叉-D-erythro-2,3-己二酮-2,6-吡喃糖

在一个配有梭形磁力搅拌子的 25 mL 圆底烧瓶中加入 7 mL 二氯甲烷，上步骤产物（0.52 g，2.0 mmol）和新粉碎的 3Å 分子筛 0.75 g。氯铬酸吡啶（1.05 g，5.0 mmol）在 10 min 内分批加入到上述溶液中，所得混合物在室温下搅拌 15 h[3]。剧烈搅拌下慢慢加入 10 mL 乙醚[4]，然后将所得混合液用 2 g 硅藻土层抽滤。反应瓶中残留的固体用刮勺转移到硅藻土层上，并用 2～3 mL 乙醚洗涤三次。所得到的雾状棕色滤液在室温下旋转蒸发浓缩后得到棕色固体。将此固体与 2 mL 1:1 乙醚：石油醚混合，用刮勺将固体研碎。混合物转移到用 3 g 200～300 目硅胶装填的色谱柱上，液体自然吸附在硅胶上。烧瓶中残留的物料继续用 1:1 乙醚：石油醚洗涤并转移到硅胶柱上。反复如此操作，直到所有物料均加载到硅胶柱上。产物酮用 1:1 乙醚：石油醚洗脱，洗脱液旋转蒸发浓缩后可得到白色固体粗品产物。将这些粗产物溶解在 2 mL 沸腾的石油醚中。待溶液冷却到室温，目标产物酮开始结晶。然后将烧瓶在 -25 ℃冷却 2 h。所得固体抽滤收集，并用石油醚洗涤 1 mL×3，干燥后可以得到白色固体，称重并计算产率。

3. 反-1,2-二苯乙烯的不对称环氧化反应

将 0.181 g 反-1,2-二苯乙烯（1 mmol）溶于 15 mL 乙腈中[5]。接着加入 0.015 g 四丁基硫酸氢铵（0.04 mmol）和 10 mL 缓冲溶液（0.05 M $Na_2B_4O_7 \cdot 10H_2O$ 溶于 $4×10^{-4}$ mol/L Na_2(EDTA)水溶液中制成）。反应混合物用冰浴冷却。1.0 g Oxone（1.6 mmol）溶于 6.5 mL Na_2(EDTA)（$4×10^{-4}$ mol/L）中配成溶液和 0.93 g K_2CO_3（6.74 mmol）溶于 6.5 mL 水中配成溶液，先向反应混合液中加入少许这两种溶液，使其 pH 大于 7。搅拌 5 min 后，缓慢加入 0.077 4 g Shi 酮催化剂（0.3 mmol），然后将剩余的 Oxone 和 K_2CO_3 两种溶液用滴液漏斗分别

滴加到上述混合液中,1~1.5 h 滴加完[6]。滴加完成后,反应混合物在 0 ℃[7]下继续搅拌 1 h。然后向反应体系中加入 10 mL 石油醚和 10 mL 水。再用石油醚萃取(3×10 mL)混合物,然后用盐水洗涤,无水 Na₂SO₄ 干燥,过滤,浓缩[8],并用色谱法纯化[9],得到白色晶体。

【注释】

[1] 浓硫酸腐蚀性极强,操作时一定要小心。

[2] 悬浊液在反应进行中会变成清澈的无色溶液。目标化合物是反应的动力学产物,会很容易异构化为 2,3:4,5-二-O-异丙叉-β-D-吡喃果糖(热力学产物)。反应时间控制对减少热力学产物的生成是很重要的。

[3] 反应过程中混合物颜色从橙棕色变为深褐色,这是 Cr(Ⅳ)被还原到 Cr(Ⅲ)的表现。

[4] 乙醚慢加是得到高产率的关键。加乙醚只是将少量还原态的铬盐沉淀出来。过滤主要是除掉分子筛和搅拌过程中吸附上去的铬盐。若不把所有棕色固体加载到硅胶柱上,会降低酮的产率(固体中含有一些酮)。

[5] 所有环氧化反应用玻璃仪器必须仔细洗涤干净,以除掉微量金属,因为金属会催化 Oxone 分解。玻璃仪器在用洗涤剂洗过后,用大量水洗,然后用丙酮洗涤。

[6] 反应混合物中 Oxone 的浓度和反应体系的 pH 是决定环氧化反应效率的重要参数。向反应混合物中滴加 Oxone 和 K₂CO₃溶液的速度在 1.5 h 内一定要保持平稳一致。

[7] 随着反应进行,有机相与水相逐渐分开。在滴加的前 10~20 min,盐会逐渐沉淀出来,因此一定要剧烈搅拌才能将两相混合。不过,要注意避免反应混合物喷洒出来,这样才能提高转化率。

[8] 环氧化产物容易挥发。浓缩过程中要小心减少其损失。

[9] 硅胶板在上样前用含有 1%三乙胺的石油醚展开一次以中和其酸性。

六、实验流程

1. 1,2:4,5-双-O-异丙叉-β-D-吡喃果糖的制备

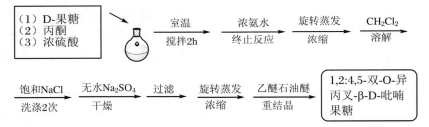

2. 1,2:4,5-双-O-异丙叉-D-erythro-2,3-己二酮-2,6-吡喃糖(即 Shi 酮催化剂)的制备

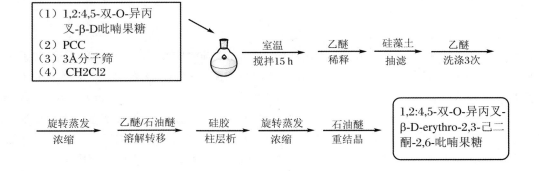

3. 反-1,2-二苯乙烯的不对称环氧化反应

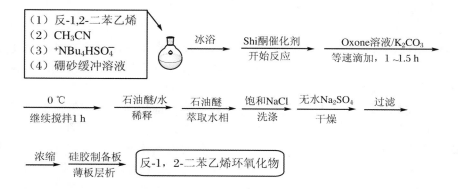

```
(1) 反-1,2-二苯乙烯          冰浴        Shi酮催化剂         Oxone溶液/K₂CO₃
(2) CH₃CN          ──────→    ──────────→    ──────────────────→
(3) ⁺NBu₄HSO₄⁻                开始反应        等速滴加,1~1.5 h
(4) 硼砂缓冲溶液
```

$$0\ ^{\circ}C$$
继续搅拌1 h → 石油醚/水 稀释 → 石油醚 萃取水相 → 饱和NaCl 洗涤 → 无水Na₂SO₄ 干燥 → 过滤

浓缩 → 硅胶制备板 薄板层析 → 反-1,2-二苯乙烯环氧化物

七、知识拓展

2001 年,美国化学家威廉·诺尔斯博士(图 5.15)与日本野依良治(图 5.16)因"对手性催化氢化反应的研究"和美国巴里·夏普莱斯(图 5.17)因"对手性催化氧化反应的研究"而获诺贝尔奖。

图 5.15 William S. Knowles   图 5.16 Ryoji Noyori   图 5.17 K. Barry Sharpless

实验五十二 催化氢化反应

一、实验目的

(1) 学习催化氢化反应装置工作原理。
(2) 掌握实验室常用氢化反应装置的组装和使用。
(3) 学习 Raney 镍催化剂的制备。
(4) 学习实验流程中的安全措施的设计和准备。

二、实验原理

有机合成中催化氢化反应占有特殊的地位,这个反应常用来还原不饱和有机化合物。氢化反应涉及三个要素:不饱和底物、氢气(或其他氢源),以及某种必需的催化剂。底物分子和催化剂的活性决定反应温度和压力。

氢化反应的催化剂分为两大类:均相催化剂和非均相催化剂。均相催化剂通常是可以在溶剂中溶解的金属配合物,使用不同结构和不同用量的配体,可以对催化剂的活性和选择性进行调控;均相催化氢化的发明人是 G. Wilkinson。非均相催化剂则是悬浮在反应溶液中的固体,常见的催化剂是金属或者金属氧化物,有的可以直接使用,有的需要负载于活性炭、硅胶或氧化铝等惰性载体上。1912 年诺贝尔化学奖的获奖者 P. Sabatier 的最重要成就是将这种形式的催化剂用于有机化合物的氢化还原。

催化剂的存在形式、试剂的纯度、底物的官能团等均对催化剂有影响,选择适当的催化剂是决定氢化反应成败的首要因素。

氢化反应的仪器装置要根据样品体积、反应所需压力进行选择。如图 5.20 所示。

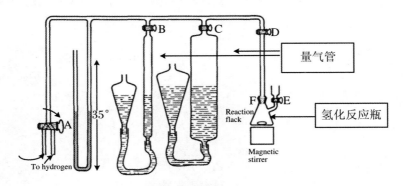

图 5.20　简易常压氢化反应装置

量气管的选用是根据反应规模事先计算氢气用量,选其中之一在反应中使用,也可以在装置中只设一根量气管,一个反应多次计数。

反应式:

$$Ni/Al \xrightarrow{\text{NaOH 溶液}} [Ni]$$

$$\text{(马来酸)} \xrightarrow[\text{EtOH 室温}]{H_2, 1\text{-}3atm[Ni]} \text{(琥珀酸)}$$

三、主要仪器和试剂

(1) 仪器:控温加热装置、磁力搅拌器、摇摆式加氢反应器、旋转蒸发仪、烧杯、氢化反应瓶、抽滤装置。

（2）试剂：镍铝合金、NaOH、95%乙醇、无水乙醇、亚苄基丙酮、苯基丙烯酸。

四、实验步骤

1. Raney Ni 的制备

将 10 mL 35% NaOH 溶液加到 50 mL 烧杯中，冷却至 10 ℃ 左右。将 1.0 g Ni/Al 合金于 30 min 内分批加到碱液中，不断搅拌，使反应温度维持在 15～20 ℃。加完后于 20 ℃ 下继续搅拌反应 30 min，然后在沸水浴上加热到不再有气泡发生为止。倾出碱液，加 10 mL 10% NaOH 溶液在沸水浴上继续搅拌反应 30 min，然后倾出碱液，用 200 mL 蒸馏水洗涤至中性，倾去水分，用 20 mL 95%乙醇洗涤该催化剂两次，再用 10 mL 无水乙醇洗涤两次，以上洗涤时间总共约 0.5 h，不可过长。这样制得的催化剂需保存在无水乙醇中备用。

2. 催化氢化反应：

（1）方法一：用简易催化氢化装置

按实验原理中的简易加氢装置图将装置组装起来[1]，催化剂与无水乙醇一同转入氢化瓶，加溶有 0.5 g 顺丁烯二酸的 15 mL 无水乙醇溶液，安装好反应装置，检查气密性。方法是向反应瓶中充入一些氮气，将各个阀门关闭后，观察 U 型管液面差值是否随时间改变，然后挨个检查各个阀门。若有漏气，则需将装置仔细检查并重新安装，直至合乎要求。

在进行反应前，用水泵与氢化瓶相连，抽掉体系内的空气，通氢气，关闭通气阀，再打开与水泵的连接阀抽气，如此重复 3～4 次，即将体系内的空气完全置换为氢气。将体系封闭，通入氢气，连通量气管，开动磁力搅拌，氢化反应开始进行，量气管液面高度不变即表示反应完成，记录消耗气体的体积，计算反应转化率。

（2）方法二：用摇摆式加氢反应器（图 5.21）

催化剂与无水乙醇一同转入氢化瓶，加溶有 0.5 g 顺丁烯二酸的 15 mL 无水乙醇溶液，安装好反应装置，检查气密性[2]。方法是将氢气通入反应瓶，在不摇动时观察各气压表，应在 5 min 内读数不发生变化。若有漏气，则需将装置仔细检查并重新安装，直至合乎要求。

在进行反应前，用水泵与氢化瓶相连，抽掉体系内的空气，通氢气，关闭通气阀，再打开与水泵的连接阀抽气，如此重复 3～4 次，即将体系内的空气完全置换为氢气。将体系封闭，通入氢气，开动电机摇摆，氢化反应开始进行，直到气压保持不变即表示反应完成，记录气压变化[3]，并与反应瓶中溶液外体积估算氢气消耗量。

图 5.21　摇摆式加氢反应器

反应后处理：反应完成后，先将体系内多余的氢气放出，拆下氢化瓶，滤除催化剂（小心，催化剂要保持被溶剂覆盖，不能抽干），用 20 mL 乙醇洗涤 2 次[4]。所得溶液在旋转蒸发仪上蒸干溶剂，称量并计算产率，若产品不纯，可用水重结晶。滤出的催化剂要确保用水覆盖，防止燃烧事故，不需要回收的镍催化剂用盐酸分解。

【注释】

　　[1] 氢化反应装置要安装在通风较好的环境中,这样可以降低反应前后泄漏出的氢气积聚,出现燃烧甚至爆炸的潜在危险。

　　[2] 反应装置本身在所需压力条件下应良好密封,确保不在反应进行中泄漏氢气。

　　[3] 气压表可以用来显示反应装置中的气体吸收状态,从而告知反应进行情况。

　　[4] 如果装置本身能正常工作,氢化反应最危险的操作则是催化剂投料和反应结束后的处理,氢化反应中,对非均相催化剂的操作的一条基本原则是:催化剂一定要用溶剂(如果不影响反应,最好用水)完全覆盖,使之不能接触空气。

五、实验流程

1. Raney Ni 的制备

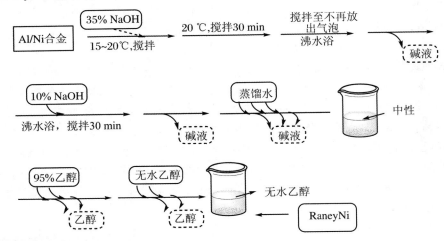

2. 氢化反应

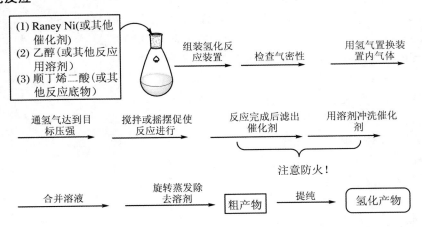

六、知识拓展

　　在催化剂、反应装置和反应条件基本不做改变的情况下,可以实现很多化合物的氢化,例如亚苄基丙酮、苯丙烯酸及其酯,可以从这些化合物中选择一个进行实验。

实验五十三　Negishi 偶联反应

一、实验目的

(1) 练习简单的有机锌试剂的制备。
(2) 练习无水无氧条件下反应的取样分析监控。

二、实验原理

当代有机合成中,过渡金属催化的反应用得越来越多,其中很重要的一类是偶联反应。偶联反应可以分为自身偶联和交叉偶联,在实际应用中,交叉偶联(Cross-Coupling)更为重要(因为可以用自身偶联合成的化合物也都可以用交叉偶联实现)。交叉偶联的基本模式是一种亲核试剂与一种有机卤代物(或者类似物如有机磺酸酯类化合物等)在过渡金属催化作用下发生偶联,形成新 C—C 键或 C—X 键(X = O,N,S,P,B……)。催化这些交叉偶联反应的过渡金属通常是钯(Pd)、镍(Ni)和铜(Cu)金属微粒或它们的化合物。

有机锌试剂是较为常用的亲核性金属有机试剂,可以用于多种官能团的制备。尽管它的碱性和对羰基的加成反应活性都明显低于 Grignard 试剂,但在交叉偶联反应中却显示出高效和高选择性。本实验中在镍配合物催化条件下与卤代苯反应是交叉偶联反应的著名范例,以其发明者命名为 Negishi(根岸)偶联反应。

有机锌试剂的定量分析可以借助于它与分子 I_2 的反应:

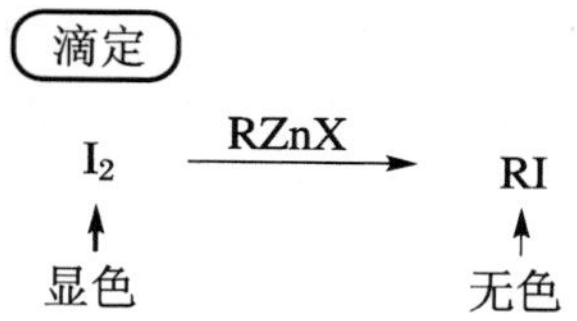

$$\boxed{\text{滴定}}$$

$$\underset{\text{显色}}{I_2} \xrightarrow{\text{RZnX}} \underset{\text{无色}}{RI}$$

反应式:

$$n\text{Oct}\!-\!\text{Br} + \text{Zn} \xrightarrow[\text{DMA},80\,℃]{I_2\,\text{作催化剂}} n\text{Oct}\!-\!\text{ZnBr}$$

$$n\text{Oct}\!-\!\text{ZnBr} + \text{NC}\!-\!\!\!\bigcirc\!\!\!-\!\text{Cl} \xrightarrow[\text{2 mol\%}]{\text{Ni(PPh}_3)_2\text{Cl}_2} \text{NC}\!-\!\!\!\bigcirc\!\!\!-\!n\text{Oct}$$

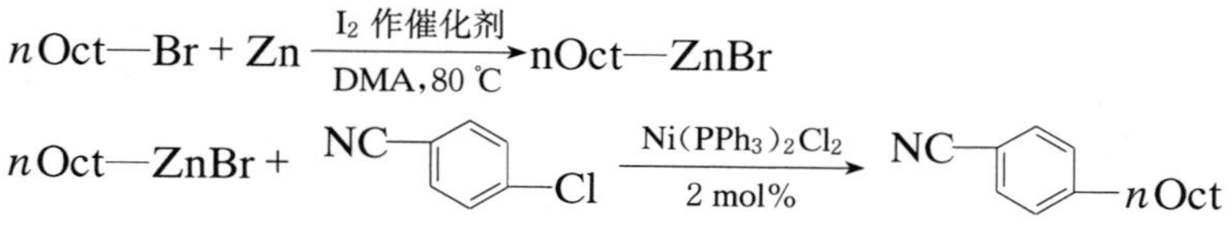

三、主要仪器和试剂

(1) 仪器:控温装置、真空干燥箱、磁力搅拌器、Schlenk 线、三口瓶、回流冷凝管、恒压滴液漏斗、导管、注射器、分液漏斗、层析柱。

（2）试剂：锌粉、无水 DMA、溴辛烷、碘、4-氯苯甲腈、Ni($\mathbb{II}$)(PPh$_3$)$_2$Cl$_2$、乙酸乙酯、盐酸、NaCl、无水 MgSO$_4$。

四、实验步骤

1. 正辛基溴化锌的制备

在 50 mL 的三口圆底烧瓶[1]中放入磁搅拌子，安装回流冷凝管，配上通氮气的接头。先在瓶中加 0.98 g 锌粉（15 mmol），一边快速通氮气吹扫，一边用加热枪加热，除掉瓶内和锌粉表面残留的水分。等烧瓶冷却到室温，减弱氮气流，加入 10 mL 无水 N,N-二甲基乙酰胺[2]和 127 mg 碘（I$_2$），在室温下搅拌，待碘的颜色褪去，加入 1.93 g 溴代正辛烷（10 mmol），加热到 80 ℃，搅拌 3～4 h，取样分析，确定正辛基锌试剂的浓度，确定正溴辛烷转化率达到 90% 后冷却至室温，准备进行偶联反应。

有机锌试剂的滴定：在烘箱中彻底烘干的三口瓶中放入搅拌磁子，一口通过导管连接 N$_2$，另两个口配翻口橡皮塞，烧瓶通快速氮气流冷却到室温。准确称量 200 mg 碘（I$_2$），加入 10 mL 干燥处理过的 N,N-二甲基乙酰胺（DMA）。搅拌，将固体彻底溶解。将刚制好的有机锌试剂用 1.0 mL 注射器准确量取（刻度精确到 0.01 mL），边搅拌边滴加。滴加过程中可以看到碘溶液在搅拌下逐渐褪色，随着溶液颜色越来越浅，滴加速度也要减缓，直到一滴加入，紫色完全消失，则达到滴定终点。根据消耗试剂的体积计算制备出的有机锌试剂浓度。用两个新准备的三口瓶重复上述操作，求得平均值。

有机锂试剂和 Grignard 试剂也可以用此方法滴定，只需要将溶剂换成相应的醚类溶剂。

2. 偶联反应的实施

在一个 25 mL 三口圆底烧瓶中放入磁搅拌子，安装翻口橡皮塞和回流冷凝管，配上通氮气的接头。先转入 5 mL 制得的有机锌 DMA 溶液，加入 0.55 g 4-氯苯甲腈（4 mmol）和 50 mg 二(三苯膦)合氯化镍（$\mathbb{II}$）[Ni(II)(PPh$_3$)$_2$Cl$_2$]（0.08 mmol），室温下搅拌 1～2 h，用气相色谱（GC）[3]法监控反应，直到 4-氯苯甲腈完全消耗。用冰浴冷却反应瓶，然后滴加 1 mol/L 的盐酸淬灭反应，并水解不溶物。混合物用乙酸乙酯萃取 4 次，每次 15 mL。合并有机相，用饱和食盐水洗涤，无水 MgSO$_4$ 干燥，过滤。旋转蒸发除掉溶剂，残留物用硅胶柱层析纯化，得到最终产物。

4-辛基苯甲腈的物理化学数据：

^{1}H NMR（CDCl$_3$，Me$_4$Si）：δ = 0.79（t, J = 6.8 Hz, 3 H），1.0～1.5（m, 12 H），2.57（t, J = 7.9 Hz, 2 H），7.18（d, J = 6.6 Hz, 2 H），7.46（d, J = 6.6 Hz, 2 H）。

^{13}C NMR（CDCl$_3$）：δ = 13.94，22.51，29.04（2 C），29.24，30.82，31.71，35.98，109.39，119.00，129.05（2 C），131.92（2 C），148.47。

【注释】

[1] 玻璃仪器需要彻底烘干。

[2] 使用无水级试剂。

[3] HP-5 毛细管柱（30 m, 0.32 mm, 0.25 μm film），用十氢萘做内标。

五、实验操作流程

1. 正辛基溴化锌的制备与滴定

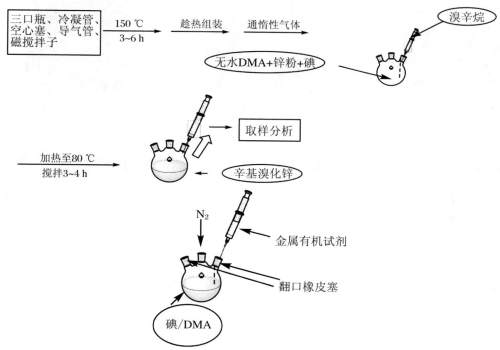

2. 偶联反应

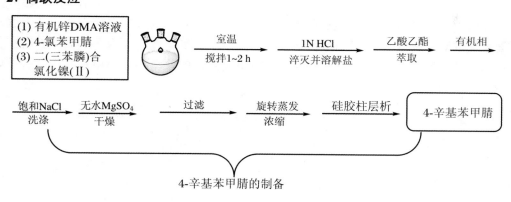

4-辛基苯甲腈的制备

六、知识拓展

美国科学家理查德·赫克(图 5.22)和日本科学家根岸英一(图 5.23)、铃木章(图 5.24)共同获得 2010 年诺贝尔化学奖,这三名科学家因在有机合成领域中钯催化交叉偶联反应方面的卓越研究获奖。这一成果广泛应用于制药、电子工业和先进材料等领域,可以使人类造出复杂的有机分子。

图 5.22　查德·赫克

图 5.23　根岸英一

图 5.24　铃木章

实验五十四　阳极氧化一锅法从苯乙酮合成邻羰基酰胺[①②]

一、实验目的

学习电化学条件下的 C—H 键官能团化。

二、实验原理

邻羰基酰胺是一类重要的有机化合物结构单元,广泛存在于各类天然活性分子、药物、合成中间体中。其传统的合成方法依赖于邻羰基羧酸与胺的偶联、芳基卤代化合物的双羰基化及金属氧化剂对酰胺衍生物的氧化等,这些方法大都需要多步制备、活化原料,反应条件苛刻,或者使用有毒试剂等。因此,直接利用氧气和简单商品化的原料构建邻羰基酰胺具有重要的学术研究价值和实际应用价值。

$$R_1-\text{Ar}-\overset{O}{\overset{\|}{C}}-CH_3 + R_2R_3NH \xrightarrow[\substack{\text{未分开电解池,Pt-Pt}\\20\ mA,室温}]{n\text{-Bu}_4NI, O_2(气球)} R_1-\text{Ar}-\overset{O}{\overset{\|}{C}}-\overset{O}{\overset{\|}{C}}-N\overset{R_2}{\underset{R_3}{}}$$

① Zhang Zhenlei, Su Jihu, Zha Zhenggen, et al. A novel approach for the one-pot preparation of α-ketoamides by anodic oxidation[J]. Chem. Commun., 2013, 49: 8982-8984.

② Evan J., Chen Y. , . Scalable and sustainable electrochemical allylic C-H oxidation[J]. Nature, 2016, 533: 77-81.

三、主要仪器和试剂

恒电位仪(电化学工作站)、铂电极、电解池、苯乙酮、正丁胺、四丁基碘化铵、乙醇。

四、实验步骤

将苯乙酮(0.5 mmol)、胺(2 mmol)(对于苯胺或者苄胺为 1 mmol)、四丁基碘化铵 (1 mmol)加入到不分开电解槽(15 mL)中,向电解槽中加入 10 mL 乙醇,插入电极,然后再在电解槽上搭上氧气球装置,预先搅拌 5 min,然后在恒电流 20 mA 条件下电解 3 h,停止反应,用旋转蒸发仪旋干溶剂,通过干法上样,柱色谱纯化,产物在称重和核磁表征之前高真空条件下干燥至少 0.5 h。

五、知识拓展

电化学反应显示为过氧化物自由基引发条件的有效系列(杂环)化合物 C—H 功能化。

实验五十五　以席夫碱为配体的一些镍(Ⅱ)配合物

一、实验目的

(1) 了解席夫碱配合物的合成及应用。
(2) 初步掌握轴向配位化合物的合成方法。

二、实验原理

把醛或酮与一级胺一起回流可以得到亚胺,有 1 mol 水产生。具体反应式如下：

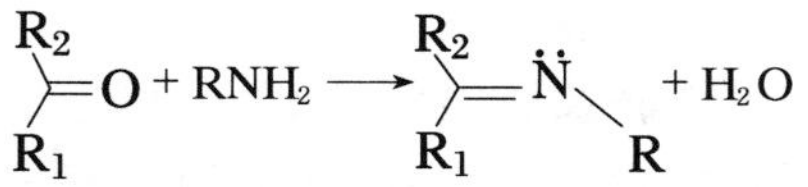

$$\begin{array}{c} R_2 \\ R_1 \end{array}\!\!=\!\!O + RNH_2 \longrightarrow \begin{array}{c} R_2 \\ R_1 \end{array}\!\!=\!\!\overset{..}{N}\!\!-\!\!R + H_2O$$

式中,R、R_1、R_2 是烃基。产物中氮原子携带一对孤对电子将起到路易斯碱的作用,可与过渡金属离子形成配合物。Ettling 于 1840 年报道了像这样的第一例配合物。他用水杨醛与氨进行反应,从产物中分离出一个铜配合物。不过,Schiff 在 1869 年确立了这是一类金属与配体化学计量比为 1∶2 的配合物,并以他的名字命名了这类具有甲亚胺(RN∶CHR)片段的化合物。

自从席夫碱发现以来,以它为配体衍生出的广泛配合物被分离出来。在现代配位化学中它们扮演了重要的角色,产生了许多大环配体体系的例子和配位几何异构现象。席夫碱配合物也用于生物体系中的模型化合物。

制备席夫碱配合物有两种常用方法:一种是配体体系的形成与分离,另一种是使其与金属离子反应形成配合物。第二种方法不是先分离配体,而是在一个合成过程中同时进行回流和配体反应。事实上,有一些配体只有在金属离子存在的情况下才能形成,即所谓的"模板"反应。金属离子能够像模板那样控制反应的方向和产物的组成。1,8-二氨基萘与吡咯-2-醛反应就是这样一个例子。在空气中,1,8-二氨基萘与醛反应的产物一般是杂环化合物,然而在 Ni^{2+} 存在下,得到了一个不同于上述产物的镍配合物。

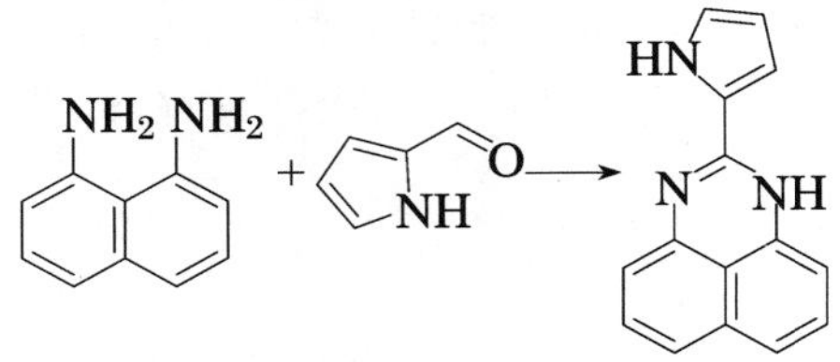

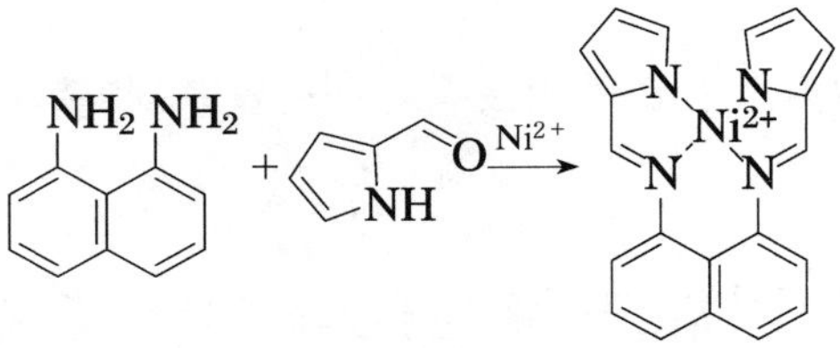

在本实验中,我们采用不同的方法制备两个由丙二胺和吡咯-2-醛衍生出的异构体为配体的镍配合物。用 ^{1}H-NMR、MS 和 IR 光谱表征其结构。

三、主要仪器和试剂

(1) 仪器:50 mL 圆底烧瓶、1 mL 吸量管、回流冷凝管、漏斗、滴液漏斗红外光谱仪、质谱仪、紫外-可见光谱仪。

(2) 试剂:1,3-丙二胺、吡咯-2-醛、乙醇、CH_2Cl_2、$Ni(CH_3COO)_2 \cdot 4H_2O$、NaCl、$MgSO_4$。

四、实验步骤

1. 由 1,3-丙二胺和吡咯-2-醛制备席夫碱

该反应在通风橱内操作。在圆底烧瓶内将 0.95 g 吡咯-2-醛(10 mmol)溶于 5 mL 乙醇中,用吸量管移取 0.40 mL 1,3-丙二胺(5 mmol)于溶液中混匀。安装好回流冷凝管,水蒸气加热(或用沸水浴)使溶液沸腾 3~4 min,然后用冰浴冷却 2 h。混合物可能结晶析出固体或仍为液体。如果冷却时有固体沉淀,过滤收集并用数毫升的乙醚洗涤。滤出液和洗涤液可沉淀出更多的产物。如果混合物仍为液体,旋转蒸发浓缩,直到固体开始出现,将烧瓶继续在冰浴中冷却使之沉淀完全。如前述操作并继续收集产物。产物在空气中干燥,计算产率。测定产物的 IR(KBr 压片)、^{1}H NMR、质谱和电子光谱。

2. 由席夫碱配体制备镍(Ⅱ)配合物

将 0.5 g 上述制得的配体(2.2 mmol)溶于 10 mL 热的乙醇中。慢慢加入 0.5 g 四水合乙酸镍(2 mmol)溶于 10 mL 水的溶液,得到砖红色混合物。接着加入 0.2 g 碳酸钠溶于 5 mL 水的溶液,搅拌 20 min。过滤,收集粗产物,用数毫升 1:1 的乙醇-水溶液洗涤。产物重新溶解于 40 mL CH_2Cl_2 中,用无水硫酸镁干燥。过滤除去硫酸镁,并用少量 CH_2Cl_2 洗涤。向洗涤液和滤液的混合物中加入 40 mL 石油醚(80~100 ℃),用旋转蒸发器除去 CH_2Cl_2(用室温下水浴,不可加热)。红色的产物从石油醚中沉淀下来。过滤,收集,并在空气中干燥,计算产率。测定产物的 IR(KBr 压片)、^1H NMR、质谱、电子光谱(选用不同配位能力的溶剂)和磁化率。

3. 镍配合物与 1,2-丙二胺和吡咯-2-醛的反应

在通风橱内,在 100 mL 两颈圆底烧瓶上,装上回流冷凝管和滴液漏斗。在烧瓶内加入 50 mL 1:1(体积比)乙醇-水溶液、0.95 g 吡咯-2-醛(10 mmol)和 1.25 g 四水合乙酸镍(5 mmol),加入磁子。搅拌加热使乙酸镍溶解(得到的是挥油的溶液而非澄清液),加入 4 mL 10%NaOH 水溶液(质量浓度)。在滴液漏斗中将 0.4 mL 2-丙二胺(5 mmol)溶于 20 mL 水中,大约 20 min 后逐滴加入到回流的氢氧化镍和醛的悬浊液中。然后加入 10 mL 水,冷却,过滤,收集橙色的粗产物,用 1:1 的乙醇-水溶液洗涤。在过滤漏斗中用 40 mL 的 CH_2Cl_2 重新溶解产物,将橙色的 CH_2Cl_2 溶液滤进一个干净的 100 mL 锥形瓶中。用少量无水硫酸镁干燥,过滤除去硫酸镁,用少量 CH_2Cl_2 洗涤硫酸镁,滤液与洗涤液混合。向混合液中加入石油醚(80~100 ℃),用旋转蒸发器除去 CH_2Cl_2(室温下,不可加热)。橙色产物从石油醚中沉淀出来,过滤,收集产物,在空气中干燥。计算产率。测定产物的 IR(KBr 压片)、^1H NMR、质谱、电子光谱(选用不同配位能力的溶剂)和磁化率。

4. 研究性实验

(1) 在步骤 2 和步骤 3 产物的基础上是否有可能进一步合成带轴向配位的配合物?若可能,请设计具体实验方案,进行合成探索。

(2) 对合成产物进行确认表征。

【注意事项】

(1) 注意避免吸入或皮肤接触到这些药品。如果实验中皮肤接触到化学药品,应立即用大量的水冲洗,并向指导教师报告。当有烟或难闻的气体从通风橱逸出时,应向指导教师报告,并在允许的情况下,喷洒大量的水进行吸收。

(2) 废弃的溶剂应倒入指定的容器内。

五、思考题

(1) 解析所得的 IR 谱图。如果 N-H 健在 3 000~3 400 cm 处产生吸收,C=N 在 1 550~1 600 cm 处产生吸收,在步骤 2 和步骤 3 中,有什么证据可以证明镍配合物的形成?

(2) 解析质谱图并列出主要的离子峰。讨论镍(Ⅱ)配合物的分子离子峰,说明为什么在任何情况下 $m/z=284$ 和 286 的峰丰度都最大?两种异构体的谱图有何不同?

(3) 画出在步骤 2 和步骤 3 中所制备的配合物的结构。讨论 ^1H NMR 并列出化学位移,说明这些谱图是如何与化合物的结构相对应的?两种异构体的谱图有何不同?

（4）镍（Ⅱ）的平面正方形配合物是反磁性的,而镍（Ⅱ）八面体配合物具有 2 个不成对电子,却是顺磁性的,试用晶体场分裂能级图解释原因。

（5）解释不同溶剂对电子光谱的影响。

（6）研究性合成实验的指导思想是什么? 系列化合物合成有何理论意义?

六、知识拓展

（一）Mn(Salen)配合物催化的烯烃的环氧化反应

1. 制备 Salen 配体

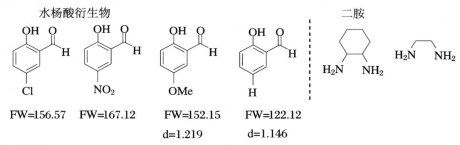

R = H,OMe,NO$_2$ 或 Cl

原料

水杨酸衍生物   二胺

FW=156.57   FW=167.12   FW=152.15   FW=122.12
                                          d=1.219   d=1.146

【注意事项】

（1）应设法得到 1.00 g Mn(Salen)配合物。若产率可超过 70%,计算一下两个反应的投料量。

（2）由于反应将会产生大量固体,需要用较大的搅拌棒进行快速搅拌。

（3）不要忘记在反应结束后你需要加水沉淀产物,因此反应容器不能太小。

（4）配体（以及之后的金属配合物）刚分离出来时非常潮湿,应先放置在干燥器中过夜,干燥后再行称重。

（5）注意乙醇和无水乙醇的区别。

2. 制备 Mn(Salen)配合物

【注意事项】

（1）Salen 配体和 Jacobsen 所报道的有所不同。在有的情况下,需在热酒精溶液中加入甲苯来溶解配体。

（2）反应完全后,冷却溶液促进 Mn(Salen)配合物结晶是至关重要的。将反应瓶直接放在冰水浴中冷却约 1 h,再过滤即可。如果在冰水浴中没有固体析出,则可将溶液放在冰箱中冷却过夜。

3. 1,2-二苯乙烯的环氧化反应

$$\text{（反应式）}\xrightarrow[\text{CH}_2\text{Cl}_2,0\text{ ℃至室温}]{\begin{array}{c}10.5\text{ mol/L Na2HPO4,Clorox}\\ \text{Mn(Salen)}\end{array}}\text{（产物）}$$

【注意事项】

（1）用 pH 计测量该反应准确的 pH 是最好的方法。

（2）由于有机层位于容器底部,用薄层层析(TLC)来跟踪该反应可能得不到真实结果。最好的方法是将一个吸移管尽可能深地插入混合液中。通过毛细作用使液体进入吸移管中,再用正戊烷可将其洗入一个小瓶中。这样,低密度的有机层就会处于水相上层,便于薄层层析点样。注意:我们之所以使用这种繁琐的稀释方法,是因为该反应在二氯甲烷中呈两相。然而大多数的均相反应溶液(或低密度有机溶剂的两相混合物)都可以直接用于薄板点样。

（二）晶体工程实验设计

$$\text{（COOH-苯-COOH）}\xrightarrow[\text{DMF/DEF,85 ℃,2 滴}]{\text{Zn(NO}_3)_2}\text{MOF-3}$$

$$\text{（COOH-苯(NO}_2\text{)-COOH）}+\text{MOF-5}\xrightarrow[\text{DMF/DEF,85 ℃,2d}]{\text{Zn(NO}_3)_2}\text{core-shell-MOF-3}$$

（三）诺贝尔化学奖

2011 年,以色列科学家达尼埃尔·谢赫特曼(图 5.25)因发现准晶体而获奖。准晶体是一种介于晶体和非晶体之间的固体,准晶体的发现不仅改变了人们对固体物质结构的原有认识,由此带来的相关研究成果也广泛应用于材料学、生物学等多种有助于人类生产、生活的领域。

图 5.25　达尼埃尔·谢赫特曼

附　　录

附录一　有机化学实验室的常用仪器

　　有机化学实验室中使用最多的是玻璃仪器,不同的玻璃,其组成及特性各不相同。可用于加热的玻璃仪器由硬质玻璃制成,软化温度为 770 ℃。玻璃仪器一般可分为标准磨口仪器(附图 1.1)、非标准磨口仪器(附图 1.2 中的冷却阱等)和普通玻璃仪器(附图 1.3)3 类,但也有少数仪器兼有标准磨口和非标准磨口。

　　所有玻璃仪器使用时都应注意:① 轻拿轻放,安装松紧适度;② 除试管外一般不可用直接火加热;③ 厚壁玻璃容器不可加热;④ 薄壁的平底容器(锥形瓶、平底烧瓶)不耐压,不可用于真空系统;⑤ 量器(量筒、量杯)不可在高温下烘烤;⑥ 广口容器不可用来储存或加热有机溶剂。

一、磨口玻璃仪器

| 球形冷凝管 | 直形冷凝管 | 空气冷凝管 | 刺形冷凝管 | 蛇形冷凝管 |
| allihn condenser | west condenser | air condenser | stab(Snyder)air condenser | coil(Gralam) condenser |

附图 1.1　基础有机实验仪器(磨口)

旋蒸立式冷凝器
spin steaming
vertical condenser

旋蒸卧式冷凝器
spin steaming
horizontal condenser

防泡沫球
foam ball

具多孔板防溅球
spray ball with
a perforated plate

球磨口单口圆底烧瓶
ball milling stand-up
round-bottom flask

蒸馏头
distilling adaptor

克氏蒸馏头
Claise distilling adaptor

75°蒸馏头
75°distilling adaptor

A 型接头
type A connector

B 型接头
type B connector

接液管
adaptor

真空接液管
vacuum adapter

弯管
knee tube

75°干燥管
75°drying tube

U 形干燥管
U-drying tube

90°具活塞抽气接头
90°extraction joint with stopcock

90°抽气接头
90° extraction joint

标准磨口与球磨互换接头
standard mouth and ball
grinding swap connector

Y 形接头
Y-joint

倒 Y 形接头
inverted Y-shaped joints

抽气接头
exhaust joint

三通接头
T-junction

三通接收管
T-adaptor

附图 1.1　基础有机实验仪器(磨口)(续)

圆底烧瓶
round bottomed
flask

两颈瓶
two-necked flask

三颈瓶
three-necked flask

直四口球瓶
four-necked flask

具挂钩圆底烧瓶
tied round bottom
flask

平底烧瓶
flat-bottomed flask

锥形瓶
erlenmeryer flask

两口鸡心瓶
two-necked
heart-shaped bottle

烧瓶，法兰盘磨口
flask，grinding mouth flange plate

层析溶剂储存瓶
chromatographic solvent storage bottle

反应瓶　　　反应茄瓶　反应管
reaction bottle　tomato bottle　reaction tube

厚壁耐压瓶
thick wall pressure bottle

溶剂储存瓶
solvent storage bottle

微量螺纹口圆底烧瓶
trace thread mouth
round bottom flask

恒压滴液漏斗
dorpping funnel with constant pressure

滴液漏斗
dorpping funnel

分液漏斗
separeting funnel

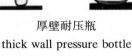

附图 1.1　基础有机实验仪器（磨口）（续）

布氏漏斗
Buchner funnel

霍氏漏斗
Hirsch funnel

分水器
dean and
stark apparatus

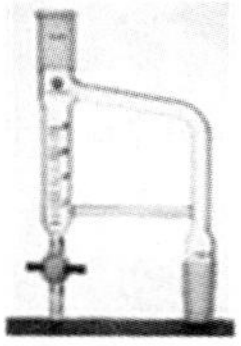

微量升华器
trace sublimator

溶剂干燥装置
solvent drying device

索氏提取器
Soxhlet extractor

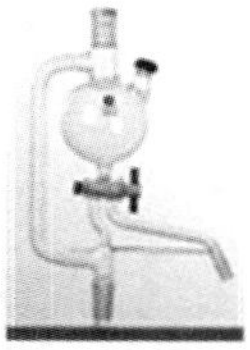

连续式液体-液体提取器
continuous liquid-liquid extraction

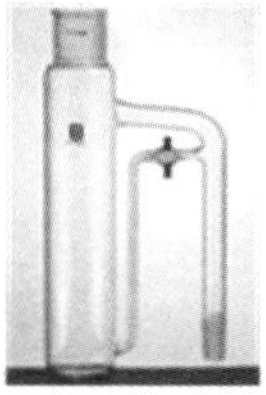

色谱柱
chromatographic column

层析溶剂储存瓶
chromatographic solvent
storage bottle

层析流量控制阀
chromatographic
flow control

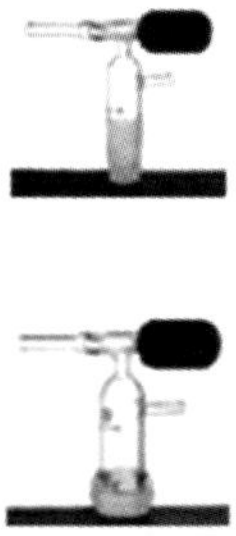

TLC 层析缸
TLC tank

附图 1.1　基础有机实验仪器（磨口）（续）

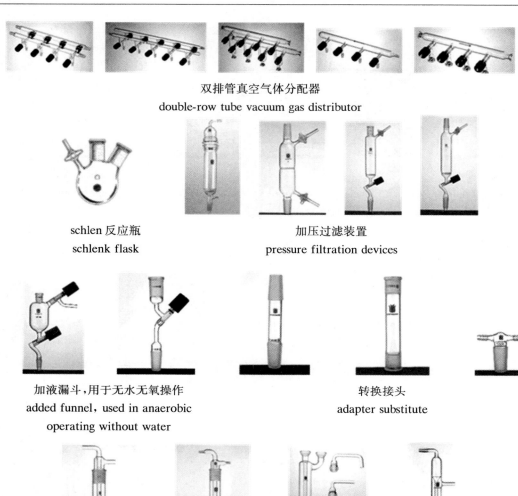

双排管真空气体分配器
double-row tube vacuum gas distributor

schlen 反应瓶
schlenk flask

加压过滤装置
pressure filtration devices

加液漏斗,用于无水无氧操作
added funnel, used in anaerobic
operating without water

转换接头
adapter substitute

具磨口冷却阱
cold trap with ground mouth

具球磨口冷却阱
cold trap with ball mill

油泡器
oil bubbler

附图 1.2　Schlenk 真空线使用的玻璃仪器(磨口)

　　仪器的开口处按照国际统一的尺寸和锥度磨制而成的玻璃仪器称为标准磨口仪器。标准磨口的锥度均为 1/10,开口最大端的直径可有 10 mm、14 mm、19 mm、24 mm、29 mm、34 mm、40 mm、50 mm 等不同规格,习惯上常分别称为 10 口、14 口、19 口、24 口等。如果仪器上标有 14/25 字样,则表示磨口大端直径为 14 mm,长 25 mm,依此类推。标准磨口仪器商品目录的编号次序是:仪器配件类别(名称)编号/配件规格/标准磨口规格。其中的磨口规格是按照先上后下、先左后右、先口后塞、先直后斜的次序编排的。例如 6/100/19/14×2 中的"6"为类别号,表示三颈烧瓶,"100"表示容量为 100 mL,磨口的中口为 19,直支口为 14。再如 35/14/19/19 中的 35 为类别号,表示蒸馏头,标准磨口的上直口为 14,下直塞口为 19,斜塞口为 19。

　　标准磨口仪器同号的磨口(阴磨口)和磨塞(阳磨口)可以严密对接,在安装时省去了选塞打扎的麻烦,因而组装方便、节省时间。在使用时应注意随时保证磨口清洁,勿使坚硬的固体微粒夹入磨口。磨口若用清水不能洗净,可用洗液(K_2CrO_7洗液、NaOH 乙醇溶液)或有机溶剂洗涤,也可用洗衣粉洗涤,但不可用去污粉洗涤,因为去污粉中有细沙粒,会损伤磨口。在安装仪器时应使磨口对接端正,勿使受到侧向应力。在容器内装盛强碱时,其磨口处应涂上一层薄薄的凡士林以免受强碱腐蚀。在减压下使用时也应均匀地涂上一层凡士林,在高真空条件下使用,应涂上真空油脂。

非标准磨口玻璃仪器一般是厚壁的或带有活塞的仪器,通常不可加热,其磨口的长度、锥度和口径无统一的标准,只有在仪器出厂时已经配好的阳磨和阴磨才能严密接合,不能用一件阳磨代替另一件阳磨。例如分液漏斗或滴液漏斗,如果塞子打碎了,则整件仪器报废,一般不能找到另一个可以完全密合的塞子。活塞在使用时都要涂凡士林以利转动,且须用橡皮筋固定塞子或在塞子的小端套上橡皮圈以防滑脱打破。

无论是标准磨口或非标准磨口的玻璃仪器,在不使用时都要将阳磨和阴磨拆开洗净,分开放置,以防止久置黏结。如不分开放置,也可在阳磨与阴磨之间夹进小纸片来防止黏结。如果已经黏结而不能打开,可用电吹风对磨口处吹热风或用热水浸煮,然后用木块轻轻敲击使之松脱或使用超声波使之分开。

二、普通(玻璃)仪器

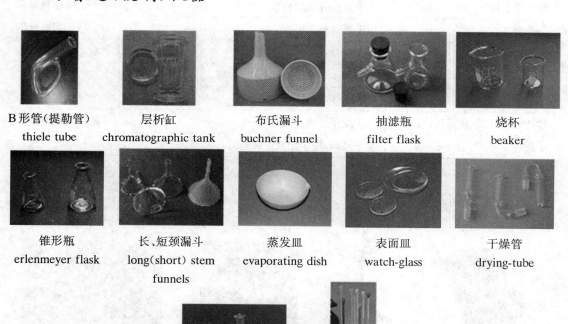

B形管(提勒管)　　　层析缸　　　　　　布氏漏斗　　　　　抽滤瓶　　　　　　烧杯
thiele tube　chromatographic tank　buchner funnel　filter flask　beaker

锥形瓶　　　　长、短颈漏斗　　　　蒸发皿　　　　　　表面皿　　　　　干燥管
erlenmeyer flask　long(short) stem　evaporating dish　watch-glass　drying-tube
　　　　　　　　funnels

量筒、量杯　　　　核磁管
measuring cylinders　NMR tube

附图 1.3　基础有机实验仪器(非磨口)

　　非磨口玻璃仪器又称为普通玻璃仪器,广口的烧杯、无口的表面皿和厚壁的研钵等为常用的普通玻璃仪器,现在有机化学实验室反应装置中很少使用的非磨口玻璃仪器,像烧瓶、冷凝管这些非磨口仪器逐渐被淘汰。

三、有机化学实验常用仪器的应用范围

附表 1.1　有机化学实验常用仪器的应用范围

仪器名称	应用范围	说明及备注
圆底烧瓶	用于反应、回流加热及蒸馏	
二(三)颈烧瓶	用于反应、口用于安冷凝管、温度计和滴液漏斗	
蒸馏头	组装烧瓶与冷凝管,用于蒸馏	
冷凝管	用于蒸馏和回流	
接引管	用于常压蒸馏	
燕尾管、分配器	用于减压蒸馏	
分馏柱	用于分馏多组分混合物	
恒压滴液漏斗	用于反应有压力装置	利于液体顺利滴加
分液漏斗	用于萃取和分离	也可用于滴加液体
锥形瓶	用于储存液体	不能用于减压蒸馏
烧杯	用于固体溶解、溶液混合与转移	
量筒	量取液体	切勿用火加热
抽滤瓶及布氏(或霍氏)漏斗	用于减压过滤	不能用火加热
干燥管	装干燥剂,用于无水反应装置	

四、常用仪器

　磁力搅拌器　　　　电动搅拌器　　　　　低温反应器　　　　　　微波反应器
magnetic stirrer　　motor stirrer　　low-temperature reactor　　rotary evaporaters

附图 1.4　常用仪器

旋转蒸发仪
rotary evaporators

循环水真空泵
circulating water
vacuum pump

制冰机
ice maker

碎冰机
ice crusher

气质联用仪器
GC instrument

红外光谱仪
infrared spectrometer

核磁共振仪
NMR spectrometer

高效相色谱仪
high performance liquid
chromatograph

紫外灯
UV lamp

电吹风
electric hair drier

真空泵
vacuum pump

干燥箱
drying oven

电子天平
electronic scales

熔点仪
melting point apparatus

折光仪
refractometer

超声波清洗器
ultrasonic cleaner

附图 1.4　常用仪器(续)

五、配件

杜瓦瓶
dewar flask

升降架
erector

翻口橡胶塞
flanging rubber plug

磨口塑料夹
grinding mouth
plastic clip

球磨夹
ball mill clip

三爪夹
three-jaw clip

十字夹
cross clamp

小钢铲
small steel shovel

磁力搅拌子
stirrer

聚四氟乙烯塞子
PTFE plugs

聚四氟乙烯活塞
PTFE piston

油浴锅
oil bath pan

加热锅
heating kettle

附图 1.5　配件

附录二　有机化学实验常用装置

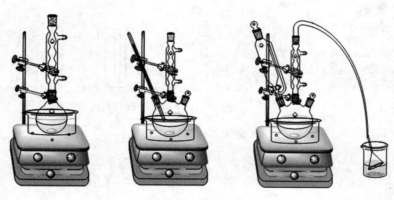

附图 2.1　反应装置

附图 2.2　常压蒸馏

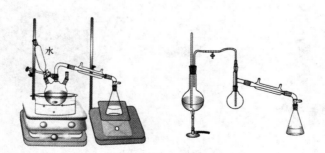

附图 2.3　水蒸气蒸馏

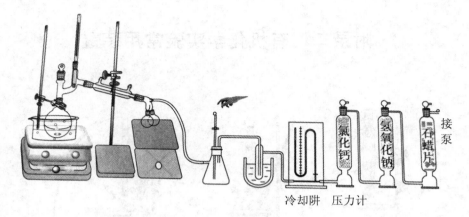

冷却阱　压力计

附图 2.4　减压蒸馏

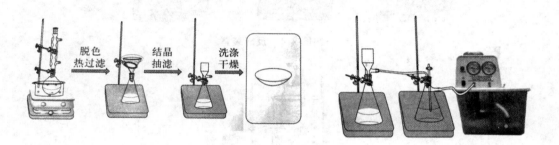

脱色
热过滤

结晶
抽滤

洗涤
干燥

附图 2.5　重结晶和抽滤

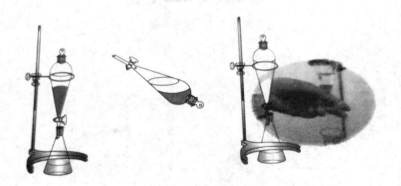

附图 2.6　萃取

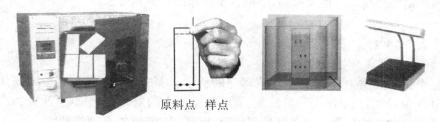

原料点　样点

附图 2.7　薄层色谱基本流程(制板、活化、点样、展开、显色、计算分析)

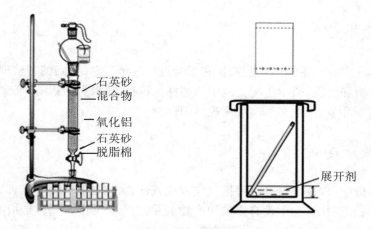

石英砂
混合物

氧化铝
石英砂
脱脂棉

展开剂

附图 2.8　柱色谱

附录三　实验预习、记录、实验报告和产率计算

一、实验预习

实验预习是有机化学实验中的重要环节,对实验成功与否、收获大小起着关键的作用。为了积极主动、准确地完成实验,避免照方抓药,必须认真做好实验预习。教师有权拒绝那些未进行预习的学生进行实验。预习的具体要求如下:

(1) 将本实验的目的、要求、反应式(正反应,主要副反应)、主要反应物、试剂和产物的物理常数(查手册或辞典)、用量(g, mL 或 mol 等)和规格摘录于记录本中。

(2) 写出实验简单步骤。每个学生应根据实验内容写成简单明了的实验步骤(不是照抄实验内容)。步骤中的文字常用符号简化,例如试剂写分子式,加热 = △ ,加 = + ,沉淀 = ↓,气体逸出 = ↑……仪器以示意图代之。学生在实验初期可画装置简图,步骤写得详细些,以后逐步简化。这样在实验前已形成了一个操作提纲,使实验有条不紊地进行。

（3）列出粗产物纯化过程及原理，明确各步操作的目的和要求。

二、实验记录

实验记录是培养学生实事求是、认真严谨的科学素养的重要环节。实验者要认真观察实验中的各种现象，如实记录所用物料的量、浓度和反应中的温度变化、颜色改变、放热情况、形态特征以及测定的各种数据。记录要做到简明、扼要、字迹整洁、条理清楚。

实验完毕后，学生应将实验记录本和产物交给教师。产物要盛于样品瓶中（固体产物可放在硫酸纸袋中或培养皿中），贴好标签。

三、实验报告

实验报告是在实验结束后对实验操作和实验过程的情况总结、归纳和整理，是对实验现象和结果进行的分析和讨论，是学生把实验中的感性认识提高到理论认识的必要步骤，是培养学生综合能力的重要环节，因此必须高度重视、认真对待。

四、实验产率的计算

有机化学反应中，理论产量是指根据反应方程式计算得到的产物的量，即原料全部转化成产物，同时在分离和纯化过程中没有损失的产物的量。产量（实际产量）是指实验中实际分离获得的纯粹产物的量。产率是指实际得到的纯粹产物的量和计算的理论产量的比值，即

$$产率 = \frac{实际产量}{理论产量} \times 100\%$$

【例】　5 g 的环己醇和催化量的硫酸一起加热时，可得到 3 g 的环己烯，试计算产率。

解：根据化学反应式，1 mol 环己醇能生成 1 mol 环己烯，今用环己醇 5 g/(100 g/mol) = 0.05 mol 环己醇，理论上应得 0.05 mol 环己烯，理论产量为 82 g/mol × 0.05 mol = 4.1 g，但实际产量为 3.0 g，所以产率为

$$\frac{3}{4.1} \times 100\% = 73\%$$

在有机化学实验中，产率通常不可能达到理论值，这是由于下面一些因素影响所致：

（1）可逆反应。在一定的实验条件下，化学反应建立了平衡，反应物不可能完全转化成产物。

（2）有机化学反应往往比较复杂，在发生主要反应的同时，一部分原料消耗在副反应中。

（3）分离和纯化过程中所引起的损失。

为了提高产率，常常增加其中某一反应物的用量。究竟选择哪一种物料过量，要根据有机化学反应的实际情况、反应的特点、各物料的相对价格、在反应后是否易于除去以及对减少副反应是否有利等因素来决定。下面是在这种情况下计算产率的一个实例。

【例】　用 6.1 g 苯甲酸、17.5 mL 乙醇和 2 mL 浓硫酸一起回流，制得苯甲酸乙酯 6 g。这里的浓硫酸是用作这一催化反应的催化剂。

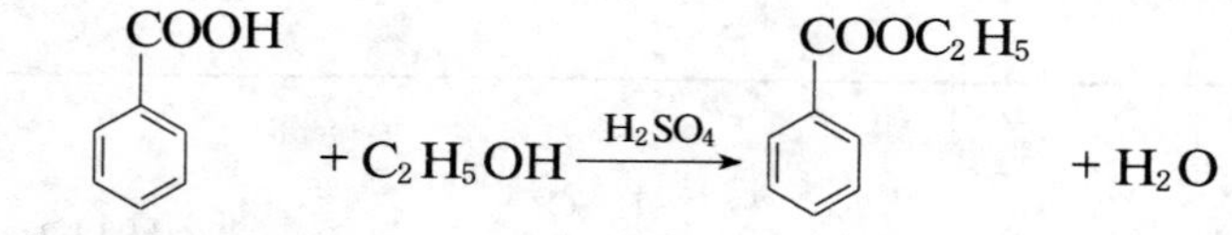

$$
\begin{array}{cccc}
\text{摩尔质量} & & & \\
\text{(g/mol)} & 122 & 46 & 150
\end{array}
$$

6.1 g(0.05 mol)　13.3 g(0.29 mol)

分析:从反应方程式中物料的摩尔比很容易看出乙醇是过量的,故理论产量应根据苯甲酸来计算。0.05 mol 苯甲酸理论上可产生 0.05 mol 苯甲酸乙酯,即 0.05 mol×150 g/mol＝7.5 g 苯甲酸乙酯。产率为

$$\frac{6}{7.5} \times 100\% = 80\%$$

五、实验报告的一般格式

以正溴丁烷的合成为例,见附表3.1。

附表 3.1

日期	2015.9.28		天气	晴
实验名称	正溴丁烷		实验编号	Zgzha20170101
实验目的	了解由正丁醇制备正溴丁烷的原理及方法; 初步掌握回流、气体吸收装置及分液漏斗的使用			
反应方程	主反应: $$NaBr + H_2SO_4 \longrightarrow HBr + NaHSO_4$$ 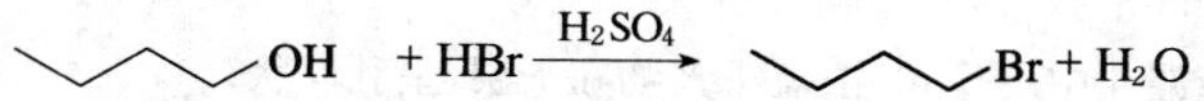 $$\text{—OH} + HBr \xrightarrow{H_2SO_4} \text{—Br} + H_2O$$ 总反应: 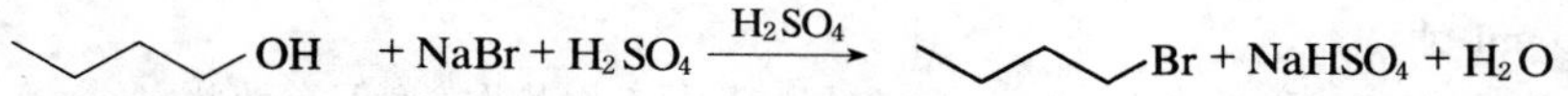 $$\text{—OH} + NaBr + H_2SO_4 \xrightarrow{H_2SO_4} \text{—Br} + NaHSO_4 + H_2O$$			
	分子量	74.12	102.89	98.07	137.03
	体积(mL)	7.5	12		
	密度(g/mL)	0.809 8$_4^{20}$	10		
	质量(g)	6.1			
	物质的量(mmol)	82			

反应方程	副反应： $\text{CH}_3\text{CH}_2\text{CH}_2\text{CH}_2\text{OH} \xrightarrow{\text{H}_2\text{SO}_4} \text{CH}_2=\text{CHCH}_2\text{CH}_3 + \text{H}_2\text{O}$ $2\ \text{CH}_3\text{CH}_2\text{CH}_2\text{CH}_2\text{OH} \xrightarrow{\text{H}_2\text{SO}_4} \left(\text{CH}_3\text{CH}_2\text{CH}_2\text{CH}_2\right)_2\text{O} + \text{H}_2\text{O}$ $2\text{NaBr} + 3\text{H}_2\text{SO}_4 \longrightarrow \text{Br}_2 + \text{SO}_2 + \text{H}_2\text{O} + 2\text{NaHSO}_4$

序号	步骤	实验现象/反应监控
(1)	在 100 mL 圆底瓶中放入 10 mL 水，加入 12 mL 浓硫酸，振摇，冷却	放热
(2)	加 7.5 mL 正丁醇及 10 g 溴化钠，加磁子，摇动	溴化钠部分溶解，瓶中产生雾状气体（溴化氢）
(3)	在瓶口安装冷凝管，冷凝管顶部安装气体吸收装置，开启冷凝水，搅拌加热回馏 1 h	雾状气体增多，溴化钠渐渐溶解，瓶中液体由一层变为三层，上层开始极薄，中层为橙黄色，随着反应进行，上层越来越厚，中层越来越薄，最后消失。上层颜色由淡黄→橙黄
(4)	稍冷，改成蒸馏装置，加沸石，蒸出正溴丁烷	开始馏出液为白色油状物，后来油状物减少，最后馏出液变清（说明正溴丁烷全部蒸出），冷却后，蒸馏瓶内析出结晶（硫酸氢钠）
(5)	粗产物用 10 mL 水洗； 在干燥分液漏斗中用 5 mL 浓硫酸洗； 10 mL 水洗； 10 mL 饱和碳酸氢钠洗； 10 mL 水洗	产物在下层，呈乳浊状； 产物在上层（清亮），硫酸在下层，呈棕黄色； 二层交界处有絮状物产生呈乳浊状

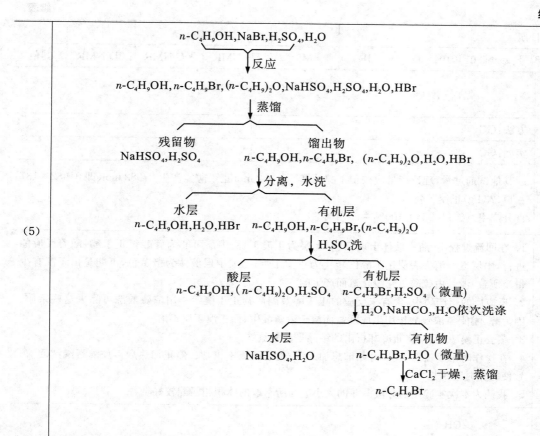

（5）		
（6）	将粗产物转入小锥形瓶中,加约 1 g 氯化钙振摇,干燥	开始浑浊,最后变清
（7）	产品滤入 10 mL 蒸馏瓶中,加沸石蒸馏,收集 99～103 ℃馏分	99 ℃以前馏出液很少,长时间稳定于 101～102 ℃。后升至 103 ℃,温度下降,瓶中液体很少,停止蒸馏
（8）	产物称重及外观	6 g,无色透明液体
实验装置		

$n\text{-}C_4H_9OH,NaBr,H_2SO_4,H_2O$

↓ 反应

$n\text{-}C_4H_9OH,n\text{-}C_4H_9Br,(n\text{-}C_4H_9)_2O,NaHSO_4,H_2SO_4,H_2O,HBr$

↓ 蒸馏

残留物　　　　　　　　　馏出物
$NaHSO_4,H_2SO_4$　　　$n\text{-}C_4H_9OH,n\text{-}C_4H_9Br,　(n\text{-}C_4H_9)_2O,H_2O,HBr$

↓ 分离，水洗

水层　　　　　　　　　有机层
$n\text{-}C_4H_9OH,H_2O,HBr$　　$n\text{-}C_4H_9OH,n\text{-}C_4H_9Br,(n\text{-}C_4H_9)_2O$

↓ H_2SO_4洗

酸层　　　　　　　　　有机层
$n\text{-}C_4H_9OH,(n\text{-}C_4H_9)_2O,H_2SO_4$　　$n\text{-}C_4H_9Br,H_2SO_4$（微量）

↓ $H_2O,NaHCO_3,H_2O$依次洗涤

水层　　　　　　　　　有机物
$NaHSO_4,H_2O$　　　$n\text{-}C_4H_9Br,H_2O$（微量）

↓ $CaCl_2$干燥，蒸馏

$n\text{-}C_4H_9Br$

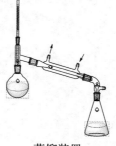

回流及气体吸收装置　　　蒸馏装置　　　萃取装置

续表

送检日期						
谱图编号:zgzha20140101	IR	MS	^{1}H NMR	^{13}C NMR	2D NMR	其他
谱图分析						
产物纯度	方法:GC					
	实测:GC					
产量与产率	因其他试剂过量,理论产量应按正丁醇计算。0.082 mol 正丁醇能产生 0.082 mol(即 0.082×137 = 11.234 g)正溴丁烷; 百分产率 = 6/11.234×100% = 53.4%					
结果与讨论	1. 在回流过程中,瓶中液体出现三层,上层为正溴丁烷,中层可能为硫酸氢正丁酯,随着反应的进行,中层逐渐消失表明正丁醇已转化为正溴丁烷。上、中层液体为橙黄色,可能是由于混有少量溴所致,溴是由硫酸氧化溴化氢而产生的 2. 反应后的粗产物中,含有未反应的正丁醇及副产物正丁醚等。用浓硫酸洗可除去这些杂质。因为醇、醚能与浓硫酸作用生成锌盐而溶于浓硫酸中,而正溴丁烷不溶 3. 蒸去正溴丁烷后,烧瓶冷却析出的结晶是硫酸氢钠 4. 在操作时由于疏忽,反应开始前忘加入沸石,使回流不正常。停止加热后再加沸石继续回流,致使操作时间延长 5. 我认为本次实验用的分液漏斗的大小应与所萃取的体积相匹配较好					
结论	∖／＼／OH					
参考文献	1					
	2					
	3					
	……					

附录四　物理常数

附表 4.1　物理常数（烃，Hydrocarbon）

试剂名称 reagent name	分子量 molecular weight	性状 character	折光率 refractive index (20)	密度 density $_4^{20}$	熔点 melting point (℃)	沸点 boiling point (℃)	溶解度 (solubility)		
							水 water	乙醇 ethanol	乙醚 ethyl ether
萘 Naphthalene	128.19	白色晶体	$1.400\,3^{24}$	1.025 3	80.55	218	不	溶	热易
甲苯 Toluene	92.14	无色液体	1.496 9	0.866 9	-95	110.62	不	可溶	可溶
联苯 Diphenyl	154.21	无色片状晶体	$1.588\,8^{77}$	0.866 0	71	255.9	不	溶	溶
正己烷 n-hexane	86.18	无色液体	1.375 0	0.660 3	-95	68.95	不	易	溶
环己烷 Cyclohexane	84.16	无色液体	1.426 6	0.778 6	6.55	80.74	不	∞	∞
环己烯 Cyclohexene	82.15	无色透明液体	1.446 5	0.810 2	-103.5	82.98	不	∞	∞
石油醚（60~90℃）Petroleum ether	—	无色液体	—	0.816	—	30~120	不	溶	溶

附表 4.2 物理常数(醇、醚、酚, Alcohol/Ether/Phenol)

试剂名称 reagent name	分子量 molecular weight	性状 character	折光率 refractive index (20)	密度 density $_4^{20}$	熔点 melting point (℃)	沸点 boiling point (℃)	溶解度 (solubility) 水 water	乙醇 ethanol	乙醚 ethyl ether
苄醇 Benzyl alcohol	108.14	无色液体	1.5403^{20}	1.0453_4^{20}	-15.2	205	0.08	混溶	混溶
甲醇 Methanol	32.04	无色液体	1.3288	0.7914	-97.8	64.96	∞	∞	∞
乙醇 ethanol	46.07	无色液体	1.3611	0.7893	-117.3	78.5	∞	∞	∞
丙三醇 Glycerol	92.11	无色黏稠液体	1.4746	1.2613	20	290 分解	∞	∞	微
正丁醇 Normal butanol	74.12	无色液体	1.3993	0.8098	-89.53	117.25	微	∞	∞
环己醇 Cyclohexanol	100.16	无色黏稠液体	1.4641	0.9624	25.15	161.1	溶	溶	溶
二苯甲醇 Diphenyl methanol	184.24	白色针状晶体	—	1.1108^{15}	68~69	297~298	热微	易	易
呋喃甲醇 Furfuryl alcohol	98.1	无色液体	1.4868^{20}	1.1295_4^{20}	-31	171	溶	溶	溶
三苯甲醇 Triphenylcarinol	260.34	无色棱晶	—	1.199_4^{0}	164.2	380	不	易	易
1-苯基-3-丁烯基-1-醇	148.21	无色黏稠液体	—	—	-0.56	243.31	不	溶	溶

续表

试剂名称 reagent name	分子量 molecular weight	折光率 refractive index (20)	密度 density $\frac{20}{4}$	熔点 melting point (℃)	沸点 boiling point (℃)	溶解度 (solubility)		
						水 water	乙醇 ethanol	乙醚 ethyl ether
苯酚 Phenol	94.11	1.541 8[41]	1.057 6[41]	40.9	181.8	微	溶	溶
对叔丁基苯酚 p-tert-butyl phenol	150.21	1.478 7[114]	0.908	100~101	236~238	不	溶	溶
邻硝基苯酚 o-nitrophenol	139.11	1.572 3[50]	1.485[14]	45.3~457	216	微	热易	易
邻氨基苯酚 o-aminophenol	109.13	—	1.328	174	153 升华	溶	易	溶
乙醚 Diethyl ether	74.12	1.352 6	0.713 7	-116.2	34.51	微	∞	∞

附表 4.3　物理常数 (卤代烃, Halohydrocarbon)

试剂名称 reagent name	分子量 molecular weight	折光率 refractive index (20)	密度 density $\frac{20}{4}$	熔点 melting point (℃)	沸点 boiling point (℃)	溶解度 (solubility)		
						水 water	乙醇 ethanol	乙醚 ethyl ether
正溴丁烷 1-bromobutane	137.02	1.439 9	1.275 8	-112.4	101.6	不	∞	∞
叔丁基氯 t-butyl chlorine	92.57	1.385 6	0.851 1	-25.4	51~52	微	溶	溶
溴苯 Bromobenzene	157.02	1.559 7	1.495 0	-30.82	156	不	易	易

续表

试剂名称 reagent name	分子量 molecular weight	性状 character	折光率 refractive index (20)	密度 density $^{20}_4$	熔点 melting point (℃)	沸点 boiling point (℃)	溶解度 (solubility)		
							水 water	乙醇 ethanol	乙醚 ethyl ether
烯丙基溴 Allyl bromide	120.98	无色液体	1.465	1.451	−50	70	不	∞	∞
二氯甲烷 Dichloromethane	84.93	无色透明液体	1.4242	1.3266	−95.1	40	微	∞	∞
7,7-二氯双环[4,1,0]庚烷	165.05	无色液体	1.5014^{23}	1.21	—	197~198	不	—	溶
氯仿 Chloroform	119.38	无色透明液体	1.4459	1.4832	−63.5	61.7	微	∞	∞
碘苯 Iodobenzene	204.1	无色液体	1.6200^{20}	1.8308^{20}	−31	188		混溶	混溶

附表 4.4　物理常数 (醛,酮,Aldehyde/Ketone)

试剂名称 reagent name	分子量 molecular weight	性状 character	折光率 refractive index (20)	密度 density $^{20}_4$	熔点 melting point (℃)	沸点 boiling point (℃)	溶解度 (solubility)		
							水 water	乙醇 ethanol	乙醚 ethyl ether
苯甲醛 Benzaldehyde	106.13	无色液体	1.5463	1.0415^{15}_4	−26	178.1	微	∞	∞
二苯乙二酮 Benzyl	210.23	无色晶体	—	1.0844^{102}	95~96	346~348	不	易	易
安息香 Benzoin	212.25	白色针状晶体	—	1.310	137	344	热微	热溶	微

续表

试剂名称 reagent name	分子量 molecular weight	性状 character	折光率 refractive index (20)	密度 density $\frac{20}{4}$	熔点 melting point (℃)	沸点 boiling point (℃)	溶解度(solubility)		
							水 water	乙醇 ethanol	乙醚 ethyl ether
二苯酮（α） Benzophenone(β)	182.21	无色晶体	1.6077[19] 1.6060[23]	1.0976 1.108	48.1 26	305.9	不	溶	溶
2-呋喃醛 2-Furaldehyde	96.09	无色液体	1.5262[20]	1.19984[20][4]	-36.5	161.8	8	溶	溶
对-甲基苯乙酮 p-methyl acetophenone	134.12		1.5328	1.0051	-19~24	224~226	不	易	8
邻-甲基苯乙酮 o-methyl acetophenone	134.12	无色液体	1.5302	1.026	—	214	不	易	8
间-甲基苯乙酮 m-methyl acetophenone	134.12	无色液体	1.5290	1.007	-9	218~220	不	溶	溶

附表 4.5　物理常数(酸及其衍生物，Acid/Dervative)

试剂名称 reagent name	分子量 molecular weight	性状 character	折光率 refractive index (20)	密度 density $\frac{20}{4}$	熔点 melting point (℃)	沸点 boiling point (℃)	溶解度(solubility)		
							水 water	乙醇 ethanol	乙醚 ethyl ether
醋酸 Acetic acid	60.05	无色液体	1.3716	1.0492	16.604	117.9	8	8	8

续表

试剂名称 reagent name	分子量 molecular weight	性状 character	折光率 refractive index (20)	密度 density $\frac{20}{4}$	熔点 melting point (℃)	沸点 boiling point (℃)	溶解度 (solubility) 水 water	乙醇 ethanol	乙醚 ethyl ether
丙烯酸 Acryl acid	72.06	无色液体	1.4224^{20}	1.0511^{20}	12~14	141	混溶	混溶	混溶
苯甲酸 Benzoic acid	122.13	白色晶体	1.5041^{32}	1.2659^{15}	122.4	249	溶	易	易
正己酸 Caproic acid	116.16	无色油状液体	1.4163	0.9274	−2~−1.5	205	不	溶	溶
水杨酸 Salicylic acid	138.12	白色晶体	1.565	1.443	159	211^{20}升华	微	溶	溶
乙酰水杨酸 Acetylsalicylic acid	180.16	白色针状结晶	—	1.35	135~136	—	微	微溶	微溶
二苯乙醇酸 Benzilic acid	228.25	无色晶体	—	—	150	—	微	易	易
丙二酸二乙酯 Diethyl malonate	160.17	无色液体	1.413 9	1.055 1	−48.9	199.3	微	∞	∞
正丁基丙二酸二乙酯 Diethyl n-butyl malonate	216.28	无色液体	1.422 0	0.983	—	235~240	不	溶	溶
乙酸乙酯 Ethyl acetate	88.12	无色液体	1.372 3	0.900 3	−83.57	77.06	微	∞	∞

续表

试剂名称 reagent name	分子量 molecular weight	性状 character	折光率 refractive index (20)	密度 density $\frac{20}{4}$	熔点 melting point (℃)	沸点 boiling point (℃)	溶解度(solubility)		
							水 water	乙醇 ethanol	乙醚 ethyl ether
苯甲酸乙酯 Ethyl benzoate	150.18	无色液体	1.500 7	1.046 8	-34.6	213	不	溶	8
乙酸酐 Acetic anhydride	102.09	无色液体	1.390 1	1.082 0	-73.1	139.55	易	溶	8
呋喃甲酸 2-Furoic acid	112.08	—	—	—	133~134	230~232	4	溶	易

附表 4.6 物理常数(杂环/金属化合物,Heterocyclic/Metallorganic Compound)

试剂名称 reagent name	分子量 molecular weight	性状 character	折光率 refractive index (20)	密度 density $\frac{20}{4}$	熔点 melting point (℃)	沸点 boiling point (℃)	溶解度(solubility)		
							水 water	乙醇 ethanol	乙醚 ethyl ether
咖啡因 Caffeine	194.20	无色针状晶体	—	1.23^{19}	234.5	178 升华	微	微	不
8-羟基喹啉 8-hydroxyquinoline	145.16	白色针状结晶	—	1.03	75~76	267	不	溶	不
VB₁	337.21	白色结晶或粉末	—	—	246~250	—	微	微	微
二茂铁 Ferrocene	186.04	橙色针状晶体	—	—	172.5	249 升华	不	溶	溶
乙酰二茂铁 Acetylferrocene	229.08	橙色晶体	—	1.35	84.5	—	不	溶	溶
二乙酰二茂铁 Diacetylferrocene	—	棕色	—	—	128	—	—	—	—

附表 4.7 物理常数

试剂名称 reagent name	分子量 molecular weight	性状 character	折光率 refractive index (20)	密度 density $\frac{20}{4}$	熔点 melting point (℃)	沸点 boiling point (℃)	溶解度 (solubility)		
							水 water	乙醇 ethanol	乙醚 ethyl ether
四乙基溴化铵 Tetraethyl ammonium bromide	210.16	白色晶体	—	1.397	287	—	溶	溶	CHCl₃溶
浓盐酸(37%) Hydrochloric acid	36.46	无色液体	—	1.19	—	—	∞	溶	溶
浓硫酸(96%) Sulfuric acid	98.08	无色液体	—	1.84	—	—	∞	溶	分解
磷酸 Phosphoric acid	98.00	无色液体	—	1.834	42.35	213	∞	溶	不
浓硝酸(71%) Nitric acid	63.01	无色液体	—	1.42	—	—	∞	溶	溶
氢氧化钠 Sodium hydroxide	40.00	白色	1.357 6	2.130	318.4	139 0	易溶	溶	不
氢氧化钾 Potassium hydroxide	56.11	白色正交	—	2.044	360.4	1 320~1 324	易溶	溶	不
碳酸钠 Sodium carbonate	105.99	白色粉末	1.535	2.532	851	分解	易溶	微溶	不
碳酸氢钠 Sodium bicarbonate	84.00	白色单斜棱状	1.500	2.159	270 分解	—	易溶	微溶	不

续表

试剂名称 reagent name	分子量 molecular weight	性状 character	折光率 refractive index (20)	密度 density $\frac{20}{4}$	熔点 melting point（℃）	沸点 boiling point（℃）	溶解度（solubility）		
							水 water	乙醇 ethanol	乙醚 ethyl ether
硫酸钠 Sodium sulfate	142.04	单斜	1.480	2.68	884	—	易溶	不	不
亚硫酸氢钠 Sodium bisulfite	104.06	单斜	1.526	1.48	分解	—	易溶	微溶	不
硫酸镁 Magnesium sulfate	120.37	无色正交结晶	1.56	2.66	1124 分解	—	易溶	溶	微溶
氧化钙 Calcium oxide	56.08	无色立方	1.838	3.25～3.38	2614	2850	分解	不	不
氯化钙 Calcium chloride	110.99	无色立方	1.52	2.15^{25}	782	>1600	易溶	溶	不
溴化钠 Sodium bromide	102.90	无色立方	1.6412	3.203	747	1390	易溶	微溶	不
氯化铵 Ammonium chloride	53.49	无色立方	1.642	1.527	340 升华	520	易溶	微溶	不
氯化钠 Sodium chloride	58.44	无色立方	1.544 2	2.165^{25}	801	1413	易溶	微溶	不
氯化铁 Ferric chloride	162.21	黑褐色六方	—	2.895^{25}	306	315 分解	易溶	溶	溶

续表

试剂名称 reagent name	分子量 molecular weight	性状 character	折光率 refractive index (20)	密度 density $\frac{20}{4}$	熔点 melting point (℃)	沸点 boiling point (℃)	溶解度(solubility)		
							水 water	乙醇 ethanol	乙醚 ethyl ether
无水氯化铝 Anhydrous aluminum chloride	133.34	白色 六方	—	2.44^{25}	$190^{2.5atm}$	263.3	水解	微溶	微溶
氧化铝 Aluminum oxide	101.96	无色立方	1.768	3.965^{25}	2 045	2 980	不	不	不
硅胶 G Silica gel G	—	白色 粉末	—	—	—	—	不	不	不

附录五　有机化合物定性鉴定

一、未知物鉴定的一般步骤

近年来,由于近代仪器用于分离和分析,有机化学实验方法发生了根本的变化,但是化学分析仍然是每个化学工作者必须掌握的基本知识和操作技巧,在实验过程中,往往需要在很短的时间内用很少的样品做出鉴定,以保证实验顺利进行。化学分析鉴定在多数情况下能得到一定的信息。两种方法是相辅相成、互为补充的,往往是通过一种方法得到一个线索,然后通过另一种方法加以证实。学生在学习和实践过程中,应当逐渐体会化学及仪器分析二者之间的关系和它们各自的功能,以便决定使用哪一种方法更为迅速简便。

经典的定性系统分析,包括以下步骤:

(1) 物理化学件质的初步鉴定;

(2) 物理常数的测定;

(3) 元素分析;

(4) 溶解度试验,包括酸、碱反应;

(5) 分类试验,包括官能团试验;

(6) 衍生物制备。

初次分析可以观察未知物的外观、色泽、结晶形状,在空气中是否容易氧化,辨别其特征气味等。此外,灼烧实验也是重要的鉴别手段:将少量样品(1 滴试液或约 50 mg 固体试样)放在坩埚里,在小火或小火边缘上加热,观察团体是在低温下熔融还是在强烈灼烧下才熔融,并观察其可燃性和火焰性质。黄色发烟火焰为芳香化合物或高度小饱和的脂肪族化合物;黄色但不发烟的火焰为脂肪族碳氢化合物;化合物中含氧使火焰接近无色(或蓝色),化合物中氧含量过高或含卤素时,其易燃性降低:如燃烧后含白色非挥发性残渣,加一滴水,并用石蕊试纸测试,呈碱性则为钠盐或为其他金属盐。大多数挥发性低的有机化合物,在加热达到适当温度时即开始分解,先析出黑色元素碳,同时产生可燃性气体;继续升高温度,碳被氧化,如有灰烬剩余物,说明化合物可能含有金属元素。

二、元素定性分析

有其他元素如磷、砷、硅及某些金属元素等。元素定性分析的目的在于鉴定某一有机化合物是由哪些元素组成的,若有必要再在此基础上进行元素定量分析或官能团试验。

一般有机化合物都含有碳和氢,因此已知要分析的样品是有机物后,一般就不再鉴定其中是否含有碳和氢了。化合物中氧的鉴定,还没有好的方法,通常是通过官能团鉴定反应或根据定量分析结果来判断其是否存在。

由于组成有机化合物的各元素原子大都是以共价键相结合的,很难在水中离解成相应的离子,为此需要将样品分解,使元素转变成离子,再利用无机定性分析来鉴定。分解样品的方法很多,最常用的方法是钠熔法,即将有机物与金属钠混合共熔,结果有机物中的氮、硫、卤素等元素转变为氰化钠、硫化钠、硫氰化钠、卤化钠等可溶于水的无机化合物。

1. 钠熔法

取一干燥的硬质试管(50 mm×8 mm)垂直固定在铁架上,加入1～2滴液体或投入5～10 mg固体样品(注意加入时样品不要沾在管壁上),再加入1小块绿豆大小的新鲜金属钠。用小火加热管底,钠蒸气上升后,再加少许样品及少许蔗糖。此时有机物迅速分解,强热1～2 min试管底部呈暗红色。冷却,加入1 mL乙醇分解过量的钠。再将钠熔试管加热至红热,迅速将其浸入盛有10 mL蒸馏水的烧杯中。(小心!)试管立即破碎。用玻璃棒捣碎块状物,煮沸,过滤(滤渣用水洗两次)到干净的大试管中,滤液为无色或淡黄色澄清液,约20 mL。若溶液颜色较重,则需重做钠熔。

有机物经钠熔法后,使有机物中的氮、硫、卤素等元素转为下列可溶于水的无机化合物:

$$
\begin{array}{ll}
\text{有机物} & \quad\quad \text{NaCN}\\
\text{(含 C、H、O、N、S、X)} & \xrightarrow{\text{钠熔}} \left\{\begin{array}{l}\text{Na}_2\text{S}\\\text{NaCNS}\\\text{NaX}\\\text{NaOH}\end{array}\right.
\end{array}
$$

有机化合物一般都含有碳和氢,所以已知分析的样品为有机物后,就不再鉴定这两种元素了。

2. 元素的鉴定

2.1　氮的鉴定(普鲁士蓝法)

取2 mL滤液,加入5滴新配的5%硫酸亚铁溶液和4～5滴10%氢氧化钠溶液,煮沸约30 s,稍冷后慢慢加入稀盐酸,使溶液中的沉淀物恰好溶解(滤液中含有硫时会有黑色硫化亚铁沉淀析出,另外有氢氧化亚铁沉淀)。然后再加入1～2滴5%三氧化铁溶液,有普鲁士蓝沉淀即有氮存在,如果溶液为绿色或蓝绿色时,过滤,留在滤纸上的蓝色也视为有氮存在。

本实验反应如下:

$$2NaCN + FeSO_4 = Fe(CN)_2 + Na_2SO_4$$
$$Fe(CN)_2 + 4NaCN = Na_4[Fe(CN)_6]$$
$$3Na_4[Fe(CN)_6] + 4FeCl_3 \rightarrow Fe_4[Fe(CN)_6]_3 \downarrow + 12NaCl$$

2.2　硫的鉴定

(1) 硫化铅法

取滤液1 mL,用醋酸溶液酸化至呈酸性,再加2滴醋酸铅溶液,如有棕黑色沉淀,则证明有硫存在。若有灰白色沉淀,是碱式醋酸铅,酸化不够,须再加入醋酸。

反应式:$Na_2S + Pb(Ac)_2 \rightarrow PbS \downarrow + 2NaAC$。

(2) 亚硝基铁氰化钠法

取滤液 1 mL 加入新制的 0.5% 亚硝基铁氰化钠溶液 2 滴,若显深紫色表明有硫存在。

反应式:$Na_2S + Na_2[Fe(CN)_5NO] \rightarrow Na_4[Fe(CN)_5NOS]$。

2.3　硫和氮同时鉴定

取 1 mL 试液用稀盐酸酸化,再加 1 滴三氯化铁溶液,若有血红色出现,即表明有硫氰根离子(CNS^-)存在。

反应式:$3NaCNS + FeCl_3 \rightarrow Fe(CNS)_3 + 3NaCl$。

在钠熔时,若用钠量较少,硫和氮常以 CNS^- 形式存在,因此在分别鉴定硫和氮时若得负结果,则必须做本实验。

2.4　卤素的鉴定(卤化银法)

取 2 mL 滤液,加稀硝酸酸化,在通风橱中加热煮沸 1~2 min,除去 H_2S、HCN、$HSCN$等,若无 S、N,此步可免去,冷却后加入 1~2 滴 5% 硝酸银溶液,若有沉淀生成,表明有卤素。

反应式:$NaX + AgNO_3 \rightarrow AgX \downarrow + NaNO_3$。

【注意事项】

(1) 钠遇水即燃烧、爆炸,所以使用时必须防止与水接触,在切割过程中应迅速,以免在空气中被水浸蚀或被氧化。

(2) 加入固体的体积与钠颗粒大小相仿,若为液体样品,则用 3~4 滴。

(3) 钠熔时需注意安全。试管口不可对人,以防意外。并用镊子取钠。

(4) 加入少量蔗糖有利于含碳较少的含氮样品形成氰离子,否则氮不易检出。

(一)烷烃、烯烃、炔烃

烷烃分子含 C—H 键与 C—C 键,是饱和的碳氢化合物,在一般条件下比较稳定,在特殊条件下可发生取代反应等。

烯烃与炔烃分子含有 C＝C 和 C≡C 键,是不饱和的碳氢化合物,易于发生加成反应和氧化反应。

1. 高锰酸钾溶液试验

用高锰酸钾溶液和不饱和化合物反应时,高锰酸钾的紫色褪去,同时生成黑褐色的二氧化锰沉淀。

在试管中加入 5 滴环己烯,再加入 0.5% 高锰酸钾溶液和 10% 碳酸钠溶液各 5 滴,充分摇动,溶液颜色退出,出现褐色沉淀,反应式:

$$3 \bigcirc + 2MnO_4^- + 4H_2O \longrightarrow \bigcirc\!\!\!\!\!\!\!\!\!\!\!\!\overset{OH}{\underset{HO}{}} + 2MnO_2 \downarrow 2OH^-$$

$$\downarrow [O]$$

$$OHC \diagup\!\!\!\diagdown\!\!\!\diagup CHO$$

将乙炔通入 1 mL 0.5% 高锰酸钾溶液和 2 mL 10% 碳酸钠的混合溶液中,反应式:

$$H\!\!-\!\!\equiv\!\!-\!\!H + 2KMnO_4 \longrightarrow 2HCOOK + 2MnO_2 \downarrow$$

2．溴的四氯化碳溶液试验

溴的四氯化碳溶液（或水溶液）与不饱和化合物因发生加成反应，而使溴的颜色褪去。

在试管中取 5 滴环己烯，加 1 滴溴的四氯化碳溶液，摇动试管，颜色褪去，反应式：

$$\bighexagon + Br_2 \longrightarrow \bighexagon_{Br\ Br}$$

将乙炔通入 1 mL 溴水中，颜色褪去，反应式：

$$H\!\!=\!\!\!=\!\!\!=\!\!H + 2Br_2 \longrightarrow H\!-\!\!\overset{Br\,Br}{\underset{Br\,Br}{\vert\vert}}\!\!-\!H$$

3．氧化银的氨水溶液试验

$R—C\equiv C—H$ 型的炔烃，因其含有活泼氢，可和一份银离子或亚铜离子生成白色的炔化银或红色炔化亚铜沉淀，借此性质可和烯烃及其他炔烃区别开来。

【例】 在试管中加入 2 滴 5%硝酸银溶液，再加 1 滴 5%氢氧化钠溶液，然后滴加 2%氨水溶液，直至沉淀溶解为止。在此溶液中通入乙炔，出现白色沉淀，反应式：

$$H\!\!=\!\!\!=\!\!\!=\!\!H \xrightarrow{Ag^+} Ag\!\!=\!\!\!=\!\!\!=\!\!Ag$$

（注意：实验完毕后在试管中加 2 mL 稀硝酸并加热分解乙炔银，以免干燥后爆炸。）

（二）卤代烃

由元素定性分析测得化合物含有卤素以及是何种卤素后，进一步可用硝酸银醇溶液来试验卤代烃在 S_N1 反应中的活性，进而推测卤代烃可能的结构。试验是基于硝酸银与足够活泼的卤代烃反应，产生白色或米黄色的卤化银沉淀。

$$\underset{\bighexagon}{CH_2X} \quad (H_2C\!=\!CH\!-\!CH_2X)\,R_3CX\!>\!R_2CHX\!>\!RCH_2X\!>\!CH_3X\!>\!>\!H_2C\!=\!CH\!-\!X\,(\bighexagon\!-\!X\,)$$

卤代烃活性次序与其正离子的稳定次序是一致的，当烃基结构相同时，不同卤素表现出不同的活性。其中碘化物最活泼，氟化物最不活泼，其活性次序如下：

$$RI\!>\!RBr\!>\!RCl\!>\!RF$$

1．硝酸银-乙醇溶液试验

取 7 支试管，各加入 2%的硝酸银-乙醇溶液 1 mL，然后分别加入 2 滴以下样品：正氯丁烷、仲氯丁烷、叔氯丁烷、正溴丁烷、溴苯、苄氯、三氯甲烷观察现象，若在 5 min 内仍无沉淀生成，则在水浴中加热煮沸后再观察现象，比较上述卤代烃的反应速度。

在每个有沉淀的试管中各加 2 滴 5%的硝酸，假如沉淀溶解或无沉淀，则视为负反应。

2．碘化钠-丙酮溶液试验

在干燥清洁的试管中加入 1 mL 15%碘化钠丙酮溶液，再加 2 滴试样分别为：正氯丁烷、正溴丁烷、2-溴丁烷、叔丁基溴（若为固体，可将 50 mg 固体试样溶于最小量丙酮中），振摇后记录生成沉淀所需的时间，5 min 后仍无沉淀生成时，可将试管在 50 ℃水浴中温热6 min，取出冷至室温，观察现象，记录结果。

加热后仍不生成沉淀的试样视为负结果，比较上述卤代烃的反应速度。

活泼的卤代烷通常在 3 min 内生成沉淀，中等活性的卤代烷温热时生成沉淀，乙烯型和芳基卤即使加热后也不产生沉淀。

（三）芳香烃

芳香烃具有芳香性。

苯是最典型的芳烃，视为芳烃的母体，在化学性质上表现为相当稳定，不易被氧化，容易发生亲电取代反应，如磺化和烷基化及酰基化反应。当苯环上有取代基时，会影响取代反应的反应速度，供电子基团沿化苯环使亲电取代反应容易进行，吸电子基团则使反应较难进行。

在氧化反应中，应注意苯环比较稳定，要使苯环破裂需较激烈的条件，但苯的同系物则较易氧化，氧化的结果，苯环不破裂，而侧链则被氧化为羧基。

1. 溴化作用

取两支试管各放入 10 滴苯和 2 滴溴-四氯化碳溶液，在其中一支试管中再加入少许铁粉，摇动试管，放置一会，观察有何变化，如无变化，温热片刻，并比较结果。

2. 硝化作用

在一干燥的试管内放入浓硝酸和浓硫酸各 1 mL，将试管放在水浴中加热至混酸温度达 70 ℃左右，加入 3 滴苯，每加 1 滴都充分摇动，加毕，将试管在热水浴中加热 15 min，然后小心倾入 20 mL 冷水中，并用玻璃棒搅拌，观察其现象。

3. 磺化作用

在一干燥的试管中，加入 1 mL 发烟硫酸，再加入 5 滴苯，摇动试管，观察其现象。

4. F.-C.烃基化作用

在一干燥的试管中，加入 2 mL 氯仿和 3 滴无水苯，摇均匀。斜执试管，使管壁润湿，沿管壁加入少许无水三氯化铝，使一部分粉末粘在管壁上，观察粘在管壁上的粉末和溶液的颜色。

化合物	苯及衍生物	萘	联苯及菲	蒽
颜色	橙到红	蓝	紫	绿

反应式：

$$CHCl_3 + AlCl_3 \longrightarrow CHCl_2^+ AlCl_4^- \xrightarrow{C_6H_6} \xrightarrow{-H^+}$$

$$\xrightarrow{\substack{AlCl_3 \\ C_6H_6}} \xrightarrow{AlCl_3} (C_6H_5)_2C^+ HAl^-Cl_4 \xrightarrow{C_6H_6}$$

$$\xrightarrow{-H^+} (C_6H_5)_3CH \xrightarrow{(C_6H_5)_2C^+H} (C_6H_5)_3C^+ + (C_6H_5)_2CH_2$$

5. 苯的稳定性

在试管内放入 0.5%高锰酸钾溶液和 10%碳酸钠溶液各 10 滴,再加入 5 滴苯,充分摇动,观察其现象。

(四) 醇、酚、醚

醇和乙酰卤直接作用生成酯的反应可用于醇的定性试验。低级醇的乙酸酯有香味,容易检出;高级醇的乙酸酯因香味很淡或无香味而不适用。

1. 酯化反应

在 2 只干燥试管中分别加入 10 滴无水乙醇及 10 滴异戊醇,并逐渐加入 10 滴乙酰氯,振摇,注意是否发热,向管中吹气时看有无氯化氢白雾逸出。静止 2 min 后,倒入 3 mL 水,加入碳酸氢钠粉末使呈中性。观察有无酯香味。

2. 醇羟基上活泼氢的反应

在一干燥试管中放置 10 滴无水乙醇,加一小块金属钠,观察有无气体发生,当溶液冷却后,有无白色固体析出,如没有,再加入少量金属钠或等体积的乙醚,强烈摇动。

3. 盐酸-氯化锌试验(Lucas 试剂)

取正丁醇、仲丁醇、叔丁醇样品各 5 滴分别加入 3 支干燥试管中,加入 Lucas 试剂 2 mL,振荡,在室温下静置,观察溶液变成浑浊和分层所需时间。没现象的放在水浴中温热后再静置观察,比较不同醇的反应速度。静置后分层的为叔醇;溶液静置慢慢出现浑浊,最后分层的为仲醇;不起作用的为伯醇。

盐酸-氯化锌试剂的配制:将无水氯化锌在蒸发皿中加强热熔融,稍冷后在干燥器中冷至室温,取出捣碎,称取 136 g 溶于 90 mL 浓盐酸中。溶解时有大量氯化氢气体和热量放出,放冷贮于玻璃瓶中,塞严,防止潮气侵入。

4. 氧化作用

(1) 取 5%重铬酸钠溶液 10 滴,加浓硫酸 4 滴,摇匀后加入 4 滴样品及 1 mL 丙酮,摇动试管后观察 5 s 内发生的现象,比较不同醇的反应速度。

样品:正丁醇、仲丁醇、叔丁醇。

(2) 取少许对苯二酚加水 10 滴,加热使溶解,稍冷加浓硫酸 1 滴,边轻摇试管边沿试管壁滴加饱和重铬酸钠溶液直至液面处出现黄色晶体为止。

5. 酚羟的酸性反应

在 2 支试管中分别加入约 0.1 g 苯酚和间苯二酚,加水,若不溶可逐渐滴加 10%氢氧化钠溶液至全溶,再分别滴加 3 mol/L 硫酸至酸性,观察有无物质析出。酚类化合物具有酸性,与强碱作用生成酚盐而溶于水,酸化后可使酚游离出来。

6. 三氯化铁试验

溶解 20 mg 样品于 2 mL 水中(或水-乙醇混合液),再加入 1%三氯化铁溶液 1 滴,观察现象。大多数酚与三氯化铁有特殊的颜色反应,呈现红、蓝、紫或绿色,颜色的产生是由于形成离解度很大的配合物,如苯酚的反应:

$$6\ C_6H_5OH + FeCl_3 \longrightarrow 3H^+ + 3HCl + [Fe(OC_6H_5)_6]^{3-}$$

样品:苯酚、水杨酸、间苯二酚、乙酰乙酸乙酯。

7. 溴水作用

试管中取 20 mg 样品溶于 1 mL 水中逐滴加入溴水,观察现象。

样品:苯酚、水杨酸、对苯二酚、苯甲酸。

溴水配制:将 15 g 溴化钾溶于 100 mL 水中,加入 10 g 溴,振摇。

8. 硝酸铈铵试验

取 1 滴样品(或固体样品 20 mg)加入 2 mL 水制成溶液(不溶于水的样品以 1 mL 二噁烷代替),再加入 0.5 mL 硝酸铈铵试剂,摇动,观察颜色变化。

样品:乙醇、甘油、苯酚。

(注释:少于 10 个碳原子的醇和酚都与硝酸铈铵溶液起反应,醇溶液由无色转为红色,酚在水溶液中得棕色或绿-棕色沉淀。)

反应式:$(NH_4)_2Ce(NO_3)_6 + ROH \rightarrow (NH_4)_2Ce(RO)(NO_3)_5 + HNO_3$

硝酸铈铵溶液的配制:取 100 g 硝酸铈铵加 250 mL 2 mol/L 硝酸,加热使溶解后放冷。

9. 醚的性质

(1) 水中溶解度:在试管中加入 10 滴乙醚和 0.5 mL 水,振摇,观察是否分层。再继续滴加约 0.5 mL 水,不能全部溶解。

(2) 𨦡盐的生成:在试管中先加入 10 滴乙醚,再滴加浓硫酸,猛烈摇动试管,不分层。

（五）醛、酮

醛和酮类化合物含有碳基,能与许多试剂如苯肼、2,4-二硝基苯肼、羟氨、缩氨脲、亚硫酸钠等发生作用。醛和酮在酸性条件下能与 2,4-二硝基苯肼作用,生成黄色、橙色或橙红色 2,4-二硝基苯腙沉淀。

1. 2,4-二硝基苯肼反应

待测物 2 滴和 2,4-二硝基苯肼试液 1 mL 混合,摇动,如果没有沉淀发生,放置 5～10 min,观察并记录其结果。

待测物:丙酮、乙醛、苯甲醛、苯乙酮。

2,4-二硝基苯肼试剂的配制:取 2,4-二硝基苯肼 1 g,加入 7.5 mL 浓硫酸,溶解后,将此溶液倒入 75 mL 95%乙醇中,用水稀释至 250 mL,必要时过滤备用。

2. Tollens 试验

在一支洁净试管中,加入 10%硝酸银溶液 1 mL 和等体积的 10%氢氧化钠溶液,混合后溶液发生浑浊或沉淀,逐滴加入 2%氨水。同时摇动,至沉淀刚好溶解为止,再加待测物 2 滴,必要时在水浴中温热,有银镜生成。

待测物:甲醛、丙酮、苯甲醛。

实验完毕后,立即用大量水冲洗残渣,试管用稀硝酸淋洗。

$$RCHO + 2Ag(NH_3)_2 + OH^- \rightarrow 2Ag\downarrow + RCO_2NH_4 + H_2O + 3NH_3$$

3. 铬酸试验

铬酸试验除了用于检验醇,也可用于区别醛和酮,脂肪族醛在 5 min 内发生正反应,芳醛在 30～45 s 内发生正反应,如在 1 min 之后颜色发生变化则不是正反应。

在试管中取 1 mL 丙酮,溶解 1 滴或 10 mg 样品,再加入 1 滴铬酸酐试剂,振摇试管,观察反应液颜色变化,反应液有时为乳胶液。

用环己酮、乙醛、苯甲醛、苯乙酮进行试验。

$$3RCHO + H_2Cr_2O_3 + 3H_2SO_4 \rightarrow 3RCO_2H + Cr_2(SO_4)_3 + 4H_2O$$

4. 碘仿反应

取 1 滴液体样品(固体约 20 mg)溶于 1 mL 水中,再加入 1 mL 3 mol/L 氢氧化钠,然后再慢慢加入 1～1.5 mL 碘溶液。有何现象发生? 如果样品不溶于水,将其溶于 1 mL 二噁烷中,步骤同上,最后用 10 mL 水稀释。

用丙酮、乙醛、异丙醇、乙醇进行实验。

$$RCOCH_3 + 3NaIO \rightarrow RCOCl_3 + 3NaOH$$

$$\downarrow RCOONa + CHI_3\downarrow$$

$$NaOH$$

【注意事项】
(1) 丙酮为试剂级,或将溶剂级的丙酮用高锰酸钾处理。
(2) 在 25 mL 浓硫酸中,加入 25 g 铬酐(CrO_3),搅拌得均匀糊状物,将其缓缓倒入 75 mL 蒸馏水中,同时搅拌,直到得到透明的橙色溶液为止。
(3) 碘溶液配制:10 g 碘和 20 g 碘化钾溶于 100 mL 水中。

(六) 羧酸及其衍生物

羧酸具有酸的通性,可与氢氧化钠和碳酸氢钠发生成盐反应,这是判断这类化合物最重要的依据。

1. 直接酯化作用

混合 5 滴乙酸和 10 滴无水乙醇,再加浓硫酸 2 滴,摇动并温热试管,倾入一表面玻璃中,以固体碳酸钠中和,有香味。

2. 盐析反应

溶解 6 滴乙酸乙酯于最小量水中(约 3 mL),加食盐使溶液饱和,溶液是否分层? 上层是酯。

3. 酯的水解作用

6 滴乙酸乙酯和 5% 氢氧化钠溶液 3 mL 共热并摇动,水果香味消失。

(七) 胺

1. 溶解度试验

在三个试管内,分别放有 3 mL 水、5% 盐酸、5% 氢氧化钠溶液,各滴入 2 滴苯胺,摇动试管,观察是否溶解。

再用 N-甲基苯胺及 N,N-二甲基苯胺重复上述实验,观察是否溶解。

2. 苯磺酰氯反应

在三个试管中分别放有 3 滴苯胺、N-甲基苯胺、N,N-二甲基苯胺,再各加入 5 mL 10%氢氧化钠溶液和 5 滴苯磺酰氯,加塞子后强烈摇动 5 min,保持溶液呈碱性,观察现象。再加入几滴浓盐酸酸化,观察现象。

$$CH_3 - \langle\ \rangle - SO_2Cl + RNH_2 \longrightarrow CH_3 - \langle\ \rangle - SO_2NHR \underset{HCl}{\overset{NaOH}{\rightleftharpoons}} CH_3 - \langle\ \rangle - SO_2N^- R \quad Na^+$$

$$CH_3 - \langle\ \rangle - SO_2Cl + R_2NH \longrightarrow CH_3 - \langle\ \rangle - SO_2NR_2 \overset{NaOH}{\longrightarrow} 不溶,N 上无酸性氢$$

伯胺反应后溶于氢氧化钠溶液,仲胺反应后不溶于氢氧化钠溶液,叔胺在此条件下不反应。

【注意事项】

某些伯胺的磺酰胺可生成不溶性钠盐。

(八) 糖

糖类化合物是指多羟基醛或多羟基酮以及它们的缩合物,通常分为单糖(如葡萄糖、果糖)、双糖(如蔗糖、麦芽糖)和多糖(如淀粉、纤维素)。

糖类化合物一个比较普遍的定性反应是 Molish 反应,即在浓硫酸存在下,糖与 α-萘酚作用生成紫色环。紫色环生成的原因通常认为是糖被浓硫酸脱水生成糠醛或糠醛衍生物,后者再进一步与 α-萘酚缩合成有色物质。

单糖又称还原性糖,能还原 Fehling 试剂、Benedict 试剂和 Tollens 试剂,并且能与过量的苯肼生成脎。单糖与苯肼的作用是一个很重要的反应,糖脎有良好的结晶和一定的熔点,根据糖脎的形状和熔点可以鉴别不同的糖。果糖和葡萄糖结构不同但能形成相同的糖脎。

1. 莫利希(Molich)试验

单糖和双糖化合物的一个比较普通的定性反应是莫利希反应,即在浓硫酸存在下,糖与 α-萘酚作用生成紫色环。

在试管中加入 0.5 mL 5%糖水溶液,再滴入 2 滴 10% α-萘酚的乙醇溶液。在另一支试管中放置 1 mL 浓硫酸,然后将上述糖溶液沿试管内壁慢慢倒入此试管中,试液在上层,硫酸在下层,观察两液层交界处的颜色。颜色的产生是由于呋喃衍生物(呋喃甲醛或羟甲基呋喃甲醛,通常是由酸对碳水化合物作用而形成)与 α-萘酚结合的结果。

用葡萄糖、蔗糖、淀粉分别做上述试验。

2. Benedict 试验

在一洁净试管中先后加入 1 mL 5%糖水溶液和 1 mL Benedict 试剂,振摇,并将试管在沸水浴中加热 3 min,室温冷却试管,观察现象。

分别用葡萄糖、果糖、蔗糖、麦芽糖做上述试验。

3. Tollens 试验

在洗净的试管中加入 1 mL Tollens 试剂,再加入 0.5 mL 5%糖水溶液,在 50 ℃水浴中温热,观察现象。

分别用葡萄糖、果糖、蔗糖、麦芽糖做上述试验。

4．脎的形成

在试管中加入 1 mL 5%糖水溶液，再加入 0.5 mL 10%苯肼盐酸溶液和 0.5 mL 15%醋酸钠溶液，在沸水浴中加热并不断摇动，加热 30 min 后将没有出现沉淀的试管冷却。记录生成脎的时间，比较产生脎结晶的速度。如有显微镜应观察脎的特殊结晶形状。

分别用葡萄糖、果糖、蔗糖、麦芽糖做上述试验。葡萄糖脎晶型、麦芽糖脎晶型、乳糖脎晶型分别见附图 5.1、附图 5.2、附图 5.3。

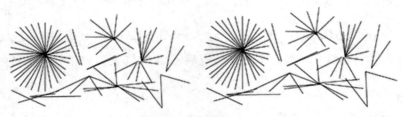

附图 5.1　葡萄糖脎晶型

附图 5.2　麦芽糖脎晶型

附图 5.3　乳糖脎晶型

【注意事项】

（1）Fehling 试剂的配制：将 3.5 g 五水合硫酸铜溶于 100 mL 水中，即得淡蓝色 Fehling I 试剂；将 17 g 结晶酒石酸钾钠溶于 20 mL 热水中，然后加入 20 mL 含 5 g 氢氧化钠的水溶液稀释至 100 mL，即得无色清亮的 Fehling II 试剂。实验时将两溶液等体积混合。

（2）Benedict 试剂的配制

称取 17.3 g 柠檬酸钠和 10 g 无水碳酸钠溶解于 80 g 水中，再取 1.78 g 结晶硫酸铜溶解在 10 mL 水中，慢慢将此溶液加入上述溶液中，最后用水稀释至 100 mL，如溶液不澄清，可过滤之。

（3）Tellens 试剂的配制

在洁净的试管中加入 2 mL 5%的硝酸银溶液，振摇下逐渐滴加浓氨水，开始溶液中产生棕色沉淀，继续滴加氨水，直到沉淀恰好溶解为止。

（九）氢基酸和蛋白质

蛋白质的分子量很大，在酸、碱存在下，或受酶的作用，水解成分子量较小的腙、胨、多肽和二羧胡椒嗪，水解的最终产物为各种氨基酸，其中以 α-氨基酸为主。

关于氨基酸和蛋白质的性质我们只做蛋白质的沉淀、蛋白质的颜色反应和蛋白质的分解等性质试验，这些性质有助于认识或鉴定氨基酸和蛋白质的结构。

1. 蛋白质的沉淀

（1）用重金属盐沉淀蛋白质　取 3 支试管（标明编号），各盛 1 mL 清蛋白溶液，分别加入饱和的硫酸铜、碱性醋酸铅、氯化汞（小心，有毒！）2～3 滴，即有蛋白质沉淀析出。

（2）蛋白质的可逆沉淀　取 2 mL 清蛋白溶液，放在试管里，加同体积的饱和硫酸铵溶液（约 43%），将混合物稍加振荡，析出蛋白质沉淀使溶液变浑或呈聚状沉淀。将 1 mL 浑浊的液体倾入另一支试管中，加 1～3 mL 水，振荡时，蛋白质沉淀重新溶解。

（3）蛋白质与生物碱试剂反应　取 2 支试管，各加 0.5 mL 蛋白质溶液，并滴加 5% 的醋酸使之呈酸性（这个沉淀反应最好在弱酸溶液中进行）。然后分别滴加饱和的苦味酸溶液和饱和的鞣酸溶液，直至沉淀发生为止。

2. 蛋白质的颜色反应

（1）与茚三酮反应　在 4 支试管里（标明编号），分别加入 1% 的甘氨酸、酪氨酸、色氨酸和鸡蛋白溶液各 1 mL，再分别滴加茚三酮试剂 2～3 滴，在沸水浴中加热 10～15 min，观察有什么现象？

（2）黄蛋白反应　向试管中加入 1～2 mL 清蛋白溶液和 1 mL 浓硝酸，此时呈现白色沉淀或浑浊；加热煮沸，此时溶液和沉淀都呈黄色，有时出于煮沸使析出的沉淀水解，而使沉淀全部或部分溶解，但溶液的黄色不变。

（3）蛋白质的二缩脲反应　向试管中加入 1～2 mL 清蛋白溶液和 1～2 mL 20% 的氢氧化钠溶液，再加几滴硫酸铜溶液（饱和硫酸铜溶液用水按 1：30 加以稀释）共热，现象如何？是否由于蛋白质与硫酸铜生成了络合物而呈紫色？

取 1% 甘氨酸溶液做对比试验，此时仅有氢氧化铜沉淀析出。

（4）蛋白质与硝酸汞试剂作用　于试管中取 2 mL 清蛋白溶液加硝酸汞试剂 2～3 滴，现象如何？小心加热，此时是否原先析出的白色网状聚成块状，并显砖红色，有时溶液也呈红色？

3. 用碱分解蛋白质

取 1～2 mL 清蛋白溶液放在试管中，加两倍体积的 30% 碱液，把混合物煮沸 2～3 min，此时析出沉淀，继续沸腾时，此沉淀又溶解，放出氨气（可用石蕊试纸放任试管口检出之）。

向上面的热溶液里加入 1 mL 10% 硝酸铅溶液。再将混合物煮沸，起初生成的白色氢氧化铅沉淀溶解在过量的碱液中，如果蛋白质与碱作用有硫脱下，则生成硫化铅，结果清亮的液体逐渐变成棕色。当脱下的硫较多时，则析出暗棕色或黑色的硫化铅沉淀。实验结果如何？

附录六　化学奥林匹克竞赛实验选篇

一、L-(－)-3-苯基乳酸的制备及纯度分析

(一)实验原理

α-氨基酸与亚硝酸反应生成相应的重氮盐,后者进一步水解生成 α-羟基酸。由于重氮基邻位羧基的邻基参与反应,所得产物 α-羟基酸保持了原有 α-氨基酸的构型。

(二)有关物质的性质

附表 6.1　L-(－)-3-苯基乳酸的制备及纯度分析有关物质的性质

序号	物质	相对分子质量	性质
1	L-苯丙氨酸	165.2	白色固体,溶于水,熔点:270~275 ℃,$[\alpha]_D^{20}-33.7\sim-35.2(c=2,H_2O)$
2	亚硝酸钠	69.0	固体,溶于水,勿食有毒
3	L-(－)-3-苯基乳酸	166.2	白色针状结晶,微溶于水,熔点:122~124 ℃,$[\alpha]_D^{20}-18.50(c=1,CH_3COOH)$
4	乙酸乙酯	88.1	沸点:76.5~77.5 ℃,比重:0.90,易燃,低毒
5	正己烷	86.2	沸点:69 ℃,比重:0.66,易燃,低毒
6	邻苯二甲酸氢钾	204.2	白色晶体,溶于水

(三)实验步骤

在 150 mL 三颈瓶中加入 6.0 g(36.3 mmol)L-苯丙氨酸(定量发给),再加入 70 mL 0.52 mol/L 硫酸溶液,置于磁力搅拌器上搅拌使固体溶解。按下面示意图在三颈瓶上分别插上温度计、50 mL 滴液漏斗和气体吸收装置[1]。在滴液漏斗中加入由 5.0 g(72.5 mmol)亚硝酸钠(定量发给)与 30 mL 水配成的溶液。将三颈瓶中溶液冷却至 5 ℃[1],然后边搅拌边滴加亚硝酸钠溶液,滴加速度以反应体系温度维持在 5~7 ℃ 为宜,加完后在此温度下继续搅拌 50 min,然后改换成温水浴[2]再搅拌 10 min,此时瓶内温度为 20~25 ℃ 。

通过滴液漏斗向三颈瓶中加入 25 mL 乙酸乙酯,搅拌使固体溶解。将反应液移至分液漏

斗中[3]，分出水相，有机相转移至干燥的 100 mL 具塞锥形瓶中，水相再用 25 mL 乙酸乙酯萃取。合并有机相，加入适量无水硫酸镁干燥 10 min 以上。用塞有棉花的小漏斗过滤，除去干燥剂，滤液滤入 100 mL 茄形瓶中。用旋转蒸发仪蒸除溶剂，得粗产品。

粗产品用乙酸乙酯/正己烷混合溶剂（体积比为 1：1）重结晶（用水浴加热，最后用冰水冷却使结晶完全）。用 Hirsch 漏斗抽滤，再用适量经冷却的溶剂洗涤，再抽干。将产品收集于培养皿中，标明编号，置于 85 ℃ 烘箱中干燥 20 min。产品干燥后，记录产品的外观、称重，用于下步纯度分析。

【注释】

[1] 气体吸收装置已事先准备好，使用时只要将其与反应体系连接即可。吸收瓶内液体为 $FeSO_4$ 溶液。气体吸收瓶中的玻璃管管口应正好接触液面，不要过多插入吸收液中，以免倒吸。

[2] 温水浴需 35 ℃ 的温水 350～400 mL，请自己准备。

[3] 注意：打开瓶口时，有少量 NO_2 逸出。

（四）产品纯度分析

1. 0.1 mol·L^{-1} 氢氧化钠溶液浓度的标定

用减量法准确称取 0.4～0.6 g 邻苯二甲酸氢钾 2 份于 2 个 250 mL 锥形瓶中，各加入 25 mL 蒸馏水使之溶解，加入 2～3 滴酚酞指示剂，用 0.1 mol·L^{-1} NaOH 溶液滴定至微红色，并在 30 s 内不褪色，即为终点。根据所耗 NaOH 溶液的体积，计算每次标定的 NaOH 溶液的浓度、平均浓度和相对极差。

2. L-(－)-3-苯基乳酸标准样品纯度的测定

用减量法准确称取 0.4～0.5 g L-(－)-3-苯基乳酸标准样品 2 份于 2 个 250 mL 锥形瓶中，各加入 1 mL 95% 的乙醇，水浴温热使固体溶解，再加入 25 mL 蒸馏水、2～3 滴酚酞指示剂，用 NaOH 标准溶液滴定至微红色，并在 30 s 内不褪色，即为终点。

根据所耗 NaOH 溶液的体积，计算标准样品的百分含量及其平均值（S）、相对极差。

提示：只为每人提供 1.5 g 标准样品。

3. 产品纯度的测定

将部分自制产品转移至称量瓶中，按实验步骤 2 的方法测定其纯度。根据所耗 NaOH 溶液的体积，计算样品的百分含量及其平均值（X）、相对极差。

（五）思考题

（1）写出本实验由 L-苯丙氨酸制备 L-(－)-3-苯基乳酸的反应式（须写出反应的主要中间体，画出原料和产物的立体结构）。

（2）为什么滴加亚硝酸钠溶液要控制在较低温度？

二、扁桃酸的制备与纯度分析

扁桃酸又名苦杏仁酸，是有机合成的中间体和口服治疗尿道感染的药物。它含有一个不对称碳原子，化学方法合成得到的是外消旋体。用旋光性的碱如麻黄素可拆分为具有旋光性的组分。

扁桃酸传统上可用扁桃腈($C_6H_5CH(OH)CN$)和 α,α-二氯苯乙酮($C_6H_5COCHCl_2$)的水解来制备,但合成路线长、操作不便且欠安全。本实验采用相转移催化反应,一步即可得到产物,显示了相转移催化剂(PT)催化的优点。

（一）实验原理

反应式:

$$C_6H_5HC{=}O + CHCl_3 \xrightarrow[\text{TEBA}]{\text{NaOH} \quad \text{H}^+} C_6H_5\underset{\underset{\text{OH}}{|}}{CH}CO_2H$$

反应机理一般认为是,反应中产生的二氯卡宾对苯甲醛的羰基加成,再经重排及水解:

$$C_6H_5HC{=}O + CHCl_3 \xrightarrow{:CCl_2} C_6H_5-\underset{\underset{\text{Cl}}{|}}{\overset{\overset{\text{CH-O}}{|}}{\underset{}{\times}}}_{Cl} \xrightarrow{\text{重排}} C_6H_5\underset{\underset{\text{Cl}}{|}}{CH}COCl \xrightarrow[\text{}]{\text{OH}^- \quad \text{H}^+} C_6H_5\underset{\underset{\text{OH}}{|}}{CH}CO_2H$$

（二）试剂

$3.55\ g(3.4\ mL, 33.5\ mmol)$ 苯甲醛(新蒸)、$9\ g(6\ mL, 75\ mmol)$ 氯仿、$0.35\ g$ 苄基三乙基氯化铵(TEBA)、氢氧化钠、乙醚、硫酸、甲苯、无水硫酸钠、无水乙醇。

（三）实验步骤

在锥形瓶中小心配制 $6.5\ g$ 氢氧化钠溶于 $6.5\ mL$ 水的溶液,在水浴中冷至室温。

在 $50\ mL$ 装有搅拌磁子[1]、回流冷凝管和温度计的三口瓶中,加入 $3.4\ mL$ 苯甲醛、$0.35\ g$ TEBA 和 $6\ mL$ 氯仿。开始搅拌,在水浴上加热,待温度上升至 $50\sim60\ ℃$ 时,自冷凝管上口慢慢滴加配制的 50% 的氢氧化钠溶液[2]。滴加过程中控制反应温度在 $60\sim65\ ℃$,需 $45\ min$ 到 $1\ h$ 加完。加完后,保持此温度继续搅拌 $1\ h$[3]。

将反应液用 $70\ mL$ 水稀释,每次用 $15\ mL$ 乙醚萃取两次,合并醚萃取液,倒入指定容器待回收乙醚。此时水层为亮黄色透明状,用 50% 硫酸酸化至 pH 为 $1\sim2$ 后,再每次用 $15\ mL$ 乙醚萃取两次,合并酸化后的醚萃取液用无水硫酸钠干燥。在水浴上蒸去乙醚,并用水泵减压抽净残留的乙醚(产物在醚中溶解度大),得粗产物约 $3\ g$。

将粗产物用甲苯-无水乙醇[4]($8:1$ 体积比)进行重结晶(每克粗产物约得 $3\ mL$),趁热过滤,母液在室温下放置使结晶慢慢析出。冷却后抽滤,并用少量石油醚($30\sim60\ ℃$)洗涤促使其快干。产品为白色结晶,产量约为 $2\ g$,熔点为 $118\sim119\ ℃$。

本实验需 $6\sim8\ h$。

【注释】

[1] 也可用电磁搅拌代替电动搅拌,效果更好。相转移反应是非均相反应,搅拌必须是有效而安全的,这是实验成功的关键。

[2] 浓碱溶液成黏稠状,腐蚀性极强,应小心操作。盛碱的分液漏斗用后应立即洗干净,以防活塞受腐蚀而黏结。

[3] 此时可取反应液用试纸测其 pH 值,应接近中性,否则要适当延长反应时间。

[4] 亦可用甲苯单独重结晶(每克约需 $1.5\ mL$)。

（四）产品纯度分析

1. 0.1 mol·L⁻¹氢氧化钠溶液浓度的标定

用减量法准确称取 0.4～0.6 g 邻苯二甲酸氢钾 2 份于 2 个 250 mL 锥形瓶中，各加入 25 mL 蒸馏水使之溶解，加入 2～3 滴酚酞指示剂，用 0.1 mol·L⁻¹NaOH 溶液滴定至微红色，并在 30 s 内不褪色，即为终点。根据所耗 NaOH 溶液的体积，计算每次标定的 NaOH 溶液的浓度、平均浓度和相对极差。

2. 扁桃酸标准样品纯度的测定

用减量法准确称取 0.4～0.5 g 扁桃酸标准样品 2 份于 2 个 250 mL 锥形瓶中，各加入 1 mL 95%的乙醇，水浴温热使固体溶解，再加入 25 mL 蒸馏水、2～3 滴酚酞指示剂，用 NaOH 标准溶液滴定至微红色，并在 30 s 内不褪色，即为终点。

根据所耗 NaOH 溶液的体积，计算标准样品的百分含量及其平均值（S）、相对极差。提示：只为每人提供 1.5 g 标准样品。

3. 产品纯度的测定

将部分自制产品转移至称量瓶中，按实验步骤 2 的方法测定其纯度。根据所耗 NaOH 溶液的体积，计算样品的百分含量及其平均值（X）、相对极差。

（五）思考题

（1）本实验中，酸化前后两次用乙醚萃取的目的何在？
（2）根据相转移反应原理，写出本反应中离子的转移和二氯卡宾的产生及反应过程。
（3）本实验反应过程中为什么必须保持充分的搅拌？

三、水相 N-乙酰基苯丙氨酸合成和纯度分析

（一）实验内容

氨基酸中基团保护和转化在肽化学和有机小分子不对称催化中有着广泛的应用。2015年《自然通讯》杂志（*Nature Commun*. 2015，DOI：10.1038/ncomms8160）报道了通过 C—H 键活化合成肽。2006 年《自然》杂志（*Nature*，2006，441（15）：861-863）报道了以氨基酸衍生物做催化剂实现三组分四个手性中心有机小分子催化反应。

（1）有机化合物（A）的合成：以苯丙氨酸和乙酸酐为原料，在碱性水溶液中反应，合成 A，进行薄层层析（TLC）检测。
（2）A 的纯度分析：用酸碱滴定法测定自制 A 纯度，根据反应推测 A 可能的结构式。

（二）相关物质的性质

附表 6.2　水相 N-乙酰基苯丙氨酸合成和纯度分析相关物质的性质

	名称	化学式	分子量	性状	熔点(℃)	沸点(℃)	pK1/pK2	溶解性
1	苯丙氨酸	$C_6H_5CH_2CH$ $(NH_2)CO_2H$	165.19	白色晶体	271～273	—	2.58/ 9.24	3 g/100 mL H_2O
2	乙酸酐	$(CH_3CO)_2O$	102.09	无色液体,有刺激性气味	−73	139	—	与水混溶,可混溶于乙醇、乙醚
7	氯化氢	HCl	36.46	无色气体	−114.18	−85.05	—	易溶于水
8	氢氧化钠	NaOH	40.00	白色固体	323	1 388	—	易溶于水、乙醇、甲醇
9	邻苯二甲酸氢钾	$C_8H_5KO_{42}$ · $2H_2O$	204.22	白色晶体	252	—	—	易溶于水
10	乙醇	C_2H_6O	46.07	无色液体	−117.3	78.5	—	与水、醇、醚等混溶
11	甲醇	CH_4O	32.04	无色液体	−93.9	65	—	与水、醇、醚等混溶
12	酚酞	$C_{20}H_{14}O_4$	318.33	白色粉末	261～263	—	—	与醇、丙酮等多数有机溶剂混溶

（三）化合物 A 的合成

在 100 mL 圆底烧瓶中放入 1.0 g 的苯丙氨酸和 25.0 mL 的 1.00 mol/L 氢氧化钠。搅拌,直到苯丙氨酸的固体完全溶解,然后用注射器加入 2.00 mL 的乙酸酐。装上回流装置剧烈搅拌 40 min 左右,在此期间将观察到溶液温度的增加。反应完成后,用 6 mol/L HCl 酸化,直到 pH 在 1～2 之间。一定要做到仔细,确保适当的混合。

一旦酸化达到需要的 pH,晶体开始从溶液中沉淀析出;如果没有,盖上瓶塞,猛烈振摇溶液诱导晶体析出。放入冰水中冷却,待晶体完全析出,转移到布氏漏斗中,减压抽滤,用少量 2 mol/L 盐酸洗涤产品,产品用薄层色谱检测。

在烘箱中干燥,称重,计算产量。

（四）A 的纯度分析（用酸碱滴定法分析产品纯度）

1. 0.05 mol·L⁻¹ NaOH 溶液的标定

用减量法（也称递减法或差减法）准确称取 0.2～0.3 g 邻苯二甲酸氢钾 3 份，分别放入 3 个 250 mL 锥形瓶中，各加 30 mL 蒸馏水，摇动使其全溶，并滴加 2 滴酚酞指示剂。然后分别用 NaOH 溶液滴定至微红色，即为终点。读取数据，填入实验报告。称量和滴定数据应及时记录并须经监考教师确认。

2. 产物纯度分析

用减量法准确称取 0.20～0.25 g 自制样品分别放入 3 个 250 mL 锥形瓶中，各加 20 mL 无水乙醇，摇动使其溶解，再逐份加入 30 mL 蒸馏水，充分摇匀，并滴加 2 滴酚酞指示剂。然后分别用 NaOH 溶液滴定至微红色，即为终点。读取数据，填入实验报告。称量和滴定数据应及时记录并须经监考教师确认。

【注意事项】

（1）合成产物经烘干后，装入称量瓶中备用。

（2）按固定的天平号使用天平，称量结束后须在称量瓶上贴标签，写上学员号，交给监考教师。

（3）若自制产品量不足，不足部分（按份计）可向监考老师索要样品。

（4）若邻苯二甲酸氢钾不溶，可适当加热，或用热蒸馏水溶解。

（5）清洗仪器，摆放整齐，向监考老师报告实验结束（须经监考老师签字确认）。

（五）数据处理

根据实验数据，完成实验报告中产品的纯度、平均纯度、平均偏差、相对平均偏差及产率计算等。将试题和实验报告交给监考老师。经监考老师同意后，方可离开实验室。

（六）思考题

（1）N-乙酰氨基酸的制备在多肽和蛋白质合成中的作用是什么？

（2）本实验中，为何采用酚酞做指示剂，而不用石蕊；滴定到终点时，为何要滴定到微红色出现且 30 s 不褪色才为终点？

（七）洗涤和清点仪器

洗涤并清点仪器，将仪器归回原位，请监考教师验收。经监考教师同意后，方可离开实验室。

四、顺-4-环己烯-1,2-二羧酸的制备及纯度分析（第 23 届）

（一）实验原理

Diels-Alder 反应是形成六元环的重要反应之一，在该反应中，共轭双烯与亲双烯体作用生成六元环产物。这一反应是德国化学家 Diels 和 Alder 在研究 1,3-丁二烯与顺丁烯二酸酐反应时发现的，他们因此获得了诺贝尔化学奖。Diels-Alder 反应具有 100% 原子经济性，符合绿色化学原则。

丁二烯是 Diels-Alder 反应最简单的二烯，常温下为气体（沸点为 $-4.5\,℃$），因此以丁二烯作为原料的反应需要使用带有气体操作的装置。环丁烯砜在常温下为稳定的固体，加热至 $140\,℃$ 时分解脱去二氧化硫得到丁二烯，是实验室常用的丁二烯来源。

本实验采用环丁烯砜分解释放出的丁二烯与顺丁烯二酸酐进行 Diels-Alder 反应来制备六元环化合物——顺-4-环己烯-1,2-二酸酐(A)，再经水解得到顺-4-环己烯-1,2-二羧酸(B)。A 和 B 都是重要的药物和农药合成原料。

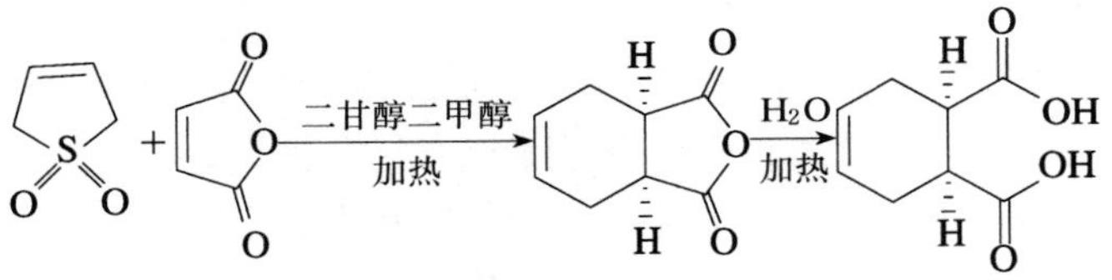

（二）相关物质的性质

附表 6.3　顺-4-环己烯-1,2-二羧酸的制备及纯度分析是关物质的性质

序号	物质名称	结构式	相对分子质量	形状	熔点(℃)	沸点(℃)	溶解性
1	顺丁烯二酸酐	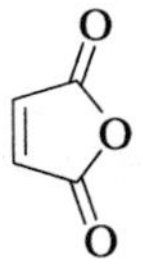	98.1	白色颗粒状、针状或块状。在较低温度下（60～80℃）也能升华	52.8	—	能溶于水、乙醇、丙酮、氯仿和苯。水中溶解度：16.3 g/100 mL(20℃)
2	环丁烯砜	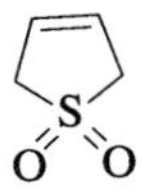	118.2	白色晶体	64.0～65.5	—	能溶于水、醇、乙醚和丙酮。水中溶解度：16.3 g/100 mL(20℃)
3	顺丁烯二酸	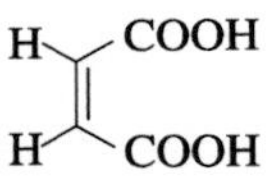	116.1	白色晶体,135℃以上分解,温度高于熔点时部分转变为反丁烯二酸	130.5	—	易溶于水和乙醇。水中溶解度：393 g/100 mL(98℃)；79 g/mL(25℃)
4	二甘醇二乙醚	$(CH_3OCH_2CH_2)_2O$	134.2	无色易燃液体，无毒	-68.0	131.6	与水、烃类混溶
5	顺-4-环己烯-1,2-二羧酸	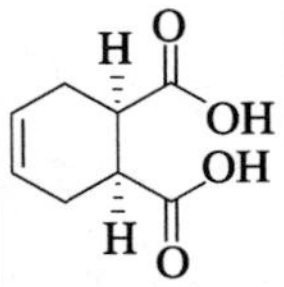	170.2	—	163.5～164.5	—	水中溶解度：45.9 g/mL(80℃)；5.5 g/mL(30℃)；1.6 g/mL(5℃)

（三）实验步骤

1. 顺-4-环己烯-1,2-二羧酸酐(A)的制备

搭好带气体吸收的回流装置,在干燥的 50 mL 圆底烧瓶中加入 2.84 g 环丁烯砜、1.96 g 顺丁烯二酸酐[1] 和 2 mL 二甘醇二甲醚,用油浴加热并搅拌,在油浴温度150～160 ℃下反应 30 min。(放热反应! 油浴温度须用温度计测量,防止过热! 小心烫伤!)停止反应,稍冷后,将反应瓶置于冰水浴中冷却,使产物析出。向反应液中加入 25 mL 水,减压过滤,用冷水洗涤 2 次,每次 25 mL,并抽滤至尽干,收集产品 A。

2. 顺-4-环己烯-1,2-二羧酸(B)的制备与纯化

向 A 中加入适量水,搅拌下加热至沸,使固体全溶。稍冷后,加约 0.5 g(视 A 的量而定)活性炭脱色,趁热过滤。在冰水中冷却滤液,使产物 B 析出。减压抽滤至干,将产品收集于表面皿(称重和记录),80 ℃下真空干燥 2 次或以上,第一次真空干燥 20 min,取出后称重,记录数据;做适当粉碎后,第二次真空干燥 15 min,取出后再称重,记录数据。2 次称重结果之差小于 0.05 g 后,方能进行下一步纯度测定[2]。

产品将用于下步的纯度分析。

【注意事项】

(1) 顺丁烯二酸酐易水解成相应二元羧酸,故所用相关仪器需干燥。

(2) 称重数据均须监考老师签字确认,产品制备过程的称重在本实验室进行。

（四）产品纯度分析

通过酸碱滴定法测定产品 B 的纯度。

用减量法准确称取 0.20～0.24 g 产品于 250 mL 锥形瓶中,加 25 mL 蒸馏水,微热溶解,加 3～4 滴酚酞指示剂,用 0.1 mol/L NaOH 标准溶液(准确浓度见实验室黑板)滴定至溶液呈微红色,30 s 内不褪色为终点,记录所消耗的 NaOH 标准溶液体积。平行滴定 3 次。根据所消耗 NaOH 标准溶液的体积,计算产品的百分含量。

（五）思考题

(1) 根据哪些主要因素确定"顺-4-环己烯-1,2-二羧酸(B)的制备与纯化"步骤中加入水的总量?

(2) 本实验为什么用过量的环丁烯砜?

五、2-羟基-2,2-二苯基乙酸的合成与纯度测定(第 25 届)

（一）实验原理

2-羟基-2,2-二苯基乙酸(通用名:二苯乙醇酸,分子量 228.25,熔点:149～151 ℃,无色晶体),在分子结构中存在羟基和羧基,可以作为双齿配体与金属、非金属络合,制备多种功能化合物,例如与硼酸、锂盐形成的络合物是一种重要的锂电池材料;2-羟基-2,2-二苯基乙酸还是重要的药物中间体,例如可以用来合成治疗胃病的药物胃复康等。

2-羟基-2,2-二苯基乙酸的制备通常以 1,2-二苯基-1,2-乙二酮(通用名:二苯乙二酮)为原料,在氢氧化钾存在下加热发生反应,反应式如下:

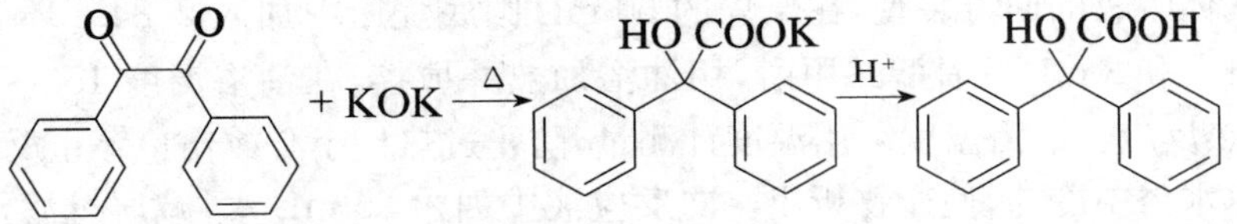

反应首先生成 2-羟基-2,2-二苯基乙酸钾,酸化得到 2-羟基-2,2-二苯基乙酸。这一反应普遍适用于由芳香族 α-二酮制备 α-羟基酸,某些脂肪族二酮也可发生类似反应。

(二) 主要试剂及用量

附表 6.4　合成实验

试　剂	分子量	投料量	主要物性
二苯乙二酮(按 100%计)	210.23	3.0 g(14.3 mmol)	熔点:95～96 ℃;黄色晶体
33%氢氧化钾溶液	56.11	6.7 mL(42.9 mmol)	$d = 1.32$ g/mL
无水乙醇	46.07	11 mL	沸点:78.4 ℃;$d = 0.82$ g/mL
50%硫酸	98.08	约 4 mL	$d = 1.40$ g/mL
20%乙醇	46.07	50 mL	$d = 0.97$ g/mL

附表 6.5　分析实验

试　剂	备　注
NaOH 标准溶液	浓度见黑板所示,2 人共用
酚酞指示剂	0.1%乙醇溶液,4 人共用
中性乙醇溶液	约 500 mL,2 人共用

(三) 合成实验步骤

将磁力搅拌加热器置于铁架台上,安装 100 mL 三颈瓶、回流冷凝管、温度计和恒压滴液漏斗,放入搅拌磁子。向三颈瓶中加入 3.0 g(14.3 mmol)二苯乙二酮、11 mL 无水乙醇,向滴液漏斗中加入 6.7 mL(42.8 mmol)33%的氢氧化钾水溶液。开动搅拌,通冷凝水,加热电压调到约 150 V,当体系温度升到 70 ℃时,快速滴加氢氧化钾溶液,加毕,继续加热至回流,反应 30 min,停止加热。

稍冷却,加 30 mL 水,搅拌片刻,烧瓶放入冰水浴中冷却到 20 ℃以下,倒入分液漏斗中,乙醚萃取(15 mL×3 次),水层放入 100 mL 锥形瓶中,乙醚萃取液倒入乙醚回收瓶。萃取完毕后水层倒入 100 mL 烧杯中,在不断搅拌下,用 50%硫酸酸化至 pH 为 1～2(约 4 mL);在不断搅拌下用冰水浴冷却 15 min 使固体析出完全,抽滤,用冷水充分洗涤(10 mL×2 次)得粗品。粗品转入 100 mL 三颈瓶中,加入 50 mL 20%乙醇,安装回流冷凝管和温度计。快速搅拌下,加热(电压约为 150 V)至 60 ℃使固体溶解(有少量黄色油状物不溶),停止加热和搅拌,60～70 ℃保温静置 5 min,溶液变为无色透明或乳白色,轻摇烧瓶使少量黄色油状物沉降在瓶底。趁热倾出上部液体倒入 100 mL 烧杯中(底部少量油状物倒入废液瓶),自然冷却 10 min,再用冰水冷却 10 min。抽滤,将所得固体转移到称重的培养皿中,放入烘箱(85 ℃,15 min),称重;继续烘干,隔 5 min 称重一次,直至两次称量质量差小于 0.02 g。装入自封袋,贴好标签,用于下步纯度分析。

（四）产品纯度分析

用酸碱滴定法分析产品纯度。

(1) 将产品装入称量瓶中。

(2) 用差减法准确称取 0.8～1.1 g 产品置于 100 mL 小烧杯中。量取 50 mL 中性乙醇倒入小烧杯中,溶解样品,转移到 250 mL 容量瓶中,用 100 mL 中性乙醇分多次洗涤烧杯和玻璃棒,洗涤液转入容量瓶中,用蒸馏水定容。

(3) 移取 25.00 mL 上述溶液,置于 250 mL 锥形瓶中,加入 2 滴酚酞指示剂,用 NaOH 标准溶液(准确浓度见实验室黑板)滴定至溶液呈微红色,半分钟不褪色,即为滴定终点,平行测定 3 次,记录标准溶液体积。滴定时请在滴定台的台面上放一张白纸,以便观察终点颜色。

（五）数据处理

根据实验数据,完成实验报告中产品的纯度、平均纯度、平均偏差、相对平均偏差及产率计算等。

（六）思考题

(1) 硫酸酸化过程中,先在水层表面出现一层黄色液体,搅拌过程中逐渐固化沉降,试解释原因。

(2) 粗产品重结晶时,溶解温度设定在 60～70 ℃,如果温度过高可能造成什么后果?

六、2,3-二甲基喹喔啉-6-羧酸的合成及分析(第 26 届)

（一）实验原理

2,3-二甲基喹喔啉-6-羧酸(分子量:202.2;熔点:230 ℃;不溶于水,微溶于乙醇,易溶于乙酸)是一种重要的有机合成中间体,可用于合成有机药物和荧光探针分子,也可作为配体构筑金属有机化合物。2,3-丁二酮与 3,4-二氨基苯甲酸反应可制备 2,3-二甲基喹喔啉-6-羧酸,其反应式如下:

（二）实验步骤

在 100 mL 圆底烧瓶中放入搅拌磁子,加入 3,4-二氨基苯甲酸(3 g,21 mmol),2,3-丁二酮(1.8 mL,20 mmol)、50 mL 无水乙醇及 10 mL 乙酸,安装加热回流装置(注:务必使圆底烧瓶底部不能直接接触电热套)。通冷凝水,调节搅拌旋钮至适当转速。将加热旋钮调至 100 V 开始加热,反应液沸腾后继续加热反应 1 h。稍冷后将反应瓶放入冰水中,玻璃棒搅拌,冷却 15 min。抽滤,滤饼用 5 mL 无水乙醇洗涤,再重复洗涤 1～2 次。将上述所得固体转移至 100 mL 锥形瓶,加入 35 mL 无水乙醇/乙酸(体积比为 5:1)混合溶剂,安装回流装置,加热至沸腾。若仍有不溶固体,再逐渐加入 5～10 mL 混合溶剂,加热回流 2 min,趁热抽滤(注:不必活性炭脱色及预热布氏漏斗)。将滤液转移到 100 mL 烧杯,自然冷却到室温后放入冰水中冷却 10 min。抽滤,滤饼用无水乙醇洗涤 3 次。将产品转移到培养皿,放在红外灯下烘干(10 min),称重。

实验完毕,清洗抽滤瓶和布氏漏斗,整理实验台。携带产品,按指定路线到分析实验室,用所给仪器和试剂测定所合成样品的相对分子质量(步骤自拟)。

七、铜(Ⅱ)配合物的合成和摩尔质量测定(第 27 届)

（一）实验原理

(1) 有机配体(A)的合成:以邻氨基苯甲酸和水杨醛为原料,在乙醇溶液中反应,合成 A,进行薄层层析(TLC)检测。

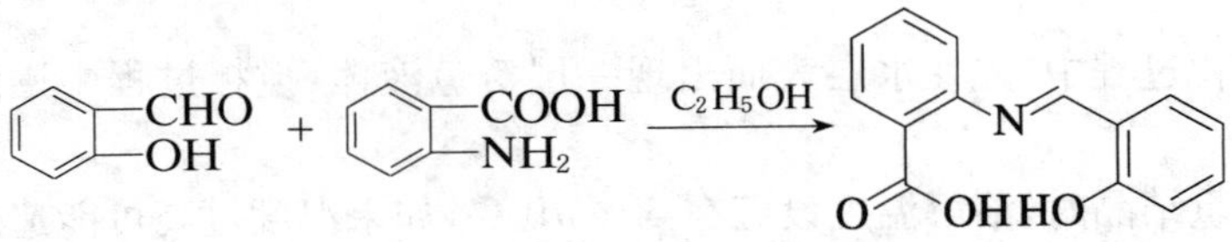

(2) 配合物(B)的合成:A 的盐与二水合氯化铜在甲醇溶液中反应,得到铜(Ⅱ)的配合物 B。

B 可能的结构式为:

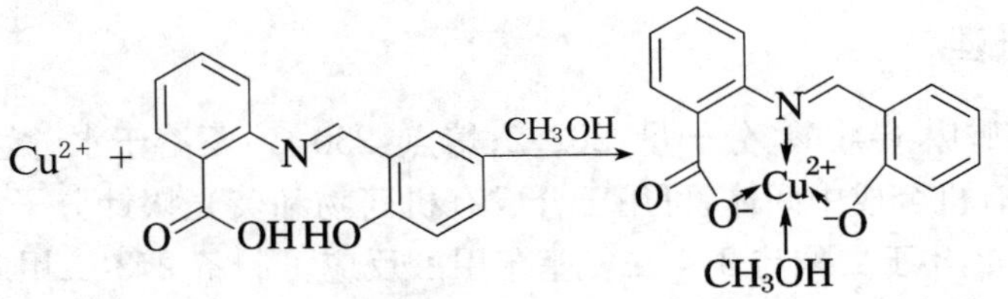

(3) B 的摩尔质量测定:用络合滴定法测定自制 B 中铜的含量,推算 B 的摩尔质量和化学式,根据 V_{Zn-1} 计算 B 的摩尔质量 M_1 的公式

$$M_1 = \frac{m_B}{c_{EDTA} \cdot V_{EDTA} - c_{Zn} \cdot V_{Zn-1}}$$

根据 V_{Zn-2} 计算 B 的摩尔质量 M_2 的公式

$$M_2 = \frac{m_B}{c_{Zn} \cdot (V_{Zn-2} - V_{Zn-1})}$$

（二）相关物质的性质

附表 6.6　2,3-二甲基喹喔啉-6-羧酸的合成及分析相关物质的性质

	名称	化学式	分子量	性状	熔点（℃）	沸点（℃）	溶解性
1	邻氨基苯甲酸	$C_7H_7NO_2$	137.1	白色至淡黄色结晶性粉末	146~147	sub	溶于醇、醚、水等，极易溶于热水、热乙醇
2	水杨醛	$C_7H_6O_2$	122.1	无色油状液体，有杏仁气味	-7	197	混溶于醇、醚，易溶于丙酮等，微溶于水
3	二水合氯化铜	$CuCl_2 \cdot 2H_2O$	170.5	蓝绿色晶体	620	—	易溶于水、醇
4	氢氧化钾	KOH	56.11	白色固体	—	—	易溶于水、乙醇、甲醇
5	氢氧化钠	NaOH	40.00	白色固体	—	—	易溶于水、乙醇、甲醇
6	乙二胺四乙酸二钠盐（EDTA）	$C_{10}H_{14}N_2O_8Na_2 \cdot 2H_2O$	372.2	白色晶体	252	—	易溶于水
7	乙醇	C_2H_6O	46.07	无色液体	-117.3	78.5	与水、醇、醚等混溶
8	甲醇	CH_4O	32.04	无色液体	-93.9	65	与水、醇、醚等混溶
9	乙醚	$C_4H_{10}O$	74.12	无色液体	-116.2	34.5	与醇、丙酮等多数有机溶剂混溶
10	六次甲基四胺	$C_6H_{12}N_4$	140.2	白色结晶	263（升华）	—	溶于水、乙醇、甲醇等
11	二甲酚橙（XO）	$C_{31}H_{32}N_2O_{13}S$	672.7	红棕色粉末	222	—	易溶于水
12	锌	Zn	65.39	白色金属	419.5	—	易溶于酸
13	抗坏血酸	$C_6H_8O_6$	176.1	无色晶体	190~192	—	易溶于水
14	硫脲	CH_4N_2S	76.12	白色晶体	176~178	—	溶于水、醇
15	盐酸	HCl	36.46	无色液体	—	—	

（三）化合物 A 的合成

1. A 的合成

向 50 mL 圆底烧瓶中加入 0.90 g 邻氨基甲酸（已称好），加 10 mL 无水乙醇溶解。在 25 mL 锥形瓶中加入 0.90～0.95 g 水杨醛和 5 mL 无水乙醇。室温搅拌下，将水杨醛加到邻氨基苯甲酸溶液中，水浴加热回流 10 min，冷至室温，冰水冷却。减压过滤，收集沉淀，用 9 mL 冷无水乙醇分 3 次洗涤，再用 8 mL 无水乙醚分 2 次洗涤，抽干，静置晾干，得 A。称重，计算收率。

2. 薄层层析检测

取适量 A，在塑料样品管中溶于适量丙酮，在薄层板上进行层析检测。记录、分析薄层层析结果，计算相应产物的比移值 R_f。

（四）化合物 B 的合成

将 0.50 g $CuCl_2 \cdot 2H_2O$ 固体（已称好）置于 50 mL 锥形瓶中，加入 25 mL 无水甲醇溶解。按 $CuCl_2 \cdot 2H_2O$ 摩尔数的 1.1 倍称取 A，置于 100 mL 三口烧瓶中，加入 0.30～0.35 g 氢氧化钾、40 mL 无水甲醇，搅拌溶解。

在三口烧瓶上接好冷凝管、恒压滴液漏斗，将氯化铜甲醇溶液加入恒压滴液漏斗中，在 40～50 ℃ 水浴、快速搅拌下滴加至三口烧瓶中，用时约 15 min。滴加完毕，回流 10 min，冷却至室温。减压过滤收集沉淀，用 6 mL 无水甲醇分 3 次洗涤，再用 5 mL 无水乙醚分 2 次洗涤，抽干，静置晾干，得 B。称重，计算收率，然后移入称量瓶。

（五）B 的摩尔质量测定

1. 样品预处理

准确称取 0.10～0.13 g B 于 250 mL 锥形瓶中，加 1 mL 6 mol·L^{-1} 盐酸，轻轻摇动锥形瓶使样品尽量浸入盐酸中，加入 40 mL 去离子水，加热至溶液澄清。

2. 滴定分析

停止加热，待体系温热时，向溶液中加入 20 mL 0.03 mol·L^{-1} 乙二胺四乙酸二钠盐（EDTA）标准溶液、4 g 六亚甲基四胺、4 滴二甲酚橙指示剂。用锌标准溶液滴定 EDTA 至终点，记录终点时所消耗的锌标准溶液体积 V_{Zn-1}。

上述滴定完成后，继续向体系中加入 1 g 抗坏血酸，滴加 3 mL 6 mol·L^{-1} 盐酸，滴加过程中充分摇动锥形瓶，之后加入 5 mL 10% 硫脲。若此时溶液不为黄色，继续滴加 6 mol·L^{-1} 盐酸，直至溶液变为黄色，记录滴定过程中加入盐酸的总量 V_{HCl}。用滴定管向锥形瓶中追加锌标准溶液至 28 mL，加入适量 3 mol·L^{-1} NaOH 溶液，再继续用锌标准溶液滴定至终点，记录终点时所消耗的锌标准溶液体积 V_{Zn-2}。

滴定分析实验须至少平行做 2 次。

（六）数 据 处 理

分别根据 V_{Zn-1} 和 V_{Zn-2} 计算 B 的摩尔质量 M_1、M_2，并按要求算出其他数据。给出 B 的摩尔质量和化学式,推测其可能的结构式。

（七）思考题及解答

（1）加入二甲酚橙指示剂后体系的颜色为绿色/蓝绿色。用锌标准溶液滴定 EDTA 至终点时体系的颜色为蓝色/暗蓝色/深蓝色/墨蓝色/蓝黑色,此滴定方式为返滴(法)。

（2）加入抗坏血酸的作用是还原/将 Cu(Ⅱ)还原为 Cu(Ⅰ),加入硫脲的作用是还原/将 Cu(Ⅱ)还原为 Cu(Ⅰ)和络合/配位/与 Cu(Ⅰ)配位。

（3）加入适量 NaOH 的目的是使体系 pH 恢复到六次甲基四胺-HCl 缓冲体系的 pH/使体系 pH 恢复到4~5/使体系酸度恢复到第一次滴定前,再继续用锌标准溶液滴定至终点时体系的颜色为紫红色/红色(注:橙红色不得分,因它是过渡色,未到终点)。

八、钙化合物的合成和有机钙中钙的质量分数测定（第 28 届）

（一）实验原理

邻羟基苯甲酸甲酯在碱性条件下水解得到相应的盐,酸化后得到邻羟基苯甲酸。

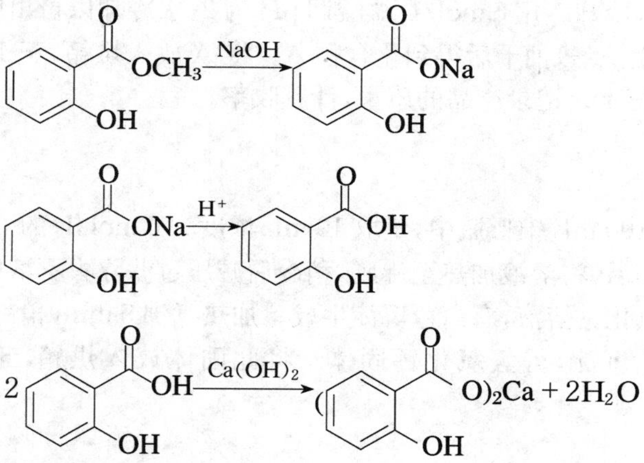

（二）相关物质的性状

附表 6.7　钙化合物的合成和有机钙中钙的质量分数测定相关物质的性状

名　称	分子式或化学式	相对分子质量	形　状	熔点(℃)	溶解性
邻羟基苯甲酸甲酯	$C_8H_8O_3$	152.15	无色或淡黄色液体	-8	易溶于乙醇、乙醚,微溶于水
氢氧化钠	NaOH	40.00	白色固体	——	易溶于水、甲醇、乙醇
硝酸	HNO_3	63.01	无水溶液	——	溶于水

续表

名　称	分子式或化学式	相对分子质量	形　状	熔点(℃)	溶解性
石灰石	$CaCO_3$	100.09	白色固体	1 339	难溶于水
乙二胺四乙酸二钠盐	$C_{10}H_4N_2O_8Na_2 \cdot 2H_2O$	372.24	白色结晶	252	易溶于水
硫酸镁	$MgSO_4$	120.37	白色结晶	1 124	易溶于水
氢氧化钙	$Ca(OH)_2$	74.09	白色固体	580	微溶于水(1.65 g/L)
氯化铵	NH_4Cl	53.49	白色固体	—	溶于水
铬黑 T 指示剂	$C_{20}H_{12}N_3NaO_7S$	461.38	黑色粉末	—	易溶于水和醇

（三）实验步骤

1. 化合物 A 的合成

称取 2.50 g 邻羟基苯甲酸甲酯,加入到 100 mL 圆底烧瓶中,加入 40 mL 水、3.80 g 氢氧化钠,搅拌下加热回流 10 min,冷却。用 6 mol/L 盐酸调 pH 为 2,水冷却以析出固体。减压过滤收集滤饼,用 6 mL 水分 2 次洗涤,抽干后得到化合物 A。将 A 放入烘箱,于 110 ℃ 干燥 10 min 后,每 2 min 称重一次至恒重。记录产品的质量,计算收率。

2. 化合物 B 的合成

（1）氢氧化钙的制备

称取 2 g 石灰石粉,置于 100 mL 锥形瓶中,量取 10 mL 浓度为 6 mol/L 的 HNO_3 溶液,分次加入到锥形瓶中。反应完毕后,将溶液加热至沸腾,稍冷后减压过滤除去不溶的杂质。向滤液中加入 20 mL 6 mol/L 氢氧化钠溶液,有白色沉淀生成。加热煮沸 5 min,稍冷后减压过滤,用 20 mL 去离子水分次洗涤沉淀,得氢氧化钙固体。将此固体放入烘箱,于 110 ℃ 干燥 10 min,冷却,备用。

（2）化合物 B 的合成

向 100 mL 圆底烧瓶中加入 1.38 g 化合物 A、0.40 g 自制的 $Ca(OH)_2$ 固体和 15 mL 水,搅拌下加热回流 5 min。趁热减压过滤,将滤液转入蒸发皿,水蒸气浴加热浓缩掉近一半溶液,立即停止加热,冷却析出固体。减压过滤并收集滤饼,得到化合物 B,用 4 mL 水分 2 次洗涤,将 B 放入烘箱,于 110 ℃ 干燥 10 min 后,每 2 min 称重一次至恒重,记录 B 的质量,计算收率。

（四）有机钙化合物中钙含量及结晶水数量的测定

（1）用 EDTA 标准溶液润洗滴定管后,在该滴定管中装入 EDTA 标准溶液,调至零刻度。

（2）向 250 mL 锥形瓶中加入 10 mL 水、10 mL NH_3-NH_4Cl 缓冲溶液和 5 mL 硫酸镁溶液。滴加 4 滴铬黑 T 指示剂,摇匀。用 EDTA 标准溶液滴定至终点。记录消耗的 EDTA 标准溶液体积 V_1。

（3）向上述锥形瓶中加入 200 mL 待测有机钙化合物溶液，摇匀，继续用 EDTA 标准溶液滴定至终点。记录消耗的 EDTA 标准溶液的总体积 V_2。

滴定分析实验须至少平行做 3 次。

（五）处理数据

根据实验记录数据，按要求进行计算，并回答问题。

（1）写出计算有机钙中钙质量分数 ω 的公式。

答案：$\omega = C_{EDTA} \times (V_2 - V_1) \times M_{rCa} / (V_{有机Ca} \times C_{有机Ca}) \times 100\%$。

（2）计算 3 次滴定分析中钙的质量分数和平均质量分数。

答案：真值 8.94%。4 组质量分数中，每组真值在 8.91%～8.97% 之间。

（3）若有机钙为葡萄糖酸钙（$Ca(C_6H_{11}O_7)_2 \cdot nH_2O$），计算 n 值。

答案：$n = 1$。

（六）思考题及解答

（1）为什么在制备化合物 B 的过程中，要充分洗涤氢氧化钙？

答案：最终产物 B 的收率降低，纯度降低。

因为抽滤时氢氧化钙混有大量的氢氧化钠及硝酸钠，如果不充分洗净，氢氧化钠黏附在氢氧化钙表面。在制备化合物 B 时，氢氧化钠与化合物 A 反应，降低了化合物 A 与氢氧化钙反应的量。

（2）写出滴定过程中加入有机钙化合物溶液时发生的化学反应。

答案：（EDTA 用 H_2Y^{2-} 表示，指示剂用 HIn^{2-} 表示）

$Ca^{2+} + MgY \longrightarrow CaY^{2+} + Mg^{2+}$

$Mg^{2+} + HIn^{2-} \longrightarrow MgIn^- + H^+$

（3）请阐述 Mg^{2+} 在滴定过程中的作用及机理。

答案：镁离子作为滴定的辅助指示剂使用。

机理：铬黑 T 与钙离子形成的络合物不够稳定，易导致终点提前。铬黑 T 与镁离子形成的配合物稳定性高于与钙离子形成配合物的稳定性，显色的灵敏度高于与钙离子显色的灵敏度。从而可以减小滴定误差，提高终点变色敏锐性。（络合物稳定关系：$CaY^{2-} > MgY^{2-} > MgIn^- > CaIn^-$。）

九、3-苯基丙烯酸的合成及其纯度分析（第 29 届）

（一）实验原理

Heck 反应通常是指在碱性条件以及钯的催化下不饱和卤代烃和烯烃之间发生的偶联反应。自 20 世纪 70 年代初 Heck 等人发现该反应以来，化学家通过对催化剂和反应条件的不断改进使其得到广泛应用。该反应已成为构建碳—碳键的重要方法之一，具有简单、便捷和高效的优势，在天然产物合成、医药以及新型高分子材料制备等领域具有重要的应用价值，Heck

因此获得了 2010 年诺贝尔化学奖。

本实验即利用水相 Heck 反应合成 3-苯基丙烯酸（以下简称为化合物 A），并分析其纯度。

（1）化合物 A 的合成：以三聚氰胺为配体，原位生成钯催化剂，在其催化作用下，以碘苯和丙烯酸为原料，在水溶液中合成目标化合物 A。

合成化合物 3-苯基丙烯酸的反应式：

反式构型

（2）化合物 A 的纯度分析：用酸碱滴定法测定自制化合物 A 的纯度。

（二）相关物质的性质

附表 6.8　3-苯基丙烯酸的合成及其纯度分析相关物质的性质

序号	名称	化学式	分子量	熔点(℃)	沸点(℃)	溶解性	备注
1	3-苯基丙烯酸	$C_9H_8O_2$	148.16	133	300	溶于乙醇、甲醇、氯仿，微溶于水	白色至淡黄色粉末
2	碘苯	C_6H_5I	204.01	−30	188	溶于醇、醚、苯、氯仿，不溶于水	淡黄色液体
3	丙烯酸	$C_3H_4O_2$	72.06	13	141	与水混溶，可混溶于乙醇、乙醚	无色液体有刺激性气味
4	醋酸钯	$Pd(OAc)_2$	224.49	205	—	不溶于水	黄棕色粉末
5	碳酸钠	Na_2CO_3	105.99	851	1 600	易溶于水，可溶于甘油	白色固体
6	三聚氰胺	$C_3H_6N_6$	126.12	250	—	微溶于水，可溶于甲醇、甘油等	白色固体
7	盐酸	HCl	36.46	—	—	易溶于水、乙醇等	1 mol·L^{-1}
8	氢氧化钠	NaOH	40.00	318.4	1 390	易溶于水、乙醇	无色溶液
9	二水合草酸	$H_2C_2O_4\cdot 2H_2O$	126.06	252	—	易溶于水	白色固体
10	无水乙醇	C_2H_6O	46.07	−117.3	78.5	与水、醇、醚等混溶	无色液体
11	酚酞溶液	$C_{20}H_{14}O_4$	318.33	261	—	与醇、丙酮等有机溶剂混溶	0.5%乙醇溶液

（三）化合物 A 的制备

在 100 mL 圆底烧瓶中加入 17 mg 醋酸钯和 38 mg 三聚氰胺，再加入 50 mL 蒸馏水，室温搅拌 6 min。

用注射器分别移取 1.7 mL 碘苯(15 mmol)和 1.2 mL 丙烯酸(17.5 mmol),加入上述反应瓶中,再缓慢加入 3.2 g 碳酸钠,设置搅拌器温度在约 220 ℃,搅拌下(转速 1 000~1 300 r/min)回流 45 min。移除热源,趁热进行减压过滤(注意:使用棉线手套操作! 在布氏漏斗的滤纸上垫一层硅藻土,厚度约为 1 cm)。将滤液转移至 250 mL 烧杯中,搅拌下滴加约 45 mL 1 mol·L^{-1} 盐酸,析出白色固体。减压过滤,将烧杯内所生成固体完全转移至布氏漏斗中,并用少量冷水洗涤。收集固体产品于大称量瓶(规格 70×35 mm),置于烘箱中,于 110 ℃下干燥约 0.5 h,称重并计算收率。产品转移至小称量瓶(规格 25×40 mm)中,进行纯度分析。

(四) 化合物 A 的纯度分析

1. NaOH 溶液的标定

采用减量法准确称取 0.7~0.9 g 二水合草酸,置于 250 mL 烧杯中,加入约 50 mL 蒸馏水,搅拌使其溶解,定量转移至 250 mL 容量瓶中,稀释至刻度,摇匀、备用。

准确移取 3 份上述标准草酸溶液各 25 mL,分别置于 3 个 250 mL 锥形瓶中,各滴加 2 滴酚酞指示剂,分别用 0.05 mol·L^{-1} NaOH 溶液滴定至微红色,30 s 不褪色即为滴定终点。各自读取数据,填入实验报告。

2. 化合物 A 的纯度分析

采用减量法准确称取 3 份 0.20~0.25 g 自制的化合物 A,分别置于 3 个 250 mL 锥形瓶中,各加入 10 mL 无水乙醇,摇动使其溶解,分别缓慢加入 10 mL 蒸馏水,充分摇匀,各滴加 2 滴酚酞指示剂,分别用标准 0.05 mol·L^{-1} NaOH 溶液滴定至终点。各自读取数据,填入实验报告。根据所消耗 NaOH 溶液的体积,分别计算化合物 A 的纯度。

(五) 思考题及解答

(1) 写出合成化合物 A 的反应式,用结构简式表示。

答案:

[Pd]写成三聚氰胺、PdOAc$_2$ 或

为正确。

(2) 写出三聚氰胺的结构式。

答案:

（3）三聚氰胺可以提高催化效率，简要描述原因。

答案：

① 三聚氰胺作为配体，与醋酸钯形成配合物催化剂 $\left[\begin{array}{c} \text{NH}_2 \\ \text{H}_2\text{N} \quad \text{NH}_2 \end{array}\right]_4 \text{Pd(OAc)}_2$，增加

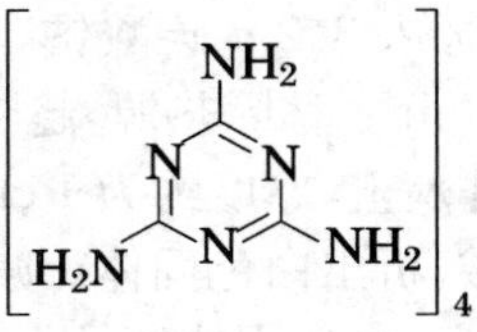

原位催化剂稳定性。

② 提高催化剂分散度，防止团聚，增强活性。

（4）简述碳酸钠在本反应中的作用。

答案：① Heck 反应在碱性条件下进行，加入碳酸钠可以改变反应的 pH，提供碱性条件。

② 与丙烯酸发生中和反应，以利于反应进行。

（5）化合物 A 还可通过 Perkin 反应进行合成，请写出以苯甲醛为原料制备化合物 A 的反应式，用结构简式表示：

答案：

$$C_6H_5CHO + (CH_3CO)_2O \xrightarrow[\text{K}_2\text{CO}_3]{\text{CH}_3\text{CO}_2\text{ 或 }\text{H}^+} C_6H_5CH = CHCO_2H + CH_3CO_2H$$

参 考 文 献

[1]　兰州大学.有机化学实验[M].3 版.北京:高等教育出版社,2010.

[2]　北京大学化学学院有机化学研究所.有机化学实验[M].2 版.北京:北京大学出版社,2007.

[3]　曾昭琼.有机化学实验[M].2 版.北京:高等教育出版社,1997.

[4]　高占先.有机化学实验[M].4 版.北京:高等教育出版社,2003.

[5]　周科衍,高占先.有机化学实验[M].3 版.北京:高等教育出版社,1996.

[6]　黄涛.有机化学实验[M].2 版.北京:高等教育出版社,1999.

[7]　有机化学实验技术编写组.有机化学实验技术[M].北京:科学出版社,1978.

[8]　谷亨杰.有机化学实验[M].北京:高等教育出版社,1991.

[9]　奚关根,赵长安,高建宝.有机化学实验[M].上海:华东理工大学出版社,1995.

[10]　大学化学实验改革课题组.大学化学新实验[M].杭州:浙江大学出版社,1990.

[11]　周宁怀,王德琳.微型有机化学实验[M].北京:科学出版社,1999.

[12]　关烨第,葛树丰,李翠娟,等.小量—半微量有机化学实验[M].北京:北京大学出版社,1999.

[13]　刘玉美,马晨.微型有机化学实验[M].济南:山东大学出版社,1997.

[14]　陈长水.微型有机化学实验[M].北京:化学工业出版社,1998.

[15]　吴苦峰.微型有机化学实验[M].上海:上海大学出版社,1998.

[16]　顾可权.半微量有机制备[M].北京:高等教育出版社,1990.

[17]　企钦汉,戴树珊,黄卡玛.微波化学[M].北京:科学出版社,2001.

[18]　吴世晖,周景尧,林子森.中级有机化学实验[M].北京:高等教育出版社,1986.

[19]　王伯廉.综合化学实验[M].南京:南京大学出版社,2000.

[20]　李兆龙,阴金香,林天舒.有机化学实验[M].北京:清华大学出版社,2001.

[21]　王福来.有机化学实验[M].武汉:武汉大学出版社,2001.

[22]　李华民,蒋福宾,赵云岑.基础化学实验操作规范[M].北京:北京师范大学出版社,2010.

[23]　薛思佳,季萍,Larry Olson.有机化学实验[M].北京:科学出版社,2011.

[24]　Lucy Pryde Eubanke.化学与社会[M].段连云,译.5 版.北京:化学工业出版社,2010.

[25]　J A 迪安.兰氏化学手册[M].魏俊发,译.2 版.北京:科学出版社,2003.

[26]　杜志强.综合化学实验[M].北京:科学出版社,2007.

[27]　徐伟亮.基础化学实验[M].北京:科学出版社,2007.

[28]　Robert M S, Francis X W, David J K.有机化合物的波谱解析[M].药明康德分析部,译.上海:华东理工大学出版社,2008.

[29]　László K, Barbara .有机合成中命名反应的战略性应用[M].北京:科学出版社,2010.

[30]　Addison A. Techniques and experiments for organic chemistry[M]. Prospect Heights, Ill. : Waveland Press Inc. , 1987.

[31]　Donald L P, Gary M L, George S K. Introduction to organic laboratory techniques[M]. Philadelphia. Saunders College Pub. , 1988.

［32］　Furniss B S, Hannaford A J, Smith P W G, Tatchell A R. Vogel's Textbook of practical organic chemis-try：1［M］. 影印本. 北京：世界图书出版公司, 2004.

［33］　Furniss B S, Hannaford A J, Smith P W G, et al. Vogel's Textbook of practical organic chemistry：2［M］. 影印本. 北京：世界图书出版公司, 2004.

［34］　John C G, Stephen F M. Experimental organic chemistry：A miniscale & microscale approach［M］. Belmont, C A：Thomson Brooks/Cole, 2006.

［35］　Donald L P, Gary M L, George S K, et al. Introduction to organic laboratory techniques：A microscale approach［M］. Philadelphia：Saunders College Pub., 2007.

［36］　Daniel R P. Experimental organic chemistry［M］. New York：John Wiley & Sons, Inc., 2000.

［37］　Ralph J F, Joan S F. Techniques and experiments for organic chemistry［M］. Boston：Willard Grant Press, 1983.

［38］　Allen M S, Barbara A G, Melvin L D. Microscale and miniscale organic chemistry laboratory experi-ments［M］. Boston：McGraw-Hill, 2000.

［39］　Kenneth L W, Robert D M, Katherine M M. Microscale and miniscale organic chemistry laboratory experiments［M］. Boston：Houghton Mifflin, 2007.